本书入选中华文化促进会美食工作委员会"丝绸之路美食文库"

丝路食语

WORDS RECREATE WORLD
OF SILK ROAD CUISINES

从丝绸之路走来的食材

徐龙 著

商务印书馆
创于1897 The Commercial Press

图书在版编目（CIP）数据

丝路食语：从丝绸之路走来的食材 / 徐龙著 . —北京：商务印书馆，2024（2024.11 重印）

ISBN 978-7-100-23917-2

Ⅰ.①丝 ⋯ Ⅱ.①徐 ⋯ Ⅲ.①食品—历史—中国—普及读物 Ⅳ.① TS2-092

中国国家版本馆 CIP 数据核字 (2024) 第 087086 号

丝路食语

从丝绸之路走来的食材

徐龙 著

商 务 印 书 馆 出 版
（北京王府井大街 36 号　邮政编码 100710）
商 务 印 书 馆 发 行
北京雅昌艺术印刷有限公司印刷
ISBN　978 - 7 - 100 - 23917 - 2

2024 年 11 月第 1 版　　　　　开本 787×1092　1/16
2024 年 11 月北京第 2 次印刷　　印张 25¼
定价：129.00 元

致
谢

　　首先感谢挚友中国钱币学会秘书长王永生先生，是他告知我2019年6月底在敦煌研究院由人文研究部部长兼敦煌文献研究所所长杨富学博士发起举办"敦煌与丝绸之路钱币"国际学术研讨会。我虽在十年前曾写过《犹太和以色列国钱币》一书，但与丝绸之路主题对接还是有些牵强，为了有资格参与这次盛会，就结合自己的专业提交了《丝绸之路对中国西域饮食文化的影响》一文，才有幸走进了令我神往的丝绸之路文化圣地——敦煌研究院。

　　会后，春风满面的杨富学部长把他的好友——兰州大学历史学博士高启安先生的联系方式推送给我。高启安老师主要从事敦煌学以及丝绸之路饮食文化研究，撰有《唐五代敦煌饮食文化研究》等多本专著及相关论文200余篇，这也是我此行意外收获。与他虽未曾谋面，但在三年里的通信交往中深深感觉到他是一位古道热肠的西北汉子。对我请教的问题总是有求必应，即使是有些幼稚的提问也耐心解答，还在百忙之中通读全稿并逐字逐句地审阅，指出很多错误。高老师的严谨学风实在令人敬佩！甚至对我得寸进尺写序言的请求最后也"乐于从命"，这着实使本书在内容上有了质的保障。这份友谊，令我感动！

　　感谢马奕兄赠送其令尊马雍先生的著名遗作《西域史地文物丛考》，并热情引导我结识了中外文化交流史著名学者，研究汉唐文明、丝路文化、宗教文物、艺术考古、古代建筑等领域的大家葛承雍先生，先生博学谦虚，低调随和给我留下深刻印象。先生馈赠其五卷本的《胡汉中国与外来文明》巨著，令我受益匪浅。荣幸的是葛承雍先生在百忙之中以历史学家的身份提笔为序，是对本书极大的认可及对本人的鞭策和鼓励。

　　尽管本书定位是博物学及科普读物，但为了避免错误和争议，我虚心求教了相关的专家学者。著有《丝绸之路全史》的武斌先生是全国中外关系史学会副会长、沈阳故宫博物院前院长及辽宁省社会科学院副院长。武斌老师笔耕不辍，著作等身。他赠送新作四卷本的《中国接受海外文化史》《大唐夜宴——唐代人的饮食生活》及《丝路传——一条路的世界文明史》等著作，对我学习和理解丝绸之路文化有很大的启示及帮助。有幸的是武斌老师看过拙作书稿后非常爽快地答应为本书作序，亦是对书中内容莫大的认可。

　　著名文化史大家赵珩先生涉猎广泛、底蕴深厚，对中西餐饮文化均有独到的研究和见解。赵老师作为美食家从饮食文化的角度，对本书提出了中肯的建议并挥洒了热情洋溢之序言。

中国博物学文化复兴倡导者、北京大学哲学系教授刘华杰博士是我尊敬的博物学大家，几年前曾为拙作《滇香四溢》和《香料植物之旅》作序，他在百忙之中通览全稿，随即以博物学宏大的视角再次写序。

作为世界御厨协会（Club des Chefs des Chefs）会员，我与该协会的创始人吉尔·布拉卡尔（Gilles Bragard）先生保持了30多年的友谊。他致力于为服务各国元首的厨师长搭建友谊和交流的桥梁，46年来，以协会为平台做了不凡的公益事业。再次感谢这位法国老朋友以国际的视野为本书作序。

需要感谢的还有我的另一位法国老朋友，"世界美食美酒图书大奖赛"（The Gourmand World Cookbook Awards）创始人、大赛评委会主席爱德华·君度（Edouard Cointreau）先生，他酷爱中国美食文化，对丝绸之路美食更是情有独钟。早在2008年，他就组织并策划了40集大型纪录片《丝绸之路上的美食》，让更多人去感受这条东西方文明融会贯通的重要古道所蕴含的丰富饮食文化。当得知此书的内容后，同样欣然作序为本书增色！

为本书提供参考资料及提出宝贵意见和建议的专家学者还有：中华文化促进会美食工作委员会宋跃会长、中央民族大学历史文化学院尚衍斌教授、河北师范大学国际文化交流学院院长齐小艳女士、四川大学文化科技协同创新研发中心王钊博士、南京农业大学中华农业文明研究院李昕升博士、辽宁科技出版社宋纯智社长及《中国国家地理·博物》杂志编辑部主任刘莹女士。在此一并表示诚挚的谢意！

"厨涯趣事"版块中所涉及的人和事，是我40年来亲身经历的回忆和梳理，感谢提及的各位师长、同事及朋友的教诲与帮助，使我回想起那些似乎久远的点滴片段，历历在目、亲切无比、难以忘怀。

书中绝大多数植物科学绘画图，由中国科学院植物研究所的科学绘画师孙英宝博士在浩瀚的历史典籍中寻找并提供，不仅为本书增添了靓丽色彩，也带来了这些食材的历史厚重感和浓郁艺术气息及视觉上的高级享受。

而精美的菜肴图片，则主要由丝绸之路美食文化践行者、世界中餐业联合会副会长马华女士，也是高端清真餐饮品牌哈马尔罕的创始人（同时拥有阿里疆、西部马华美食庄园、西部马华牛肉拉面、西部马华火锅、西北来顺等六大品牌）无私地提供所属企业多年经营积累具有浓郁西域风情的丝绸之路美馔佳肴资料。还有其他企业和个人提供的图片为补充，他们是《环球美味》杂志出版人徐正钢，《餐饮世界》杂志主编彭程女士，《中国烹饪》杂志社张洋，云南省餐饮与美食行业协会杨艾军会长及丁建明副会长，中国热带农业科学院香料饮料研究所科技处秦晓威处长，英鹏（天津）食品科技有限公司董事长柴欣欣

女士，辽宁俏牌生物科技有限公司李继锋总经理，内蒙古锡林郭勒盟红井源油脂有限责任公司贺功礼董事长，专业美食摄影师马也、施佳星、罗云。

感谢挚友全国人大外事局局长杨瑞光及夫人吕春菊女士把本书的自序、前言及后记翻译成英文，使国际友人能够了解和理解书中的内容。

我不会忘记单位领导对我的厚爱、培养和鼓励，如果说我能取得某些小成就的话，与领导多年来给予的理解和支持是分不开的。

鸣谢长子徐一唐为我购买相关书籍和资料及拍摄海南特色食材。还有次子徐一祝为我题写了书名，虽显稚嫩，却见拙真。

最后，感谢商务印书馆的编辑任赟、杜非付出的辛劳，鲁迅美术学院张铧允的精心设计，还有凤凰壹力贺鹏飞董事长、张凯总监的鼎力相助。是他们认真负责和精益求精的工作态度，不断打磨后才使本书有了质量保证。

纸短情长，文轻义重。再多的言语似乎都无法表达我的感激之情。

目 录

上篇　史前丝绸之路

中篇　陆路丝绸之路

下篇　海上丝绸之路

序

一

葛承雍

著名历史文化学者，中华炎黄文化研究会副会长，中国文化遗产研究院教授。曾任西北大学文博学院副院长、西北大学图书馆馆长，国家文物局文物出版社总编辑、党委副书记。著有《唐都建筑风貌》《唐代国库制度》《中国传统风俗与现代化》《胡汉中国与外来文明》（5卷）、《大唐之国：1400年的记忆遗产》等著作，其中《大唐之国：1400年的记忆遗产》获第四届全球华人"国学成就奖"。

中国古代贵族高官家宴会的食单、食谱著录者历朝皆有，平民百姓家烹饪的菜谱、食谱则很少，以中西烹饪文化交流而命名的"丝绸之路"食谱、菜单更是史无前例，而且很少有人对此关注。

我们见到的古法制菜记载，独特且珍贵，有些底本还需点校、翻译、插图，否则犹如天书根本看不明白，因为古代食材、食物都离今人太远了，有的已经消失，有的名称变异，承载的历史信息和文化背景没有从御膳、厨房里走出后台，赢得众人的口碑。

饮食不是一个固化、石化的文物，而是一直在更新变化的有生命力的，从厨房食谱到餐厅菜单都有演变，人们自古以来就很在乎口感滋味，更讲究"正宗"二字，留恋过去的味道。

我们现在川菜、鲁菜、苏菜、湘菜、粤菜等地域的菜系，讲究不同的口味，但是这些奇妙的味道都离不开调料，调味品不仅决定着佳肴的味型，也与生活环境里的食材搭配密切相关。可是周秦汉唐各个时代的调味品是什么味道后人并不清楚，宋元明清的调味品有滋有味可其实来源也不了解，食客口味除与食材有关，更重要的是调味品稀奇古怪，种类繁多，很多闻所未闻的调味品造成了不同地域、不同国家饮食文化的差异，调味品从古至今的演变也在百年来中西交流中逐渐被人们关注。

早在100年前，西方考古界为了了解农作物、畜牧业的食品起源问题，就开辟了植物考古、动物考古等方向，近年来中国考古也奋起直追，他们发现全球粮食、蔬菜、水果等作物有近700种，其中起源于中国的接近170种，如粟、黍、稻、大豆、白菜、桃子等，从外国和其他地区引进了小麦、玉米、甘薯、辣椒等食物品种。而不同时代与饮食有关的调味品加工和烹饪方法，也通过种种饮食残留物、遗迹实物和文献记录进行了梳理研究，让人们领略到历朝历代曾经拥有的食品原料加工与调味品的传入、流通、消费过程。

长沙马王堆汉代墓葬考古发现西汉的一个封侯，随葬的肉汤类食品就有24种，调味品则有19种，烹饪菜肴名称竟然达到17种70多款，饮食背后揭示出当时统治阶级穷奢极欲的生活。魏晋之后五胡十六国时期，不仅胡汉分野饮食区别很大，而且北方草原饮食与西域胡人饮食也有区别，史书上描写胡人茹毛饮血的蒙昧，赞美汉人烹饪珍稀食品；

汉人讲究长寿，胡人追求强健；汉人饮食传统以粮食蔬菜为主，胡人对葡萄、椰枣情结则代表了园艺的劳作。每逢节庆胡汉都必定要享受自己的民族菜肴，不仅划分了东西方饮食，也成为不同族群划分的依据。

在丝绸之路畅通的繁盛期，唐朝外来的饮食无疑是最引人注意的，按照《大唐六典》卷十一记载皇宫里的尚食局制作御膳"随四时之禁，适五味之宜"；口味特别重要，食官、食医要从养生保健的角度合理调配，这本大典卷四也规定"凡天下珍异甘滋之物，多少之制，封检之宜，并载于尚食之职焉"。唐代各地有口味贡，多达200多种，长安城皇家大内专门有口味库，并设有口味库使专门管理。当时食物名目繁多，唐高宗"冰屑麻节饮"、武则天"百花糕"、唐睿宗"逍遥炙"、唐玄宗"驼蹄羹""热洛河"、唐敬宗"清风饭"、唐懿宗"红虬脯"，等等，有的是夏季冷饮，有的是鹿血灌肠，有的是烧烤熏肉，有的是煎烹野味，真是非常丰富。按照唐睿宗本纪记载，皇家水陆口味一千余种，"每色瓶盛，安于藏内，皆是非时瓜果及马牛驴犊獐鹿等肉，并诸药酒三十余色"。如果说贫穷限制了嗷嗷待哺的人们想象，那么皇家食物的口味也是限制了史书的记录。

一般读者可能不知道，《大唐六典》是本中央朝廷制定的规章制度大书，对每个部门的膳食和食材都有详细记载，王公贵族、高官门僚不仅要满足腹中之饱，也要注重口中滋味，因而竭尽所能将餐饮堂食推向奢靡的高峰，每次宴会都是推陈出新、花样百出。

实际上，这部大典里记载的各地"土贡"就是"御贡"，就是宫廷特供。为了满足皇室口腹之欲，不惜让各级官吏当差付出种种艰辛，从不同地缘搜刮奇珍异味。唐玄宗天宝年间，有个宦官袁思艺担任"检校进食使"，专门负责办理各地进贡的食品，当时"水陆珍馐数千，一盘之费，盖中人十家之产"。真是叹为观止，一盘而不是一桌的佳肴珍馐就抵得上十家中产阶级家庭的财产。

有人说"食在中国，味在丝路"，意思是说我们擅长将各种佐料与食材搭配融合，得益于古代外来的各种调味品引进中原大地，胡麻、胡椒、胡葱、孜然等不可缺少。唐代大诗人白居易描写的胡麻饼和日本入华圆仁和尚眼中的胡麻饼，都是胡食胡风饮食浸润中原的标志性记载。中国是一个善于引进的文明古国，也是一个烹饪文化的大国，整理、梳理、辨析、研究自古以来的食物源流，从食品食材、口味调料，都包含着人与自然、人与社会、人与健康的关系，关联着世界文化遗产的传承和弘扬。

人民大会堂西餐厨师长、烹饪大师徐龙，是一位遍览古今文献的本草使者，也是丝绸之路上行走交流饮食文化的使者，30多年来他积累了许多人不知的香料常识，胡椒、丁香、孜然、豆蔻、茴香、芥末、荜拨、胡卢巴，等等，域外异邦引进的香料不仅丰富了中国药草资源，而且在烹饪上混合各种香料远不止"十三香"，他所研究内容将东方"本

草学"与西方"博物学"对比融合，既勾起了人们的食欲，占据了民众记忆的一席之地，又寻找着科学的道理，餐桌上的饭菜重构出文化世界。尤其是他认为岁月变迁使饮食做法有着变化，但食料保存着传统影子，藏匿着许多不为人知的故事。

这本书的食材物料大多是从科普的角度介绍的，小处生动，大处深远，上篇"史前丝绸之路"，中篇"陆路丝绸之路"，下篇"海上丝绸之路"，无论是北方的胡荽、胡桃、胡瓜、胡萝卜，还是南方的槟榔、莳萝、砂仁、藿香，都有着源远流长的起源地。书中附有植物科属，并配上植物对应的图片，结合在烹饪佳肴时的深层含义，捕捉到外来的信息和植物学的考证，让读者近距离地感受菜香肉美离不开味道的刺激，无疑有着导读、引领的意义，确实是一本独特的图书。

我看着这些食材的记录，触动了我的心，常常有种超越时代的伤感，因为过去生活困顿，吃糠咽菜，有许多人为了短暂地吃饱饭，付出了沉重的代价，在饥饿痛苦中结束了自己的一生。现在虽然是餐馆遍地、饮食过剩的年代，但却出现了文化缺魂、人文少灵的饥荒，这本书邀请读者探索更多元的食物美，了解远方的来龙去脉，破解前所未知的食材密码，寻找改变饮食生活的世界根源，无疑是睿智的精粹和心血的结晶。

丝路"食语"不是窃窃"私语"，而是一个永恒主题的话语，愿所有读者受益匪浅，获益终身。

葛承雍

2021 年 8 月 18 日

序
二

当今，有关丝绸之路研究的论著可谓多矣，研究内容早已突破了"丝绸"或贸易的范围，在这条被命名为"丝绸之路"的道路上，交流的不仅是丝绸，随着研究的深入和考古出土物的增加，学者们发现，早在远古时期，这条道路上就已经有了人类的交往，被学者称之为"前丝绸之路期"（川又正智著《漢代以前のシルクロード》，株式会社雄山阁，2006年）。根据交换的商品品种和交流的内容，又出现了以商品流通、贸易特征而命名的"玉石之路""香料之路""陶瓷之路""青铜之路""玻璃之路""宝物之路"（川又正智著《漢代以前のシルクロード》，株式会社雄山阁，2006年）等称谓。而语言、人种、技术以及许许多多的文明成果，也通过这条路传播、交流、融合、升华。

其实，这条道路上，交流最为频繁、传播数量最多、对世界文明进程影响不可小觑的，却是与"食"有关的内容，也印证了"衣食住行"为人类最重要的生存依赖和"民以食为天"的重要性，因此，将这条路称之为"饮食传播之路"亦属恰切。

但由于缺乏史料记载，囿于学术背景、语言以及对外域了解的深度和广泛，此领域的研究成果显得零散不系统。早先通过这条道路传入的世界各地的粮农作物和蔬菜瓜果品种，淹没在历史的长河和浩如烟海的史籍当中，今人难以知晓其来由和详情。

在今天看来，丝绸之路传播的物质文明元素，有这样几种表现形式：一种我们见之于史料记载，不烦赘举；一种虽不见于史料记载，但在地下考古中有发现，填补了丝路物质传播史的空白，事例多多；还有一种，既不见于史料记载，亦在地下考古中未予发现，却在我们的生活中常见，借助于现代科学技术，破解其遗传密码，我们才知晓其原产地及传播路线，甚至大致时间。这第三者，可能数量最多，对人类文明进程的影响也更大、更普遍。饮食文化传入的物质文明元素，多属于"神龙见尾不见首"的部分。

随着研究的深入，新技术的运用，国外研究成果的译介，一个个原产自域外的食材、食料和食物品种相继浮出水面，饮食成为丝绸之路文化交流的大宗，但缺乏梳理千年来从陆路、海路由不同方式传入华夏的，从食料、食器、食品种、食方式、食礼仪等综合性研究论著或大观，我在研究丝绸之路饮食文化的过程中，时常困扰于此。徐龙先生的《丝路食语》可以说打开了一扇审视今天流行于各地、出现在我们饭桌上的呈

高启安

兰州大学历史文化学院历史文献学（含敦煌学）博士，京都大学人文科学研究所博士后，兰州财经大学教授，中国敦煌吐鲁番学会理事，甘肃省敦煌学学会副会长，西北师范大学历史文化学院、甘肃民族师范学院、内蒙古师范大学兼职教授，西安欧亚学院中国国际食学研究所特邀研究员，陕西师范大学人文科学高等研究院、河西学院特聘教授，《丝绸之路》杂志编委。学术专攻敦煌学及丝绸之路饮食文化，涉猎裕固族、地方史、岩画等学术领域，主持国家社科基金、教育部及其他省部级研究课题多项，主持国家重大社科课题、教育部重大课题子课题数项。发表相关论文 200 余篇，著有《唐五代敦煌饮食文化研究》《〈肃镇华夷志〉校注》《信仰与生活——唐宋间敦煌社会诸相探赜》等，《旨酒羔羊——敦煌的饮食文化》一书被译为日文在日本出版发行。

现千姿百态中华美食大观园的窗口，舌历多味的菜盘和调味罐，不仅许多为填补空白、颠覆已有知识，而且其属性、特点亦可使读者有游历精神美味之感。

在中华饮食百花园中盛开的鲜艳花朵中，一大半以上来自外域，虽传入时间不同，都已深深扎根于中华大地的沃壤中，争奇斗艳。让我们在见证饮食交流对人类文明进程所起的巨大作用的同时，也自豪于中华文明所具有的吸纳和融合不同文明成果的能力。

我在研究饮食文化的过程中，发现今人所列传入的食物品种，只有"胡饼""馎饦""䴙䴘"寥寥数种，经仔细研究，饺子、馒头、欢喜丸、髓饼等，也是从外域传入，而传入的食材当更多。

西方和日本学者较早研究粮农作物和蔬菜瓜果等食材传入中国的历史，如美国学者劳费尔所著《中国伊朗编》、美国学者薛爱华所著《撒马尔罕的金桃》（又译作《唐代的外来文明》），但也只罗列了流行在华夏大地的粮农作物、瓜果蔬菜数十种。

《中国伊朗编》所列食材有葡萄、苜蓿、阿月浑子、胡桃、安石榴、胡麻、亚麻、胡荽、胡瓜、胡蒜、胡葱、浑提葱、豌豆、蚕豆、红花、姜黄、胭脂（红蓝）、茉莉、胡桐泪、甘露蜜、阿魏、无食子、大米、胡椒、糖、诃黎勒、金桃、附子、芸薹属植物、莳萝、枣椰树、菠菜、糖萝卜、莴苣、巴旦杏、无花果、齐墩果、阿勒勃、稻子豆、阿勃参（巴尔酥麻香）、西瓜、葫芦巴、番木鳖、胡萝卜等几十种；《撒马尔罕的金桃》第九章"食物"、第十章"香料"、第十一章"药物"，与饮食相关的食材，包括葡萄（以及葡萄酒）、诃子（即三勒：庵摩勒、毗黎勒、诃黎勒）、菠菜、甘蓝、莴苣、胡芹、甜菜、阿月浑子、胡桃、齐墩果、莳萝、胡椒、芥子（胡芥）、糖、豆蔻、番红花、姜黄、阿魏、山扁豆等数十种；日本学者在研究饮食物质传播方面也卓有贡献。日本学者日吉良一《たべもの语源》（柴田书店，1963）、清水桂一《たべもの语源辞典》（株式会社东京堂，1980）两书综合了谷物、蔬菜、果物、藻、茸几十种名物，许多为丝路传播食材。

这些，我们稍有熟悉。但还有一部分，我们却不甚知晓。《丝路食语》从烹饪食材的角度，揭示了许多我们习以为常、不知其所以然的众多食材的来历。毋庸讳言，《丝路食语》也弥补我自己丝路饮食知识库短板，在先睹为快中，获益良多。

《丝路食语》分为"史前""陆路"和"海上"上中下三篇，所列不同时期传入的食材、香料品种近160种，就我陋知，其胪列数量超出了目前国内所出相关著作，可谓集大成者。尽管部分品种的传入时间、传入方向，学界尚有不同意见，但不影响读者了解认识通过丝绸之路传入的各种食材。

作者作为人民大会堂的西餐厨师长，除了读万卷书外，实践真正的行万里路，游历30多个国家，踏遍了国内不同饮食文化圈的青山园圃，亲尝了不同食材所烹饪的各种美食，何止百千种！古有神农尝百草以试毒，作者尝百味而辨其原料、考镜源流、观其形色、操刀执铲，实践其烹饪方式，每见其形别味殊，必购其籽种，植于园圃。作者探索的精神、孜孜以求的执着、踏实的学风，使本书不仅具有可读性，更有鲜明可信的学术特色。

与研判丝绸之路饮食文化学者多是"纸上谈兵"不同，作者有深厚的烹饪学背景，既是实践者，又是理论研究者，除对每一种食材的历史渊源、传播途径有阐述外，还着力介绍了其特性、不同地区的烹饪方式、营养价值以及各地以之为主要原料的饮食名品，可使读者有食陈满案、香味四溢，虽未入口，已馋涎欲滴之精神美食。

作者在每一样食材的介绍后，附有"厨涯趣事"版块，讲述自己邂逅各食材以及用该食材制作食物的亲历亲尝，不惟情趣盎然，亦可使读者了解作者探寻美食的不同经历。其中既有我们熟知的小麦、大麦、豌豆、扁豆、葡萄、苜蓿、石榴、苹果等，更有我们以为原产自中华大地的几十种农作物和瓜果蔬菜、香料。它们不仅改变了中国人的食物结构，也改变着中国人的口味和食用方式。中华文明长盛不衰，延续至今，与不断吸收、融合先进的饮食文化内容，不断丰富自己有着极大的关系。

与之前作者所著《香料植物之旅》相同，每味食材介绍后，都附有精美的彩色绘图，直观的形象可使读者辨色知形，这种论著形式，继承了中国古代博物类书籍的优良传统，除增加可读性、知识性外，也使论著活色生香。

我与徐龙先生尚未谋面，网交而已。感觉他不仅是一位善于钻研的烹饪高手，更是一位勤于笔耕的学者（作者有许多头衔，可知其作为烹饪大师、饮食学者的面貌：人民大会堂西餐厨师长、中国烹饪大师、世界御厨协会会员、中国烹饪协会国际美食委员会副理事长、中国饭店协会酒店星厨委员会副主席、中国食文化研究会专家委员会副主任委员、天津商业大学商学院兼职教授等），每有心得佳作，即发来共享，发表相关文章百余篇，所著《滇香四溢·香草篇》（云南科技出版社，2016），在业界有较大影响。他不仅是一位烹饪大师，也是一位兴趣广泛的学者。我的书橱内，已有其所著相赠之《香料植物之旅》（北京大学出版社，2021）、《犹太和以色列国钱币》（世界图书出版公司，2010）。《丝路食语》因其特殊视角、新奇知识、精美插图以及作者特殊的舌味之旅，必将受到读者的欢迎。

高启安

2021 年 12 月 30 日

序

三

爱德华·君度

Edouard Cointreau

出生于法国名酒世家，其父曾任君度酒业总裁，其母出生于人头马家族，曾任干邑法拉宾酒的总裁超过30年。

爱德华·君度先生自1995年创立"世界美食美酒图书大奖赛"（The Gourmand World Cookbook Awards），并担任评委会主席至今28年。该奖项被誉为"世界美食美酒图书"的奥斯卡奖。2008年，他组织并策划了40集大型纪录片《丝绸之路上的美食》，由中外三位大厨从西安到喀什，沿途跋涉万余公里，开启了拍摄丝绸之路美食之旅。

初见徐龙大师是2014年5月21日，在北京大兴宾馆举行的"第19届世界美食美酒图书大奖赛"颁奖晚宴上，出席当天晚宴的还有谦逊睿智的"京味养生菜"开创者杜广贝大师。徐龙先生的远见卓识给我留下了深刻的印象：他兴趣广泛，博学多才，且不断探索新的知识领域。从此，也开启了我与徐龙先生的深厚友谊。

多年来，我们经常在北京见面。徐先生也曾出席在烟台、澳门和瑞典于默奥（Umeå）举办的"世界美食美酒图书大奖赛"颁奖活动。他还向我引荐了地处中国辽宁省的一个美丽海滨城市——盘锦，以及其特有的地域饮食文化，那里也是徐先生的故乡。

而真正吸引并让我感到惊叹的，是徐龙先生在他繁重的厨师工作之余，始终对香草香料研究保持着饱满的热情。他的专著《滇香四溢·香草篇》（云南科技出版社，2016）获得了跨国家评审团颁发"第22届世界美食美酒图书大奖赛"中的"年度最具影响力"大奖。这本书于2020年又荣获"世界美食美酒图书大奖赛"中"香草和香料"类奖项，是25年以来在最佳作品中的最畅销书，因此也奠定了他在世界香草香料研究领域的专家级地位。

2018年8月，在"北京国际图书博览会"（BIBF）期间，我与来自西班牙著名的米其林名厨米格尔·桑切斯·罗梅拉（Miguel Sanchez Romera）博士一起参观了徐龙先生在北京的个人香料博物馆。我们探讨了国际上热切需求对香草香料及特色食材的跨国界和地域性文献研究的话题。于是2022年，徐龙先生就推出了他的又一新作《香料植物之旅》（北京大学出版社，2021），展示了他对此学科的责任心、研究决心和精彩成果。

事实上，徐龙先生完美地平衡了他作为一名厨师完成好本职工作和研究创作之间的关系。他又受到丝绸之路文化的启发，这也让我想起了甘肃的天马（马踏飞燕）。我对甘肃武威发现天马的汉墓有极其深刻的印象，在我烟台家中的办公桌上就摆放着一只天马的复制品。我们连续四年，每年都在烟台新开发区美丽的天马广场举办"世界美食美酒图书大奖赛"颁奖典礼，广场旁边的海滩上也矗立着一座大型天马雕像：它代表着大地和天际之间完美的平衡。

古代丝绸之路上的马队和骆驼队早已被"一带一路"倡议下的现

代化交通工具所替代，来自世界各地的食材也源源不断地通过陆路或海上"丝绸之路"互通互联，也更加便利快捷。丝绸之路的起端是中国，另一端是欧洲大陆，中东地区理所当然地成为接续两端的途中驿站。

感谢徐龙先生《丝路食语》这部重要的著作，它非常及时和必要，将为这个行业提供非常实用和可操作的重要参考。

爱德华·君度

2023 年 3 月 25 日

序
四

吉尔·布拉卡尔

Gilles Bragard

世界御厨协会（Club des Chefs des Chefs）创始人，《厨师中的厨师》（Chefs des Chefs）作者。世界御厨协会创建于1977年，是世界上最为独特、最为尊贵的美食学组织，其会员是负责国家元首或王室成员饮食的"御厨"。

我极度兴奋亦倍感荣幸地向各位推荐我的挚友徐龙厨师长的新作。这本书着重展示了古代"丝绸之路"在中国和世界美食文化传播演化中所扮演的重要角色和作用。丝绸之路使东方与西方世界的人员相互流动成为可能，同时也推动了在这条神奇之路沿线而居的各国民众之间的文化和食物交流：每一个国家都拥有着丰富多样的美食和烹调技巧，这就是多元文化长期相互影响的结果。纵观历史，如同欧洲、亚洲和非洲美食，中国佳肴也是在漫长的历史长河中不断开发利用来自异域的食材、香料、辅料及烹饪技法。这要得益于早期游历在各大洲之间为发展经济与政治交流的人们的传播。

随着时间的推移，这些新食材、新厨艺或新调味方式逐渐被各国美食吸收，经过长期演变及融合并推陈出新，某些菜品甚至升华至国家的代表性美食。

众所周知，美食之重要，可以用来定义一个民族的身份。那么，我们就会意识到徐龙大师多年研学写就这部非凡著作的重要性：其影响远远超出了一位伟大的厨师或一位伟大的学者，这位兼具厨师和学者双重身份的作者将带领大家漫步在一个我们以前知之甚少的领域，并以其独特的视角向我们展现了发生在丝绸之路上美食背后的故事，令人久久沉浸在从四面八方走来并汇聚于这条古老商路上异域美食文化的氛围之中。

我的好友徐龙先生的这部新著，将成为世界美食史上的一个里程碑。祝您愉快地阅读这本令人回味的好书。

吉尔·布拉卡尔

2023 年 3 月 25 日

序五

近些年来，丝绸之路成为一个热门话题，引起越来越多的人关注，也陆续发表了许多研究成果，使我们在对丝绸之路在世界文明历史发展中的作用及价值也有了更深刻的认识。

丝绸之路作为东西方文明的相遇、交流和对话之路，在世界文明史上具有特别重要的地位和意义。丝绸之路所经过的、所沟通、所连接的欧亚大陆，正是世界古典时代文明的先进地带。从地中海岸到中国海岸这一古典地带，有许多古代民族、古代邦国，集结为几个古代大帝国。丝绸之路像一条金色的丝带，横亘在古老的欧亚大陆，把这几大文明古国连接起来，把东方与西方连接起来。在这漫漫长路上，在几千年的悠久岁月之中，民间商旅、官方使臣、虔诚的僧侣、勇敢的探险家和旅行家，以及征战的军队和迁徙的移民，相望于道，不绝于途。丝绸之路的文化意义的基本点就是中国文明与地中海文明之间的各种文化的大交汇与大交流。丝绸之路是整个欧亚大陆上的文化交流之路，是东方与西方各民族的相遇、相识、沟通与交流之路。经过丝绸之路，各民族之间从物质的生产、生活到精神的礼俗习尚，不断相互交流，相互补充，共同进步发展，历千百年之盛衰兴替，蔚成古典世界文化历史之灿烂辉煌。

文化交流首先是不同文明的相遇和接触。这种相遇和接触对于双方都会产生一定的影响。所有伟大文明的发生都是由于文化接触的结果。文化是民族的，也是世界的。这不仅是指各民族文化都是世界文化的组成部分，都参与了世界文化的创造和发展，也不仅是指各民族文化包含着世界文化的普遍性内容和普世价值，还有这样的意思，就是各民族文化中都吸收了其他民族文化的积极的、先进的成果，并且将其纳入到自己的文化体系之中，将外来文化融合到自己的文化，使之成为自己的文化。这一过程也就使得民族文化获得了世界文化、全球文化的意义。

丝绸之路上的文化交流是多层次的、全方位的。在早期的文化交流中，物种的交流是一项十分重要的内容。最早的例子可以举粮食作物，如中国是小米和水稻的发源地，在7000年前小米就传播到了欧洲，水稻也是在很早的时候就传播到朝鲜、日本以及东南亚地区，在那里发展起来水稻文明。产于中亚的小麦，早在5000年前就传入中

武斌

著名历史文化学者，研究员。现为北京外国语大学长青学者、北京外国语大学中华文化国际传播研究院特聘教授。曾任辽宁省文联副主席、辽宁省民间艺术家协会主席，全国中外关系史学会副会长，辽宁社会科学院副院长，沈阳故宫博物院院长，沈阳市文史馆副馆长等职。著有《丝绸之路全史》（2卷）、《丝绸之路史话》《丝路传——一条路的世界文明史》《中国接受海外文化史》（4卷）、《大唐夜宴——唐代人的饮食生活》《中华文化海外传播史》（6卷）、《丝绸之路文明史》（3卷）、《丝绸之路上闪耀的技术之光》等。

国，并且成为中国人的主要粮食作物。此外还有马、牛、羊这样的原产于北方草原地区的家畜，也陆续地进入到中原地区。有了小麦，有了马牛羊，才有了中国人生活中的"五谷丰登""六畜兴旺"的社会理想。还有大量的植物，包括蔬菜瓜果，都曾在不同时期陆续传入中国，丰富了中国人的饮食生活。孙机先生在《中国古代物质文化》中说，《诗经》里提到了132种植物，其中只有20余种用作蔬菜。而且有些品种早已退出蔬菜领域。《左传·隐公三年》称："蘋、蘩、蕰、藻之菜……可荐于鬼神，可羞于王公。"今天看起来，这里说的不过是些浮萍、水草及白蒿之类，而当时却拿来充当祭品、办宴会，可见蔬菜之贫乏。正是由于不断地从国外引入新的蔬菜物种，才使得我们今天的蔬菜品种这样丰富。比如以"胡"字命名的蔬菜水果，就是在汉唐时期来自西域的。再比如我们生活中最常见的菠菜，是在唐太宗时期从尼泊尔输入的；西瓜是在辽宋时期从阿拉伯输入的。至于到了欧亚大陆与美洲大陆交通以后的大航海时代，原产地为美洲的玉米、马铃薯、红薯、花生等，都被成功地移植到中国，在广阔的范围得到传播和推广，成为中国人的主要食物。这些高产的植物甚至在救荒时期发挥了重要作用。

在如今的餐桌上，人们对上述这些食物都是习以为常的，但往深了想一想，原来我们一直在享用早期全球化的成果，餐桌历史的演变正是人类文明大交流、大交换的历史成就。

人类各民族之间食物的交换从很早就开始了。这种交换不仅仅是食材的交换、风味的交换，还附着了各民族不同的民俗风情、社会方式和审美情趣，所以跟随着食物交换和传播的，还有习俗的、艺术的乃至观念的交流。比如在唐朝，说到美食，不仅有胡饼、胡羹与羌煮貊炙，还有"酒家胡""胡姬"当垆的万种风情。在现今的社会生活中，说到西餐，也不仅仅是牛排色拉，还有酒吧、咖啡馆那种带有异域风情的文化。

食物的交流也就是文化的交流，并且是一种深入到人们日常生活中的很有普遍性的文化交流。

对于丝绸之路上的食物大交换、大交流，虽然我们一直在享用其成果，但因为历史太悠久也太日常，所以人们关注的并不多。我们在餐桌上用胡椒粉，并没有深究这个"胡"字是什么意思；我们天天食用番茄，却没有追问是哪里的"番"。因此，徐龙先生的这部《丝路食语》的出版就特别有意义了。

《丝路食语》这部著作，沿着丝绸之路的线索，追溯了在几千年的历史上引进我国的各种食材、香料等与人们饮食有关的物质文化成果，不仅寻源其原产地，也追溯了传入中国的路线，以及在中国人日常生活中使用上的演变，尤其是后一点也特别重要。一种文化要素，包括食物，被引进来之后，就又加入了我们自己民族文化的再创造，成为我们民族的食物和文化。比如，同样是小麦，在其起源地的西亚，发展出西方的面包和啤酒传统，而在引入中国后，则形成了蒸、煮的制作方式，产生了馒头、面饼、面条等食品形态。经过这样的过程，它们就已经完全是中国人的食物了。还有的物种在引进之后，又被中国人培育出新的品种。不仅如此，我们还引进了许多食品的制作技术，比如从西域引进的葡萄酒酿造技术和蒸馏酒技术、从印度引进的制糖技术，都极大地丰富了中国人的餐桌，丰富了中国人对于味觉的享受。

《丝路食语》的出版，从这样一个特殊的角度，展开了一幅中外文化交流的丰富画面。读过这些文字，使我们对于丝绸之路的文化意义，对于中外文化交流的丰富内容，都有了更多的了解和认识。同时，也会觉得对于我们的日常生活，对于我们的饮食文化，竟然是那么有意思、有趣味的。

武斌

2022 年 5 月 29 日

序
六

赵珩

原北京燕山出版社总编辑、编审。多年来从事文化史、北京史、戏曲史的研究，著有《老饕漫笔》《老饕续笔》《老饕三笔》《个中味道》《二条十年》及《彀外谭屑》等著作。

徐龙先生的《丝路食语》即将由商务印书馆出版，邀我为他这本著作写点文字，对我来说既荣幸又惶恐。认识徐龙先生已经有三四年了，此前，他曾送给我一本他的著作——《植物香料之旅》，可谓图文并茂，对世界各国的香料考订翔实，不但有中文名称，还有英文和拉丁文的翻译。这本书出版后引起很大反响，在国内外多次获奖。于是这才知道徐龙先生不仅是人民大会堂的西餐厨师长、世界御厨协会的会员、中国烹饪大师，更是一位专注研究的儒厨。

还是在上小学时，课本上就有张骞通西域的课文，每次考试都要逐一填空写入张骞从西域带回的物种，因此从小就留下了深刻的记忆。然而，那些需要记住的物种却是非常有限的。20世纪60年代上高中时，我读了向达先生的《唐代长安与西域文明》。向达先生的这本著作是1957年在国内出版的，也可以说是我对中西交通历史有所了解的启蒙读物。彼时虽然读起来还有些懵懂，但确实使我对中西交通有了初步了解。60年代中期，美国学者的《中国伊朗编》作为"内部读物"在国内出版，我有幸先睹为快，那里也收录了较多的物种，给我留下了较深的印象。

近几十年，随着敦煌学和中西交通史研究兴盛，有关丝路研究的著作浩如烟海，丝路文明与中西交通已成为热门的显学。汉唐的长安与中亚细亚的交流从无间断。在这种文化交流中，食材物种与饮食文化的交流占有突出的地位。此外，海上丝绸之路的交流也同样带来了物种与饮食文化的交流。"丝路"早已不局限于丝绸贸易的概念，无论是陆路还是海上，无论是史前还是文字记载以后，一直都是中外交流的通道，是各民族文明成果交流的舞台，也是世界学术史关注的焦点。

随着近年来敦煌文献的研究，从大量的敦煌文书中发现了越来越多的丝路交流物种，而随着饮食文化研究的深入，这些物种的传播和利用也越来越受重视，徐龙先生的这本《丝路食语》正是这样背景下的产物。

我们常说，中国饮食文化博大精深，然而"巧妇难为无米之炊"。我们历史上乃至今天烹饪的原料、佐料，甚至是技法与形式，无不与传播、交流有着密切的关系。即以"饼"类为例，远在先秦，这一在我国北方民族中的主要食物品种，就渗透着各民族交流与融合。在敦煌文书以及大量出土文物中也是最集中的体现。而作为辅食的动植物物种之丰富，正是通过丝绸之路的传播而得以拓展。因此，我们将丝绸之路称之为亚欧大陆上的文明之路、交流之路，生命之路，是东西方文明的交汇，是恰如其分的。

《丝路食语》正是在这一基点上的著作。正如作者所说，"试图通过微观食材串联起整个丝绸之路宏大的历史空间及其灿烂的饮食文化。"全书以此分为"史前丝绸之路""陆路丝绸之路"和"海上丝绸之路"三个部分，时间跨越了大约7000年，共161种食材，涵盖了动物、植物（包括了蔬菜、水果和香料）等各个类别。

徐龙先生不仅是烹饪大师，更是一位难得的学者。他好读书，喜求教，足迹遍布30多个国家和地区，蒐集了大量的中外饮食资料，多年来潜心研究，与世界各国名厨交流探讨，于是才有了这部著作。另一特色则是在每种食材介绍的最后都注有一则"厨涯趣事"，记录了他在利用和烹饪这些食材时的故事和体会，都是他从事烹饪工作中的真实记录，朴实生动，言之有物，由物及理，成为本书很重要的特色，可谓生面别开。"厨涯趣事"可以视作这些食材最直观的脚注。

食材是饮食的主体，也是饮食文化的基础。今天，无论是烹饪技师还是美食家，对于食材来源和出处的了解都是相对浅显的，或云知其然而不知所以然。当然，也许对于他们来说并不重要，正所谓"吃鸡蛋，又何必知道生蛋的那只鸡呢"？《丝路食语》也并非是饮食物种的探源，这部著作更大的意义则在于研究中西文化的交融，探讨欧亚大陆与地中海地区交流带来的文明。

丝路文化，博大精深，《丝路食语》正是从一个不同角度生动反映丝路文化的力作。

赵珩

2024年2月于彀外书屋

序 七

刘华杰

北京大学哲学系教授、博士生导师。目前主要关注博物学文化、博物学史。中国博物学文化复兴倡导者，曾担任国家社科基金重大项目首席专家。著有《浑沌语义与哲学》《分形艺术》《中国类科学》《看得见的风景：博物学生存》《天涯芳草》《博物人生》《博物致知》《博物自在》《青山草木》《劲海植物记》《中央之帝为浑沌》《崇礼野花》及《延庆野花》等。

食物和战争都是媒体关注的话题，但战事新闻、兵器知识似乎更能吸引观众、听众、读者。CNN 每小时的新闻报道差不多都有战争的内容，谁打了谁、谁准备打谁都讲得津津有味，网络新媒体更是不厌其烦地介绍隐形战机、巡航导弹、查打一体化无人机。粮食问题偶尔也能上新闻头条，但一般的美食故事则很少成为新闻。

这是个问题，现代性的问题。丝绸之路是贸易之路，不是战争之路，丝路沿线国家和地区文化交流中食物一项，非常基本也十分有趣。食物通常成不了新闻，却应当成为文化人基本学识的一部分。对于所有生命来说，新陈代谢是根本所在，对于与我们智人接近的动物类群，吃东西、吃好东西、世世代代能够可持续地吃东西，是基本的基本。徐龙是我认识的少有的非凡大厨（我也有幸品尝过他烹制的美味），他一直热心于饮食文化传播，这次结合丝绸之路撰写相关读物，值得赞扬。对于广大读者，包括知识分子和政客，多读这类书，更有利于世界和平，也有利于改进自己的日常生活。关心食物种类及其来源的人，在我看来都是有趣味之人；在此基础上懂得栽种、饲养、烹调方法、相关野生种可持续利用的人，简直就是这个社会中道德高尚之人！

石蒜科（原百合科）韭葱（*Allium porrum*）对中国人来说是外来植物。我记得小时候老家吉林省通化市鸭园公社（那时还不叫"镇"）只有一块地种着这种植物，其他地方都没有栽种的。这块地位于当地驻军的大操场边，不让进，我们只能远远地观看。它看起来像蒜，但叶更多更宽些，基部和根部像葱；其花莛实心，与葱差别巨大。《中国植物志》给出的黑白线图将鳞茎画成了近球形（第14卷，1980），而我们在生活中实际见到的却不是这样的（与普通大葱的基部相似）。等我到北京读大学，发现超市中就有这种植物，百姓称之为扁葱、青蒜、洋大蒜，味道似蒜而形似葱。《中国植物志》只说韭葱原产于欧洲中南部，徐龙这部《丝路食语》讲得详细得多，认为它起源于小亚细亚、美索不达米亚一带。《丝路食语》还指出，古时韭葱的形状如同洋葱的球形鳞茎，现在的模样是后来栽培、选育所致。1880年左右从英国引入中国上海，1930年引入江西，引入北京大约在20世纪50年代，引进到我们东北则更晚。

《丝路食语》中仅提及苋科（原藜科）的藜麦（*Chenopodium quinoa*）和禾本科的菰（*Zizania latifolia*），没有专门讨论，应当分别各作为一个条目细讲一下。这两种植物如今已经进入寻常百姓家，前者在网络平台上多有销售，后者感染了黑穗菌（*Ustilago edulis*）后秆基嫩茎膨大，成为普通蔬菜茭白。前几日我到云南，在昆明翠湖的西门看到教育家陈荣昌（1860—1935）写的对联："十里春风青豆角，一湾秋水白茭牙。"其中"牙"通"芽"，"白茭牙"即"茭白"。汉代河西走廊一带"茭"就成为重要经济植物、战备物资，居延汉简中多次出现"茭"字。那时是否吃"茭白"不得而知。菰的种子为菰米，形似长粒香米，在中国现在种植者较少。想品尝菰米，在网络上可以容易地购到加拿大的产品，价格也不算高。番荔枝科番荔枝属水果，国内常见的是圆形的"释迦"，对应于植物学上的番荔枝（*Annona squamosa*），而在东南亚水果市场上更常见的是刺果番荔枝（*Annona muricata*）。后者果实更大，一般呈椭球形，聚合浆果外表有明显的刺。此外，我国也引进了牛心番荔枝（*Annona reticulata*）和山刺番荔枝（*Annona montana*）等。

　　书中讲的蔷薇科榲桲（*Cydonia oblonga*）令我想起云南勐海、元阳山上到处生长的野果多依（*Docynia indica*）。北京人和东北人可能不大熟悉这两种水果。前者可从网上方便购得，后者到云南旅游时可能碰到。这两种水果在中国栽种的数量似乎都不大，理应扩大栽种范围。也许在北京，这两种植物都可以引种，建议有关部门尝试。

　　在谈核桃、葡萄的起源时，可以更明确地指出具体物种，因为同属中有一些本地野生种，当地人长久以来就在食用。

刘华杰

2023 年 3 月 28 日

自序

英国作家 J.A.G. 罗伯茨在其《东食西渐——西方人眼中的中国饮食文化》一书中以"中国人靠食物征服世界"为题书写了序言。这里的食物不仅是指中国菜肴，还有中国烹饪技艺和饮食文化。

食物的主体就是食材，我们平日所见的很多食材都是外来的。而这些外来食材物种绝大多数又是通过"丝绸之路"陆续传入的。

丝绸之路这条古代欧亚大陆之间长距离贸易的通道，也是人类历史上线路式文明交流的纽带，与世界历史发展主轴密切相关。丝路交流是双向或多向的。随着中国的丝绸、瓷器和茶叶等商品的输出，输入的多是奇花异草、珍禽异兽、名石珠宝和香药香料。人们按照交易主导地位物品的内容，在不同时期、不同阶段赋予这条商路不同的名称，如彩陶之路、玉石之路、青铜之路、铁器之路、瓷器之路、绢马之路、小麦之路、香料之路及茶叶之路……

纵观丝路交流带来的各种物品，与百姓生活息息相关的就是可以使役及作为交通工具的动物（后来也被食用）、充满异国情调的香料、果腹的粮食作物及丰富的瓜果蔬菜。在这条风吹耳闻的古道上，不同族群的人们突破了疆界的限制，消除了种族的隔阂，跨越了文化的障碍，使食材担负起交流使者的角色。而每一种食材的背后都演绎一段属于自己的传奇故事。因此，从饮食文化历史研究的角度，"丝绸之路"又可称为"食材之路"。

造物主赐予了人类赖以生存的食材，食材也推动人类文明的发展。但对食材的追根溯源不是一件容易的事。我也曾自问：是否有资格去触碰如此重大的历史题材？因自知才疏学浅，无论是学识还是知识储备都远远不够。但强烈的责任感、使命感和紧迫感促使我倍加努力，仅凭一腔热情，而自不量力。

好在近十几年来，我曾有意无意地走访了将近 30 多个国家和地区。这些地方大部分与丝绸之路有关联，有些国家更是书中所涉及食材的原产地或主产地。如东南亚的印度尼西亚、菲律宾、马来西亚、新加坡、泰国、缅甸，欧洲的英国、法国、意大利、瑞士、德国、荷兰、奥地利、比利时、瑞典、冰岛、圣马力诺、梵蒂冈及列支敦士登，西亚的以色列、伊朗、约旦、卡塔尔、土耳其，北非的摩洛哥，东非坦桑尼亚的桑给巴尔，大洋洲的澳大利亚、新西兰，北美洲的美国、加拿大，加勒比海岛国巴巴多斯和格林纳达。我每到一地都会关注当地食材的历史、文化及饮食习俗，同时也遇到不少有趣的人和事。

丝绸之路境内线路，除我们熟知的陆路丝绸之路和海上丝绸之路两条主线外，还包括西南丝绸之路、草原丝绸之路（含"回纥道"）和东北亚丝绸之路。纵横交错，分布全国。因此，在国内某地可能不经意间就接触到古老的丝路饮食文化。如在四川彭州白鹿天主教堂外，看到当地农民叫卖的茄子、生姜、黄瓜、丝瓜、魔芋、莲藕和扁豆等蔬菜，殊不知都是通过在汉代被称为"蜀身毒道"（晋称"滇缅永昌道"及"博南古道"），由古印度传入的，此外还有胡椒等香料。这条被后人命名为西南丝绸之路还包括兴于唐宋因以茶易马而得名的茶马古道，云南西双版纳傣家的香茅草烤鱼中的香茅草、瑞丽景颇族牛干巴上的罂粟籽、腾冲稀豆粉中的豌豆、保山炊锅中调味草果、大理铜锅洋芋饭中的洋芋、丽江酿苞谷酒的玉米、怒江的腌杧果……都是通过茶马互市由缅甸和印度等地易货而来的。沿茶马古道越迪庆香格里拉入藏，就会不期而遇唐蕃古道。在这条同属于西南线丝路的吐蕃丝路上，藏族朋友保持吃糌粑、饮酥油茶和喝青稞酒的传统习俗，而番红花（藏红花）、葛缕子等香料及药材亦经此传播到内地。

在内蒙古连接东北的草原丝绸之路沿线上，无论是在呼伦贝尔、赤峰或包头，还是黑龙江的漠河、阿城、哈尔滨，飘香的胡麻油、耐饥的莜麦、解暑的西瓜、制糖的甜菜、休闲的毛嗑（向日葵籽）等都与此条线路密切相关。

近20年来，海内外学者以历史考古学为基础划分而提出的"东北亚丝绸之路"包括经辽西走廊通往俄罗斯陆上和从辽东半岛的大连、营口与朝鲜（高丽）、日本相连的海上商道。400多年前，欧洲的结球甘蓝、南美火红的辣椒及嗜瘾的烟草就是由此线路走来的。

在海上丝绸之路南海段的海南岛海口，游览骑楼老街、拜谒天后宫。初嚼如醉的青槟榔、畅饮清凉解渴的椰汁或老盐芭乐（番石榴），水巷口的辣汤饭中的胡椒、疍家的酸鱼汤中的罗望子（酸豆）以及琳琅满目的番荔枝、莲雾、菠萝蜜、百香果等热带水果，似乎在提醒着我这里曾是中外商船的重要中转站。

广东阳江海上丝绸之路博物馆，从"南海Ⅰ号"宋代沉船中打捞出水的梅、槟榔、橄榄、荔枝、葡萄、枣、南酸枣和滇刺枣等水果，锥栗、银杏、香榧子和松子等坚果，胡椒等香料，甚至还有咸鸭蛋，这些食材都在讲述着舌尖上的航海史。

福建泉州在宋元时期曾是世界第一大港口，也是联合国教科文组织认定唯一海上丝绸之路的起点。马可·波罗及伊本·白图泰的游记中描述港口商船往来如织，装载着香料与香药等货物在码头堆积如山的繁荣画面浮现眼前。徜徉古刺桐城的集市，花生汤、沙茶面、芋头饼等古早味依旧飘香。

而有目的性的探访是在被称为绿洲丝绸之路或沙漠丝绸之路的历史主线。沿西安、张掖、嘉峪关、敦煌、锁阳城、榆林窟探寻梦萦已久的古老路段,从乌鲁木齐到伊犁霍城的阿力麻里、姑墨(阿克苏)、龟兹(库车)、疏勒(喀什)、危须(和硕)、焉耆、库尔勒、托克逊等西域大地的采风,随处可见的古代丝路遗留的城垣、烽燧、古道、驿站。

骆驼、牛、羊、马、驴等由此走来;小麦、大麦、燕麦、亚麻、豌豆、蚕豆等粮油作物,苜蓿、莴苣、芹菜、菠菜、胡萝卜等蔬菜,葡萄、石榴及核桃、开心果等干鲜果品,茴香、莳萝、芫荽等食材香料源源不断地由此输入中原大地。而鹰嘴豆、无花果、榅桲、巴旦木、孜然、黑种草、胡卢巴、阿魏等早已成为新疆特色的代名词。

乌鲁木齐国际大巴扎里人头攒动,在悠扬的民族乐曲中,徜徉在拉条子、拌面、烤馕、油塔子、烤包子、手抓饭、曲曲儿、羊肉串、烤全羊、米肠子、面肺子、肚包肉、熏马肠、叶尔羌河烤鱼、缸子肉、大盘鸡、奶皮子、诺鲁兹粥、穆塞莱斯、马奶子酒……的摊位前,在品鉴各民族西域遗风美食美酒的同时,想象昔日"商胡客贩,日奔塞下"的盛况,也似乎倾听到食材在向人们诉说着它们如何汇集在丝绸之路这个千年美食博览会上的。

千百年来,国人在持续不断地接受外来食材的过程中,与外来文化的相互碰撞、融合。以中国人对食物的特殊理解、情感和智慧,既未"胡化",也未"洋化",而是将它们恰如其分地吸收和融入日常饮食之法之中,自然而然形成了独特的、有本地地域特色的美食。在滋养了中华文化自信的同时,更驱动中国烹饪乃至饮食文明的发展,对中国民众的饮食结构、生活方式、心理性格、思想行为和菜系的形成都产生了重要影响,而这种影响在今天依然保持着鲜活的生命力。

中国既是丝路饮食文化的接受者,也是丝路美食的传播者。从丝绸之路走来极为丰富和复杂的食材上看,中国从来就不是封闭和保守的,从这个角度去延伸挖掘出中华美食文化的世界性价值,可以彰显中华美食文化的世界性意义。因为食材的共享,本身就是全球化的一环。很多传入的食材,又从中国传播到其他国家和地区并产生了深远的影响。把这些故事串联起来就是整部"丝绸之路"饮食文化的交流史。

改革开放 40 年来,尤其是加入 WTO 以后,来自全世界各地的大批食材涌入中国,中国餐饮业如同欧洲文艺复兴时期的蓬勃发展,无疑又掀起了一场烹饪革命。

人们通过食物了解世界,也通过世界认识食物。如今,中华美食正走向全球,而中国回馈于世界的就是利用这些外来物种、食材或调料,重构、发展和再创造出多姿多彩的地方风味、特色美食及博大精深的中华饮食文化,为千年丝绸古路赋予新活力的同时,也续写了这条探索之路、贸易之路、友谊之路、文明之路新的篇章。

最终让世人明白"中国人为什么靠食物征服世界"。

Preface

British writer J.A.G. Roberts titled "The Chinese Conquer the World with Food" in author's preface to his book *China to Chinatown Chinese Food in the West*. The food here is not only Chinese cuisines, but also Chinese cooking skills and food culture behind them.

The main body of food is the ingredients, and many of them we see daily are from abroad. Most of these exotic food species were gradualy introduced along the Silk Road.

The Silk Road, a long-distance trade route between Eurasia in ancient times, was also the umbilical cord of inter-civilization exchanges in human history. It was closely related to the main axis of world history. Silk Road communication is two-way or multidirectional. Along with the export of Chinese goods such as silk, porcelain and tea, many exotic flowers and herbs, rare birds and animals, gemstones and jewels, perfumes and spices were imported. According to the content of the dominant trading goods, people gave this trade road different names in different periods and stages, such as Painted Pottery Road, Jade Road, Bronze Road, Iron Road, Porcelain Road, Silk Horse Road, Wheat Road, Spice Road and Tea Road......

Looking at the various items brought by the Silk Road exchanges, what was closely related to people's lives were the trained animals that could be used as servants or as means of transportation (and later were also eaten), exotic spices, edible food crops and abundant melons, fruits and vegetables. On this known with wind ancient road, people of different ethnic groups broke through the restrictions of borders, eliminated and crossed racial or cultural barrier, let the food to play a role of messenger bearing each of these ingredients a legend of its own. Therefore, from the perspective of historical research on food culture, "Silk Road" can also be called "Food Resources Road".

The creator has given human beings food to survive, the food also promote the development of human civilization. But tracing ingredients back to their origins is not an easy thing. I also asked myself: Am I qualified to research and write on such an important historical subject at a shortage of background reserves. Well, I am convinced by strong sense of responsibility, mission, and urgency to work more harder with enthusiasm.

Fortunately, I have visited nearly 30 countries in the last decade or so, Most of those are somewhat associated with the Silk Road, and some are even the origin or main producing areas of the food in this book. For example, Indonesia, Philippines, Malaysia, Singapore, Thailand, Myanmar in Southeast Asia, Britain, France, Italy,

Switzerland, Germany, Netherlands, Austria, Belgium, San Marino, the Vatican and Liechtenstein in Europe. Israel, Iran, Jordan, Qatar, Turkey in West Asia. Morocco in North Africa, Zanzibar of Tanzania in East Africa, Australia and New Zealand in Oceania, the United States and Canada in North America, and the Caribbean islands of Barbados and Grenada. Everywhere I visited, except meeting many interesting people and things, I payed a lot attention to the local ingredients of its history, culture and customs.

In addition to the well-known overland and maritime Silk Roads, the inland routes of the Silk Road also include the Southwest Silk Road, the Road on the Steppe(including the Uyghour Road) and the Northeast Asian Silk Road,that acrossing the Country. Therefore, one may inadvertently come into contact with the ancient Silk Road food culture somewhere in China. For example, the vegetables sold by local farmers outside Bailu Catholic Church in Pengzhou, Sichuan Province, such as eggplant, ginger, cucumber, loofah, konjac, lotus root and lentils, were all introduced from ancient India in Han Dynasty through the "Shu shen du Road" (In Jin Dynasty named Yunan-Myanmar Yongchang Road and Bonan Ancient Road), along with spices such as pepper. This road, named by later generations as the Southwest Silk Road, also includes the ancient Tea Horse Road, which was named after "tea for horses trade" in Tang and Song dynasties. The lemon grass in fragrant grilled fish of Dai Minorities in Xishuangbanna of Yunnan Province, the poppy seeds on beef jerky of Jingpo nationality in Ruili, the peas in Tengchong thin bean powder, the seasoned amomum tsao-ko in Baoshan cooking pot, the potato in Dali copper Pot rice, the corn in Lijiang brewing wine, the pickled mango in Nujiang River etc. were bartered from places like Burma and India through Tea Horses Road. Following the Tea Horse Road by Diqing Shangri-La into Tibet, you will encounter the Ancient Tangbo Road, a branch of the Tubo Silk Road, which belongs to the southwest Silk Road where Tibetan friends kept the tradition of eating Zanba, drinking butter tea and highland barley wine, cooking with spices such as saffron (also a herb),those were also spread to the interior through those Roads.

Along the Grassland Silk Road connecting Inner Mongolia to the Northeast, all the way down Hulunbeier, Chifeng, Baotou to Mohe, Acheng, and Harbin in Heilongjiang Province, the fragrant sesame oil, the anti-hunger naked oats, the heat-relieving watermelon, the sugar-making beets, and the leisure Maoke (sunflower seeds) are closely related to this Road.

In the past two decades, the Northeast Asian Silk Road was proposed by scholars at home and abroad on the basis of historical archaeology, this trade Road including the West Liaoning Corridor leading to the land of Russia and the maritime trade road connecting Dalian and Yingkou on the Liaodong Peninsula with Korea (Koryo) and Japan. More than 400 years ago, European Brussels sprouts, South American red-hot peppers and addictive tobacco all came along this Road.

In Haikou,city of Hainan Island, the starting part of the South China Sea section of the Maritime Silk Road,when I walking on the Old Arcade street,visiting Tianhougong (palace of heavenly empress),tasting drunken green arecan, drinking a refreshing coconut or old salted guava, enjoying the Shuixiangkou spicy soup rice and Dan's family sour fish soup,then having some variety of tropical fruits such as cherimoya, wax apple, jackfruit and passion fruit, remind me that this city was once an important transaction harbour for Chinese and foreign ships.

At the Maritime Silk Road Museum in Yangjiang, Guangdong Province, exhibited a shipwreck named "Nanhai 1 wreck" of Song Dynasty, in the boat, fruits such as plum, arecan, olives, lychees, grapes, jujubes, choerospondias axillaris and Ziziphus,nuts like Castanea henry, ginkgo biloba, torreya and pine nuts, spices such as pepper and even salted duck eggs were found, that tells some stories of food on a bite in the maritime history.

Quanzhou city in Fujian Province was the world's largest port in the Song and Yuan Dynasties and the starting point of the Maritime Silk Road, the only recognized city by the UNESCO (United Nations Educational, Scientific and Cultural Organization). The travel diary of Marco Polo and Ibn Batutah described the bustling merchant ships in the port, with spices and perfumes piled up at the docks, they were wandering through the market of ancient city which make you feel like still smelling an ancient flavor of peanut soup, satay sauce noodles and taro cakes.And targeted visit is the historical main line of what is known as the Oasis Silk Road or the Desert Silk Road. Along Xi'an, Zhangye, Jiayuguan Pass, Dunhuang, Suoyang City, Yulin Grottoes to explore the ancient road that has long been dreaming, from Urumqi to Huocheng Yili, Alimali, Gumo (Aksu), Qiuci (Kuche), Shule (Kashi), Weixu (Heshuo), Yanqi, Korla, Tuxun and other Western areas of Xinjiang Autonomous Region. The walls, beacons, ancient roads and post stations left along the ancient Silk Road can be seen everywhere. Camels, cows, sheep, horses and donkeys came along this road alone with wheat, barley, oats, flax, peas, broad beans and other grain and oil crops; Alfalfa, lettuce, celery, cabbage, carrot and other vegetables; Grapes, pomegranates, walnuts, pistachios and other dried and fresh fruits; Fennel, dill, coriander and other spices were imported into the Central Plains of China. Well, chickpeas, figs, quince, almond, cumin,nigella,fenugreek and ferulic have long been synonymous brand of Xinjiang specialty.

Urumqi international Bazzar is crowded, accompanied by the melodious folk music, wandering among the booth of handle pulled noodle, naan, sauced dry noodles, youtazi(pastry with sheep tail oil), baked buns, hand pilaf, Ququer (similar with wonton), mutton kebabs, roast lamb, rice intestines, noodles lung, belly meat, smoked horse sausage, Yerqiang River baked fish, enamel mug mutton, big dish stir-fried chicken, milk skin, Noruzi porridge, Muselles(wine), horse milk wine. while tasting the food and wine of various ethnic traditions of the western regions, imagine the grand image of the past, "merchants and tourists from domestic and abroad came and stayed overnight and left next day". Also the food ingredients telling people how they gathered through the Silk Road, the millennium food expo.

For thousands of years, in the process of accepting foreign food ingredients, Chinese people also encounter and integrate with foreign cultures. With the outstanding understanding on food, emotion and wisdom of the Chinese people, different ingredients are absorbed and integrated into their daily diet, naturally and

gradually formed a unique food with local or regional characteristics. It not only nourished the confidence of Chinese culture, but also drove the development of Chinese cuisine and food civilization. It had played an important role on the diet structure, life style, psychological character, ideological behavior and the formation of Chinese people's cuisines, and this influence maintains fresh vitality even today.

China is not only the recipient of Silk Road food cultures, but also a big spreader. From the extremely rich and complex ingredients along the Silk Road, we can see that China has never been closed and conservative. On this perspective, we could dig out or reveal the world value and significance of Chinese food culture, to share of ingredients and way of cooking as part of globalization. Many unique ingredients of Chinese food spreading out to other countries and regions also made profound influences in those area. Putting these stories together make we could see the whole history of the exchanging of food cultures along the Silk Road.

In the past 40 years of Reform and Opening up, Especially after China's accession to the WTO, Huge number of ingredients from all over the world poured into China, Undoubtedly set off the Renaissance of China's catering industry and culinary revolution, Making vigorous developments on Chinese food culture.

Today, Chinese cuisine is far more global, people could learn the world by food and enjoy food in the world. What China returns back to the world is to use these exotic species, ingredients to reconstruct, develop and re-create colorful and special local flavors, forming the extensive and profound Chinese food theory, giving new vitalities to the thousand-year-old Silk Road, writing new chapters of exploration, trade, friendship and civilization, letting "why Chinese conquer the world with food" more reasonable and understandable.

前言

　　"丝绸之路"这一概念，是在 1877 年由德国地理学家、近代地貌学的创始人和东方学家费迪南·冯·李希霍芬（Ferdinand von Richthofen）提出的。李希霍芬所指的"丝绸之路"是以中国古代的政治、经济、文化中心——古都长安与洛阳为起点，经河西走廊，穿过天山脚下进入中亚、西亚及北非，终点到达欧洲地中海意大利中部的罗马的古代贸易商路，即"陆路丝绸之路"。后来，人们把古代经由海路的中西交通路线称作"海上丝绸之路"，这一称谓出现得晚些，是由法国东方学家沙畹（Chavannes）于 1913 年首次提及的。

　　丝绸作为中国最具有代表性的商品，并非是唯一的流通商品，因此所谓"丝绸"一词，已经不是中外商业史上流通商品"丝绸"的狭义概念，而是一个文化象征符号，即"丝绸之路"概念在文化意义上的延伸。

　　如我们每天餐桌上出现的食材，有一多半是通过"丝绸之路"传入的。这些新奇的外来物种和食材慕风远飏，源源不断地输入中土。经历千百年深深扎根于华夏大地的沃土中，早就被国人接受，也渐渐演化为中国本土食材，融入到各民族的日常饮食中，变成一道道美馔佳肴，并催生新食谱，滋养着亿万普罗大众，更促进烹饪技法的发展。

　　国内外研究"丝绸之路"的文献浩瀚如烟，但目前还没有系统介绍从丝绸之路引入我国食材的专著，而这方面是最不应该被人遗忘的。因此，本人试图通过微观的食材串联起整个丝绸之路宏大的历史空间及其灿烂的饮食文化。也就是说，通过食材这个既小又大的载体来了解历史、了解文化、了解社会，也了解自己。这就是本人的初衷及此书的由来。

　　本书的内容即是以"丝绸之路"传入我国的各种食材，来讲述它们的起源、传播时间及路径、国人的接受程度与利用情况、对我国农牧业、饮食业、对国民饮食结构乃至饮食文化产生的影响。

　　全书共分上、中、下三篇，按时序和线路以"史前丝绸之路""陆路丝绸之路"和"海上丝绸之路"为三条主线，时间截至 1949 年，也就是说相当于从新石器时代——经夏商周时期的青铜器时代——再到新中国成立之前跨越了 7000 年间，陆续传入我国的 161 种食材串联在一起。分为动物性和植物性两大类，植物性食材又分粮食、蔬菜、水果和香料。

这 161 种食材中，绝大多数是通过商贾、僧侣、使节、移民、旅行者或军士等在不同时期带入的，因此可以说这些物种是国人陆续被动地接受的。当然也有因需求而主动带回的特殊例子，如汉武帝要征战匈奴需要能长途奔袭的“天马”及其所饲的草料苜蓿，就是由官方有组织、有目的引进的，这明显是出于军事和政治层面的国家行为；张骞再次出使西域时从大宛带回葡萄藤蔓及葡萄酒，可能是对这种成串的水果及其迷人的酒酿极大的猎奇心理；还有唐代时期官方派人去印度学习甘蔗榨糖的技术，或许是出于经济和文化层面。宋代引进的占城稻，也是由朝廷干预和推广的结果。而明代时期引入的甘薯，则是民间主动从吕宋（菲律宾）带回的个人行为。这些极为丰富和复杂的食材传入后，绝大多数被国人利用并开发，对中国政治、经济、军事及文化产生了重要影响。我们仅从饮食文化的角度上来看，这种影响的意义也是相当深远的。

牛、马、羊的引进不仅形成了中国农业“六畜”的概念，“六畜兴旺”也是国泰民安、社会繁荣的象征；而小麦传入之初即被纳入“五谷”之列，“五谷丰登”更是风调雨顺、社稷安宁的意象。

随着历史的变迁，每个食材传入后的境遇也不尽相同，有的是在最早的功用及食用价值上发生了很大变化，如在古代曾处于主要地位，可菜可粮的芜菁、可衣可食的大麻、耐饥救荒的芋头等，由于后来有口感更好食材的引入而逐渐被退居次要或可有可无的位置，它们在某些地区甚至被贬为牲畜的饲料。而张骞带回苜蓿的初衷是为了饲养能长途奔袭的“天马”，后来发现苜蓿的嫩苗也很美味，于是就成了人们的时令菜蔬。

牛、马、驴及骆驼以前一直是使役的畜力或交通运输工具，但随着近代机械化程度的提高和普及，如今人们饲养的主要目的是以食肉为主了。

有的食材在传入之时即得到追捧，如迷迭香、罗勒、莳萝、菾菜等，但随后莫名地被人遗忘。却在沉寂千年之后又被重新认可，焕发出新的活力。

有些食材在传入之初就被高效利用，如甘薯、马铃薯、玉米等南美作物因易种高产，不仅解决了当时粮荒的困境，还导致了我国人口数量的增长。也有的在传入时并未受到重视，后来慢慢地才被开发利用，如辣椒最早传入东南沿海地区时只是作为观赏植物，当传到西南贵州时正值当地缺盐，以辣代盐解决了下饭的问题而被推广。到如今，发展成国人一日三餐无辣不欢，神州大地红遍天的新局面。

还有的食材，因传入之初的政局、国力及其他因素，当时处于极其小众的范围，没有受到重视或得到普及。直到近些年随着经济的繁荣和发展，人们对生活质量的需求，以及受西餐饮食的影响，如芦笋、

黄秋葵、球茎茴香、番杏、双孢蘑菇、牛油果、西番莲、鼠尾草、牛至、百里香、薰衣草等，而今已是时尚食材。

由于地理气候等原因，某些物种受生长环境条件所限，使其成为具有鲜明地域性特产，如热带水果杨桃、菠萝蜜、杧果、菠萝、番荔枝、番石榴、番木瓜、莲雾、椰子、人心果、蛋黄果、罗望子、柠檬；香料胡椒、香茅、高良姜、姜黄、沙姜、月桂叶、荜拨；蔬菜中的西洋菜（豆瓣菜）、蕉芋、竹芋、木薯及嗜好作物槟榔、可可、咖啡等只能在南国栽培；孜然、黑种草、鹰嘴豆、巴旦木（扁桃）、恰玛古（芜菁）及阿魏等已成为新疆的特色物产，大麦、莜麦（燕麦）、小扁豆、胡卢巴、胡麻（亚麻）等却适合西北种植，而糖用荙菜则在东北寒冷地区生长得更好。

通常情况下，国人对外来食物具有极大的好奇心和包容性，但由于文化及饮食习惯不同，对某些食材还是谨慎地接受，如火鸡、鸵鸟、油橄榄、根荙菜及洋香菜等。而更有些食材对我国饮食的影响没有那么深远，如葛缕子、辣根、洋蓟、荜澄茄、阿魏、熏陆香及韭葱等从未融入中华饮食体系之中，至今仍被冷落，甚至于遭到拒绝。这种情况在饮食文化和包容性超级发达的中国是极其少见的！

还有如高粱等因产量低、成本高、口感差等原因种植逐年下降；而穄子等极个别的物种因无人愿意耕种甚至有即将濒临灭绝的危险。当然，对于某些具有毒性或麻醉作用的植物则另当别论，如罂粟、大麻等，多年来一直受到管控或限制种植。

有些食材，因气候条件或种植技术等原因，引进后在我国并没有栽培移植成功，或没有形成产业化，如开心果、小豆蔻、椰枣、荜澄茄、榴莲、腰果等至今仍然依靠进口。

但绝大多数物种在我国不仅有栽培，而且在种植面积或产量方面已居世界前列。我们日常所见的如粮食中的小麦、籼米和玉米；蔬菜中的萝卜、莲藕、茄子、扁豆、豌豆、蚕豆、芹菜、茴香、豇豆、黄瓜、芫荽、莴苣、菠菜、胡萝卜、洋葱、苤蓝、球茎甘蓝、花生、向日葵、南瓜、菜豆、甘薯、番茄、西葫芦、马铃薯、笋瓜、菊芋、花椰菜、丝瓜、苦瓜；水果中的葡萄、苹果、柠檬、西瓜、甜瓜、草莓等；香料中的姜、蒜、桂皮、芝麻、亚麻、草果、白芥、白豆蔻、砂仁、八角、辣椒等。几乎全部都是通过陆路或是海上丝绸之路由人的流动而交流成功的，但唯有鸽子或许是靠飞翔自行传播，而椰子则是依靠海水的力量自然传播的。

书中特例的情况还有如燕窝是由东南亚的金丝燕用唾液加工而成，而非物种，这也是本书唯一的非天然形成的食材。再有就是槟榔和烟草本为嗜好作物，虽不属于食材，但却是以入口的方式来咀嚼和吸食的，因此也被列入其中。

由于笔者在研究作物起源与传播等方面还是个门外汉，所以本书定位为非学术专著。对起源有争议的物种，如藕、萝卜、芜菁、芋头、绿豆等，以参考主流学术观点为准，谨慎选入。而对起源有严重分歧的物种并没有列入书中，如茼蒿、香蕉、苋菜等。有些物种发源地在学术上虽无争议，传入后在我国也有栽培，但可能是局限在某些地区种植，或是利用价值及影响力较小等原因，笔者没有能力查询其详尽的历史记载和传播途径等资料，如刺芫荽、山竹、海棠及菜用土圞儿等，故遗憾地未能选入书中。

本书介绍每一种食材时另有"厨涯趣事"和"小知识"两个小版块，分享自己从厨40年的亲身经历，增加趣味性及知识性作为正文的辅充。同时配以相应的植物手绘图及相关图片，以求图文并茂，雅俗共赏。

在附录中，列有食材的中英文名称、拉丁文学名、分类的科属、原产地、传入时期及我国历史古籍中最早记载年代等相关信息的统计表，还有中外文对照索引，便于读者查阅。

这本大众普及读物既有食材的历史知识，又有博物学的内容。希望读者朋友能在轻松的状态下，了解古老的"丝绸之路"给我们带来众多最接地气、也最具生命力食材背后的故事。

在撰写的过程中也是学习、探索、有趣和享受的过程。鉴于本人的水平有限，难免存在各种问题和不足，在此恳请各位专家学者给予批评和指正！

The concept of "Silk Road" was proposed in 1877 by Ferdinand von Richthofen, a Prussian geographer, founder of modern geomorphology and orientalist. The "Silk Road" referred by Richthofen is the ancient trade road, namely the "overland Silk Road", which starts from the ancient capital Chang'an and Luoyang, the political, economic and cultural centers of ancient China, and passes through the west Corridor of Yellow River (Hexi corridor), at the foot of the Tianshan Mountains, enters Central Asia, West Asia and North Africa, ends at Rome in the middle Italy and the European Mediterranean. Later on, people named the ancient Sino-Western traffic route via sea as "Maritime Silk Road", which was first mentioned later by E. Chavannes, a French orientalist, in 1913.

Used to be the most representative commodity in ancient China, silk was not the only commodity in circulation. The word "silk" was no longer a narrow concept of the "cocoon threads" in China and foreign commercial history, but a cultural symbol, namely the extension of the concept of "Silk Road" in a broad cultural meanings.

For example, more than half of the food ingredients on our table were introduced through the Silk Road. These exotic species and ingredients came from afar, flowing with wind into China like seeds, deeply rooted in the fertile soil of China for thousands of years, had long been accepted by Chinese people, gradually evolved into Chinese local ingredients, gave birth to new recipes, developed cooking techniques, integrated into the daily diet of various ethnic groups, served onto many series of delicious dishes, nourished hundreds of millions of people.

There are a vast amount of documents about the Silk Road at home and abroad, but no monograph systematically introducing the Chinese food connecting with the Silk Road, Which should not be ignored and forgotten. Therefore, the author tries to connect the macro historical space of the Silk Road and its splendid food culture through a micro ingredients big or small, Meaning to understand history, culture, society and ourselves through some small food materials but big carriers of above. That's the origin of this book.

The content of this book is based on the various food materials introduced into China through the "Silk Road", and tells the origin, spread time and path of these materials, the acceptance and utilization by Chinese people, the influences on agriculture and husbandry, food industry, diet structure and even the food culture.

There are two chapters under chronological order and routes path, following three main lines, that guide you into "prehistory Silk Road", "overland Silk Road" and "Maritime Silk Road", Untill the year 1949, which means covering up more than 7,000 years from the Neolithic Age, the Bronze Age of Xia, Shang and Zhou Dynasties, down to the founding of the People's Republic of China. 161 sorts of food materials in series have been introduced into China. These ingredients are sorted into animals and plants, the plants are even divided into grains, vegetables, fruits and spices.

Most of the 161 kinds of ingredients were introduced by merchants, monks, envoys, immigrants, travelers or military officers through the Silk Road at different times, We would rather like to judge these species were passively accepted by Chinese people one after another. Of course, there were some special cases on the own accord like the Emperor Wudi of Han took the initiative to bring back "Tianma (Heavenly horse)" and the forage alfalfa that could be used for long-distance raiding to fight the Xiongnu(Hun), these fighting horese and grass were introduced by the government in an organized and purposeful way at his needs. This was obviously an Official movement at the military and political perspectives. Zhang Qian brought back grape vines and wine from Dayuan on his next mission to the Western Regions, probably because he was curious about this cluster of fruit and its fascinating wine. In Tang Dynasty, officials sent people to India to learn how to squeeze sugar from sugarcane, for economic and cultural reasons. The sweet potato introduced in Ming Dynasty was a matter of folk personal fun from Luzon (Philippines). After the introduction of these extremely rich and complex ingredients, most of them were captured and incubated by Chinese people, which had an important influence on Chinese politics, economy, military and culture. If we look from the perspective of food culture solely, the impact is quite unique and profound.

For example, the introduce of cattle, horse and sheep helped to formed the concept of "six animals" in Chinese agriculture, while rich and healthy of "six animals" was also seen as symbol of peace and social prosperity of the country. Wheat was included in the list of "five grains", an abundance of "five grains" was also the image of good harvest weather, peace and stable of the country.

With the change of times, the situation of each imported food material also changes. Some encountered great changes compare to their earliest function and food value. In ancient times, turnip, hemp and taro, which could be used for food and vegetables, were gradually relegated to a secondary or dispensable, even to a livestock position replaced by more new comers with better taste. Zhang Qian originally brought back alfalfa to feed the long distance run "heavenly horse", Later, people found that young alfalfa seedlings were also delicious, so alfalfa became popular seasonal vegetable.

Cattle, horses, donkeys and camels were used as transport labor power, but with the increase and popularization of mechanization, people now raise them mainly for meat.

Other ingredients, like rosemary, basil, dill, chard, were welcomed at the time of arrival but subsequently forgotten without reason for a long time. Now, they come back to be recognized and reinvigorated again after sleeping in the corner for thousand years.

Some ingredients are always popular from the beginning of their introduction, such as South American sweet potato, potato, corn, they are easy grown and high yield, helped to solve food shortage at harsh time, also led to the direct increase of Chinese population. Some were ignored upon arrival, like chilli first came to the southeast coastal areas, were slowly developed as an ornamental plant at begaining. When hot chilli came to Guizhou, a southwest province of China, salt was in a shortage of market supply at that time there, people found that chilli was a very good substitute of salt to keep appetite, so hot chilli was accept and promoted. Today, hot chilli is so popular all over China on people's daily table, here comes a saying, "Three meals hot and delicious, Red land all over the world".

Due to the political situation, national power and other factors at the beginning of its introduction, some ingredients were in an extremely minority and did not receive attention or popularity until recent years with the prosperity and development of the Country's economy, people demand more and high life quality, Orientated by western style of food culture, asparagus, okra, bulb fennel, apricot, aricus bisporus, avocado, passion flower, sage, oregano, thyme, lavender and so on, has become fashionable food ingredients.

While, geographical and climatic varieties make some species being limited in the growing environments, that gives them with distinctive regional specialty, such as tropical fruits like betel nut, star fruit, jack fruit, mango, pineapple, sugar apple, guava, papaya,wax apple,coconut,sapodilla,lucuma,tamarind,lemon. Some spices like pepper, citronella,galangal, turmeric, sand ginger, bay leaf, long pepper. Vegetables like watercress, canna edulis, arrowroot, cassava and some hobby crops like cocoa, coffee etc. can only be cultivated in the south part of China. Cumin, nigella sativa, chickpea, badam (almond), turnip and asafetida have become the characteristics of Xinjiang, Barley,naked oats(oats),fenugreek, flax and so on are suitable for northwest cultivation, and sugar beet is growing better in the cold area of northeast China.

In general, Chinese people are curious and tolerant towards exotic food, but as a result of different culture and dietary habits, some ingredients are being cautiously accepted, such as turkey, olives, root chard and parsley. Other ingredients, such as horseradish, artichokes and leeks, have had a less impact on the Chinese diet. Still being snubbed and even rejected. As well as cubeb, asafetida, mastiche etc., are rarely used even in the traditional Chinese herb medicine. This is extremely rare thing in China where food culture is super strong and inclusive.

Other mentionable example is sorghum, facing decreased planting year by year due to low yield, high cost and poor taste. As for eleusine coracana case which is facing extinction danger due to low willing of cultivation. this is not the case for certain plants with toxic or narcotic effects, such as opium poppies and cannabis, which have been controlled or restricted in cultivation for many years.

Some introduced ingredients, because of climatic conditions and planting technology, have not grown or transplanted successfully in our country, or has not formed industrialization, such as: pistachio, cardamom, dates, cubeb, durian, cashew nuts, etc. are still rely mainly on imports so far.

But the vast majority of species are not only cultivated in our country, but also ranking in front of the world both in planting scale and output. Like the daily food wheat and corn, Vegetables like radish, lotus root, eggplant, lentils, peas, broad beans, celery, fennel, cowpea, cucumber, coriander, lettuce, spinach, carrot, onion, kohlrabi, bulb kale, peanuts, sunflower, pumpkin, string bean, sweet potato, tomato, courgette(zucchini), potato, winter squash, Jerusalem artichoke, cauliflower, loofah, bitter gourd. Fruits like grapes, apples, lemons, watermelons, melons, strawberries and so on. Spices like ginger, garlic, cinnamon, sesame, flax, amomum tsao-kot, sinapsis alba, white cardamom, fructus amomi, anise, chilli and so on.

Almost all of these ingredients were successfully imported along with the exchange movement of people through the Silk Roads on land or by sea. I have to menttion that only coconut was transmitted in by the natural power of sea tide.

One special case in this book which is an only non-natural ingredient, the bird's nest, which is made of "saliva"of swiftlets in Southeast Asia, rather than a species. Betel nut and tobacco are also included in because they are hobby crops that are not considered as food but are chewed and smoked in the mouth.

I put this book a position as non-academic monograph since I am still fresh in researching the origin and propagation of crops. Species whose origins are still in dispute, such as lotus root, radish, turnip, taro, mung bean, etc., are carefully selected with reference to mainstream academic views. Coronarium chrysanthemum, banana and amaranth are not listed in the book. Although there is no academic dispute about the origin of some species, they have been cultivated in China after being introduced into the country. However, due to the limitation of planting in some areas, or the low utilization value and influence, the author is not able to seek the detailed historical records and transmission way so far, such as , thorny cilantro coriander, mangosteen and vegetable root of fortune Apios, etc., so, regretfully unable to include them.

In addition to the text about food material, I shared with two sections "Funny cooking life" and "knowledge tips", contributes as supplement to the text of my personal 40 years chef career to increase interest and some knowledge for readers, at same time,a lots of bueatifull colored hand draw plants and related pictures correspondingly will make this book more elegant and popular.

In the appendix, you may find statistical tables of the names of the ingredients in Chinese and English, the scientific names in Latin, the classified families, the origin, the period of transmition and the earliest records in ancient

Chinese history, as well as a bilingual index for your reference.

This small edition aims to be a popular and relax reading, with both historical knowledge of food ingredients and natural history. Hope you might learn the story behind many of the most down-to-earth and vital ingredients brought to us by the ancient "Silk Roads".

The process of writing is also a process of learning, exploration, having a lots of fun and enjoyments. Considering my personal limitation, it is inevitable that there must be various of shortages and deficiencies in the book, your professional opinion even criticism are most welcome!

史前丝绸之路

提及"丝绸之路",人们自然会想起张骞"凿空"。而实际上人类在旧石器时代欧亚之间的部落已经开始接触,新石器时代即已存在商品交流关系。

相当于中国历史的夏商周时代,随着欧亚草原部落斯基泰、匈奴、月氏、乌孙等游牧民族的迁徙,开辟出一条从河西走廊穿越新疆、中亚,或通过蒙古草原和西伯利亚南部,再由黑海、高加索地区一直通往小亚细亚和地中海沿岸,横跨欧亚大陆的"草原之路"。东西方人类最初交往,主要就是通过这个通道实现的。欧亚之间的青铜器、陶器、药材、毛皮、漆器等物品也是通过在这个空间里进行小规模的零星贸易,斯基泰人充当了中介商和贩运者,因此这个联系东西方文化的广阔时空被称为"斯基泰商道",发源于西亚的小麦就是随着游牧民族通过中亚向东传播进入我国新疆河西地区。这是已知传入我国最早、最重要的食材之一,也是中国在新石器时代与西亚交流的典型实例。因此这个古老的史前商路也被称为"小麦之路"。

小麦钱币(古希腊)

小麦邮票(以色列)

"史前丝绸之路"诱发了后来的"丝绸之路"。在秦始皇统一中国后，到汉武帝打败匈奴，逐渐以北方沙漠中无数的天然绿洲为连接点，形成一条贯通欧亚大陆的"绿洲之路"或称"沙漠之路"的交通线，最终成为连接东西方经济和文化交流大动脉的"丝绸之路"，也称"北方丝绸之路"。而地处长江上游的西南古蜀地区在先秦时期，即与南亚存在文化交流与传播的道路，其中重要的一条是到达身毒（今印度）的通道，即司马迁在《史记》所说的"蜀身毒道"，现代史学家称之为"南方丝绸之路"。许多物种如藕、姜、桂皮、甘蔗、扁豆、豌豆、甜瓜等就是这样由多条线路传入我国的。

　　早在周王朝建立之初（前1046），武王派遣箕子东渡到朝鲜半岛传授田蚕织作技术，则是早期通过海路进行交流的方式。春秋战国时期北非与西亚的舶来品也曾通过各个交通线抵达我国。

　　因此，"史前丝绸之路"是一个纵横交错的多元立体的交通网络，也为历史时期的"陆路丝绸之路"和"海上丝绸之路"奠定了基础，在古代东西方文明交流中起到重要作用，更为中华文化包容并蓄、多元一体特质的形成，提供了宽阔舞台和深邃历史空间。

骆驼

沙漠之舟

骆驼起源于北美洲。约 100 万年前，骆驼由北美洲经过白令海峡至中亚和蒙古高原满洲里较寒冷干旱地区传入我国西北地区。骆驼是大型牲畜，分有峰骆驼和无峰骆驼，有峰骆驼又分为单峰骆驼和双峰骆驼。

早在公元前 3000 年，先民就已经开始驯养骆驼。据考古发现，在西周晚期，新疆北部地区已驯养有双峰驼。但到汉朝初期的中原地区，骆驼还是很少见的。古文献中多称其为橐（tuó）驼，如《山海经·北山经》载："（虢山）其兽多橐驼"，《史记索隐》云："背肉似橐，故云橐也。"

野骆驼银币（中国）

骆驼以粗糙坚韧的沙漠植物为食，靠着贮存在驼峰里的脂肪能存活相当长的时间。其性温顺，耐饥渴，可负重致远，是沙漠地区的重要力畜，因此有"沙漠之舟"之称。一支支骆驼商队，载着客商及货物，伴着叮咚的驼铃声，行进在荒寂浩瀚的沙漠戈壁上，绵延无尽，连接着欧亚。因此，骆驼成为了古丝绸之路的交通符号和不朽的象征。

生活在西部沙漠附近地区的人们很早就有吃骆驼的习俗。但骆驼肉与牛、羊肉相比，其纤维较粗，肉质疏松，色泽发暗，微闪青铜光泽，肌间多筋膜，少脂肪，膻骚味较重 [1]。因此古籍少有食骆驼肉记载，反倒是骆驼的足掌、驼峰及驼奶却被古人视为人间至味，在不同时期被列为八珍，载于史籍。

魏晋时期，是一个多元文化融合的重要时期，尤其饮食，中原吸收了大量北方和西域的元素，无论从原料、烹饪方式、进食方式以及食器等，都受到了北方民族强烈的影响 [2]。三国时魏陈思王曹植曾以骆驼足掌心为

骆驼

唐三彩釉陶载乐骆驼

驼蹄羹

驼峰大小有差异,母驼要小一点,公驼大一些。秋冬时节,丰满肥厚,肉质细密。可切条、块、片、丝等多种刀法加工,适于如炒、爆、烧、扒、扣、烩、煮、熏、卤、烤、炸等烹调方法。以驼峰制作的菜品甘鲜味厚,口感腴滑,香而不腻。而驼掌的结缔组织多,适合煮、烩、烧、扒、蒸、扣等烹饪,软烂适口,滋味醇厚。驼峰味甘,性温,有润燥、祛风、活血、消肿的功效。

骆驼在沙漠中吃的是盐碱性植物(如红柳、骆驼刺、肉苁蓉等),故纯驼奶会有略微咸味。因此驼奶相比其他动物奶有耐饥抗饿的特点。

原料创制一款号为"七宝羹"的羹醢类肴馔。驼掌即驼蹄,比熊掌还要大,富含胶原蛋白,肉质肥大厚实,细嫩而有弹性。因此这道佳肴又被称为"驼蹄羹",流行于唐代,杜甫在《自京赴奉先县咏怀五百字》中"劝客驼蹄羹,霜橙压香橘",曾首次提及。

驼峰,主要用来储存水分和能量,驼峰重量约10—20公斤,内贮大量的胶质脂肪,丰硕膏腴、细嫩甘肥。唐时有一难得的美味:"野驼酥"(也称"驼峰炙"),边塞诗人岑参《玉门关盖将军歌》:"灯前侍婢泻玉壶,金铛乱点野酡酥。"秋冬季节,骆驼膘肥体壮,两峰耸起,毛厚色褐,驼峰丰满肥大,谓之"紫驼"[3]。杜甫《丽人行》云:"紫驼之峰出翠釜,水精之盘行素鳞。"紫驼峰就是用驼峰烹制的美食佳肴。宋人孟元老在《东京梦华录》里有"双下驼峰角子"的记载。

在八珍中出自骆驼之身的就居三席。元人陶宗仪在《南村辍耕录》中写道:"所谓八珍,则醍醐、麆沆、野驼蹄、鹿唇、驼乳糜、天鹅炙、紫玉浆、玄玉浆也。"其中"驼乳糜",即驼奶粥。驼乳在元代饮食中有特殊地位,蒙古语谓"爱刺"或"爱亦刺黑"或"爱兰"。《饮膳正要》:"驼乳,系爱刺,性温,味甘,补中益气,壮筋骨,令人不饥。"近年来,骆驼奶的营养价值及稀缺性被人关注。

厨涯趣事 >>>

我第一次吃骆驼肉是在40多年前。当时上中学的我在副食店见到酱骆驼肉的熟食就买了一块回家。在物质比较匮乏的年代,骆驼肉吃起来还是很不错的,虽然比牛肉的纤维粗,口感也差一些。入厨校实习时,也偶尔在高档筵席中见到师傅会制作驼掌和驼峰等佳肴,后来这些原料就少见了。2023年5月18日,在西安举行的中国—中亚峰会的欢迎宴会上,出现了"唐宫七宝羹"这道历史名馔,但配料单中的"七宝"只有牛蹄筋、干贝、杏鲍菇、冬笋、竹荪、腊牛肉和鲍鱼。唯独缺席主食材驼蹄。其原因在高启安先生的《开发传统美食 保护骆驼资源》一文可以找到答案:由于骆驼逐渐退出了使役领域,其经济价值下降,加之饲养环境的变化使骆驼放牧空间缩小,饲养量逐年下降。文中呼吁人们转变观念,拓宽骆驼作为肉食原料的新思路。恢复和创制骆驼食材的传统肴馔,以适应旅游市场。骆驼作为古代丝绸之路的活文物实在是应该得到保护。

[1] 聂凤乔,《蔬食斋随笔别集·禽畜鸟兽篇》,山西经济出版社,1995年。

[2] 高启安,"丝路名馔'驼蹄羹'杂考",《西域研究》2011年第3期。

[3] 高启安,"丝绸之路上的一道美味佳肴——岑参诗中的'野驼酥'解读",日本京都大学《汉字と文化》第10号,2007年3月。

小麦

后「来」者居上

小麦发源于人类文明的假设诞生地，即西亚美索不达米亚新月沃地（Fertile Crescent）。早在 10000 年前，人类已经开始食用野生的一粒小麦。公元前 7000—前 6000 年，经驯化的小麦已经在今西亚地区开始了广泛的栽培。其后，小麦开始向尼罗河流域、印度河流域等地传播，6000 年前出现于欧洲。在相当于新石器时代后期（即龙山文化时期）通过中亚沿史前的欧亚"草原通道"传入我国北方。也有学者认为是距今 4500 年左右，由发源于乌拉尔山和南西伯利亚的吐火罗人（Tokhar）经"绿洲通道"把小麦带到我国西域（今新疆）地区。在新疆楼兰的小河墓地，发掘有 4000 年前的炭化小麦。这是到目前为止在中国发现最早也是最集中的小麦遗迹之一[1]，说明当时新疆地区已栽培小麦。而后，小麦由新疆与河西走廊地区传入中原，扎根黄河流域并逐渐自西向东传播。

小麦钱币（以色列）

甲骨文"来"及"麦"字

甲骨文中的"麦"字，源于"来"字，表示是"外来"之意，充分说明其身份。"来"是象形字，在上古汉语中，"来"与"麦"发音近似，后来为了区别这两个词，人们在"来"下面加上表示行走之意的偏旁"夊"，造出形声字"麦"。如《诗经》"贻我来牟，帝命率育"，其中的"来"字即小麦，"牟"为大麦。

由于石磨技术尚不发达，古人最先把小麦整粒蒸或煮熟制成麦饭般的"粒食"。虽然早在周代小麦就被列入"五谷"之中，但先民们并不以麦为贵，宗庙祭祀必称黍、稷，富国安民则言贵粟[2]。重粟不重麦这一古俗表明，小麦不是华夏先祖自古耕食之谷[3]。张骞凿空西域后，胡人沿丝路陆续而来，诸如胡饼等胡人的面食习俗得到了国人的喜爱。西汉末年，在农学家氾胜之的推广之下小麦得以普及。加之石碾磨盘的普及，面粉加工工艺随之发展，逐渐由"粒食"转向"面

石磨盘及磨棒

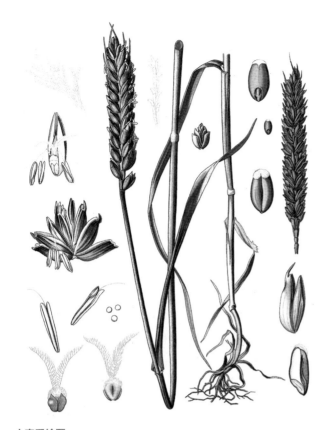

小麦手绘图

食"，口感迅速提升，烹饪方法也更加多样化。因此促进了小麦的生产，实现了古人对农业兴旺"五谷丰登"的期盼。

小麦是最易采集的谷物之一。它不仅比水稻更易于栽种、收获和脱粒，甚至比粟具有更多的优点[4]。唐中后期小麦逐步取代黄河流域固有的黍和粟，而成为北方仅次于水稻的第二大粮食作物。南宋时，随北方人口大量南迁，小麦种植技术也被带到了南方。

明代中后期，海上贸易兴起。原产美洲的玉米、马铃薯、番薯、花生等农作物陆续引入，但仍未改变小麦在北方的主食地位，并形成了现今中国"南稻北麦"的农业生产格局。

小麦作为最早的全球化食材，也是本土化最成功的。经过数千年的发展和变迁，如今已成为我国种植面积最大、食用人数最多的粮食作物。在很大程度上改变了国人的生产方式、烹饪方式和饮食习惯，乃至影响我国整个历史的发展进程。

厨涯趣事 >>>

世界各国利用小麦制作的面食品种繁多，但受众最广、影响最大的就是面条。而面条又以中国和意大利享誉国际。在欧洲，有面条是13世纪时由马可·波罗（Marco Polo）从中国带回的说法。近年考古发现，早在马可·波罗来中国以前，意大利就已经有了面条。十几年前，我在罗马美食权威培训机构"大红虾美食城"（Gambero Rosso Città del Gusto）学习和交流结束前，接受记者采访：你认为是中国人发明了面条，还是意大利人发明了面条？我不假思索地答道：据我所知，中国在2000年前的汉代开始出现面条的文字记录。为了避免尴尬，我话锋一转：我认为是谁先发明了面条，这个不重要。重要的是面条对人类的贡献，即人们喜不喜欢面条。事后，翻译小姐姐夸我回答得好外交！

牛肉拉面

我国栽培的多是软质小麦。由于其籽粒半硬，蛋白质含量及面筋强度中等，适合制作蒸煮类美食。另一类为欧洲的硬质小麦，也叫杜兰小麦，具有高密度、高蛋白质、高筋度等特点。主要用于制作面包等烤制面食。制作意大利面条时通常要用鸡蛋和面，所以意大利面通体呈黄色，耐煮，也是口感更筋道的原因。

[1] 崔岱远，《一面一世界》，商务印书馆，2017年。

[2] 杨富学，《丝路五道全史（上）》，山西教育出版社，2019年。

[3][4] 李裕，「中国小麦起源与远古中外文化交流」，《中国文化研究》1997秋之卷。

羊

以大为美

据考古和分子遗传学研究发现，现代家绵羊的祖先都源自近东地区的新月沃地的野生绵羊、欧洲摩弗伦羊和安纳托利亚野生绵羊，而伊朗地区的胃石野山羊则是现代家山羊的祖先[1]。家羊有盘羊属的绵羊和山羊属的山羊这两个种，它们约在距今 10000 年前后被人类驯化。

这些被驯化的家绵羊和山羊可能在距今约 5600—5000 年前（仰韶文化和龙山文化时期）由西亚同小麦一道传入我国西北地区。据动物考古学家研究发现，我国最早的家养绵羊出现在甘肃和青海一带，然后逐步由黄河上游地区向东传播。而中原地区所知最早的山羊发现于距今约 3700 年前后的河南偃师二里头遗址[2]。

羊在人类早期文明中扮演着重要角色。羊的性情温顺，在古代常常被用于祭祀礼仪活动中，据《大戴礼记·第五十八》载："大夫之祭，牲羊，曰少牢。"先贤以"羊大为美"，因此羊成了美丽和吉祥的象征。商代的"四羊方尊"青铜礼器及殷墟妇好墓出土的玉羊头等都是以羊为祥瑞的造型。"三阳开泰"的祝愿之词是由《易经》卦象的变化引申而来，"跪羊反哺"寓意孝道文化，羊也是我国十二生肖之一。这些优秀传统的羊文化至今仍渗透在人们的日常生活中。

西来家羊的出现，也标志着我国古代畜牧业的新阶段。先民有了"六畜"的概念，羊就被列入其中。羊是食草性动物，不会与猪、狗等传统家畜争夺食物的同时，又能为人类提供多重产品的动物资源，如羊毛和羊毛制品可为人类提供御寒保暖的衣物材料，人们更喜欢鲜美的羊肉、醇厚的羊奶和羊奶制品等食品。

甲骨文羊字

生肖羊邮票（中国）

彩绘宰羊图画像砖

《二羊图》

秦汉以后，牛作为农耕的家畜在禁杀之列，羊就成了主要的贵族化肉食。魏晋时期，随着游牧民族南下，北方地区羊的地位逐渐上升；至唐代时羊肉普遍受到不同阶层人群的青睐[3]。在唐代著名的《烧尾宴食单》列举了58种美馔佳肴中，就包括不少以羊肉为主要的菜肴。唐代薛昭纬《谢银工》诗曰："一楪毡根数十皴，盘中犹更有红鳞。"毡根是羊肉的别称，毡，后亦作"膻"。

从宋代开始，羊肉成为宫廷御膳食材中的上品。皇宫有"御厨止用羊肉"，"不登彘"的规矩。真宗时期御厨甚至每年"费羊数万口"。元代蒙古人进入中原时仍然保持着吃羊肉的饮食习惯，宫廷太医忽思慧在《饮膳正要》列举"聚珍异馔"门，大约有70余种食物是以羊肉为主料或辅料的食方，占全书的十分之八。到了清代，"全羊席"的出现再次促进了食羊文化的飞跃。美食家袁枚《随园食单》："全羊法有七十二种……"

如今，人们对羊肉的喜好依然如故，食用方法更为丰富：手把羊排、红焖羊肉、葱爆羊肉、涮羊肉、白切羊头、羊肉泡馍、水盆羊肉、烤羊肉串及羊肉抓饭等都是特色美馔佳肴，也是中华饮食文化与多民族融合、多元文化交融的结晶。

大漠手抓羊肉

山羊和绵羊在动物分类学上差距很大，虽然在汉语中统称为"羊"，但在很多语言中有不同的词。如英语的山羊是goat，绵羊是sheep；法语的山羊是chèvre，绵羊是mouton。世界各地食用羊的品种繁多，其中也不乏名品。在我国绵羊的品种就有31种，山羊竟达43种。羊肉质量的优劣，与羊的品种、生存环境和饲料有关。通常绵羊肉质量优于山羊；而草肥水美之地，羊肉质量并不一定就好。反之，贫瘠的盐碱地却能造就出高质量的肉羊。因为环境迫使羊只跋涉觅食，使之不停地运动，肉质因此鲜嫩醇香。另外，正确的烹饪也是关键。如新西兰、澳大利亚等进口羊肉适合烧烤的西式做法，而国产羊肉更适合中式传统烹调。

厨涯趣事 >>>

十九年前的暑期，我带着当时上小学的长子经赤峰前往锡林郭勒盟的东乌旗。车子在骄阳的护送下沿着广袤的草原公路行进8个小时后，终于到达了朋友张文学的屠宰场。老张边忙碌招呼远来的客人边安排宰羊煮肉，不大一会儿，一盆盆热气腾腾的手把羔羊肉端于桌上。老张介绍说锡林郭勒盟饲养的品种是苏尼特羊，吃草原上的沙葱长大，煮肉时不加任何调料，只需清水和一把盐。果然，肉白汤清，鲜嫩无比，唇齿留香，印象极深。没成想几年后，锡盟政府在北京举办锡盟羊肉推介会，媒体朋友辗转找我助兴，我现场做了一道香草羊排，就是以迷迭香、百里香、薄荷及细香葱等香草为羊排增香，很受欢迎。讲解时我特意说明了"以草还羊"的理念，就是来自那次锡林郭勒盟之旅的体验。

[1] 李志鹏，"吉羊西来：中国家羊的起源"，《中国社会科学报》2019年第1713期。

[2] 袁靖，"三阳开泰——羊年说羊"，《中国文物报》2015年2月13日。

[3] 邓慧，"汉唐时期动物考古的特点及研究思路"，中国科学院大学博士学术论文"，2014年。

大麦
高原之谷

大麦也是发源于新月沃地。据考古学家在美索不达米亚一带发现,有大量的经过烧烤过大麦的痕迹,经过科学家化验进行断代,推断出最早的大麦应起源于此。

现在人很少以大麦为主食,但 10000 多年前,西亚地区的先民开始进入农业时代时,在今以色列、约旦一带开始种植最多的作物是大麦,而不是小麦。原因是那时的小麦是原始的一粒麦品种,比较粗粝,相比之下,用大麦做的主食口感则好得多。因此,历史上大麦的地位远比今天重要。

在古埃及的象形文字及苏美尔人的楔形文字中都有人工种植大麦的记录。公元前 2800 年,巴比伦砖雕上刻着最早的大麦酒的制法。在犹太教中,大麦是七种必备圣餐食物之一。

大约在公元前 2500 年,大麦从美索不达米亚北部被引种到印度河流域,然后扩散到印度次大陆。印度人认为,印度教的大神因陀罗使大麦成熟。公元前 900 年后的铁器时代之前,大麦又由印度沿西藏高原南部迁回辗转传入我国。所以,大麦传入的时间要晚于小麦 500 年左右。

大麦古称"牟",为大的意思。后来古人又为大麦造出个字:"麰",《孟子·告子上》云:"今夫麰麦,播种而耰之,其地同,树之时又同,浡然而生,至于日至之时,皆熟矣。"明言大麦的收割在夏至之时。后因其幼苗高大健壮,大于小麦,故称为大麦。

大麦铜币(古犹太)

大麦粒

大麦

大麦手绘

糌粑

大麦有皮大麦和裸大麦之分。皮大麦又称带壳大麦、有稃大麦，其籽粒成熟时与稃壳紧密粘连，不易分离；而成熟后稃壳容易分离脱落者叫裸大麦，青稞就是裸大麦的一种。在不同地方裸大麦有不同的名称，如裸麦、米麦是指不用脱壳的麦子；而元麦则是最早成熟的麦子，元，首也。麦类作物还有燕麦、莜麦、黑麦等。

虽然在汉语中荞麦和藜麦也被称为"麦"。但实际上它们不是禾本科的麦类植物，而分别是蓼科和苋科（原属藜科）作物。

以后，随着小麦品种不断被驯化和改良，大麦的产量才明显低于小麦。由于人们更愿意种小麦，大麦的地位逐渐被小麦代替，成为一种不常用的作物，甚至沦为穷人的粮食或家畜的饲料。但大麦具有早熟、耐旱、耐寒、耐盐碱和耐瘠薄等特点，这让它能广泛适应全世界的环境。此外，它还有一个其他谷物都比不上的优点：大麦种子在发芽时会合成大量淀粉酶，能迅速把谷粒中的淀粉分解成简单的糖类。这些糖类遇上酵母，就可以进一步转化为酒精，所以大麦是所有谷物中最适合用来酿酒的一种。至少在 10000 年前人类就利用大麦酿酒，如今啤酒和威士忌等酒类都是大麦的产物。

我国大麦的产区相对集中，主要在青藏高原、黄河流域和长江流域。早在新石器时代中期，居住在青海的古羌族就已在黄河上游开始栽培。青藏高原的青稞就是大麦的一个高原品种。青稞的名称在北魏贾思勰《齐民要术》中就已出现。青稞对藏族的历史与社会产生深远影响，藏族人主要用青稞酿"青稞酒"及制作传统的食物"糌粑"。对生活在青藏高原的人们来说，糌粑是最方便的主食。只要备好奶茶，不用生火做饭，只需一会儿，喷香的糌粑便可入口了。糌粑和藏族密不可分，千百年来滋养着藏族人民繁衍生息。糌粑是藏族饮食文化的精华，也是藏族的象征。

大麦还有多种保健功能，其味甘性平。李时珍《本草纲目》载，大麦作饭食，响而有益。煮粥甚滑。磨面作酱甚甘美。

厨涯趣事 >>>

2007 年年初，我第一次去以色列为即将出版的拙作《犹太和以色列国钱币》一书补充资料及完善素材。忘年交卡利法（Albert Khalifa）先生从机场把我接到他在特拉维夫附近基布兹中的家里小住。早晨他的金发夫人哈瓦（Hava）都会准备丰盛的早餐，每天换不同的面饼，既有中东常见的皮塔饼（Pitta），也有犹太人传统的大麦饼（Lechem）。卡利法告诉我：犹太人在逾越节上，必食一种死面的大麦薄饼——即无酵饼（Matzoh），以纪念摩西率犹太民众逃出埃及。犹太人从此得到救赎。大麦饼一直是犹太人的重要食物，甚至被视为生命的象征。因此不能用刀切，唯恐切断"生命线"，只能用手掰开食用。

大麻
衣食兼用

大麻原产地为中亚细亚、黑海沿岸到西伯利亚南部及吉尔吉斯斯坦草原。大麻是沿着北方草原之路传入我国的。新疆孔雀河古墓内发现过用大麻纤维的草编篓，甘肃临夏县东乡林家遗址出土过四五千年前的大麻籽。日本学者星川清亲认为：中国于公元前7世纪在四川、湖北等地就种植大麻，后又传到了东北[1]。

大麻籽

大麻在我国分布广泛，南北各地均有种植。这种古老又神奇的植物最大的用途是制作纤维，有坚韧而长，吸湿性好，且不易发霉的特点，主要用来织布、编绳和造纸，在历史上一直是举足轻重的纤维植物，是我国北方衣物原料的主要来源[2]。大麻织物在夏至战国时期应用很多，生产技术亦很成熟，织品洁白细薄。《诗经·曹风》："蜉蝣掘阅，麻衣如雪。"大麻不仅是古人普遍穿着的衣物，还是古人丧事仪式的标志性织物。古人在长辈亡故时，都要"披麻戴孝"。用麻布制衣，被泛称为"布衣"。《荀子·大略》："古之贤人，贱为布衣，贫为匹夫。"宋末元初以后，随着棉花的传入，人们才逐渐放弃了麻质的服装。

火麻仁

大麻在我国又称火麻、汉麻或黄麻。其干燥成熟种子为火麻籽，火麻籽有类似于松子及坚果的味道，可以食用。《诗经》中就有种麻的诗句，如《齐风·南山》："艺麻如之何？衡从其亩。"先民种麻是为取麻纤维御寒和食大麻籽果腹，尽管大麻不是谷物，但却是重要的经济作物。《黄帝内经·素问》"麻麦稷黍豆，为五谷"以麻为首。五谷所指，历来不一，然麻总居其中。《齐民要术》中有专门"种麻籽"的记述。

古代用大麻织衣图

大麻植株

大麻手绘

火麻仁啤酒

大麻的品种很多，植物学上根据用途分为纤维用、籽用和药用三大类。国际上又依据来自其叶子、花或树脂中的四氢大麻酚（Tetrahydrocannabinoid, THC）含量进行分类，低于0.3%的品种称为工业大麻（Industry Hemp），其含量高于0.3%的则称为药用大麻（Marijuana）和毒品大麻（Hashish）。在20世纪，全世界超过100个国家制定了相关的法律，以限制毒品大麻的生产，只允许应用于麻醉药品领域。而我国种植的工业大麻品种只含微量的四氢大麻酚（THC），远低于国际标准的0.3%，对人无害，更不足成瘾。其种子可食用、榨油或酿酒。

"桑麻"一词在古代常常代指农业，故而诗曰"把酒话桑麻"。汉代以后人们才选择了口感更好的小麦及其他谷物。唐代时大麻的种植遍及全国，杜甫、白居易等诗人都有吟咏大麻的众多诗作。许浑也有诗云："绕屋遍桑麻，村南第一家。"宋代大麻的种植面积有所缩小，但在局部地区仍然方兴未艾。宋人苏颂的《本草图经》、元代王祯的《农书》等都有大麻生产、药性的详细论述。

火麻籽去壳即为火麻仁。据《本草纲目》载：火麻仁，味甘、性平、无毒。补中益气，长时间服食，轻身健康强壮，犹如神仙。它能治中风出汗、治水肿、利小便、破积血、疏通血脉。还可以滋润五脏，治大肠热，便秘。

火麻仁的食用价值很高，我国很多地区还保持食用火麻仁的传统习俗且方法多样，如内蒙古及东北地区"麻籽豆腐"，在西北甘肃等地称为"麻腐"，其质白如雪，状如豆腐脑，故名。广西巴马有"火麻苦菜汤"、云南纳西族和傈僳族喜饮飘香诱人的"火麻茶"，火麻仁还是广东人做凉茶的传统配料。用火麻仁加工的"火麻油"是目前世界上唯一的一种能够溶解于水的植物油，也是常见食用植物油中不饱和脂肪含量的最高者之一。

火麻是古老又亟待开发的新型生物资源。2014年，国家卫计委将其列为食药同源品种允许用于保健性食品。近年来，用火麻仁加工的"麻仁绿豆汤""麻仁玉米糕""麻仁香酥鸭""麻仁瘦肉汤"等食品有卷土重来之势。

厨涯趣事 >>>

北京止观小馆是一家经营东北菜的餐厅，善于挖掘本土好食材及民俗文化，以精致的出品、简约的格调，改变了人们对东北菜粗犷的认知。2020年被法国米其林评为一星而引起社会的广泛关注。老板张嵩先生是我的同乡又是多年的好友，他建议品尝一款新品啤酒。我因患痛风，早就告别了中意的啤酒。但在他的劝说下还是尝试了一下，浓郁的麦芽和啤酒花的香中夹杂着坚果的气息，甚至还有明显百香果的果香，这是一种从未有过的味觉体验。忙问里面有什么特殊之处？张总得意地介绍说是采用东北火麻仁酿造的啤酒，也叫工业大麻啤酒，是他们企业最新研发的饮料。我们先一饮为快了！不知不觉中我竟喝完了一大杯。

［1］星川清亲著，段传德等译，《栽培植物的起源与传播》，河南科学技术出版，1981年。

［2］罗桂环，《中国栽培植物源流考》，广东人民出版社，2018年。

瓠瓜
八月断壶

瓠瓜别名瓠子、扁蒲，因是葫芦的一个变种，故也叫葫芦瓜。在考古学上，瓠瓜的出土遗存要远早于确切的文字记载。如浙江余姚河姆渡遗址就发现了7000年前的种子，可见在我国的栽培之久远，因此有人认为我国是其原产地。实际上，早在史前时代瓠瓜就已传入。虽然瓠瓜自古栽培，并有考古发现的种子和化石，但它的原产地一般被认为是非洲大陆[1]。

瓠瓜是人类最早种植的蔬果之一。其果实通常是细长或圆筒形，表皮淡绿色，果肉白色，可作蔬菜。古籍中称"瓠""瓟"和"壶"，三字通用，《诗经》出现多次，如《卫风·硕人》："领如蝤蛴，齿如瓠犀"，瓠犀，是形容美女的牙齿如瓠瓜子；《豳风·七月》："七月食瓜，八月断壶"，说的是七月里可吃甜瓜，八月到来摘瓠瓜；《小雅·瓠叶》："幡幡瓠叶，采之亨之"，亨通烹，意思是随风飘动的瓠瓜叶，把它采来烹饪。这是目前所知食用瓠瓜的最早记载[2]。

古时把嫩者写作"瓠"，瓜老称为"瓟"。春秋时期《论语·阳货》："吾岂匏瓜也哉？焉能系而不食？"我仿佛就是匏瓜，岂能只是挂在那，而不希望有人来采食呢？后人就以"匏瓜系而不食"来比喻贤良怀才不遇。可见瓠瓜在当时已经是普遍栽植的蔬菜。

瓠瓜的果肉细腻滑爽，味淡清甜，为夏令蔬菜。汉代载有种植瓠瓜方法的典籍较多，如农书《氾胜之书》和扬雄《蜀都赋》。西汉王褒在《僮约》中也有"种瓜作瓠，别茄披葱"的记述。北魏贾思勰《齐民要术》卷二第十五章专有《种瓠》一节，引证了《氾胜之书》《四民月令》及《家政法》的详细论述。书中还有"瓠叶羹"的详细做法。晋代有把瓠瓜切成块或条，晒干成"瓠脯"的记载。

瓠瓜

葫芦雕刻

《清都市景》卖瓠瓜

瓠瓜的吃法有很多，可炒、烩或做汤、制馅。宋人林洪《山家清供》："今法用瓠子二枚，去皮毛截作二寸方片，烂蒸以餐之，不可烦烧炼之功，但除一切烦恼思想，久而自然神清气爽。"元代王祯《农书》："瓠之为物也，累然而生，食之无穷，烹饪咸宜，最为佳蔬。"

又云："匏之为用甚广，大者可煮作素羹，可和肉煮作荤羹，可蜜煎作果，可削条作干。"瓠瓜还有短颈大腹呈梨形和中间缢腰的品种——葫芦瓜。过了农历八月中旬，把成熟的葫芦瓜果肉由外至内旋刮成条状后晒制成干菜，就是"葫芦条儿"，泡水回软，素拌、炒或与肉炖皆美。曹雪芹在《红楼梦》第四十二回中也曾提及。

瓠瓜老熟后苦不可食，但外皮木质而硬，剖开去瓤，多作瓢、盆、钵等容器，舀水、淘米或盛物。而细腰者待果实完全干燥后会形成空心，由于柄口小，非常适合做盛装液体的"茶酒瓠"或"药壶卢"。"壶卢"的繁体字"壺盧"，是象形字，本为盛酒和盛食物的器皿，人们便将二字合成为一词"壶卢"，后来约定俗成地写成了"葫芦"。如今，认识其正式名称"瓠瓜"的人反倒是不多了。

瓠瓜手绘

厨涯趣事 >>>

瓠塌子

瓠瓜除作蔬菜和容器外，在我国数千年发展历程中，逐步形成源远流长的葫芦文化。如《三字经》中："匏土革，木石金，与丝竹，乃八音"，就是古人以葫芦制成葫芦笙、葫芦丝的乐器，还排在八音之首。葫芦还能火绘或雕刻成供赏玩称为"匏器"或"蒲器"的工艺品。葫芦谐音"福禄"，在民间是吉祥和幸福的象征。百姓认为它可以驱灾辟邪，祈求幸福，用红绳串绑五个葫芦，称为"五福临门"。这些都成为中华民俗文化的重要组成部分。

40多年前，住在北京宣武门外八宝甸胡同的大杂院。岳母教我做一道老北京的传统家常小吃时，我才第一次见到瓠子。见她把瓠子擦成丝加盐、葱花，再磕鸡蛋和面粉搅拌成糊状，在加了底油的锅里摊煎成两面金黄的小薄饼，就可以趁热吃了。当时只觉得它口语化的名字很特别，也没有深究怎么写，和绝大多数人一样以为是"糊塌子"。直到编写此文，我忽然感觉正确的写法应该是"瓠塌子"。可能是近些年，由于种植瓠瓜的越来越少，即使在夏季也不常见，于是人们就改用西葫芦为替代品，而它正宗的材料和名字的由来，却越来越无人知晓了。

[1] 王思明等，《中国食物的历史变迁》，中国科学技术出版社，2021年。

[2] 刘庆芳，"葫芦文化研究之二"，葫芦与民俗——葫芦文化研究之二，《民俗研究》1991年第4期。

牛

温良恭顺

牛是在距今有 10000 多年新石器时代由原始野牛驯化而来。牛是对黄牛、水牛、瘤牛及牦牛的统称。黄牛出现在西亚，水牛出现于南亚地区。据动物考古学家袁靖考证：我国家养黄牛是在距今约 5600—4800 年前，突然出现在甘肃一带，而后向东部传播，在距今 4500 年左右进入中原地区。因此说是牛通过文化交流，向东扩散传入我国的。

牛是六畜之一，但驯养要晚于猪、羊等牲畜。早期驯化是以黄牛和水牛为主。在农耕尚未发展以前，牛主要为人提供食物。因此，黄牛成为古人的肉食资源。在古人构建礼制的活动中牛是重要的祭祀品，汉字中的"牺牲"两字就是来源于牛。当时只有天子、诸侯才有资格用牛祭祀，级别不够的只能用羊。《礼记·王制》："天子社稷皆太牢。"后来"太牢"一词便泛指牛。《庄子》中的"庖丁解牛"刀工精湛，游刃有余，就是社稷祭祀中的一个环节。古人食用牛肉的记载始见于《礼记·内则》，牛肉制作有捣珍、渍、熬、糁等方法。

甲骨文"牛"字

由于牛的牵引力大，耐力强，且生性温顺，吃苦耐劳。春秋时期，已用牛来耕作。孔子有个学生叫冉耕，字伯牛 [1]。战国时期，铁制犁铧开始出现。牛与铁犁组合的深耕使劳动效率得到提高的同时，为人口持续增长提供了粮食保证，更奠定了中华农耕文明的基础。

生肖牛钱币（中国）

随着牛的价值被发现和利用，社会群体对牛的情感会发生重大变化。作为农耕社会重要的生产资料，秦汉时期开始有保护耕牛的律条。西汉以后历代将牛视为国之重宝，《淮南子》："王法禁杀牛，犯禁杀之者诛。"《汉律》中也有"不得屠杀少齿"的说法，"少齿"指的就是少壮的耕牛。唐玄宗时期曾颁布了《禁屠杀马牛驴诏》，并推行了农耕户"一户一牛"的制度，体现了农事为天下之本，耕牛为农家之宝的治国理念。为了鼓励农耕，宰相韩滉还创作了神态、性格、年龄各异的《五牛图》，传世千年。

到宋代，民间食牛风气日盛。朝廷从无奈默许，到真宗皇帝，"两浙

《五牛图》

彩绘宰牛图画像砖

诸州，有屠牛充膳，自非通议烹宰，其因缘买者，悉不问罪"的诏书，给屠牛食肉的行为提供了法律保证。但实际上直到清朝时期还规定百姓私自"宰杀牛马"的具体处罚的条文，对于伤老病死的牛虽可以食用，但是要经过官方的勘验与允许。

我国常见的是北方的黄牛、南方的水牛及青藏高原的牦牛。牛温良恭顺的性情，任劳任怨、坚韧不拔的品质及开拓进取的精神，一直受到人们的尊重和爱护。

直到近几十年机械化替代牛耕后，牛又回到其最原始的功用，牛肉也才真正丰富了人们日常的餐桌。用牛肉制作的菜品更是丰富多彩，层出不穷。

目前中国是世界上养牛最多的国家之一，但牛肉的人均年消费量却只有世界平均水平的三分之二。

清炖牛肉

牛是我国特有的普通牛种，也是我国饲养最普遍、数量最多及分布最广的牛种。中国黄牛大约有 25 种，其中排在前五位的是：秦川牛、南阳牛、鲁西牛、晋南牛和延边牛。国际上知名的肉牛有英国海福特牛、安格斯牛；法国夏洛来牛、利木赞牛及奥布拉克牛；意大利奎宁牛、皮埃蒙特牛；比利时蓝牛及瑞士西门塔尔牛；还有美国婆罗门牛、澳洲谷饲安格斯牛和日本和牛等。

厨涯趣事 >>>

2015 年 5 月初，参加了在罗克汉普顿举办的"澳洲牛肉产业大会"（Beef Australia trade fair）。这个每三年一届的盛会，吸引着全球的行业人士。我在这里集中地见到来自世界各地 30 多个不同品种，形态和毛色各异的 5000 多头肉牛及种牛，而大多数品种是第一次见到，十分震撼。在品尝牛肉主题的晚宴上，坐在我旁边的是澳洲肉类与畜牧业协会（MLA）负责东南亚及大中华区的主管安德鲁·辛普森（Andrew Simpson）先生，由于工作关系，体态健硕的他经常来中国出差。他悄悄地告诉我："特别喜欢中国黄牛肉！黄牛肉那么好吃，可中国企业为什么还要引进欧美的种牛杂交改良？"我只能回答："为了追求一时的高产。"接着，我俩都无奈地相对无语。自 20 世纪 80 年代以来，由于进行质量改良，导致我国地方黄牛优良的遗传基因资源逐渐丢失。

［1］武斌，《中国接受海外文化史》，广东人民出版社，2022 年。

马

银蹄白踏烟

家马由野马驯化而来，世界最早有关家马的考古记录来自中亚地区哈萨克斯坦距今约5500年的波台（Botai）遗址。我国动物考古学者曾在甘肃永靖大何庄遗址发现距今约4000—3600年的家马骨骼，商代晚期在黄河中下游地区突然出现了大量的家马，很可能和外来文化的传播有关，也表明家马是从中亚传入的。

马踏飞燕

人类驯化马之后，便从大自然的束缚中初步得到了解脱，促使了人类之间的交流。最早驯化马的欧亚斯基泰、匈奴、月氏等游牧民族就是以马作为主要骑乘工具向东迁徙而开辟了"草原之路"的。因此，地域辽阔的新疆及西北地区应该是家马传入我国的必经之地。

人类早期驯化马的目的是将捕猎存留多余的马作为食物来源。马最初为人类提供了稳定的肉、奶等蛋白性食物。如北方游牧民族利用马奶发酵制作的马奶子酒，现今蒙古族、哈萨克族及柯尔克孜族等还保持饮用这种色泽雪白、口味微酸、醇厚浓郁、爽口解渴、营养丰富的低度酒精饮品的习俗。哈萨克族和柯尔克孜族认为马肉是招待客人最珍贵的食物，也是冬天的最重要的肉类，为了延长马肉的保存时间，他们利用天山深处富含松香的松枝及伊犁河谷的野果树熏制马肉，还将切碎的马肉灌制在洗净的马肠中熏制。把宽面片直接在煮过熏马肉的汤里煮熟，上面再放切好的马肉同食，即是哈萨克族又一道特色美食——"纳仁"。

生肖马邮票（中国）

先民早在春秋战国时期就形成了"六畜"的概念。《三字经》："马牛羊，鸡犬豕。此六畜，人所饲。"马的引进虽晚于牛羊，但古人却把马列为家养的六畜之首，可见对马的重视程度，但古人饲养家马并非以食其肉为主要目的。《资治通鉴》注文中有"秦穆公亡马"的故事：秦穆公的坐骑走失，被三百岐下野人宰吃，地方官抓到他们，必要治罪，秦穆公却吩咐"君子不以畜害人。吾闻食马肉不饮酒者伤人，饮之以酒"。后来，穆公为晋军所围，那三百人拼死相救，使他"获晋侯以归"。这个故事中值得注意的是吃马肉

《人马图卷》

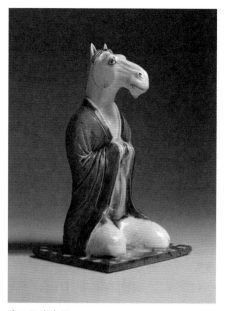

唐三彩生肖马

要喝酒，说明在公元前659—前621年间，对于马肉的性能已有某种认识了[1]。《齐民要术》上的"作脖肉法"有"驴、马、猪肉皆得，腊月中作者良"之说。到了宋代，苏辙有诗云："岂效相谩欺，衔牛沾马脯。"元代忽思慧《饮膳正要·聚珍异馔》中虽无马肉，却有"马肚盘"的记录[2]。

汉代张骞通西域后，马成为真实的外来引进物种，代替真实的骆驼成为了充满想象的神奇动物[3]。马的外形俊美，又通人性，其力大聪慧、忠诚坚贞的秉性，扮演了农牧生产、交通运输、战争博弈、邮驿传递及娱乐消遣等多重角色。因此成为人类最亲近和忠实的伙伴，同时也是奔放、勇敢、吉祥及尊贵的象征。马在我国古代文明的形成和发展中发挥了重要的作用，也形成了中国特有的马文化。在中文里以"马"为偏旁的字有近百个，成语含"马"字的有380个之多。几千年来，马用自己的力量和赤诚赢得了人类的崇尚和赞美。

厨涯趣事 >>>

初到乌鲁木齐，即被神交已久的钱币藏友尉亚春先生安排在小马哥餐厅为我们一行接风洗尘。他是新疆社会科学院历史所的研究员，参与过很多重大考古发掘，同时也是个美食家。席间，快人快语的他既充满激情又表情丰富地介绍每一道新疆特色佳肴，其中哈萨克族熏马肠、熏马肉是特别推荐。他说，一定要选择4—6岁的马驹，这样不管马肉的脂肪多厚，高温熏时果树和松木的香味就都会渗透到肉中。果然，不仅色泽悦目，肉香醇厚，熏味十足。他又提醒道："熏马肠是以马肋排为主料，再搭配碎肉。"所以，品尝熏马肠时，一定要记得吐骨头。几天后，我们到伊犁时恰逢次子生日，特意去了一家哈萨克风味餐厅点了碗"马肉纳仁"权当长寿面。大家再食马肉、马肠，饮葡萄佳酿——穆塞莱斯，祝福欢庆，大快朵颐！

熏马肉马肠拼盘

马肉虽肉质粗糙，但低脂肪，又富含高蛋白及不饱和脂肪酸，因此是健康的红肉之一。利用马肉烹制菜品虽然在中餐的比例不大，但却是南北某些地方的特色美食。如呼和浩特的"车架刀片五香马肉"香味浓郁，回味无穷；贵州黔南惠水带皮马肉系列中以清水马肉、麻辣马肉和干锅马肉最为著名；云南石林的马板肠、小炒马肉、清汤马肉和马肉干巴等均为颇具特色的地方风味；而桂林的马肉米粉则是传统老四样米粉之首，长寿之乡巴马所略的马肉和马杂也远近驰名。

[1][2] 聂凤乔，《蔬食斋随笔别集·禽畜鸟虫篇》，山西经济出版社，1995年。

[3] 葛承雍「天马与骆驼——汉代丝绸之路标识符号的新释」，《故宫博物院院刊》2018年第1期。

姜
和之美者

如果说姜是外来物种，相信多数人会吃惊地瞪大眼睛表示怀疑。这也不奇怪，因为毕竟国人已经食用了几千年，早已把姜视为本土作物了。

姜

在姜的起源地印度已有 5000 多年的种植史。在古代梵文文献中就记载有姜在烹饪中的应用。姜的拉丁文学名 "Zingiber" 及希腊文 "Dziggiber" 都源于梵文 "Singabera"，意为 "犄角般的根"。而它的英文 "Ginger" 则来自于泰米尔语 "Inji" 代表生气勃勃，充满活力。

姜是在商周时期通过 "蜀身毒道" 引种到四川，"身毒" 是我国对印度（梵语 Sindhu）的音译古称。"蜀身毒道" 即早在商代中晚期已初步开通以成都为起点经云南、缅甸到达印度的一条商道。因此四川和印度在古代有漫长的交流历史。据《史记·货殖列传》记载："巴蜀亦沃野，地饶卮、姜、丹砂、石、铜、铁、竹、木之器。" 说明在汉代时期四川已盛产姜。

东汉许慎在《说文解字》称："姜，本写作薑。" 王安石《字说》中："姜能疆（强）御百邪。古谓之姜。" 因此 "姜" "薑" 二字都从 "薑"[1]。

孔子在《论语·乡党》中有 "不撤姜食，不多食" 的说法。南宋理学大师朱熹在《论语集注》中，对孔子食姜的嗜好进一步作了阐释，说姜可 "通神明，去秽恶，故不撤"。姜作为重要的调味香料，古时曾与花椒、茱萸合称 "三香"。早在《吕氏春秋·本味》中就有 "和之美者，阳朴之姜" 的说法，意为 "调料中的美味，有四川阳朴出产的姜"。

姜的用途广泛，李时珍在《本草纲目》中认为 "可蔬、可和、可果、

各种鲜姜

鲜姜

可药"，即姜可作为蔬菜、调料、干果（糖姜、蜜饯）及药用。作为中药有"地辛"和"百辣"的别称，是古人眼中治百病的灵丹妙药。可"通神明，归五脏，除风邪寒热，止呕吐，祛痰下气，散烦闷，开胃气"。民间也积累很多以姜治病的谚语，甚至在何时、何季用姜都有明确的说法。如"早吃姜，如参汤；晚食姜，赛砒霜"；"冬吃萝卜夏吃姜，不劳大夫开药方"等。

姜手绘

姜在中国传统中被赋予很多人文哲学及文化现象。历代文豪都曾留有咏姜的佳句，如唐代李商隐盛赞四川的姜："越桂留烹张翰鲙，蜀姜供煮陆机莼"；宋代苏东坡在《扬州以土物寄少游》中有"后春莼苗滑如酥，先社姜芽肥胜肉"等。明末清初思想家王夫之，更为乡间草堂取名"姜堂"，自封"姜翁"。至于"姜是老的辣"比喻人的阅历、圆滑甚至狡诈。云南有土语"死头干姜"，则形容木讷固执、不开窍和不懂变通之人。

千百年来，姜在中国烹饪中的地位从未动摇，以后逐渐演变成如今和葱、蒜并列为厨房里必备的三种最基本调味元素。

姜母鸭

国人喜欢使用鲜姜，而西餐则多用干姜或姜粉，这是有历史原因的。由于过去交通不便，古代香料商队经中东再跋涉到达欧洲时，姜早已失去水分变成干身，所以只能磨成粉使用。这就是欧美习惯用姜粉的历史原因。13世纪，意大利旅行家马可·波罗把姜从中国再次带回欧洲大陆时，姜还是非常昂贵的香料，据说当时一磅姜的价格相当于一头绵羊。16世纪海上霸权崛起，姜也随着西班牙及葡萄牙人的船队进入西印度群岛及美洲大陆，甚至传播至西非。如今，牙买加是姜的著名产地，其质和量都排在世界首位。其次是印度、中国和非洲。

厨涯趣事 >>>

"工欲善其事，必先利其器"，检验厨刀是否锋利，只要试切姜就可得出答案。因为姜的纤维较多，如果刀不快，切下姜片的截面就会不光滑，表面出现毛糙的现象。2017年秋，我远赴东非坦桑尼亚联合共和国的桑给巴尔岛寻访当地盛产的香料，其中也包括姜。非洲产的姜个头小，呈浅褐色。在去外皮时，明显感觉其纤维多，待我下刀切片时阻力明显大，姜片出现毛糙。但我却毫不怀疑自己的刀具，因为这是一套全新的"Chefs dream"。只是这非洲的姜接近原始品种，特点是纤维多、辣味浓且淀粉含量高。我也深深地体会到，姜的产地及品种不同，风味也各有区别。这正是想要真正了解食材，走万里路的必要性。

[1] 段石羽、曲文勇、朱庚智，《汉字与植物命名》，新疆人民出版社，2009年。

萝卜

各有所爱

萝卜起源于西亚与高加索等地区，是最早被人工驯化的蔬菜之一，4000 年前巴比伦王国就有栽培的记载。古埃及时期传入地中海东部并成为主要作物。古希腊艺术家把萝卜制成金的复制品以表示对这种蔬菜的欣赏。由于萝卜比其他蔬菜更容易收获，因此古罗马人对它有很高的评价。其拉丁文的 "Radix" 意为 "根"；而 "Raphanus" 是 "容易生长"，这两个词就概括了萝卜的本质。

红萝卜

萝卜向西传播，分化出了 "二十日水萝卜" 和 "黑皮萝卜" 等品种，就再没有什么发展了。但是传入东方的萝卜，就有显著的变化。传到中国又分化成华北品系和华南品系等类型 [1]。这两大品系都具有长而肥大的肉质根，质地脆嫩、清爽多汁、味甜不辛的特点。

白萝卜

萝卜古称 "菲"。《诗经·邶风·谷风》："采葑采菲，无以下体。" 其中的 "葑" 是芜菁，"菲" 便是萝卜。《尔雅》中则称 "芦萉"，有人推测可能是印欧语系之名转化或拉丁文 "Raphanus" 的音译。以后演变成 "芦菔"。

许多优良品种的萝卜在秦汉时便已培育出来。《后汉书·刘盆子传》有 "（宫女）幽闭殿内，掘庭中芦菔根，捕池鱼而食之" 的记录。萝卜的叶子因与芜菁、白菜及油菜等作物地上的叶子相似，在古时又被统称为 "菘"。西汉扬雄《方言》"（芜菁）紫华者谓之芦菔"，说出了与芜菁的区别，所以萝卜也叫 "紫花菘"。《齐民要术》中有 "种菘、芦菔法，与芜菁同" 的记载。唐代时 "芦菔" 音转变成 "莱菔"。"莱菔" 的称谓始见于唐高宗显庆四年（659）问世的《新修本草》。"莱菔" 又音转变为 "萝卜"，"萝卜" 的称谓在唐和五代时期还是一种俗称，元代以后诸如《农桑辑要》和《农书》等农业经典都把它列为正式名称 [2]。

元代王祯在《农书》载："老圃云：萝卜一种而四名。春曰破地锥，夏曰夏生，秋曰萝卜，冬曰土酥。" 是讲萝卜在一年各季里有不同的称谓。明代李时珍解析道："莱菔乃根名，上古谓之芦萉，中古转为莱菔，后世讹为萝卜。" 而现今采用的正式名称 "萝卜"，则是 "蘿蔔" 的简体字写法。

心里美萝卜　　　黑萝卜　　　水萝卜　　　青萝卜

萝卜是家常时蔬，北宋苏轼曾自得其乐赋诗《狄韶州煮蔓菁芦菔羹》一首："……谁知南岳老，解作东坡羹。中有芦菔根，尚含晓露清。"它也是应季的食疗佳品。唐代苏敬在《唐本草》中称萝卜有"消谷，去痰癖，肥健人"的药用价值。萝卜是普罗大众喜闻乐见的食材。南北各地萝卜的食用方法举不胜举。还是李时珍在《本草纲目》里总结得全面："可生可熟，可菹可酱，可豉可醋，可糖可腊可饭，乃蔬中之最有益者。"

民间也总结出很多有关萝卜的喻世民谚，如"萝卜白菜，各有所爱"就是深耕于日常生活中朴素的待人之道。

萝卜手绘

肉汁萝卜

很多人喜欢把白萝卜与胡萝卜放在一起烹饪，看起来红白相映，漂亮养眼。殊不知对它们所含的营养素会有损伤。因为胡萝卜中含有一种抗坏血酸的分解酵素，会使白萝卜中含量较高的维生素 C 丧失殆尽。所以，切忌将两种萝卜同煮。另外，南瓜中也含有类似胡萝卜的分解酵素。

厨涯趣事 >>>

我们常见的有红皮萝卜、青皮水果萝卜、象牙白萝卜、心里美萝卜、水萝卜和樱桃萝卜等品种。可在欧洲有一种黑萝卜（Black Radish），我十几年前在法国巴黎就曾见过。好奇心驱使我要认识一下这个外皮黢黑的家伙，这种黑萝卜有长形和圆形两种。在清洗表皮时曾担心会把手染黑，洗完后才发现是多余的心理障碍。把它拦腰切开里面的肉却是白色的，不禁有些失望。再切一片尝尝，口感脆嫩，味道与普通萝卜并无两样，只不过是萝卜的一个品种而已。但据说这种黑皮萝卜的营养价值比普通的萝卜高，还有保健功效。心想：如果是黑皮黑心萝卜的话，引进国内必被会炒作成滋阴补肾爆品！

［1］星川清亲著，段传德等译，《栽培植物的起源与传播》，河南科学技术出版社，1981年。
［2］张平真主编，《中国蔬菜名称考释》，北京燕山出版社，2006年。

芜菁

六美菜

野生芜菁起源于地中海的南欧及中东黎凡特地区。在约4000年前首先在近东栽培种植。古希腊人和古罗马人曾以芜菁充饥。后来芜菁被带到北欧，在斯堪的纳维亚半岛大量栽培。芜菁同样是丝绸之路的旅客，它先传入了我国的北方，随后才出现在南方[1]。

蔓菁

芜菁最早出现在《诗经》中称"葑"或"菁"。始见于《尚书·禹贡》："包匦菁茅。"其注云："菁，蔓菁也。"因此也叫蔓菁。芜菁自古就被认为是美味的蔬菜，《吕氏春秋·本味》中就有："菜之美者，……云梦之芹，区具之菁。"意思是说，最好的蔬菜，有……云梦湖的芹菜，太湖的蔓菁。

日本学者星川清亲认为：大约2000多年前，芜菁从阿富汗传到了中国[2]。汉代时期，芜菁已为主要蔬菜而大面积栽培。据西汉《氾胜之书》记载，因芜菁的纤维比萝卜粗而绵软，也可作为主食。东汉时因救荒助粮而被推广种植。传说，三国时期蜀国诸葛亮曾将其作为备战的储粮，因此四川及湖北江陵一带百姓称其为"诸葛菜"。宋代苏轼被贬黄州时，创有《东坡羹颂》，蔓菁就是"东坡羹"中不可缺少的食材之一。

芜菁是芸薹属植物，其种子可以榨油。北魏贾思勰在《齐民要术》中不但有栽培及加工方法，还有取蔓菁籽榨油的详细记录，可见当时已经普遍栽种这种宜蔬可粮又兼油料的作物了。芜菁的价值一直被后人所传承，李时珍在《本草纲目》中云："蔓菁根长而白，其味立苦而短，茎粗，叶大而厚广阔……，削净为菹，甚佳。今燕京人以瓶腌藏，谓之'闭瓮菜'。"明代张岱《夜航船》曰："其菜有五美：可以生食，一美；可菹，二美；根可充饥，三美；生食消痰止渴，四美；煮食之补人，五美。故又名五美菜。"如果加上种子可榨油，就可谓"六美菜"了！

盘菜

古人对芜菁的来源也一直有所探究，唐代因怛罗斯战役被俘在大食的杜环在《经行记》曰："末禄国（今土库曼斯坦的马里）有菜名蔓菁。"古时芜菁的别名繁多。早在西汉扬雄在《方言》中就曾总结道："葑苁，芜菁也。陈楚谓之葑，齐鲁谓之苁，关西谓之芜菁，赵魏之部谓之大芥。即葑也，须也，芜菁也，蔓菁也，葑苁也，荛也，芥也，七者一物也。"以后，在唐《食疗本草》中称"九英菘"；《本草拾遗》为"九英蔓菁"。宋《埤雅》称"台菜"，

《本草衍义》则叫"鸡毛菜"；元代《饮膳正要》中蒙古语叫"沙吉木儿"；清《医林纂要》称为"大头菜、狗头芥"。至于后世民间各地的异名更是五花八门，可能是品种的不同造成的。

随着历史的变迁，蔬菜品种增多，这种古时的主流蔬菜逐渐被人淡忘，如今只在个别地区小范围栽种，作为特色养生蔬菜加以保留而已。但是后人都不应该忘记它对人类曾有重要的贡献。

芜菁手绘

厨涯趣事 >>>

芜菁的维吾尔语叫"恰玛古"，记得在北京哈马尔罕餐厅品尝丝路美食时，世界中餐业联合会的马华副会长激情地介绍新疆阿克苏柯坪的特产芜菁。几年后的暑假，我特意去寻访。从高速下来进入柯坪，在街上的便民店及超市都没有找到芜菁，只好悻悻而返。在即将回到高速公路时，发现路旁一个巨大的广告牌上用汉文及维吾尔语写有"柯坪恰玛古，全国农产品地理标志保护工程项目"字样及招商电话。我按照号码拨过去，对方自称是农业局产业化办公室的许主任，我建议他招商的宣传牌应该放在进入县城的入口处，而不是在出口。他虚心接受，当得知我的来意后热情地介绍我去阿恰勒镇，可我们的车子已上了高速前往下一个目的地：阿图什，探寻下一个目标无花果。没想到一个广告牌竖立的方向，竟使我这个不速之客遗憾地与恰玛古失之交臂！

恰玛古炖羊肉

除新疆维吾尔语叫"恰玛古"外，芜菁在各地叫法各有不同，如东北人称"卜留克"显然是受俄语的影响；温州人因其品种的外形扁圆，称为"盘菜"。西藏昌都地区则是"圆根"，用来泡腌酸菜。此外各地还有"大头菜""结头菜"等。只有北京遵循古称为"蔓菁"，老北京人喜蘸甜面酱生食。只是近年来"蔓菁"越来越少见了。芜菁外状有球形、扁球形、椭圆形多种；颜色有白有紫；其质地与萝卜类似，口感则没有萝卜的辣气。但都具下气消食，清热除湿，利尿解毒之功效。

[1] 罗伯特·N. 斯宾格勒三世著，陈阳译，《沙漠与餐桌：食物在丝绸之路上的起源》，社会科学文献出版社，2021年。

[2] 星川清亲著，段传德等译，《栽培植物的起源与传播》，河南科学技术出版社，1981年。

甜瓜

甘瓜抱苦蒂

甜瓜起源于非洲的几内亚，经古埃及传入中近东，在亚洲的印度次大陆也发现过野生甜瓜。

甜瓜具体何时东传至我国，已无从可考。由于甜瓜是外来物种，甲骨文中没有"瓜"字，因此"瓜"是个后造的字。《诗经》中有"中田有庐，疆场有瓜"和"七月食瓜，八月断壶"等许多描绘种瓜和食瓜的场景。由于当时其他的瓜还未传入中国，所以《诗经》里的"瓜"专指甜瓜[1]。因此说我国在先秦时代就有甜瓜种植了。

白兰瓜

甜瓜最早栽种在今甘肃敦煌一带。由于河西走廊地处荒沙、日照极强，适合甜瓜的生长。敦煌的甜瓜开始远近闻名。据敦煌研究院人文研究部杨富学部长介绍："敦煌"一词，来自突厥语，即甜瓜之意[2]。敦煌古称"沙州"，因盛产甜瓜，别称"瓜州"。据班固《汉书·地理志下》载："敦煌杜林以为古瓜州地，生美瓜。"颜师古注曰："其地今犹出大瓜，长者狐入瓜中食之，首尾不出。"《广志》曰："瓜之所出，以辽东，庐江，敦煌之种为美。瓜州大瓜，如斛，御瓜也。"公元初年，东汉皇室就有接受瓜州所贡甜瓜的记载，《太平广记》："汉明帝阴贵人，梦食瓜，甚美，帝使求诸国。时敦煌献异瓜种，名穹窿。"

甜瓜逐步扩散到新疆及河套地区。晋人葛洪《抱朴子》载："至昆仑山有玉瓜，其形如世间瓜。"在我国又因产地被分为甘肃安西甜瓜、内蒙

哈密瓜

蜜瓜手绘

甜瓜果盘

甘肃兰州特产的"白兰瓜"属薄皮甜瓜，它原是法国品种，名为"蜜露"。1943年，美国土壤学家罗德明（Lowdermilk）博士来兰州帮助研究解决干旱问题时发现兰州很适宜种植甜瓜。次年，他趁美国副总统华莱士（Henry Agard Wallace）访华途经兰州，就托华莱士将"蜜露"的种子带到兰州。因种子由华莱士携来，故将此瓜起名"华莱士瓜"，建国后改名为"兰州瓜"。以后取此瓜皮纯白而特产于兰州之意，再次更名为"白兰瓜"，一直沿用至今。

古河套甜瓜、新疆伽师瓜、哈密瓜及兰州白兰瓜等品种。而最有名的就是哈密甜瓜，实际上它产自新疆的鄯善，当地人叫它"缠头瓜"，维吾尔语是"加格达"。关于哈密瓜之名还有一段来历，据清《回疆志》载："康熙年间，哈密投诚，此瓜始入贡……谓之哈密瓜，彼此视为珍品。"1606年，哈密的买买提·夏禾加成为哈密区的宗教首领和领主。1679年，他协助清廷平定准噶尔部落叛乱，被康熙皇帝封为"哈密回王"。哈密王把当地特产的甜瓜当作贡品献给宫廷。皇帝吃了这种甘美异常的甜瓜之后，非常高兴，就问身边的大臣：这是什么瓜？大臣们不知其具体产地，只知道是哈密王所献，便随口答道："哈密瓜。"从此，哈密瓜之名沿用至今。因瓜甜如蜜，因此也叫"哈蜜瓜"。

从植物学角度看，甜瓜是几种关系密切的葫芦科黄瓜属的果实。分薄皮与厚皮两类，厚皮甜瓜如哈密瓜、网纹瓜等一共有11个变种。薄皮甜瓜通常被称为香瓜，如白兰瓜等有5个变种。但区别却不是皮的厚度，而是幼瓜表面是否有茸毛，薄皮甜瓜有茸毛，厚皮甜瓜则没有。

甜瓜因甘甜，又称甘瓜。汉古诗《甘瓜抱苦蒂》中"甘瓜抱苦蒂，美枣生荆棘。"蒂即"蒂"，说明美好的事物往往会藏于恶劣的环境之中。诗句富于哲理，耐人寻味。

厨涯趣事 >>>

20世纪80年代中后期，很多单位通过各种管道与农产品的产区联系直购些特色产品。当时物流尚不发达，运输要自行解决。每到秋季，我们年轻力壮的小伙子们就会被临时派去充当装卸工并押运货物回京。而最刺激的就是去新疆装运哈密瓜。通常是黎明时分先到西郊机场集合，然后近5小时的飞行抵达乌鲁木齐地窝堡机场，落地后与打前站的同事对接装货，不到一个时辰十几吨的哈密瓜就堆满机舱，立即返航。回到北京已是傍晚。经过近10小时的颠簸，得瓜而归。真可谓：日行折返六千里，只为运瓜一口香。

［1］阿蒙，"甜瓜甜蜜的进化"，《博物》，2018年第7期。

［2］杨富学、熊一玮，"'敦煌'得名考原"，《敦煌研究》，2022年第2期。

甘蔗

渐入佳境

甘蔗原产南太平洋的新几内亚，早在公元前 6000 年就开始人工栽培。公元前 2000 年随着独木舟漂泊传入了亚洲的印度，因此印度成为甘蔗的第二原产地。印度人利用甘蔗加工制糖技术有几千年历史了。公元前 510 年，波斯大流士侵略印度时把甘蔗称为"味道甜美的芦苇"。公元前 327 年，亚历山大东征到印度时，欧洲人才知道"不用蜜蜂出力便能造出的蜜糖"。

约在周朝周宣王（前 827—前 781）时甘蔗传入我国南方。据季羡林先生的《中华蔗糖史》载，我国最早关于甘蔗的记载源自屈原的《楚辞·招魂》"胹鳖炮羔，有柘浆些"，这里的"柘"即是蔗，所谓"柘浆"就是榨出甘蔗汁。

到了西汉时期方出现了"蔗"字。甘蔗在历史文献中经历了不同的写法。司马相如在《上林赋》中写作"藷蔗"，东方朔称之"甘干甘庶"，刘向的《杖铭》中载有"都蔗虽甘，殆不可杖"。唐代慧琳《一切经音义》中则有"甘蔗、干蔗、苷蔗、竿蔗、藃蔗"等，并注解："此既西国语，随作无定体也。"可能是南洋的土语音译而来。

在甘蔗传入我国之前，先贤就用粮食加工成"饴"，即麦芽糖。甘蔗的引入丰富了制糖的原料。汉武帝时期，又从越南、缅甸及印度等地引进了西蔗、昆仑蔗等优良品种。东汉杨孚的《异物志》载："甘蔗，远近皆有。交趾所产特醇好，本末无薄厚，其味至均。围数寸，长丈余，颇似竹。

收割甘蔗钱币（毛里求斯）

甘蔗

《天工开物》插图　黄泥水淋脱色法

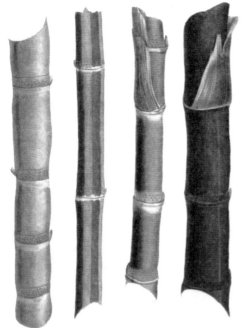

甘蔗手绘

斩而食之既甘，榨取汁如饴饧，名之曰糖。"这是早期的蔗糖雏形，但当时制糖的方法是通过曝晒，而不是熬制。

知道熬制砂糖，是在唐代初年。据《新唐书·西域传》载，观贞二十一年（647），唐太宗派王玄策等人去印度学习熬糖术，并下诏扬州等地如法用甘蔗熬红糖。在实践中，匠人们在工艺上不断改良。唐宋期间，发明了甘蔗去皮再榨法及滴漏法制取土白糖，提高了出糖率。明嘉靖年间,制糖时由于其旁之土墙倾圮，泥土落入糖浆中而偶然发现[1]"黄泥水淋脱色法"制出洁白如雪的砂糖，是当时世界上品质最好的白砂糖，也标志着我国制糖技术达到了一个新的高度。干燥易储、食用方便我国的白砂糖又返销回印度。所以印地语中称白砂糖为"cini"，意为"中国的"。

到了大航海时代，蔗糖是仅次于香料的紧俏物质。而此时中国已成为世界产糖大国，吸引了葡萄牙人用大量的白银采购。中国人的蔗糖生产就这样被动地进入了全球化时代[2]。直到近代以后，西方糖用恭菜的种植及现代制糖工艺的兴起，我国才由糖的出口国变为进口国。

甘蔗在中国绵延数千年里，演绎出一部中国古代辉煌史，也是一部中外文化技术的交流史！

台湾甘蔗熏鸡

东晋时期的顾恺之（348—409）豪放不羁，性格怪异。但他很有才气，学问渊博，尤其擅长绘画。人们都称他有三绝，即才绝、画绝、痴绝。传说他喜欢吃甘蔗，嚼食甘蔗时，与一般人先吃根部后吃末梢不一样，而是相反。有人对他的这种吃法感到很好奇，他则回答："渐入佳境。"因由梢及根，越吃越甜。后用"渐入佳境"这一成语比喻逐渐进入美好的境界。

厨涯趣事 >>>

甘蔗不仅能制糖，还能酿成朗姆酒（Rum），在欧美非常普遍。2008年春，在法国学习交流期间，巴黎拉斐尔饭店的饼房厨师长达米安·韦达尔（Damien Vidal）演示用朗姆酒浸泡的甜点"巴巴"（Baba），这个络腮胡、大眼睛的敦实汉子是个乐天派、开心果。他顺手拿起一瓶褐色的朗姆酒眨了眨眼递给我，待我伸手可及之时，他突然松手。瓶子瞬间滑落，只听"砰"的一声，我和周围的人随之本能地闭眼、掩面或躲避，接下来则是达米安的坏笑和瓶子在地上的弹跳声，原来这个褐色的朗姆酒瓶是硬塑的。又是这个家伙在搞笑！再接着就是大家群起攻之，直到他卧地求饶，厨房里又掀起一阵欢闹。

[1] 孙机,《中国古代物质文化》,中华书局, 2014年。

[2] 付晓宇,《舌尖上的战争：食物、战争、历史的奇妙联系》,吉林文史出版社, 2018年。

绿豆

绿豆
济世良谷

绿豆原产于印度和东南亚。该作物在印度栽培已有数千年的历史[1]。由印度传播到印度支那、爪哇等地。其英文"mung bean"即来自印度语。绿豆通常是金绿色，所以中文叫作"绿豆"[2]。此外，还有"植豆"的别称。

绿豆在何时通过什么途径传入我国已不得而知。绿豆在古籍中写作"菉"，屈原在《离骚》中有"籊菉葹以盈室兮"的记述。日本学者星川清亲认为：古代绿豆传入中国南部，公元前5世纪中国的北部也有种植[3]。

南北朝时，绿豆的栽种已成体系。《齐民要术》曰："小豆有菉、赤、白三种。"唐代时积累出许多药用与食用的经验，如《食疗本草》认为，绿豆去皮食用，会小有胀气，若想治病，需带皮用；并曰："作饼炙食之佳。"《根本说一切有部毗奈耶杂事》中也有"僧家多作菉豆糕饼"的记载。五代时种植绿豆要缴税，《旧五代史》有"小菉豆税，每亩与减放三升"的记载。

宋代绿豆的种植和食用多样达到了历史峰值，相关的记载也最多。为改良绿豆的品种，宋真宗曾遣使前往印度求取籽多粒大的良种。僧人释文莹《湘山野录》中在"真宗求占城稻种"条下载明："真宗深念稼穑，……西天绿豆子多而粒大，各遣使以珍货求其种。……西天中印土得菉豆种二石……，秋成日，宣近臣尝之。"宋时有祈子风俗，也称"生花盆儿"，始载于《东京梦华录》："以绿豆、小豆、小麦，于磁器内，以水浸之，生芽数寸，以红篮彩缕束之，谓之'种生'。"当时生发绿豆芽不仅仅是观赏，也作蔬菜食用。苏颂在《本草图经》亦云："绿豆，生白芽为蔬中佳品。"

冰镇绿豆、绿豆粉皮及绿豆制曲法也是在宋代诞生的。《东京梦华录》提及六月盛夏时街头所卖冰镇食品："冰雪惟旧宋门外两家最盛，悉用银器。沙糖菉豆、水晶皂儿、黄冷团子……"林洪《山家清供》中有"山海羹"的做法，绿豆粉皮即其用料之一。而吴氏《中馈录》记述的"煮沙团方"，就是类似现今的"绿豆沙馅糯米汤圆"。

绿豆芽

元代绿豆在北方种植普遍，王祯在《农书》云："北方惟用菉豆最多，农家种之亦广。人俱作豆粥、豆饭，或作饵为炙，或磨而为粉，或作面材。其味甘而不热，颇解药毒，乃济世之良谷也。"明李时珍《本草纲目》也称："北人用之甚广，可作豆粥、豆饭、豆酒、炒食、䬃食，磨而为面，澄滤取粉，可以作饵顿糕，荡皮搓索，为食中要物。"

到了清代，人们还以绿豆制作面条。清末民初徐珂《清稗类钞》中的绿豆粥煮法与今无异，看来在夏季人们所钟爱的莫过于解暑的绿豆汤、绿豆粥了。

绿豆手绘

绿豆莲子粥

绿豆按种皮的颜色分为青绿、黄绿、墨绿三大类，种皮又分有光泽（明绿）和无光泽（暗绿）两种。以色浓绿而富有光泽、粒大整齐、形圆、煮之易酥者品质最好。其实还有一种黄色的稀有品种，只在江西鄱阳出产，外表黄色，豆皮比绿色更薄，营养更佳！

绿豆有两大功效，一是解毒，二是清热消暑。清热之功在皮，解毒之功在肉。传统绿豆制品有绿豆糕、绿豆酒、绿豆饼、绿豆沙、绿豆粉丝、绿豆粉皮、绿豆杂面及绿豆丸子、绿豆冰（棒）棍等。

厨涯趣事 >>>

山东寿光好友马炳耀教授给我寄来当地特产"笆谷"让我品尝，打开包装露出几个拳头大小的速冻绿色团子。细心的马教授随即发来微信视频，原来是浸泡后的绿豆用石磨与冬菠菜一起磨碎后，攒成圆形，再上屉蒸熟。食用时与肥瘦肉丁同炒增香，再随意添加粉条、韭菜或其他配料，就是口味清香独特的"炒笆谷"了。"笆谷"为当地土话（也可写作"扒菇"），据说在清朝初年的《寿光县志》已有记载。过去北方乡村在冬天基本上吃不到新鲜蔬菜，于是百姓便利用绿豆和冬菠菜等组合创造出这道乡土美食，不禁感叹古人的智慧。而如今，一年四季皆可吃到真正绿色的食物了。

[1] H.恩斯明格、M.E.恩斯明格、J.E.康兰德等著《食物与营养》（美国《食物与营养百科全书》选辑1）, 农业出版社, 1989年。

[2] 尤金·N.安德森著, 马孆、刘东译, 《中国食物》, 江苏人民出版社, 2003年。

[3] 星川清亲著, 段传德等译《栽培植物的起源与传播》, 河南科学技术出版社, 1981年。

桂皮

双桂联芳

中国有一成语："双桂联芳"，比喻兄弟二人皆获功名。在香料世界中也有两个非常相近的品种：桂皮与肉桂。它们都取自生长于南亚热带地区樟属树干上的树皮，气味芳香怡人。

桂皮

桂皮与肉桂是世界上最古老的香料之一，很早就被赋予神秘的色彩。人们以产地分别冠以锡兰（即今斯里兰卡）肉桂及中国桂皮以示区别。但实际上中国却不是桂皮的原产地，它起源于越南、缅甸及印度东北部的阿萨姆邦（Assam）一带。

桂皮何时引入中土，通过什么路径已无从考证。但早在春秋战国时期，人们就了解桂皮的药用价值。《山海经》称之为"桂木"；周朝的《尔雅》则叫"梫"或"木桂"。"桂"字的由来有两种说法，一是由"圭"孳乳派生出来，而"圭"的文化本是象征繁衍生育的蛙崇拜；又有从"圭"字得声之说，"圭"是古代贵族所用的瑞玉礼器，古人崇尚玉的质量。"圭"与"规"音同义通，都有法度、准则之意，又是古代容量和计量单位。所以古人把桂树看作是树之楷模[1]。

桂皮的芳香之气持久，古时是很贵重的香料。常用于食品调香、防腐以及皇室贵族熏香。《楚辞·九歌》中有"桂酒椒浆"，取桂皮其芬芳与药性，和花椒一起泡入酒中，作为祭祀或迎宾时的高级香酒。韩非子在《买椟还珠》的寓言里写道："楚人有卖某珠于郑者。为木兰之柜，熏以桂椒……"桂椒，即桂皮和花椒，泛指高级香料。

桂皮树

桂皮不仅是香料，也是重要的中药。中医认为，桂皮入药性大热、味辛甘。有补火助阳、引火归原、散寒止痛、活血通经、暖脾胃的功效。在成书于东汉的《神农本草经》中被尊为上品。历代君主都把桂皮作为滋补养生佳品，百药之长。古人把上等桂皮称为"官桂"，为贡品，极其昂贵。自古以来与北方的人参、鹿茸齐名，素有"南桂北参"之说。过去在中药铺的招牌上刻以"官桂、燕

窝、鹿茸、人参"来显示
药店的品级。因此"官桂"
为中医推崇的中华四大养
生补品。

在欧洲，桂皮则被
称为"中国桂皮"。缘由
是波兰籍传教士卜弥格
（Michael Boym），在《中
国植物志》（*Flora Sinensis*）
中把桂皮树叫作"中国香
料"，欧洲商人将桂皮译作
"Cina"和"momun"，即"又
香又甜的中国的树"，这
也是其拉丁文学名的由来。
18世纪时，桂皮等香料在
欧洲需求仍然很大，中国
出产的桂皮源源不断地从

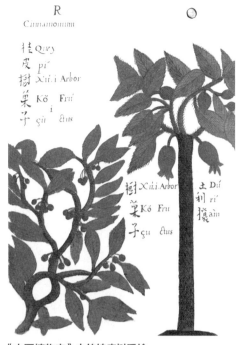

《中国植物志》中的桂皮树手绘

广州港运至英国，因此被英国人称为"中国桂皮"。以后欧洲其他国家相
继引种并沿用此名。尽管中国桂皮与锡兰肉桂在香味上有所区别，但是
在欧洲被认为是同一种东西。桂皮通过古老的商道传入我国，几千年后
再经海上由中国输往海外。桂皮成为丝绸之路上为数不多的陆路和海上
的全程见证者。

肉桂卷

从肉桂或桂皮用法上的不
同，就可以窥见中西饮食文化
上的差异。在中餐里，国人习
惯把桂皮随意掰成碎块状，一
般是与葱、姜、蒜及花椒、八
角等香料一起添加在烧、炖、卤、
烩、扒等较长时间烹调以咸味
为主的鱼或肉类菜品中，使其
香气有效地扩散及渗透到食材
中，以达到为原料去腥赋香的
作用。而西方人更愿意把它研
磨成粉末，添加在烘烤的各种
糕饼、水果蜜饯等甜品中。还
可为红茶、巧克力、可可、咖
啡等热饮增添风味。

厨涯趣事 >>>

2014年，初次去摩洛哥。在好友摩洛哥国家旅游局驻中国首席代表法提（Fathi
Khalid）先生的精心安排下，在马拉喀什著名的露天大市场（也称不眠广场）旁
的一家著名餐厅里品尝当地美食。最后的果盘中，是排列整齐的橙子圆片果肉，
在盘边新鲜薄荷的饰映下格外醒目，橙肉上却是散落着褐色粉末不知何物，品
尝过后惊艳地发现是桂皮粉。橙肉的果香与桂皮粉在口腔中碰撞出奇幻的感觉，
再配上清凉的薄荷，温凉交汇。犹如与一位柏柏尔少女的邂逅，些许清纯又温
婉优雅，令人赏心悦目。这也是摩洛哥人最常见的吃法。

［1］段石羽、曲文勇、朱庚智，《汉字与植物命名》，新疆人民出版社，2009年。

藕
一弯西子臂

藕也称莲藕，是荷花的水下根茎。荷花起源于印度，是被子植物中起源最早的种属之一，这种冰期以前的古老植物在地球上生长的时间比人类祖先的出现（200万年前）要早得多。

藕

荷花何时引入我国，已无从可考。早在春秋时期，我国最早的词典《尔雅》就将其各部分器官分别拆解细分定名了："荷，芙蕖，其茎茄，其叶蕸，其本蔤，其华菡萏，其实莲，其根藕，其中菂，菂中薏。"古人观察到莲藕这种水生植物的花叶对偶而生，结合其地下茎在水中穿泥繁衍的植物学特性，于是把它命名为"藕"或"藕"。在古代"两人同耕"时被称为"藕"，强调的是藕耕泥穿土的特性；"藕"是强调草本、水生的自然属性。而"藕"字则是由草字头加"藕"组合而成。

先贤常以荷花比喻端庄的美人，如《诗经》就有"彼泽之陂，有蒲有荷"的诗句。因荷得藕，南宋诗人卫泾的"一弯西子臂，七窍比干心"是用美女西施洁白修长的玉臂来形容洗去淤泥后有节的嫩藕，又以单数的藕中孔眼比喻忠臣比干的"忠心不二"。因此"西子臂"和"比干心"已经成了藕的隐语称谓[1]。

我国自古就有食藕的习俗，藕在我国江南一带与菱角、茨菇、莼菜、茭白、水芹、芡实、荸荠合称"水八仙"。其肉质细嫩，鲜脆甘甜，受人喜爱。汉代司马相如《上林赋》载"与波摇荡，奄薄水渚，唼喋菁藻，咀嚼菱藕"，是最早食用水生植物藕与菱角的记录。在马王堆汉墓发掘出土的云纹漆鼎中曾发现了一碗藕片汤，薄薄的藕片鲜嫩如昨。但它们在重见天日后迅速化作齑粉，只留下照片存证。记录北周宇文氏建立的周朝

马王堆汉墓藕片汤

藕片汤

莲藕手绘

（557—581）的纪传体史书《周书》中有"薮泽已竭，既莲掘藕"，又进一步记录了古人挖藕的场景。

到了北魏，《齐民要术》不仅有"种藕法"，还记有"蒸藕法"："水和稻穰、糠，揩令净，斫去节，与蜜灌孔里，使满，溲苏面，封下头，蒸。熟，除面，写（泻）去蜜，削去皮，以刀截，奠之。"蒸藕是最简单美味的吃法。两宋之后，吃莲食藕更为精致，如有"藕鲊""灌藕""荷叶饼""蜜煎藕""莲房鱼包"等多种方法。元代《饮食须知》写道："藕，味甘性平，生食过多，亦令冷中。少和盐水煮食，益口齿。同油炸米面果食，则无渣。忌铁器。"更是详细记载了制作藕时应注意的细节。因藕含单宁，与铁接触后会产生黑色的单宁酸铁，使藕的颜色变黑。

藕浑身都是宝，李时珍在《本草纲目》中总结道："花叶常偶生、不偶不生、故根曰藕。……荷花、莲子、莲衣、莲房、莲须、莲子心、荷叶、荷梗、藕节等均可药用。"因与奇数偶数的"偶"字同音，所以民俗婚宴一定要吃藕，来祝愿婚姻美满，寓意佳偶天成。可见，莲藕是为数不多集食用、药用、文化代表于一体的食材。

央视《舌尖上的中国》（第一季）中专门介绍了湖北嘉鱼县藕的采集及美食，挑动了无数人的味蕾。

金桂花莲藕

藕的品种很多，分质地生脆和粉糯两大类。但无论什么品种，在没有完全成熟之前其口感都是脆的。脆藕即使成熟了，也仍是脆的；而粉藕成熟了之后只有通过炖煮质地才会变得粉糯，用其他的烹饪方式也可以做出脆的口感来。粉藕在保存中会逐渐向"脆"转变，冬季采收节带泥的成熟莲藕可以保存15天左右，但想要吃到"粉糯"的口感，要尽快食用，不宜久存。

厨涯趣事 >>>

近年来，各地名厨大师出书立著蔚然成风。虽良莠不齐，也有不少精品。其中湖北经济学院教授邹志平先生托唐习鹏大师转交的力作《中国莲藕菜》，令我爱不释手。我与邹教授结识十几年，他是鄂菜泰斗卢永良大师的高足，年轻有为，文武双全，获奖无数，荣誉诸多。但他低调不躁，潜心挖掘本土食材，实为难得。他在《中国莲藕菜》一书中，把莲藕按春夏秋冬，分四季篇，分别收录了传统经典及融合创新共82品佳肴美馔，美食美器，制作精良，食药同源。同时把莲藕的历史文化，以及荆楚大地爱莲、识藕、懂藕，对莲藕特殊的情感也跃然笔端。《中国莲藕菜》真可谓集中国莲藕菜品之大成也，更是难得的饮食文化佳作！

［1］张平真主编，《中国蔬菜名称考释》，北京燕山出版社，2006年。

芋 头

野有蹲鸱

芋头起源印度、东南亚 [1]。在古代随原始马来民族的迁移传到南太平洋一带，其英文"Taro"就源自波利尼西亚土语。

芋头传入我国的具体时间目前尚无定论，最早记载在《管子·轻重甲》："春曰傅耜，次曰获麦，次曰薄芋……"这里的"薄芋"就是芋头。说明早在春秋战国时期就有种植了。古时有很多别称，如蕖、芋魁、蹲鸱等。蹲鸱这个名字很特别，"鸱"为鹰的一种，古人认为芋头因状如蹲伏的鸱，故称。《史记·货殖列传》："汶山之下，野有蹲鸱，至死不饥，注云芋也。盖芋魁之状若鸱之蹲坐故也。"是说有了芋头，到死都不会挨饿。《汉书》亦有"饭我豆食羹芋魁"之句。可见在汉时，四川等地便以芋为主食。由此可见，芋在当时的地位不亚于麦和麻。由于古代食物来源不多，因此芋头被特别重视。西汉《氾胜之书》中就介绍了 6 种栽种方法，北魏《齐民要术》还列举了芋的 15 个品种。

芋头主要以珠江流域及台湾地区种植最多，长江流域次之，其他省市也有种植。芋头的外表虽不好看，但蒸煮熟后剥掉粗糙的外皮就露出奶白的肉色，其细腻的质地、绵软酥糯的口感深受人们的喜爱。古人对芋头情有独钟，留下不少歌咏芋头的诗句。如晚唐韦庄《赠渔翁》"芦刀夜鲙红鳞腻，水甑朝蒸紫芋香"；南宋林洪在《山家清供》中记述人们一边品尝甜蜜的芋头，一边怡然自得哼唱"煨得芋头熟，天子不如我"的山歌。

到明代时已有《芋经》和《芋记》等专著。王象晋在《群芳谱·菜

芋头

芋头邮票（圣多美和普林西比）

芋头植株

芋头手绘

蔬部·芋》中载："芋，一名土芝，一名蹲鸱，一名莒。……今之十数种，有君子芋，淡善芋，百果芋，鸡子芋，车毂芋……又有蔓芋，博士芋，百子芋。"记录了芋头的不同别称及品种。清代李渔在《闲情偶寄》中对芋头的习性甚是了解并独有心得："煮芋不可无物伴之，盖芋之本身无味，借他物以成其味者也。"芋头的特点就是吸味，靠近谁就有谁的气质。它的吃法多样，可炒、煮、焖、蒸、炸、煲汤或制泥等烹调手法，袁枚在《随园食单》中对芋头的做法有具体说明，"芋羹"条云："芋性柔腻，入荤入素俱可。或切碎作鸭羹，或煨肉，或同豆腐加酱水煨。"曹雪芹在《红楼梦》中也记录了许多芋头美食。而在民间用芋头做出咸甜口味，老少皆宜的菜品，不胜枚举。

农历八月是芋头的收成时节，因此中秋节吃芋头成为一些地区的习俗。各地在中秋食芋的含义却各有不同。如广东潮州人食芋剥皮时称"剥鬼皮"，有辟邪消灾的寓意，还以芋头来祭拜祖先。上海方言中"芋"和"遇"音同，吃芋，寄寓遇到好事，有好兆头！江南人称芋头为"芋艿"，谐音"运来"；山东莱阳人认为芋头是"余头"的谐音，"秋天吃芋头，来年有余头"祈盼好日子有富余。

芋头还是一味良药，《本草纲目》："宽肠胃，充肌肤，滑中，疗烦热，止渴，令人肥白，开胃通肠闭。"芋头虽平和，但有小毒；芋汁黏滞，不宜多吃。

泉水芋头

芋头削皮时发生手痒是因为芋头皮内含有草酸，这种碱性很强的黏液对皮肤有强烈刺激作用。预防和消除的方法是用醋洗手，醋的酸性可以中和这种碱性物质。用柠檬皮、柑橘皮、生姜或风油精擦手，痛痒的感觉也会消失。还有把手放在火炉上方略烤亦可止痒。草酸也会刺激喉咙和口腔，故芋头不宜生吃，否则舌头和咽喉会肿痛。芋头在水中长时间浸泡或加热后能使大部分草酸被去除，但一定要熟透再食用。

厨涯趣事 >>>

我自幼在东北生长，从小就没见过芋头，直到40年前学厨时才接触这个外皮似麻雀纹的根块，拿在手里还有点毛茸茸的感觉。学着师傅们的样子，左手握起一个，右手握着小刀给它去皮，刚削了两下，随着皮落，里面渗出黏液，削到一半就开始握不住了，滑了几次又被我捉了回来，终于脱掉了它的毛皮，裸露出白皙的嫩果肉来。逐渐掌握了技巧，以后就顺畅起来，看着大盆里隆起的雪白肉球，不禁有点沾沾自喜。突然，手背发红，反复抓挠仍奇痒难耐，就跑到水龙头下冲洗，师傅说加点醋搓一搓就好了，我尝试后果然见效，当时觉得特别神奇！

［1］王思明等，《中国食物的历史变迁》，中国科学技术出版社，2021年。

兔

静若处子

家兔由起源于地中海的野生穴兔驯化和培育而来。欧洲家兔何时传入我国？目前还不得而知，但在许多史前遗址中都出现了兔子的骨殖。这也给后人对古老的丝绸之路有了无限的遐想，更有待于考古或文献研究发现。

日本畜产学家井口贤三认为：中国在先秦时代，即已养兔。因此说：我国是驯化兔最早的国家之一[1]。达尔文在《动物和植物在家养下的变异》中说："兔自古以来就被驯养了，孔子认为兔在动物中可以列为供神的祭品，所以，中国大概在这样古老的时期就已养兔了。"

兔很早就进入了人类的食谱，我国最早的诗集《诗经》中已经出现了如何食用兔肉的记载，如《诗经·小雅》："有兔斯首，炮之燔之。君子有酒，酌言献之。"古人对兔肉的烹调方式多样，如《周礼·天官·醢人》有"加豆之实，芹菹兔醢"，是在高脚盘中装上腌水芹的兔肉酱；《礼记·内则》也记有"脯羹兔醢"和"兔羹"。

在汉代石画像的庖厨图中，兔子赫然悬挂在墙壁上以供烹饪。石画像上悬挂着的兔子形象显然是已经开剥后经处理的形象：两胁张开，其料理方式应是熏烤或脯腊。长沙马王堆一号汉墓遣策中有"昔兔一笥""熬兔一笥"，学者考证"昔"即"腊"，即用腊的制作方式烹饪兔子，与《周礼·天官·腊人》所记相同。"熬兔"，即炒兔肉。东汉刘熙《释名·释饮

甲骨文兔字

生肖兔邮票（中国）

敦煌莫高窟第 407 窟三兔飞天藻井

汉代石画像的庖厨图（局部）

《梧桐双兔图》

鲜椒仔姜兔

兔子因跳跃式行走，所以在某些地方也叫跳肉，如四川传统名菜"陈皮跳肉"，就是兔肉。成都小吃"麻辣兔头"风靡全国，而自贡"冷吃兔"的特色是冷了比热的时候还好吃而得名。其他省份也有特色兔肉名品：安徽亳州阿福兔肉，河南开封长春轩"五香兔肉"，湖北宜昌"秭归兔肉干"，贵州遵义桐梓"金橘蒸兔肉"等。福建龙溪的"卜兔"很有特色，龙溪方言把上锅架竹熏制的方法叫"卜"，由于主要以大米熏制，所以又名"米熏兔"。"卜兔"米的焦香，熏烤入味；而上杭县的"红烧兔"中的"烧"也是当地方言，实为"炸"。

食》："鸡纤，细擘其腊令纤，然后渍以酢也。兔纤亦如之。"是类似今天肉松方法制作的兔肉松[2]。

南宋林洪在《山家清供》中记有一道"拨霞供"的名馔，他在武夷山猎得一只兔子，山野之中，就地取材，将兔肉切成薄片，在烧开的汤水里面一滚，再蘸上调料而食。并有诗云："浪涌晴江雪，风翻晚照霞。"将在锅中翻滚雪白的兔片，比喻宛如大风吹翻傍晚时分的云霞。可见宋人雅致的生活情趣，亦即兔肉火锅"拨霞供"之谓的出处。清代《食宪鸿秘》中也有一款"兔生"的佳肴：兔肉用米泔水捏洗净，再用酒浸洗，沥干后，加香料入锅烧滚至熟而成。

兔肉质地细嫩，味道鲜美，营养丰富。在民间素有"飞禽莫如鸪，走兽莫如兔"的说法。但由于缺少脂肪，香度不够，故需要与含高油脂的食材配伍，以改善其先天不足。兔肉有和任何食材一起烹调时就会附和其滋味的特点，遂又有"百味肉"之说。兔肉因高蛋白、低脂肪、低热量和少胆固醇，有保健滋补的功用。《本草纲目》记载："兔肉主治凉血，解热毒，利大肠。"

兔的性情温和，体态乖巧，动作灵敏，速度极快。以"静若处子，动如脱兔"之称深受人们的喜爱。我国很多神话传说中都提到了兔，如嫦娥奔月时把有灵性的白兔也带入了月宫。因此，兔是善良、文雅、乖巧的象征。它还是十二生肖之一，有祥和、幸运及长寿的寓意。

厨涯趣事 >>>

刚入职时，我们来自十几个省份的单身青年，统一住在集体宿舍。每当有人探亲返回时总会带一些家乡风味给大家打牙祭。记得30多年前的夏天，四川钟华同学从广汉带回老家特产——缠丝兔。缠丝兔肉质细滑，有特殊的烟熏香味。五湖四海的小伙伴们赤膊上阵，兴奋地围坐一起，边喝着小酒，品着美味，边听着钟华摆起龙门阵，他带着浓重的川普口音自豪地说：你们晓得为啥子叫缠丝兔？是因为用麻绳缠绕而得名。我们广汉的缠丝兔历史悠久，风味独特……听着听着，声音渐弱。原来他虽性情豪爽，但却不胜酒力，边说着就睡了。

［1］罗泽珣，《家兔的起源》，《生物学通报》1991年第5期。

［2］聂凤乔，《蔬食斋随笔别集·禽畜鸟兽篇》，山西经济出版社，1995年。

肉鸽

一鸽胜九鸡

　　鸽子是最古老的鸟类之一，起源于距今 5000 万年前左右的新生代，主要分布在北美洲和欧洲。野生鸽子成群结队地飞翔，以峭壁岩洞为巢、栖息、繁衍后代，以植物的种子、果实为食。由于鸽子具有本能的爱巢欲、归巢性强，同时又有野外觅食的能力，久而久之被人类所认识。在约 5000 年前的古埃及，野生的原鸽、岩鸽等被驯化为家鸽，以后逐渐分为信鸽、观赏鸽和食用肉鸽。因此食用肉鸽是人类培育最早的饲养家禽之一。

和平鸽银币（中国）

　　鸽子是靠飞翔而自我传播的物种，何时落户在中国已不得而知。从三门峡妇好墓出土的殷商玉鸽分析，最晚在 3300 年前商代中期古人就已饲养鸽子了。这件艺术品的鸽形体态丰满，很可能就是肉鸽。

　　据《周礼注疏》载："庖人掌共六畜、六兽、六禽。"东汉经学家郑司农注"六禽：雁、鹑、鴳、雉、鸠、鸽"。这说明在西周之前，鸽子已进入周天子御膳房的食材序列了，这也是我国有关鸽子最早的文字记载。当时饲养鸽子主要是以食用为主，因为那时纸张还没有发明，所以不会是用于书书的信鸽。鸽子作为传寄书信的工具始于汉代，俗称"飞奴"。

鸽子邮票（中国）

　　以后，历代记载食鸽的信息不多。宋代《南窗纪谈》："韩玉汝丞相喜事口腹，每食心弹极精侈。性嗜鸽，必白者而后食。或以他色给之，辄能辨其非。世以为异。"是说超级吃货丞相韩缜，不仅喜好食鸽，还能从肉质和口感上辨出所食鸽子羽毛的黑白。实属罕见！

　　清代开始出现有关鸽的食谱，如《调鼎集》中有"鸽脯""炒鸽丝"及"煨鸽"的具体做法。《清稗类钞》亦有："煨鸽，鸽与火腿同煨，不用亦可，惟茴香、桂皮万不可少。"而晚清川菜佚名《筵款丰馐依样调鼎新录》上

白鸽

也有一些鸽菜:"京款鸽酥""鲜溜鹁鸽""嫩飞奴片""鸽脯""炙鸽子""熏鸽子"[1]。

清末,广东中山籍华侨从美国带回白羽鸽种,与本地鸽杂交出体形大,肉质鲜嫩的新品。1885年,广州西餐厅太平馆用油炸的手法首推"红烧乳鸽"而广受欢迎。民国期间,澳门葡国菜餐厅佛笑楼,以烘烤创出"石岐烧乳鸽",鸽子佳肴在粤港澳地区逐渐流行起来,烹饪方法也不断改进,如"卤水乳鸽""广东焗乳鸽""脆皮乳鸽""盐烧乳鸽"和"玫瑰焗双鸽"等风味饶人。

其他地区却鲜有鸽菜名馔,只有江苏传统"三套鸭"和新疆喀什"鸽子汤"。新疆古老的葡萄酒"穆塞莱斯"中还有鸽子血、鹿茸、番红花等名贵中药。从西域三十六国流传至今。

鸽子不仅味美,其营养和药用价值也较高,鸽肉性平、味咸,入肝、肾经,具有调精益气、活血化瘀、平衡阴阳等功效。因此民间有"一鸽胜九鸡"的说法。

岩鸽邮票(中国)

脆皮乳鸽

肉鸽又叫菜鸽、食鸽,每年5月进入最佳繁殖期,肉鸽好饲养,繁殖快,每对种鸽一年可孵7—8对乳鸽,乳鸽以出壳28天左右、羽翼未丰的食味最佳,此时肉厚而嫩,滋味鲜美,且富含粗蛋白质和少量无机盐等,营养成分也最高。

如今,我国肉鸽产区主要集中在珠三角一带,广东中山石岐镇的"石岐鸽"。和新疆阿克苏地区的"塔里木鸽"为国家农产品地理标志产品。

厨涯趣事 >>>

2018年秋,在摩洛哥国王御厨哈希德·阿古海(Rachid Agouray)的安排下,世界御厨协会的全体会员在位于马拉喀什拉玛蒙尼亚(La Mamounia)酒店的厨房里参与制作摩洛哥美食,大家争先恐后地与饭店厨师们一起分工合作。其中有一道用煮熟的鸽子去骨拆肉与其他配料及香料混合做馅心的千层派饼吸引了我,哈希德解释说,这个巴司蒂亚(Pastilla)是摩洛哥宫廷菜品,在过去平民只能在节日或婚礼庆典尝到。见他把面团揉抻拉长成几乎透明的薄片,然后层层叠起,其间不断添加馅料,最后呈圆饼形,放入烤箱烘烤至焦脆金黄,再在表面用糖霜和肉桂粉撒落几何图形。这个看起来像是甜品,竟然是我们晚宴中最先登场的开胃菜。外皮酥脆,鸽馅鲜美,甜咸香辣,层次分明。

[1] 聂凤乔,《蔬食斋随笔别集·禽畜鸟兽篇》,山西经济出版社,1995年。

香茅
柠檬草

香茅是原生于东南亚等热带地区的香草。一簇簇如同野生芒草般浓密丛生，走近时，整株散发出沁人心脾的柠檬及柑橘的香气。这种与柠檬同样的香味来自内含的柠檬醛（Citral），因故又被称为"柠檬草"。

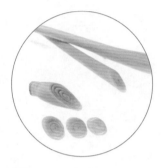

香茅

香茅如何传入我国已不可知。但自古就有用香茅作为祭拜祖先贡品的习俗。早在周朝，祭祀时常用的芳香植物有蘩、萧、茅、韭、椒等。其中的茅即香茅。香茅古称"苞茅"，干燥后十分洁净，有淡香气。据《周礼·天官·甸师》载："束茅立之祭前，沃酒其上，酒渗下，若神饮之，故谓之缩酒。"是说醴酒中有酒糟，用捆扎成束的香茅，滤去酒中渣子，可使酒液持存芳香，再用来祭祖，因此有"祭祀共萧茅"的说法。关于用香茅滤成缩酒，历代都有记载。如晋代左思《吴都赋》："纶组紫绛，食葛香茅。"王隐《晋书地道记·零陵郡》："泉陵县有香茅，气甚芬香，言贡之以缩酒也。"北周庾信《周祀方泽歌》之一："调歌孙竹，缩酒江茅。"唐代柳宗元《与崔连州论石钟乳书》"荆之茅，皆可以缩酒"等。

香茅也代表向天子进贡的义务。相传楚王立国之初，环境非常艰苦，周天子优待楚人，让楚人上缴的贡品就有这种廉价的香茅草。《左传·僖公四年》："尔贡包茅不入。王祭不共（供），无以缩酒，寡人是征。"这是齐桓公南下伐楚时对楚国的责难，也为兴师讨伐的借口。

除祭祀和滤酒外，香茅也可用于熏香。在马王堆汉墓中的香茅是仅次于花椒的香料，在五件草药袋和三件香囊中均发现有香茅，一个陶制熏香炉的炉盘内也盛满燃烧后残存的香茅炭。同时香茅还作为包裹或衬垫祭品之用。另外，它还有驱虫的作用，是防止蚊虫叮咬及防衣料虫蛀的重要香料，这也是香茅在古墓中频繁出土的原因。

香茅也是药材，具有祛风通络，温中止痛，止泻的作用，可用于感冒头痛，风寒湿痹，脘腹冷痛，泄泻等症，历代本草医书都有记载。明代李时珍《本草纲目》："香茅一名菁茅，一名琼茅，生湖南及江淮间，叶有三脊，其气香芬。"

香茅的茎和叶可以提取精油，是用作香水的原料。

香茅植株

17 世纪，菲律宾首次蒸馏出香茅精油。这份珍贵的样品一直被很好保存，并于 1951 年被送到在伦敦水晶宫（Crystal Palace）举办的世界博览会上展出。

香茅更是一种食用香草，在东南亚菜系中使用最广泛。如泰国的国汤"冬阴功"（Tom yam goong）、马来西亚"叻沙面"（Laksas）、印度尼西亚"沙爹肉串"（Satay）及越南经典的"香茅猪排"（Suon lon Nuong Xa）等都离不开香茅增香。我国云南菜中应用得也较多。

香茅手绘

厨涯趣事 >>>

前些年为完成拙作《滇香四溢》赴云南采风，老友云南省餐饮与美食行业协会的杨艾军会长亲自陪同我前往西双版纳。在景洪傣家的吊脚楼上，傣家阿婆把香茅缠绕在腌好的罗非鱼上，并以劈开的嫩竹夹住再抹上猪油，放在火炭上烤，原始自然的香气随烟火慢慢飘来。只需十来分钟"香茅草烤鱼"就端上桌，香茅特有的清香直袭鼻端。酥脆焦香的外皮伴着鲜嫩洁白鱼肉，口腔里的满足感就爆棚。杨会长端起竹筒酒连声赞语"板扎！"接下来随傣族特有的酒令，齐声道："打锅！……水！水！水！"大家欢饮而尽。

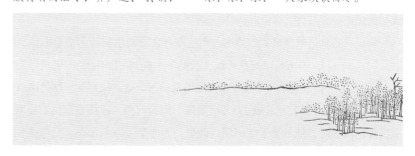

香茅抗浪鱼

香茅具柠檬和青草的混合香气，其芳香程度甚至超过柠檬，且越近根部香气越浓，比柠檬更持久，却无柠檬的酸味及表皮的苦涩。新鲜的香茅应剥去外皮，露出从根部到茎部的 10—15 厘米左右最嫩的部位。用木制的棒槌砸击破散，使其芳香完全散发出来。嫩芯切丝拌色拉或切片炒菜，剁碎制辣酱；而较老硬的外皮则适合炖煮较长时间的加热烹饪。香茅既可单独使用，也可与其他香料混合使用。干制品多用于粤菜卤水中调味增香。

扁豆

烎廖佳人

扁豆原产印度，为豆科扁豆属下的一个栽培种，多年生或一年生缠绕藤本植物。因其豆荚体态扁平而得名。

扁豆大约在先秦时期传入我国。成书于西汉文帝时期的《大荒纪闻》中有"身毒有荚豆，扁薄类豚耳"的记载，意思是说身毒有一种豆荚，扁而薄的形状像猪的耳朵。因此，可以断定扁豆是通过"蜀身毒道"，即西南丝绸之路传入的。如今在京冀及东北地区，扁豆仍被民众俗称为"大耳朵豆"。

紫色扁豆

扁豆，古时写成"藊豆"，"藊"字取其扁平之象形，之后又演化为"褊""匾""萹"等。南北朝时期，茅山开山鼻祖陶弘景在所著《名医别录》中有"藊豆味甘，微温。主和中，下气。叶主治霍乱，吐下不止"。并说"其荚蒸食甚美"。可见古时，扁豆既是治病良药，又是日常佳蔬。

扁豆在古代别称繁多，苏敬在《唐本草》中记载："藊豆北人名鹊豆，以其黑而白间故也。"是因种子黑白相间，犹如喜鹊羽毛而得名。它还叫作"蛾眉豆"，所谓蛾眉，就是细而长的眉毛，也指美丽的眼睛。这里是对其种脐和种背的形象描述。扁豆为藤本植物，易栽培，喜攀爬，只要有附着之处便可蔓延生长，故又有"沿篱豆"之称。李时珍在《本草纲目》释名曰："藊豆……沿篱豆，沿篱，蔓延也。蛾眉，象豆脊白路之形也。"

扁豆还有些有趣的名字。明代卢之颐在《本草乘雅半偈》中提到客家地区称其为"凉衍豆"，"衍"有繁衍之意，"凉衍"特指待秋高气爽之后，扁豆会进入结荚盛期的生长习性。明代博物学家张澜之在《不二杂集》中提及在两广地区扁豆有"羊眼豆""膨皮豆""藤豆"及"火镰豆"等称谓。有些地区习惯把所有豆荚类植物皆统称为"豆角"，因此扁豆也俗称"扁豆角"。明代吴承恩在《西游记》第八十二回载，妖精招待唐僧筵席中的蔬鲜二十品里就有"扁豆角、江（豇）豆，熟酱调成"的记述。

扁豆自古就是贫寒之家的菜蔬。而它却有文雅而生僻的名字"烎廖豆"（yǎn yí），明末赵宧光在《说文长笺》中提到："扁豆，一名烎廖。"此典故出自乐府歌《百里奚》："百里奚，五羊皮。忆别时，烹伏雌，春黄齑炊烎廖；今日富贵忘我为！""烎廖"即为门闩，家境贫寒的百里奚准备外出流浪时，他的妻子拿门闩当柴烧，为他烹了一只母鸡。后来人们

扁豆

用"炊㸆㸆"比喻生活困苦，"㸆㸆"就成了清贫的代名词。以后引申为曾共过患难的妻子[1]。

秋高气爽的季节，扁豆进入结荚盛期。扁豆有绿和紫红色两种，在南北大地的乡间小路上皆可见到"道边篱落聊遮眼，白白红红匾豆花"争奇斗艳的田园景色。

扁豆手绘

砂锅扁豆丝

扁豆和荷兰豆（见本书252页）的外形相似，荚果都是扁扁的，所以经常被混淆，其实它们的区别还是蛮大的。首先最大的区别是它们属于不同的植物种类，扁豆是豆科扁豆属，多年生或一年生缠绕藤本植物；而荷兰豆则是豌豆属，为一年生缠绕草本植物。其次植物形态上：扁豆质地较硬，淡黄绿或淡紫色，茎可达6米；而荷兰豆表面光滑，绿色，质地脆，植株高度最多2米。最后是扁豆的种子饱满，而荷兰豆的种子较小。

厨涯趣事 >>>

这些年，为了小儿在南山华德福求学就搬家到昌平兴寿的辛庄。在租借的院子里也种点蔬菜消遣，在姐夫贾富贵先生的协力下，一起用竹竿在入门口通道处搭了个拱形棚架，随意栽种了些扁豆。看着出苗、子蔓爬藤，不知什么时候架子就被绿色裹住，并点缀出紫白色的小花如蝶在徐风中煽动。又不知不觉结出一嘟噜一嘟噜的豆荚悬在架上，开门推窗先入眼帘。待到硕果累累时陆续摘些，去掉两侧的筋，清洗后切成细丝，与土豆丝同炒就是家乡的味道。想起老家叫"气豆"，母亲总会把吃不完的腌成咸菜，是早餐喝粥时的绝配。不经意间栽种了扁豆，竟冒出了许些小小乡愁！

[1]张平真主编，《中国蔬菜名称考释》，北京燕山出版社，2006年。

豌豆

宜菜宜粮

豌豆原产于中亚与地中海地区，继而扩大到近东和北非。而后扩散至整个欧洲，在近东和欧洲石器时代的遗迹发掘中就有豌豆碳化的种子。在埃及尼罗河三角洲一带发现的豌豆可以追溯到 6000 年前。

鲜豌豆

豌豆在汉代以前就由中亚引入我国了，最初仅见于西北的游牧民族地区。春秋时代中国将外族称为戎狄蛮夷 [1]。在《尔雅》中豌豆被称为"戎菽"，"戎"是生活在今西北地区少数民族中的一种称谓，"菽"是古代对豆类植物的统称 [2]。豌豆还有"山戎"的旧称，明代李时珍在《本草纲目》释名曰："山戎，豌豆也，其苗柔弱宛宛，故得名豌豆"，又云："种出胡戎，嫩时青色，老则斑麻，故有胡、戎、青斑、麻累诸名。"不仅说出了来源，还对其不同品种及别名做了说明。豌豆也称为"胡豆"，据《居延汉简》记载，西汉晚期，居住在内蒙古西端的额济纳旗的军民把"胡豆"作为粮食。到了东汉又称"豍豆"，崔寔在《四民月令》中有"……正月，可种春麦、豍豆，尽二月止"的记载。

干豌豆

豌豆之名则首见于三国时张揖撰的《广雅·释草》："豍豆，豌豆也。"以后逐渐成为正式名称。但豌豆其名，随着历史变迁也不断发生变化。东晋十六国时期，羯族人石勒建立后赵政权（319—351），其间避讳"胡"字。东晋陆翙在《邺中记》中记载："石勒讳胡，胡物改名，……胡豆曰'国豆'。"

北魏时期，豌豆已在黄河流域一带普遍种植了。贾思勰在《齐民要术》里记录了他的亲眼所见："并州豌豆，度井陉以东；山东谷子，入壶关、上党，苗而无实。皆余目所亲见，非信传疑：盖土地之异者也。"是说今山西太原并州的豌豆，被移植到位于今河北西部边陲的井陉一带时，却只长苗不结果。这是豌豆在异地出现水土不服的现象，但也可能是吃其嫩苗的开始。

隋唐时期，豌豆随佛教由中国传至日本。在唐末的北方农书《四时纂要》中也提及种植豌豆及采收的细节。在辽宋金元时期，豌豆又增加了"回鹘豆""回回豆"及"淮豆"等名。"回鹘"为西域一个少数民族的名称，即今维吾尔人的祖先；"回回"在元代泛指信奉伊斯兰教的"色目人" [3]。

《樱桃豌豆分儿女》

明代周文华的植物专著《汝南圃史》中写道："豌豆荚酷似决明，而子圆如菉豆而以小儿喜啖。又名孩豆。"当时品种为小粒豌豆，人们还不食荚，只吃豆粒。清代以后，人们更喜欢食用鲜嫩清香的豆苗。淡绿色的豆苗，随叶子顶端茎蔓伸出纤手如玉的卷须，因此也叫豌豆尖儿。

豌豆刚成熟时豆色绿如翡翠，而完全成熟晒干后则呈淡黄色。因此，豌豆是时令的新鲜菜蔬，又可兼做杂粮。元代诗人方回有"樱桃豌豆分儿女，草草春风又一年"的诗句。在当代画家丰子恺创作的漫画《母爱》中，题有此句。

豌豆手绘

豌豆黄

在植物学上，豌豆包括"菜用豌豆""粮用豌豆"和"软荚豌豆"三个变种。前两个属于硬荚类型，果皮呈革质不能食用。"菜用豌豆"除鲜嫩饱满的果实外，还能以幼芽、嫩苗或嫩茎叶作为蔬菜；"粮用豌豆"可食用的部分只是其老熟的果实，是制作宫廷御点"豌豆黄"及云南小吃"稀豆粉"等美食的原料。而"软荚豌豆"因其荚果肥大，纤维较少，质地脆嫩，色泽翠绿，味道香甜，适宜采食。其中包括"荷兰豆"和"甜蜜豆"两种。所以说，这两种也属于豌豆。

厨涯趣事 >>>

20 多年前，单位在顺义的农场种植豌豆。每到 5 月底，大量颗粒饱满的豌豆会集中送到厨房加工，剥皮—焯水—再冷冻储存备用。开始大家围坐在一起，用双手来剥皮取豆，可时间长后，手会开始变得麻木和酸疼。于是各种改良方法层出不穷：有人抡起半袋子的豌豆在地上摔打，也有人把袋子里的豌豆用脚踩踏，结果都是经挤压后，外皮破裂，便于剥离。貌似提高了效率，但破损也多、出成率低。验收不合格，最终还是乖乖坐下来，回归最原始的手剥方式。比的是谁更有定力和耐力。

［1］葛承雍《绵亘万里长》生活·读书·新知三联书店，2019。

［2］

［3］张平真主编，《中国蔬菜名称考释》，北京燕山出版，2006 年。

落葵

绿英滑且肥

落葵原产印度及东南亚等热带地区，在非洲、美洲也有分布。汉朝前就被引入，在我国有 2000 多年的历史，早期主要集中在长江流域以南，后南北各地都有种植。因其叶子能承载露水，常被甘露滋润，因而生得格外肥嫩，咀嚼时如木耳般肥厚的口感。故民间有"木耳菜"的俗称[1]。

落葵

落葵古称"蔠葵"，《尔雅》曰："一名蔠葵，一名蘩露"，"其叶最能承露，其子垂垂亦如缀露，故得露名"，因此也有"露葵"的别称。落葵的称谓早期可见西晋时期张华所著的《博物志》，以及陶弘景的《名医别录》[1]。

魏晋之前，人们多以菜蔬制羹食为肴，故口感滑嫩的落葵大行其道。宋代苏东坡在贬至广东惠州时，发现细嫩滑腻的落葵与西湖莼菜媲美，欣然写下"丰湖有藤菜，似可敌莼羹"的诗句，这里的藤菜也是落葵的另一个俗名。宋代以后，随着铁锅的普及，炒的烹饪方法逐渐兴起，食落葵之风便渐渐不再盛行。

医食同源，它也是一味药材。明代李时珍《本草纲目》载："落葵味酸，性寒，无毒，滑中散热，利大小肠"；"落葵三月种之，嫩苗可食。五月蔓延，其叶似杏叶而肥厚软滑，作蔬、和肉皆宜。"道出落葵的药性和功用。

除了作为蔬菜及药用外，其紫红色的浆果还是天然的染料。南朝齐梁间陶弘景《本草经集注》："落葵又名承露，人家多种之。叶惟可食，冷滑。其子紫色，女人以渍粉敷面为假色，少入药用。"是说落葵秋天结下的果实，揉取汁为颜料，被女人用于胭脂涂妆。唐孟诜在《食疗本草》记载了用落葵果实制作面膜的方法：把果实内的种子取出蒸熟晒干，去皮磨细，和以白蜜涂抹在脸上，"令人面鲜华可爱"。所以又有"胭脂菜""染绛叶"的别名。如今四川人叫它"软浆叶"，实为"染绛叶"的讹音。

落葵是一种藤本攀缘植物，明代农学家徐光启在《农政全书》里写道："蔠葵，又一名藤菜，一名天葵，一名御菜，一名燕脂菜，一名落葵。"落葵在各地的异名更是五花八门，在福建有"篱笆菜"等别称；粤港人士则嫌它多潺（黏液）

落葵

贬之曰"潺菜";湖北武汉是"汤菜";而云南人叫它"豆腐菜"。在北方最流行的名字是"木耳菜"。清代吴其濬的《植物名实图考》："落葵，承露也。……有白茎绿叶者，谓之木耳菜，尤滑。"

除绿叶品种外，落葵还有叶脉和叶缘近紫色者，上海人叫"紫角叶"；此外还有藤萝菜、藤七、红藤菜、滑菜果、寸金丹、粘藤、白虎下须、猴子七、滑腹菜、御菜等称谓。这种古老的蔬菜，在历史的长河中沉寂了千百年后，近些年又焕发出新的青春。

落葵手绘

木耳菜蛋汤

木耳菜黏滑的口感来自它肉质叶片和茎里的汁液中所含的多糖所致。多糖不是我们常见意义上所指的蔗糖或淀粉所转化成的糖，而是由多个单糖分子缩合、失水而成。亦称多聚糖，一般没有甜味，无还原性。虽然多糖类物质很难被人体消化吸收，但是它们对肠道健康有特别的作用。可以为生活在肠道中的微生物提供必要的营养，对于维持肠道菌群和谐有一定作用。另外，多糖类物质也可以促进肠胃蠕动，促进胃肠的代谢。除了木耳菜外，丝瓜、秋葵、芦荟等植物中也含有多糖类物质。

厨涯趣事 >>>

30多年前的暑期被临时派调到北戴河管理处的俱乐部工作。由于刚刚入厨不久，每天主要是依据厨师长在小黑板上写下的菜单，把各种食材洗净，再切配及初加工。一天上午，在核对小黑板上的菜单时，发现了"蒜茸木耳菜"，就赶紧去泡黑木耳。当师傅问我干嘛时，我困怯地回道：忘记泡木耳了。他却指着大竹筐里的厚叶子的蔬菜说：把这个洗了！洗净后，他告诉我：这就是木耳菜！洗菜时，我端详肥厚的叶子，还真像木耳的手感。这就是我第一次邂逅木耳菜的经历。

［1］张平真主编，《中国蔬菜名称考释》，北京燕山出版社，2006年。

薏苡

明珠之谤

薏苡又称薏米。原产印度，后被带到缅甸及越南等东南亚地区种植。薏苡传入我国的具体年代已无从考证，但从河姆渡遗址出土过大量薏苡种子上判断，至少在距今 6000 年前的新石器时代我国就开始了薏苡的栽培。

古时薏苡是重要的粮食，甚至被视为夏族的图腾植物。据《史记·夏本纪》第二卷注："禹母修己见流星贯昴，又吞神珠薏苡，胸坼而生禹。"是说大禹的母亲因吃了薏苡受孕而生下了大禹。西汉王充《论衡·奇怪》也云："禹母吞薏苡而生禹，古夏姓曰姒。"这个神话故事现在看来虽不可信，但至少说明汉代时薏苡已是很普遍种植的作物。

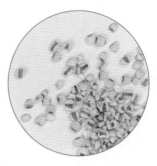

薏米仁

在汉代，薏苡就是一味健脾利湿的药材。后汉的《神农本草经·上品·草部·薏苡仁》记载："味甘微寒。主筋急，拘挛不可屈伸，风湿痹，下气。久服轻身益气。其根下三虫，一名解蠢。"长期服用薏苡能使身体轻巧，增加气力。

东汉时期，曾因薏苡发生过一场宫廷冤案。《后汉书·马援传》载："援在交趾，常饵薏苡实，用能轻身省欲，以胜瘴气。南方薏苡实大，援欲以为种。军还，载之一车。时人以为南土珍怪，贵皆望之。及卒后，有上书谮之者，以为前所载还，皆明珠、文犀，帝益怒。"是说东汉初建武十七年（41）交趾（今越南北部）发生了"二征起义"，汉光武帝刘秀派马援为"伏波将军"[1]远征交趾。他采用当地人食薏苡治湿热的方法，使官兵战胜了瘴疠。交趾的薏苡个头大，质量好，未脱壳的大如草珠。马援平定叛乱后把薏苡种子带回洛阳做药种。从南方带回的物品自然很珍贵，

薏米植株

伏波将军马援雕像

薏米手绘

谁知马援"马革裹尸"后",朝中有人诬告他带回来的不是薏苡,而是搜刮来的珍珠,惹光武帝大怒。这就是后来成语"薏苡明珠"或"薏苡之谤"的由来。为此,引来后世如白居易"侏儒饱笑东方朔,薏苡谗忧马伏波"及元稹"珠玑当尽掷,薏苡讵能谗"的感叹!

古人一直重视薏苡的食疗功效。唐朝时,把它作为珍品列为宫廷膳食之一。这个时期,薏苡作为药物也传入了日本。北宋司马光在《资治通鉴》中称薏苡为"享米",是指优质的薏米进贡给皇帝天子享用。在民间,薏米同样为保健佳品。苏东坡贬谪惠州时,在朱明洞躬锄药圃,写有《小圃五咏》的养生诗句:"伏波饭薏苡,御瘴传神良,能除五溪毒,不救谗言伤。"南宋著名诗人陆游也有专以《薏苡》为题的诗:"初游唐安饭薏米,炊成不减雕胡美。大如芡实白如玉,滑欲流匙香满屋。"

薏苡食药同源的作用被后人传承。明代李时珍在《本草纲目》记载:"薏苡仁阳明药也,能健脾,益胃。虚则补其母,故肺痿肺痈用之。筋骨之病,以治阳明为本,故拘挛筋急、风痹者用之。土能生水除湿,故泻痢水肿用之。"

薏米牛肉煲

薏米是我国传统药食同源作物,可做成粥、饭等供人们食用。尤其对老弱病者更为适宜。它有健胃、强筋骨、祛风湿、消水肿、清肺热等功效。但薏米本性属微寒,直接食用会伤脾脏。而经过炒制后,薏米的寒气会降低,其祛湿的功效才能发挥出来。所以说,薏米一定要先文火炒制以后再食用效果最佳。

由于其表面呈白色,光亮如珠,故又名薏珠子、菩提珠、晚念珠、起实、裕米、六谷米、珍珠米、川谷、药玉米、土玉米和水玉米等别称。

厨涯趣事 >>>

桂林漓江之滨,有一座依山傍水的孤峰——伏波山,当年马援将军南征经过此地而得名。位于山腹中还有一个还珠洞,据传是马援被诬告后愤然将所谓的珍珠倾倒于此的水潭中,以表明自己清廉,谣言也随之不攻自破。如今伏波山、还珠洞、伏波潭、试剑石等与漓江的美景构成了"伏波胜境"。欣赏着风景如画的甲天下,吃一块"薏米饼"或来一碗"薏米冰糖水",耳边不时传来"薏米胜过灵芝草,药用营养价值高,常吃可以延年寿,返老还童立功劳"的民谣,如入仙境!如今,又有几人还记得马援将军?

[1] 伏波将军:伏波命意为降伏波涛,是古代对军士个人能力的一种封号,历朝历代中曾出现多位被授予伏波将军的人物,而最著名的就是东汉光武帝时的马援。

高良姜

潮汕宠儿

高良姜原产印度或印度尼西亚，生于野谷的阴湿林下或灌木丛中。它与姜及姜黄是同科植物，因此，在味道及功用上与姜相似。

鲜高良姜

9世纪，高良姜被西亚的阿拉伯人所了解并添加在饲料中作为马匹兴奋剂。高良姜的英文"Galangal"名字就来自阿拉伯语"khalanjan"。十字军东征后，骑士们将高良姜带回欧洲。欧洲人曾把高良姜用作刺激食欲的调味料，甚至是诱导性亢奋的催情药。高良姜的拉丁属名"Alpinia"，是以意大利植物学家普罗斯佩罗·阿尔皮尼（Prospero Alpini）的姓氏命名，为纪念他在编目和描述外来植物上的成就。

高良姜何时引入我国已无法考证。但在我国种植和利用最少有2000多年历史，古时为熏香料，在马王堆一号汉墓的随葬物品的香炉或熏炉里就发现有高良姜及其他香料。

干高良姜

高良姜的药用始载于南朝齐梁间医学家陶弘景的《名医别录》中："高良姜，出高良郡。人腹痛不止，但嚼食亦效。形气与杜若相似，而叶如山姜。"高良郡即今广东高州，汉时为高凉县，吴国改为郡。因出产地又名"高凉姜"，后因谐音而演变成为高良姜。关于高良姜的命名，明代卢之颐在《本草乘雅》中另解为："高，崇也，仓舍同。良，善也；姜，界也。"

高良姜有温胃止呕、散寒止痛的功效。唐代苏敬《唐本草》及宋代苏颂《本草图经》中都有记述。据《广东通志》和《雷州府志》等史料的记载，北宋时期高良姜为朝廷贡品，皇室曾用其做香料和驱蚊虫，御医用来制作食滞的消食汤品。高良姜也是著名驱风油、二天油、清凉油、万金油的主要原料。元朝时，栖息于我国北方的突厥人用高良姜泡茶饮用。至明清时期，高良姜曾列为官营产品，禁止商贾走私。

新鲜高良姜的外表比普通姜要红艳，除了姜特有的辣外，还有其独特的清爽香气，其辛香之气来自高良姜素。但与姜相比较其纤维木质化明显，且质地较姜坚硬，因此最适合煮汤及在卤水中使用。潮州式卤味素以味浓香软著称，关键是卤料中加入了大量的高良姜，因此高良姜是潮式卤水中定味的法宝，这就是潮式卤水与其他地区卤水的重要

高良姜

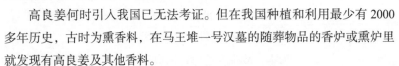

区别。在潮式卤味中最著名的莫过于"卤水鹅"了，高良姜不仅调制卤水，还要与八角、丁香、花椒等香料塞入鹅的腹内，既使其入味，又能确保鹅的肉质滑嫩。"卤水鹅"的美味随着早期的潮汕人带到了南洋。

300年前，早期来南洋谋生的华工与当地人联姻生下的女儿，叫作"娘惹"（Nyonya），她们从小跟妈妈用当地的食材来烹制爸爸家乡口味的菜肴，也形成了中餐与当地混合的新菜系"娘惹菜"。在"娘惹菜"中也传承了潮汕菜中的重要香料——高良姜，因此很多娘惹美食都离不开它的调味。

高良姜手绘

潮州卤水鹅

高良姜在潮汕地区最常用，粤菜的行话中直接称其为"潮州姜"。高良姜还有"南姜""良姜""蛮姜""海良姜"及"风姜"等别称。在英语中，因产地又有"爪哇姜（Java Galangal）""暹罗姜"（Siamesa Ginger）或"泰国姜"（Thai ginger）等叫法。还有一个令人匪夷所思的名称："蓝姜"，缘于早期海外华人多为广东或福建籍人士，他们把"南姜"的发音讹为"蓝姜"，英文按字面翻译为"Blue ginger"。

厨涯趣事 >>>

每次去马来西亚，一定要去古城马六甲。通常是由出生在马六甲的好友温金源（K.N.Boon）先生从吉隆坡驾车一同前往。马六甲老城的鸡场街店铺林立，满目的中文美食招牌，让人感觉仿佛身处南粤或福建的某个小镇。无论是白天还是夜市都热闹非凡，蜿蜒的小巷人头攒动。慕名而来的游客和当地人都会耐心地排长队等待自己心仪的美食。温先生每次都会带我去一间"Jonker 88"的小店，其中文店名是"大宝小食"，品尝马六甲的"卤鹅"（Sek Ark）仍以高良姜为主打调味。因为店主熊先生（Justin Yoong）和黄珍妮女士（Jenny Wong）是他多年好友，我才有机会跑到后厨里，偷一下"娘惹菜"的调味秘籍。

魔芋

魑魅之物

魔芋原产于南亚的东印度及斯里兰卡。在热带及亚热带地区普遍栽培。在汉代之前就通过"蜀身毒道"，由缅甸经云南传入四川[1]。

魔芋

魔芋与芋头同属一个家族，古称"蒟蒻"，东汉许慎在《说文解字》释曰："蒟，从草，钩声。"表示高而壮的样子。"蒻"，可泛指植物的肉质根茎。

"蒟蒻"的称谓可见于晋代左思的《蜀都赋》"其圃则有'蒟蒻'……辛姜"之句[2]。是对四川成都的园苑中栽培魔芋的描述。其全株含有毒的植物碱，尤以块茎为最，不可生食。食用后，轻则舌、喉部痛痒肿热，重则有生命危险。人类利用智慧，通过漫长的实践中摸索出加石灰或草木灰煮沸、漂净去毒后食用的方法。左思进一步记述了魔芋加工成食物的过程："云蒟蒻其根白，以灰汁煮即成冻，以苦酒淹食，蜀人珍之。"意思是说魔芋的根是白色的，用草木灰的汁煮就会神奇地结块成冻状了，是四川人很珍爱的吃食。宋代《开宝本草》中也有"根摩傅痛肿毒，有效；捣碎以灰汁煮成饼，五味调食"的记载。

古人虽然不知使魔芋凝结成块的成因是其内含葡甘聚糖，但了解魔芋在常温下凝胶性的魔法般变化，因此它又有"妖芋""鬼芋"的别称。魔芋的魔力还在于它的高出成率。魔芋富含淀粉，在受热后膨胀率极高。魔芋经反复熬煮，可以神奇地膨胀近百倍，能使数十人吃饱，这在过去是件不可思议的事情。魔芋使人具饱腹感，历代把它列为灾年的度荒果腹宝物。元代《农书》中云："救荒之法，山有粉葛、蒟蒻、橡栗之利，则此物亦有益于民者也。"

到了明代，魔芋栽培得到普及。人们也不断地探索和完善加工技术。李时珍《本草纲目》载："秋后采根，须擦净，或捣成片段，以延酽灰汁煮十余沸，以水淘洗，换水更煮，五六通即成冻子，切片，以苦酒五味淹食。不以灰汁，则不成也。"说明了魔芋的加工要点。清代赵学敏在《本草纲目拾遗》中载："深谷中产，山人得之，入砂盘磨作胶浆，锅煮成膏。膏成，照前三煮四煮，乃可食令饱，一芋所煮，可充数十人之腹，故称魔芋。"制作魔芋如同加工豆腐，因此也称"魔芋豆腐"，这个名称最早出现在明末清初的《物理小识》中。魔芋还有很好的理化特性，无论在冷水浸泡还是在热水中煮沸都不会出现糊化现象。

魔芋植株

千年后，魔芋的魔力重新征服了现代人。自 20 世纪 80 年代中期开始，它的价值又被发现和重视。其多功能的营养保健作用也逐渐被开发出来，尤其是降糖降脂、排毒通便、消肿抗癌的功效，使之成为新型绿色健康食品。2002 年，被世界卫生组织（WHO）确定为人类最宝贵的医药原料和保健食品。

魔芋在隋唐时期由我国经朝鲜传入东瀛，深受日本人的喜爱。他们不断研发出魔芋粉丝、魔芋刺身等新产品。如今日本是世界上最大的魔芋消费国之一。

魔芋豆腐

魔芋手绘

魔芋鸭块

日本人称呼魔芋直接借用了古汉语"蒟蒻"。日文有时也写作"菎蒻"（こんにゃく / konnyaku），而这个读音最后成了魔芋的拉丁文学名种加词"konjac"。由于魔芋花的样子奇特，花纹色彩及斑点诡异，肉穗花序的形状让人联想到男性生殖器，又散发恶臭的气味。所以魔芋有个很污的拉丁属名："Amorphophallus"，是由"amorphos(畸形的)"+"phallus(阳具)"组成。

厨涯趣事 >>>

初识魔芋是在 39 年前，当时刚刚参加工作。见郭成仓师傅在熬煮一锅灰色的黏稠汁液，又兑入了一点粉状物，搅拌均匀后，倒在大长方盘中。待凉后，神奇地凝结成灰色半透明如同果冻般。我弱弱地问："这是什么？"不苟言笑的郭师傅答道："魔芋豆腐。"他把魔芋豆腐切成块后，将郫县豆瓣酱在锅中煸香与剁成块的鸭肉烧成"魔芋鸭块"。吸入了鸭子香气的魔芋豆腐竟然比鸭块还好吃，尤其是 Q 弹的口感，像肉皮软滑，很有嚼劲。前年，作为首批国宴厨师，年届八旬的郭老已作古。每当看到魔芋豆腐，就会想起这 30 多年前的往事，也算是一种怀念吧！

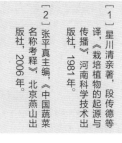

[1] 星川清亲著，段传德等译，《栽培植物的起源与传播》，河南科学技术出版社，1981 年。

[2] 张平真主编，《中国蔬菜名称考释》，北京燕山出版社，2006 年。

丁香

芬芳口辞

丁香原生于印度尼西亚东部的摩鹿加群岛（Molucca Islands），也称马鲁古群岛（Maluku Islands），这里还以盛产肉豆蔻等香料而闻名于世，也就是著名的"香料群岛"。

公元前 204 年之前，丁香是通过海路作为香药之一输入到我国南海地区[1]。西汉时期，爪哇国使者来中国，又把珍贵的丁香进献给了汉朝皇室。

丁香是桃金娘科丁香树尚未绽放的花蕾，待花苞由粉白变成红色时，手工采摘并晒干呈紫褐色，就是我们常见的香料了。丁香花蕾的香气浓、个头小，称为"公丁香"；而开花后形成的果实则香气淡、个头大，称为"母丁香"。母丁香从中间纵向一剖两半，其形状如同鸡的舌头。鸡舌香，是古人借公鸡善鸣之意而得名。

东汉应劭《汉宫仪》中有"刁存含香"的历史典故：汉桓帝刘志"赐侍中刁存以鸡舌香，令含之"。说的是有一位名叫刁存的侍中，年纪大又有口臭，上朝面奏时皇上难以忍受。汉桓帝便赐给刁存一粒丁香，命他含到嘴里。刁存不知何物，惶恐中只好遵命，入口后觉得味辛刺口，以为是皇帝赐死的毒药。后来得知是皇上特别恩赐的一枚上等"鸡舌香"，才虚惊一场，这个"鸡舌香"即丁香，由于丁香含在嘴里可改善口腔异味，大臣们上朝时必含丁香以"芬芳口辞"。后世便以"含香"或"含鸡舌"，指在朝为官或为人效力者。

到了北魏时期，才有"丁香"的称谓。贾思勰在《齐民要术》中写道："鸡舌香，俗人以其似丁子，故为丁子香也。""丁"与"钉"同音，形容它尚未完全绽放的干燥花蕾形状似钉。以后，历代本草均沿用丁香之名

未成熟丁香

鲜丁香

干丁香

丁香邮票（桑给巴尔）

晒丁香

丁香手绘

至今。无独有偶，丁香的英文"Clove"来自古法语"clou de girofle"（钉子），也是因其外形得名。东西方不同的文化，关于丁香竟不约而同有相近的诠释。

丁香的香气馥郁，是香料中最强烈的一种，其主要成分是丁香酚（Engenol），有消除腥臭的功能。最早记载丁香入馔的是唐代《烧尾宴食单》第三十五道看馔："丁子香淋脍（醋别）"是一道用丁香和醋拌成的鱼脍。用到丁香调味的菜品很多，如淮扬菜"丁香鸭"、四川菜"丁香兔肉"及北京菜"玫瑰肉"中都是突出丁香的味道。江南人制作醉蟹时会在活蟹的脐盖处塞入一粒丁香，可使蟹味渗出，既增加风味，又有杀菌作用。

1769年，法国人把丁香从印度尼西亚偷运到印度洋的留尼汪等法属殖民地。以后又被移到东非坦桑尼亚的桑给巴尔岛种植。如今桑给巴尔的奔巴岛丁香产量占全球总量的90%，为举世闻名的"丁香之国"，美丽芳香的丁香花也成为坦桑尼亚的国花。

丁香鸭

我国有一种木樨科花卉植物"紫丁香"（Syringa）与本文中介绍的桃金娘科香料丁香常被混淆。紫丁香以花朵艳丽，香气袭人而闻名。自古为历代文人墨客所赞美。如唐代诗人李商隐《代赠》中"芭蕉不展丁香结，同向春风各自愁"及杜甫"丁香体柔弱，乱结枝犹垫"的诗句中就是这种紫丁香花。从宋朝起，北京城南的古刹法源寺内每年四五月丁香花开季节，文人雅士聚集于此，咏诗作赋，被称为"丁香会"。紫丁香花在西北高原被尊为"吉祥花"，1985年被选为青海省西宁市的市花。

厨涯趣事 >>>

为了寻找丁香树，我曾先后到丁香的原产地和主产地实地考察。2013年夏，印度尼西亚的华人朋友吴顺权（Gunawan）先生一早就驱车带我从雅加达出发，在西爪哇打探大半天也没有找到。我们并没有气馁，下午在转到一个村口时，顺着一位小伙子指的方向不远处，终于见到了我期盼已久的丁香树林。仰望一簇簇由白转绿的丁香花骨朵在高高树冠枝头上摇曳，激动万分！四年后，我又远赴东非桑给巴尔岛。在桑给巴尔总统秘书玛利亚姆（Mariam）女士的陪同下前往香料种植园。在香料专家的讲解下，了解了桑给巴尔丁香的历史、栽培、采摘及加工等情况。当地人还把丁香串成项链、手镯等工艺品，是这里的旅游特色产品。

[1] 卢鸿涛、曾珞欣.「丁香考」.《中药材》. 1989年第10期。

椰子

四海为家

野生椰树起源于东南亚及太平洋的美拉尼西亚群岛和新西兰等地。考古学家曾在那里的冲积层内发现 100 万年以前的椰子化石。

与其他树种不同，椰树不是靠风或鸟儿来传播种子，而是依靠海水。因为椰子成熟后落到海水中，像皮球一样漂浮海上。椰子是核果，木质化坚硬的果皮使种子能抵抗海水的高盐环境。内核洁白的椰肉层和椰汁为里面的种子提供了充足的养料。随波逐流的椰果被冲上浅滩后，就地安家落户，生芽繁衍成林。一棵成熟的椰树，一个月可结一次果，一年能生成 100 多个椰子。这就是在世界热带海岛皆有椰子树的秘密[1]。椰子也是本书中为数不多不靠人力，是自行传播的物种。

椰青

我国早在汉代出现有关椰子的记载。公元前 138 年，汉武帝刘彻在长安扩建上林苑时就曾引进过椰子树等珍奇树种。司马相如《上林赋》载："留落胥余，仁频并闾。"这里的"胥余"即椰子，古时也称"胥邪"，"邪"古通"耶"，又指"椰"。《三国志》所记士燮进贡果品中的"邪"就是椰子。

古人很早就了解椰子。西晋嵇含《南方草木状》载"叶如栟榈，高六七丈，无枝条。其实大如寒瓜，外有粗皮，次有壳，圆而且坚。剖之有白肤，厚半寸，味似胡桃，而极肥美。有浆，饮之得醉"。可以看出，他说的显然是外皮呈青绿色半成熟的"椰青"，可能是甘甜的椰汁令他心醉吧。

毛椰

椰子成熟后，除去外表厚皮松散的纤维质，就露出坚硬的内壳，壳上还留有些许棕色纤维，因毛茸茸的样子被称为"毛椰"。由于古时交通不便，北方人难得见到椰子，珍贵的椰壳也舍不得丢弃，因此就把它加工成碗或酒杯等耐用的器具。北魏贾思勰在《齐民要术》写道："横破之，可做碗，或微长如栝蒌子；纵破之，可为爵。"老熟的椰子表面经过打磨、抛光，会如巧克力般光亮称为"椰皇"。再有能工巧匠，精细浮雕以文字或图案，黑底白纹，就是一件精美的工艺品。唐代刘恂在《岭表录异》说："有圆如卵者，即截开一头，砂石摩之。去其皱皮，其烂斑锦文，以白金装之，以为水罐子，珍奇可爱。"宋代文豪苏东坡在谪居海南时，还曾以《椰子冠》为题赋诗称赞其子

椰树林

苏过用椰子壳雕成的帽子。

椰子树的用途广泛。高大的树干可挖成独木舟或为建筑材料，叶子可盖屋顶或编织日用品，椰棕纤维可制绳索、毛刷、地毯，椰子壳还可烧制成活性炭。

椰子更是极好的食材，椰子汁水为清凉解渴的饮料；富含脂肪的白色椰肉，不仅能入菜还能榨成椰油，也可以加工成椰奶、椰浆、椰丝、椰蓉、椰粉、椰子酱等；椰树花的汁液，能做椰糖、酿椰酒或发酵为椰醋。

椰子手绘

椰子鸡汤

据说 13 世纪的马可·波罗是第一个见到和记述椰子树的欧洲人。直到 15 世纪葡萄牙的航海家们才在南美洲发现了这种用途广泛的植物。椰子剥去纤维质的外壳上会露出三个深色的萌发孔，因恰如猴子的脸而得名"coco"，即葡萄牙语里"猴子"的意思。16 世纪时，英文借用了这个词，并以"coco+nut"相称。其实椰子根本不是坚果。

厨涯趣事 >>>

坦桑尼亚桑给巴尔的"农业香料种植培训研究基地"（Kizimbani Agricultural Training Institute）是科研机构，也是对外旅游项目。在这里种植品种繁多的热带植物及香料，也有大片椰林。当地的农民也有为游客采集椰子为生者，只见腰间别着砍刀黑瘦的身影在树干上矫健地攀爬，有时如跳钢管舞或杂技般造型，引来驻足仰望的游客的阵阵掌声。当得知有来自中国的朋友，他即兴编了个欢迎的歌谣在树上高亢。紧接着"砰""砰"椰子落地，人也急速顺树干滑落而下。他捡起一个椰子砍下几刀，插上吸管递给我，我赶紧用刚刚学的斯瓦希里语"Asante!"（谢谢）回应。他露出白牙，会心一笑。

［1］布鲁斯·菲佛著，张贻新翻译小组译，《椰子的疗效》，上海科学普及出版社，2014 年。

丝绸之路

陆路

公元前 139 年，张骞出使西域使"丝绸之路"全线开通并有了正式的记载。大汉王朝通过此条线路与西域、中亚及西方国家建立起正式的官方友好往来关系，中外交流进入到一个崭新时代，来往于西域与汉朝之间的使节及商贾络绎不绝，"丝绸之路"空前繁荣。

中国的丝织品、瓷器等物品从长安（西安）出发经河西走廊，贯穿敦煌到西域，从西域再到中亚、西亚。而葡萄、苜蓿、胡桃（核桃）、胡瓜（黄瓜）、胡蒜（大蒜）、胡麻、胡椒、石榴、茴香等外来的蔬菜、水果及香料随之不断地传入我国，这些中原以前闻所未闻的物种随着栽培技术的引进在这一历史时期出现了高潮。

公元 73 年，东汉班超又重新打通了在匈奴的袭扰下中断并隔绝了近 60 年的丝绸之路，还将这条路线首次延伸到了欧洲的罗马帝国。欧洲的商旅也首次顺着丝绸之路来到当时东汉的都城洛阳。

魏晋南北朝时期，丝路畅达，胡风东渐。很多农作物传到中原，北魏贾思勰在《齐民要术》记录的茄子、豇豆、罗勒等蔬菜已经发展到 46 种，是汉代《氾胜之书》和《四民月令》中收录 21 种蔬菜的两倍以上。

丝绸之路纪念金币（第一组）

丝绸之路纪念银币（第三组）

隋唐时期的包容与开放，使丝绸之路进入黄金期，"胡食"日益盛行。也促使了社会经济高度繁荣。无数的人员和商品沿着这条商路往来于欧亚大陆之间，粟特、波斯、大食等商贾带来燕麦、鹰嘴豆、油橄榄、罂粟、无花果、开心果、巴旦木、菠菜、莴苣、蛇瓜等粮食果蔬，孜然、姜黄、沙姜、胡卢巴、荜澄茄、荜拨、阿魏、小豆蔻、白芥等香料。这些果蔬和香料大部分来自西亚，也有的来自地中海、非洲或印度。

唐代中期，安史之乱使唐朝失去了和西域的联系，陆路丝路才由此衰落。

到了宋代，特别是南宋时期，因辽、金、西夏的阻隔，中原王朝与西域的陆上往来时有中断。占据丝绸之路要冲的辽、金、西夏则利用有利的地理位置，与西域保持了频繁的贸易往来。西瓜、鹰嘴豆、胡萝卜等就是在这个时期通过陆路从西域传入的。

元代统一大帝国的出现，使丝绸之路实现了前所未有的大畅通，出现了又一个繁荣的高潮。根恭菜、洋葱、番红花及茎蓝等就是随蒙古军骑远征中亚时带回中原的。

明清两朝是丝绸之路的重要转折期。明中后期，因逐渐丧失了对西域地区的控制，中西交往减少，陆路丝路几近沉寂，但还是有结球甘蓝、甘薯、糖用恭菜、草莓等由北或南传入。

因此，两千年来陆路丝绸之路一直是连接我国与西域乃至欧洲的最重要的通道。

苜蓿

天马饲草

苜蓿原产于古波斯的米地亚（Media），即今中亚细亚、外高加索和伊朗一带。其古波斯语的意思为"马的饲料"[1]。苜蓿和葡萄是《史记》中明确记载由张骞从大宛带回的两个物种。张骞带回苜蓿的原因就是为了饲养良马。而所谓良马，就是大宛国的"汗血宝马"。汉武帝要征战匈奴需要的就是这种能长途奔袭，被誉为马中骄子的"天马"。而天马不可缺少的饲料就是苜蓿。

苜蓿最早写作"目宿"，后来加上草字头表示是植物。苜蓿是由北南两路分别从中亚和南亚地区传入我国。《史记·大宛列传》载："大宛之迹，见自张骞。……马嗜目宿，汉使取其实来，于是天子始种，目宿、蒲陶肥饶地。"当时汉武帝在河西各地设立苑监牧养马匹，每匹马每天食粟一斗五升，当张骞引进苜蓿种子后大面积种植，这同时也解决了喂养马群的粮耗。苜蓿的大量种植使马匹的质量和数量增加，军事战斗力也大大提升，最终汉武帝赶走匈奴，封狼居胥，苜蓿起到了重要作用，也演绎了农耕民族以铁骑打败游牧民族的传奇。

古人发现苜蓿根部发达，入土很深，种植苜蓿有肥田改土的作用，因此苜蓿可能是我国最早被引入草田轮作制度的牧草[2]，并在当时已有将晒干苜蓿研磨成粉以备无青草季节供牲畜食用的技术，这对古代农业发展有重要的影响。

苜蓿不仅用于家畜饲养，早春返青时清香的幼芽，逐渐演变为时令

苜蓿

金花苜蓿　　　　　苜蓿田

紫花苜蓿手绘

蔬菜。南朝梁任昉所撰《述异记》："苜蓿本胡中菜，骞使于西域得之。"贾思勰在《齐民要术》卷三《种苜蓿》写道："苜蓿，春初既中生啖，为羹甚香。"并详细记录了苜蓿的栽培方法。说明当时已普遍种植并食用苜蓿。苜蓿虽清香，但微有苦涩。唐玄宗时，东宫侍读薛令之，因太子宫的待遇低，伙食差，以"苜蓿长阑干"的诗句排遣心中的烦闷。后世便以成语"苜蓿生涯"来形容小官吏或塾师的清苦生活。"苜蓿自甘"又用来形容甘于过清贫生活的人。

北宋时期的梅尧臣曾有《咏苜蓿》："苜蓿来西域，蒲萄亦既随。胡人初未惜，汉使始能持。宛马当求日，离宫旧种时。黄花今自发，撩乱牧牛陂。"

苜蓿易种植，因此在官府眼中还是度荒的食物，元世祖忽必烈在中统元年（1260）曾颁令："仍令各社布种苜蓿，以防饥年。"明代朱橚在《救荒本草》中也将苜蓿收录其中。

到了明代苜蓿以"三晋为盛，秦、鲁次之，燕、赵又次之，江南人不识也"，可见苜蓿已是黄河流域居民的常见园蔬。

李时珍在《本草纲目》中记述了苜蓿具清热、利尿、消肿等功效外，还称"内有米如稗米，可为饭，亦可酿酒"。清代以后，苜蓿也扩散到南地，清末民初的龚乃保在《冶城蔬谱》记载，其时南京人常食之蔬菜有苜蓿，誉为"雅馔"。以后逐渐为江南人所识，并成为江南特色的时令菜蔬。

苜蓿兼饲草、蔬菜、药材及酿酒原料，其价值在 2000 年的演化中不断扩大。

厨涯趣事 >>>

几年前仲夏，应敦煌研究院人文研究部杨富学部长的邀请，参加了"敦煌与丝路钱币"国际学术研讨会，晚餐时品尝到了"凉拌苜蓿"。苜蓿清香的味道，引来许多同食者的话题。王永生秘书长讲起每次回新疆，老母亲包的苜蓿馅饺子时两眼放射出幸福的光芒，不禁流露出对家乡的思念。上海博物馆的王樾研究员介绍说：南方也有食苜蓿的习俗。在吴方言中，初生的嫩叶或嫩芽都可以叫作"头"，如"马兰头""草头"等，"草头"就是苜蓿的一种。我突然想起在上海曾吃过"酒香草头""生煸草头"，还有温州的"草头炒年糕"。难怪在敦煌初见苜蓿就似曾相识。

凉拌苜蓿

苜蓿有紫花和黄花两种，紫花苜蓿（M.sativa）原产于地中海沿岸，黄花苜蓿（M.falcata）起源于印度。紫花苜蓿多生长在我国北方旷野和田间，作为家畜的饲料绿肥植物；黄花苜蓿耐寒性较差，主要分布在南方地区，苏北人称为"秧草"。此外还有一种南苜蓿（M.hispida），上海人称"三叶草"，又叫"金花菜"，嫩苗时称之为"草头"。

［1］劳费尔著、林筠因译，《中国伊朗编》，商务印书馆，2016 年。

［2］邢福等，"我国草田轮作的历史、理论与实践概览"，《草业学报》，2011 年第 3 期。

葡萄

累累硕果

葡萄原产于欧亚及北非一带。最早栽培葡萄的地区是小亚细亚里海和黑海之间及其南岸地区。

公元前 138 年，汉武帝派遣张骞出使月氏，他途经大宛和康国（粟特），并在大夏（巴克特里亚）住了一年。据《史记·大宛列传》记述："宛左右以蒲陶为酒，富人藏酒至万余石，久者数十岁不败……"当时是依大宛的读音 bu-daw 称为"蒲陶"或"蒲萄"，以后改成葡萄。公元前 119 年，他奉命再次出使西域时，从大宛带回葡萄藤蔓。因此说张骞是首位见到及品尝过葡萄和葡萄酒的国人，葡萄是与张骞通西域发生关联次数最多、时代最早的一种外来水果植物。

犹太古代铜币

葡萄引进后，开始在新疆及敦煌等地区小规模种植。新疆喀什一带至今还有一种古老的维吾尔葡萄酒——"穆萨莱思"（museles）；敦煌的位置很重要，是连接西域的中心要道，这里的气候也非常适宜葡萄的生长。葡萄在敦煌人心目中是被人羡慕和赞美的食物，葡萄园在结葡萄时人们要举行赛神仪式，敦煌文献（S.1366）《使衙油面破历》："准旧，南沙园结莆桃赛神细供伍分"。（P.3468）《驱傩词》中也有"有口皆餐蒲萄，欢乐则无人不醉"[1]的描述。

直至唐初葡萄仍为稀世之珍。贞观二十一年（647）春天，突厥叶护可汗向唐皇进贡的礼品是体态浑长的紫色葡萄[2]，后来唐太宗时期御花园中种植这种葡萄并逐步推广到民间。用葡萄酿制的葡萄酒仍然是一种稀有的外来饮料，尽管葡萄酒的酿造技术和酒肆经营被胡人所掌握，但却是唐代最时尚的酒种。因此留有许多有关葡萄和葡萄酒的著名诗句，如李白《少年行》："五陵年少金市东，银鞍白马度春风。落花踏尽游何处，笑入胡姬酒肆中。""胡姬酒肆"是盛唐长安西市最为靓丽的风景。而王翰的"葡萄美酒夜光杯，欲饮琵琶马上催。醉卧沙场君莫笑，古来征战几人回？"则表现了将士们把生死置之度外的旷达豪情。

葡萄在唐代并不是一种重要是农作物，但葡萄枝叶蔓延，果实累累，特别符合国人期盼子孙绵长、家庭兴旺的愿望受到国人的追捧，所以成为喜闻乐见的装饰题

葡萄及葡萄酒

材。人们对葡萄纹的装饰逐渐扩展到锦缎、壁画、铜镜和瓷器上都可以见到，成为唐代具有中西合璧代表性的图案纹饰之一。正如葛承雍先生所言，纵观沿丝绸之路外来的众多植物中，其中影响力最大的就是葡萄[3]。因此说葡萄在中外文化交流中扮演了重要的角色。随着葡萄种植的普及，它渐渐地不再被当作进口水果，而完全具有了中国的文化内涵。

千百年来，庭院中棚架上一串串葡萄不仅是丰收的象征，也代表了甜蜜和欢乐，更是寻常百姓家庭幸福的生活写照。

葡萄手绘

葡萄汁冬瓜球

葡萄是世界上种植最广泛的水果之一。不过我们平时所吃的葡萄和酿酒葡萄是不一样的。首要因素是品种不同。酿酒葡萄大多都是欧亚葡萄（Vitis Vinifera），而大部分鲜食葡萄却属于美洲葡萄（Vitis Labrusca）和美洲圆叶葡萄（Vitis Rotundifolia）。鲜食的水果葡萄味甜、皮薄、肉多、汁少；而酿酒用葡萄酸涩、皮厚、肉少、糖分高、个头也小。虽然有一些酿酒用葡萄可以勉强入口，但基本上不适食用，同样地鲜食的水果葡萄也不适用于酿酒。

厨涯趣事 >>>

2018年6月下旬，应丝绸之路城市联盟（SRCA）发起人宋荣华先生及秘书长巫碧秀女士的邀请，前往嘉峪关参加"第八届敦煌行·国际旅游节暨丝绸之路城市联盟论坛"。在白鹿仓的国际美食展区，巧遇格鲁吉亚葡萄酒商列文｜（Levan Tavadze）先生及其带来有8000年历史的格鲁吉亚陶罐葡萄酒。当宋先生得知当日恰逢我的生日时，就热情地摆上烤馕、石子馍馍、羊肉串、金枪鱼刺身等美食，并豪横地拿出格鲁吉亚、意大利及智利等地的葡萄酒，丝绸之路美食美酒大餐开启。使我度过了与丝绸之路距离最近、也是最难忘的一次生日。

[1] 胡同庆、王义芝编著，《敦煌古代衣食住行》，甘肃人民美术出版社，2013年。

[2] 薛爱华著，吴玉贵译，《撒马尔罕的金桃》，社会科学文献出版社，2016年。

[3] 葛承雍，《绵亘万里长》，"生活·读书·新知三联书店"，2019年。

鸵 鸟

卓立鸡群

鸵鸟原生于非洲地区，是世界上体型最大的鸟。在距今 6500 万年至距今 2600 万年前新生代第三纪时，鸵鸟曾广泛分布于欧亚大陆，在我国北京山顶洞人等遗址中皆有发现鸵鸟卵和腿骨化石，不过后来完全灭绝了。

西汉时鸵鸟及鸵鸟卵传入我国，鸵鸟卵应该更早一些，主要来自西亚一带，经陆上丝绸之路来到中国 [1]。我国史籍很早就有关于西亚、非洲产鸵鸟的记载，当时称其为大鸟、大雀、安息雀或大爵等。《史记·大宛列传》记张骞返回中原后，安息"因发随汉使者来观汉地，以大鸟卵及黎轩善眩人献于汉，天子大悦"。而关于进贡鸵鸟的记载见于《后汉书》，在东汉和帝永元十三年（101）："安息王满屈复献狮子及条支大鸟，时谓之安息雀。"条支国位于今天的土耳其附近。郭义恭的《广志》云："大爵；颈及（长），（鹰）身，蹄似橐驼，色苍。举头高八九尺，张翅丈余。食大麦。"这里的大爵显然是指鸵鸟。

隋唐时期，又有了中亚等地入贡鸵鸟的记载。而最有名的是永徽元年（650），由吐火罗国贡献的一只鸵鸟 [2]。唐朝的有关史料大量地记载了这只鸵鸟的情况，说它具有很强的奔跑能力，可以"鼓翅而行，日三百里，能畋铁。夷俗谓为驼鸟"。此时唐采用的是中古波斯语"ushtur murgh"（骆驼鸟）这种合成语的译名。这是鸵鸟一名正式出现在中国史籍中，因而"驼鸟"这个名称始流行于唐代 [3]。吐火罗国贡献的那只美丽的鸵鸟，受到唐人的珍视并成为"瑞鸟"象征。唐高宗将鸵鸟献于父皇太宗墓前，自武则天的

鸵鸟钱币（坦桑尼亚）

唐乾陵鸵鸟石雕

《坤舆万国全图》插图

乾陵开始，唐代帝王陵寝的关中十八陵中都有一对或昂首侍立状，或回首帖翼状的石鸵鸟屏。李白在《秋浦歌》也赞美曰："秋浦锦鸵鸟，人间天上稀。山鸡羞渌水，不敢照毛衣。"

唐末随着陆路丝路的中断，鸵鸟也消失在国人的视野之外，直到明朝郑和下西洋时，阿拉伯半岛等地才重新入贡。16世纪末，传教士利玛窦（Matteo Ricci，1552—1610）绘制的《坤舆万国全图》和17世纪初南怀仁（Ferdinand Verbiest）用中文写的《坤舆全图》中始有美洲鸵鸟的介绍："南亚墨利加州骆驼鸟，诸禽中最大者，形如鹅，其首高如乘马之人，走时张翼，状如棚。行疾如马，或谓其腹甚热，能化生铁。"书中配有绘图。

鸵鸟手绘

从以上历史记载中可以看出，古人都是把鸵鸟以稀奇和观赏的角度来介绍的，而作为食用禽类史籍未见记载也不足为奇，因为鸵鸟是在19世纪中叶才在南非被驯化。最初驯养的目的是对其美丽的羽毛（装饰品）的需求。后来随着对鸵鸟肉、蛋、皮革的利用与开发，鸵鸟成为世界特种经济动物的重要组成部分。我国则是在20世纪90年代开始引进和饲养鸵鸟的，用鸵鸟肉制作的菜品也逐渐出现在人们的餐桌上。

厨涯趣事 >>>

记得20多年前，我见到塑封的大块红肉不知何物，当听说是鸵鸟肉时很兴奋，因为这是刚流行的食材。拆开包装，暗红的色泽、肉的纹路及质感与瘦牛肉大致相似，就比照牛肉来处理。先是以西式的手法试做了"黑椒鸵鸟肉扒"，由于脂肪少、纤维较粗，紧实的口感接近普通牛肉。而中餐方法发挥的空间更大，顶刀切片、腌底味后上浆再滑油，分别用蚝油、椒麻和XO酱等调味及爆炒的技法，紧汁薄芡，质感嫩滑，让不知情的人品尝，都说是牛肉。当告知是鸵鸟肉时，竟无人相信，反倒说是在谁人，有口难辩，搞得我好尴尬！

滑炒鸵鸟肉

鸵鸟的体高近2米，体重可达120—150千克，所以说是世界上最大的鸟；它虽不会飞翔，但奔跑时速可达70千米，又是跑得最快的鸟；鸵鸟可承重100千克，也是世界上唯一能骑的鸟。鸵鸟蛋约1.5千克，被称作"百蛋之王"。可一蛋多食，蒸、煮、煎、炒，口感细腻、味道鲜美、营养价值高。蛋壳硬质、壁厚均匀、质感细腻，具有象牙般的光泽，可彩绘和镂雕，具有较高的观赏性和收藏价值。

［1］韩香，"鸵鸟及鸵鸟卵传入中国考证"，《西域研究》2009年第3期。

［2］薛爱华著，吴玉贵译，《撒马尔罕的金桃》，社会科学文献出版社，2016年。

［3］韩香，《波斯锦与锁子甲：中古中国与萨珊文明》，社会科学文献出版社，2022年。

罗勒

唯我独尊

有些植物天然地就与宗教或帝王相关联，罗勒就是其中一种。它原产印度，在古老的印度教中，罗勒是供奉毗湿奴神的圣草，有"印度教之神的捧花"之称。印度人相信死者胸前放上罗勒的枝叶才能进入天堂，因此，凡夫俗子是不敢受用的。这就是在印度菜系中见不到罗勒的原因了。

公元前4世纪，当亚历山大大帝从印度附近的战场凯旋时，顺便把罗勒带回欧洲[1]。古希腊时期罗勒同样是受人崇拜的神圣植物。罗勒的英文"Basil"就派生于希腊语"Basilikon"，意为"国王"（另说罗勒的花朵长得像怪兽"Bajirikass"）。基督教徒深信耶稣受难三天复活后，他的坟墓四周长满了罗勒。

中文罗勒可能为梵语的音译。我国历史上最早记录罗勒的是韦弘的《赋·叙》："罗勒者，生昆仑之丘，出西蛮之俗。"作者韦弘为西汉时东海太守，由此可以推测罗勒最晚是在西汉时期传入的。到了十六国时，后赵皇帝石勒为羯族胡人，为避讳"勒"字，中原地区把罗勒改称"兰香"。北魏贾思勰在《齐民要术》中对这个新名却大加赞赏："兰香者，罗勒也。中国为石勒讳，故改。今人因以名焉。且兰香之目，美于罗勒之名，故既而用之。"

亚洲罗勒

欧洲罗勒

毗湿奴神

罗勒这外来之物，虽与我国帝王无缘，但似乎和宗教自然交集。南朝齐梁间医学家陶弘景曰："术家取羊角、马蹄烧作灰，撒湿地遍踏之，即生罗勒。俗呼为西王母菜，食之益人。"这里传递出三个信息：即对罗勒栽种施肥经验的总结；被尊称"西王母菜"，还有可食用。唐代一位道士在《仙授理伤续断秘方》书中记有养生食谱"兰香粥"。元代六朝重臣张养浩有"木密垂枝手可亲，姻隅罗勒味

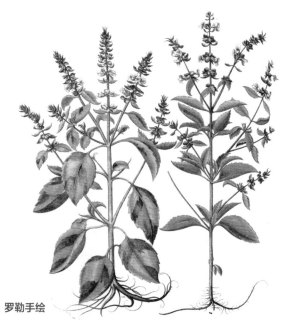

罗勒手绘

尤真"的诗句，是说用罗勒煮鱼，可除腥添香。罗勒的花序多层叠加如佛塔，在闽台民间有"九层塔"之称，这又和佛教搭上了些许关联。

民间又叫"翳子草"，因为罗勒的种子可以吸水膨胀呈果冻状黏膜，用来洗眼睛，有清洁和明目作用。这种疗法在江户时代由中国传入日本，日文中称为"目帚"，故又有"光明子"之称。

罗勒虽传入我国有 2000 年的历史，但并未得到广泛普及，一直只在某些地区的特色风味食物中使用。在广东潮汕、梅州地区称为"金不换"，客家语是"七钱插"，常常为鱼虾贝类去腥提鲜。在河南的某些地区把罗勒误称为"荆芥"[2]。

近些年随着西餐的流行而又重新被人关注。即使在西餐中，罗勒也仅在意大利菜中使用得比较多。因为其浓烈的香气尽显"唯我独尊"的王者风范，只有西红柿、奶酪、大蒜及橄榄油等食材愿俯首为臣，侍其左右。

凉拌荆芥

罗勒有 100 多个品种，在外形、色泽及香气上都有差异。

罗勒按产地分为亚洲罗勒和欧洲罗勒两大类。亚洲罗勒在泰国料理最少有三种，即柠檬罗勒（lemon basil）、圣罗勒（Holy basil）和泰罗勒（Thai basi），后者就是我国潮汕人称的"金不换"及台湾式"三杯鸡"里用到的"九层塔"。西餐常用的是甜罗勒（Sweet Basil），是意大利热那亚罗勒酱（Pesto，港台地区称为"青酱"）的重要成分。

河南人所称的"荆芥"或"西番芥"，就是罗勒的一种。其学名疏毛罗勒，拉丁学名 *Ocimum basilicum*。而真正的荆芥（*Fineleaf schizonepeta herb*），又称姜芥、香荆芥，是一味中草药。

厨涯趣事 >>>

2005 年初夏，在河南郑州品得一碟香小菜，外形酷似罗勒的叶片与少许洋葱、黄瓜丝拌在一起。细细品味，既有薄荷的清凉，又有柠檬的清香还夹杂少许姜的辛香。我立刻就被那独特的香气所征服，朋友见状，急忙又叫一份，大快朵颐。下午去新乡拜访朋友的父亲时还不忘提及，老人家用浓重的豫腔告诉我那是"荆芥"，它在当地还有个别称"西番芥"，我当时就感觉可能是外来物种。翌年，在伊朗拜谒波斯居鲁士大帝墓后，吃烤肉时，见到了紫背"西番芥"，也证实了我的直觉。又让服务生单独上了一盘，试图找回在河南初尝的感觉。

[1] 史都华·李·艾伦著，朱衣译《恶魔花园：禁忌的美味》，时报文化，2005 年。

[2] 张平真主编，《中国蔬菜名称考释》，北京燕山出版社，2006 年。

茄子

昆仑紫瓜

茄子原产于印度。野生品种在 5000 年前就被生活在印度河谷的先民采集食用，古老的梵文文献中就有人工种植茄子的记载。

在 2000 多年前的汉代茄子就通过"蜀身毒道"引进我国，因此说四川人应该是最早种植和食用茄子的。有关茄子的记载始于西汉时期的辞赋家王褒《僮约》中，为名叫便了的仆人立下了不仅负责采购酒菜，还要"种瓜作瓠，别茄披葱"的规矩。说明早在公元以前，茄子已在我国被驯化成为果菜类蔬菜了。

与王褒同时代的成都文人扬雄在自赞家乡的《蜀都赋》中说"盛冬育笋，旧菜增伽"。"伽"字由梵语"Vatinganah"而来，对于这种蔬菜的命名无论是"伽"，还是"茄"，它们的读音都和现今"茄子"的"茄"相同。从而透露出一个重要信息：当时蜀中业已引入叫作"茄"的蔬菜[1]。

西晋嵇含在《南方草木状》写道"茄树，交、广草木，经冬不衰，故蔬圃之中种茄"。到了东晋时，在石头城（今南京）西南长江中出现以茄子命名的地方——茄子浦。茄子浦原系水滨，又名茄子洲，《资治通鉴》卷九十四《晋纪十六》载："东晋咸和三年（328）苏峻之乱，郗鉴率众从广陵渡江，与陶侃会合于茄子浦。"并注释道："其地宜种茄子，人多于此树艺，因以名浦"，可见茄子浦就是个茄子种植园区。

早期栽培的多为紫色圆形茄子，人们把它当成瓜，称为"矮瓜"（广东人一直沿用此名）。据说隋炀帝杨广在隋大业四年（608）特钦命茄子为"昆仑紫瓜"，因隋唐时称南洋诸国为"昆仑"，被掠来的奴婢称为"昆仑

紫皮茄子

绿皮茄子

《瓜茄图卷》

茄子手绘

奴"，外来的茄子自然以"昆仑"冠名。到了唐代，又传入了较为少见的白色茄子。因果肉熟后质如酥油，入口即化，与佛经上的乳品"酪酥"相似，故谐音称为"落苏"。

宋代时茄子的品种开始丰富起来，苏颂在《本草图经》记述当时南北除有紫茄、白茄、水茄及花色条纹的外，江南还种有藤茄。到元代又培育出了长形茄子。

第一个记录茄子食谱的是北魏贾思勰《齐民要术》中"焦茄子法"。国人识茄、懂茄、爱茄，更会烹茄，且食用方法多样，各地举不胜举。最经典的莫过于曹雪芹在《红楼梦》第四十一回中提到的用料考究、做工繁复的"茄鲞"。而过去北方人家则有把茄子晒干的习俗，待过年时洗净泡软加入炖肉中，饱吸油脂的香气，别有一番滋味。

在普罗大众眼中，茄子是最接地气的食材，可炒、烤、蒸、煎、炸、腌渍或晒干。黑色的茄子晒干后还是一味药材，叫作"草鳖甲"。因鳖甲能治寒热，茄子干也有此效，故名。古人化腐朽为神奇及食药同源的生命智慧，令人感叹！

焗海鲜茄子煲

茄子的品种繁多，外形有长条形、线形、长筒形、高圆形、圆球形、扁圆形、短筒形、短羊角形和长羊角形等；颜色上又有白色、白绿色、绿色、橘红、浅紫、鲜紫、紫红和黑紫色等；从果肉色上主要分有白色、黄白色、绿白色和绿色等。而最小的品种是产自泰国如葡萄大小、带有苦味的茄子——"Makhua puang"。但所有茄子的果肉都松如海绵，细胞之间有众多的小气孔，所以其吸油能力极强。为了降低吸油性，可在烹调前把切好的茄子撒上盐或在盐水中浸泡几分钟，能加快细胞壁软化，从而减少茄子的吸油量。同时也防止其氧化褐变。

厨涯趣事 >>>

在北京三里屯有一家中东美食餐厅"吧嗒皮塔"（BiteaPitta），十几年前，我作为北京电视台《畅游北京》栏目客串主持人曾来此探店采访，以色列裔老板阿威（Avi Shabtai）面对镜头热情地展示了多种中东美食的做法。见他将黑色油亮的长形茄子整个放在火上烤至外皮焦煳，再入冰水里冷却后黢黑的表皮就极易剥离。白色的茄肉剁碎，加盐、胡椒、芝麻酱、柠檬汁，最后加蒜泥及孜然粉等调味。这就是流行于西亚、北非的"拌茄子泥"（Eggplant with Sesame cream）。此时我突然想起在云南采风期间，曾见到少数民族也是同样的方法在炭火上烤制去皮，然后再以当地各种香料调和。这种原生态的做法，最大保持了茄子的原味，烧皮的过程中又形成了焦香风味。大道相通，在烹饪茄子上也能体现出人类共同的智慧。

［1］张平真主编，《中国蔬菜名称考释》，北京燕山出版社，2006年。

芝麻
开门咒语

野生芝麻原产于东非，被猎耕于草原上的古人类发现后便跟随迁徙的脚步传播。早期开始向北越过撒哈拉沙漠传入北非，而后被引进亚欧大陆。

芝麻虽小，但许多早期文明的民族都认为它拥有神奇的力量。公元前 3000 年，苏美尔人把芝麻视为神的作物，其地位上远高于小麦、燕麦、豌豆等其他谷物。在古巴比伦王国，人们相信神明是在喝了用芝麻酿成的酒后才有力量创造了世界。古埃及的商人竟用一头牛交换一粒芝麻种子，带回埃及后被大规模种植。秋季芝麻成熟的蒴果会自动爆裂弹出种子，这种神奇现象被生活在阿拉伯半岛的人们誉为"意外出现的宝贝"。"芝麻开门吧！"成为《阿里巴巴与四十大盗》中开启藏宝洞石门的咒语。芝麻的英文"Sesame"就来自阿拉伯语的"Semsen"或"Simin"。

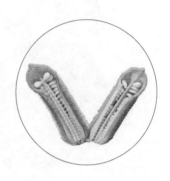

芝麻蒴果

芝麻约在西汉时期由印度传入我国。由于形似麻而被称为"胡麻"[1]。最早记载芝麻的是《神农本草经》："胡麻又名巨胜，生上党川泽，采之。青，巨胜苗也。生中原川谷。"有人认为是大英雄张骞出使西域带回，但在《汉书·张骞传》等史书里并没有相关记述。胡麻是随着西域面食"胡饼"一同由商贾带来的，胡饼撒上一层芝麻再烤更为香酥可口。东汉刘熙《释名》记载："胡饼之作大漫冱也，亦言以胡麻着上也。"不仅

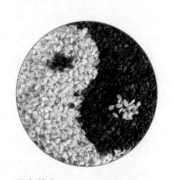

黑白芝麻

百姓争相品味，汉灵帝也十分喜欢，《后汉书》中有"灵帝，好胡饼，京师皆食胡饼"的记载。

芝麻被古人视为珍贵的养生宝物，成书于东汉的《神农本草经》把芝麻列为上品。注重修炼的晋代葛洪在《抱朴子》中认为，芝麻要经过"九蒸九晒"后才能真正地吸收它的营养。古法炮制后芝麻的药用价值非常显著。胡麻改称芝麻，始于东晋十六国时期。据《事物原始》云，

芝麻植株

芝麻手绘

后赵皇帝石勒讳胡字，改"芝麻"，这是芝麻一词最早的记载。到了隋炀帝大业四年，又改为"交麻"。芝麻因含油量大，也称"脂麻"和"油麻"。除用于榨油外，芝麻还可制成芝麻酱、芝麻糊、芝麻糖及芝麻盐等，是从古至今受人喜爱之物。

南朝陶弘景对芝麻有"八谷之中，唯此为良"的高度评价。北魏贾思勰在《齐民要术》中曾将黄河中下游地区的芝麻栽培技术做了较为系统的总结。随着芝麻的药用及经济价值逐渐被人重视，也很快遍及全国。

唐代孙思邈在《千金方》里感叹道，世上只有芝麻好，可惜凡人生吃了！北宋苏颂《本草图经》中记述了芝麻的植物特征："茎四方，高五六尺，……开白花，形如牵牛花状而小，节节生角……子扁而细小。"因此也称"方茎"。

国人也常借芝麻喻世，芝麻在生长期间其茎秆由下至上陆续开花，每开一次，芝麻就长高一截，层层叠叠。俗语"芝麻开花节节高"是对未来生活的美好憧憬；而"丢了西瓜，捡了芝麻"则比喻做事因小失大，得不偿失。

厨涯趣事 >>>

香酥芝麻牛肉条

芝麻依其种子外皮的颜色，可分为白、黄、黑三色。白芝麻最常见，其油脂含量高，主要加工制成芝麻油（芝麻油在南方叫作麻油，而北方则称香油）。黑芝麻比白芝麻香气更浓，但含油量略低，主要用于制作糕点、芝麻酱等。也为养生药用佳品。而黄芝麻产自中东及地中海沿岸，是芝麻中香气最强的品种。但产量不多，非常昂贵，因此也称"黄金芝麻"。

2009年年初，时任《光明日报》驻以色列首席记者陈克勤老师带我前往伯利恒参观了犹太圣地"拉结墓"及基督教古迹"圣墓大教堂"后，在附近的巴勒斯坦人经营的餐馆里午餐，特意点了皮塔饼及"胡姆斯"（Hummus），这道中东地区家喻户晓的蘸酱，它的主料就是用白芝麻酱（Tahini），再加入鹰嘴豆泥、大蒜、柠檬汁、橄榄油等混合而成。店主热情地向我介绍这是阿拉伯的经典美食，而我记得听以色列朋友说这是犹太人的传统美食。见怪不怪的陈老师笑着说："胡姆斯的历史悠久，不仅是中东，在西亚和北非都很流行。生活在这里的穆斯林与犹太人关于胡姆斯归属的争论由来已久，甚至引起政治舆论大战。"品尝时我默默地祈祷，愿以美食的名义，阿以之间消除民族纠纷，共创和谐共处之美吧。沙洛姆（Shalom）！

[1] 宫崎正胜著，陈柏瑶译，《你不可不知的世界饮食史》远足文化，2013年。

亚麻

古老油料

亚麻起源于高加索南部到近东一带[1]，是一种古老的韧皮纤维作物和油料作物。作为天然纤维植物，人类种植亚麻已有 10000 年以上的历史。

亚麻籽

著有《中国伊朗编》的美国学者劳费尔（Berthoid Laufer）认为亚麻由伊朗传入我国[2]。而我国民间则传说是汉代张骞出使大宛时，将亚麻籽从西域带回了中原，但史书并无明确记载。古时因亚麻由胡地而来，俗称"胡麻"。此词最早见于西汉刘安（前 179—前 122）所著的《淮南子》："汾水蒙浊，而宜胡麻。"胡麻之名很容易与前文"芝麻"混为一谈，尽管南梁陶弘景云"茎方者为巨胜，茎圆者为胡麻"，明确地指出了芝麻和胡麻在植物形态上的区别。可这种多物一名的混乱现象还是持续了上千年，甚至影响到汉文化圈的东亚日本（日文中仍把"芝麻"写成"胡麻"）。直到宋代"芝麻"一词的出现，亚麻才逐渐被区分开来。

亚麻是从西域经过敦煌传入中原。在敦煌文献中称为"黄麻"，是唐五代时敦煌地区重要的油料作物，因胡麻之"胡"与黄麻之"黄"读音相近[3]。

古人认为亚麻可去除痼疾。宋代苏颂在《本草图经》中云："亚麻籽，出兖州、威胜军，……味甘，微温，无毒……治大风疮癣。"是说在今山东济宁一带种植亚麻及其功效。李时珍在《本草纲目》中认为："亚麻，补五脏、填脑髓。"

亚麻分为纤维型、油用型及油纤兼型三种。与西方种植纤维型亚麻不同，先民栽种的主要是取其种子榨油的油用型亚麻。油用亚麻适合在寒冷地区生长，温度越低，含油量越高，最高可达 49%，因此主要分布在西北地区。这也是它不如芝麻种植普遍的原因。油用亚麻籽的外形及大小和芝麻相似，但颜色上有明显区别。芝麻有黑、白和黄色品种，而亚麻籽多呈浅咖啡色，且有光泽。历代有"胡麻子""胡麻仁""大胡麻"及"壁虱胡麻"等别称。

亚麻植株

油用亚麻籽榨的油通常被称为"胡麻油"，个别地区也有"胡油""汪油""潞油"和"麻油"等别名。"胡麻油"与"芝麻油"的区别很大，主要在气味上。元代贾铭在《饮食须知》中详细记录了两种的不同："胡麻，味甘性平。即黑脂麻……亚麻，味甘性微温，即壁虱胡麻也。其实亦可榨油点灯，但气恶不可食。"随着榨油工艺的改进和提高，"胡麻油"不仅仅限于照明的燃油，也可食用。明代《方土记》记载："亚麻籽可榨油，油色青绿，燃灯甚明，入蔬香美，秸可作薪，粕可肥田。"在内蒙古赤峰克什克腾旗，人们仍然保持着手工捶打亚麻籽油的古法热榨油技艺，据说这种传统手工艺已经存在了七八百年。

随着西部大开发，胡麻油（亚麻籽油）这种西北民众传统风味的食用油越来越被知晓，其营养价值及其保健作用也越来越受到人们的重视。

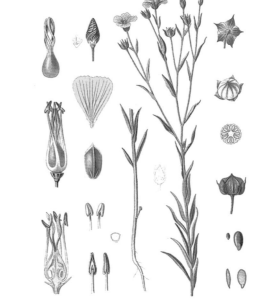

亚麻手绘

亚麻籽炸鸡

西北地区以外的朋友对胡麻油（亚麻籽油）知之甚少。依字面上判断，经常误以为是芝麻油。芝麻油在我国南方习惯叫"麻油"，而北方称"香油"。胡麻油传统制作工艺采用的是热榨，即压榨前亚麻籽需要先焙炒出香味后再榨油；而近年来流行的冷榨工艺则是把亚麻籽清理除杂后在低于60℃的环境下直接压榨而成。为了区分，人们习惯把热榨的称为"胡麻油"；冷榨的叫作"亚麻籽油"。"胡麻油"呈褐红色，风味独特，芳香浓郁；"亚麻籽油"色泽金黄，油质清澈，有淡淡的亚麻籽香味。胡麻油（亚麻籽油）中营养丰富，含亚麻酸，易氧化，忌高温，所以不宜做煎炸油，更适合凉拌食用。

厨涯趣事 >>>

几年前，我的同事陈立春被派到内蒙古挂职，主要负责农牧生产调研。任期结束后时常与我聊起内蒙古的风物及见闻。当谈到亚麻时就格外兴奋，他说每年盛夏一望无际的亚麻植株上绽放蓝色小花，随风舞动，十分壮观。胡麻油的正规名称是亚麻籽油，有热榨和冷榨两种。作为江南人，他开始吃不习惯，但慢慢就接受了其特别的香气。话语间，流露出对扶贫地的留恋。近年，由于太仆寺旗和乌兰察布市察右前旗土特产品的推广，我都会毫不犹豫地选择"红井源"的胡麻油。也算是对扶贫公益项目的小贡献。

[1] 星川清亲著，段传德等译，《栽培植物的起源与传播》，河南科学技术出版社，1981年。

[2] 劳费尔著，林筠因译，《中国伊朗编》，商务印书馆，2016年。

[3] 高启安，《唐五代敦煌的食用油料作物研究》，《东方美食·学术版》2001年第2期。

胡椒

香料之王

1976 年，英国女王伊丽莎白二世访问美国。在纽约三一教堂举行的仪式上郑重地接受了 279 粒胡椒，以此来象征美国偿还了自英王威廉三世以来所欠英国 279 年的租金。以胡椒粒来偿还国际租金，听起来就匪夷所思。殊不知看似平常的胡椒在历史上却有重要的地位，它曾被视为珍宝、贵如黄金，还可以被当作货币来支付佃税、军饷及地租。在现代英语中，仍以 "peppercorn rent"（胡椒租金）一词，来指便宜的租金 [1]。

胡椒原产印度马拉巴尔海岸。古时印度出产的许多香料从这里出发，经巴比伦运到叙利亚和埃及。再由阿拉伯商人运抵地中海地区。胡椒既可提升肉类的香气，还能如魔法般掩盖少许腐臭的味道。在没有冷藏及保鲜技术的时代，深受以肉食为主的欧洲人欢迎。古罗马人不是最早吃胡椒的欧洲人，但却是最早习惯和迷恋胡椒的人。那时，它价如黄金，其地位犹如今天的石油一样被称为"黑金"。因此，人类历史上为了争夺这稀有资源曾引发多起战争。

1492 年，哥伦布所谓"发现新大陆"的动机就是为了去印度寻找胡椒。结果却误打误撞地到了美洲。六年后，葡萄牙人达·伽马却找到了新航线，成为了第一个通过海路抵达印度卡利卡特的欧洲人，打破了当时威尼斯人对欧洲胡椒贸易垄断的同时，也拉开了 400 年胡椒掠夺史的序幕。从此，毫不夸张地讲胡椒影响或改变了整个世界及历史发展的进程。

从中文以"胡"字的命名上可以看出，胡椒在汉代由西域引入中原，

鲜胡椒

胡椒及研磨器

四色胡椒

胡椒手绘

酸辣汤

胡椒按加工方法的不同分为黑、白、绿、红四色。绿色胡椒是未成熟时的果实，新鲜成串的绿胡椒只有在产地才能品尝到其特有的清香。绿色胡椒采摘下来，自然阴干，其表皮完全脱水皱缩后就变成了黑胡椒。由于胡椒外皮含胡椒碱，是最辣的部分，所以黑胡椒的辛香辣味更浓。胡椒完全成熟后，果实变成讨喜的红色，采摘后经浸泡再去其外皮晒干后就是白胡椒了。

还有一种所谓的"粉红胡椒"（Pink Peppercorn），是美洲巴西及秘鲁出产漆树科胡椒木（Baies）的干燥浆果，粉红胡椒几乎没有辣味和香味，利用价值就是其鲜亮的色彩为菜肴装饰。它与胡椒没有亲缘关系。

"椒"则是借用了同样具有刺激的香气、外形亦相似的中国原产香料"花椒"。有关胡椒的最早记录出自西晋司马彪的《续汉书》："天竺国出石蜜、胡椒、黑盐。"天竺国即古印度的旧称。胡椒最早主要是做药用，晋朝始以胡椒来泡酒，张华在《博物志》中就有胡椒酒的做法。

唐朝时，胡椒又随西域商贾被带入中土。段成式在《西阳杂俎》中曰："胡椒，出摩伽陀国，呼为昧履支。""摩伽陀国"又名"摩羯陀国"，为中天竺之古国，"昧履支"是梵语胡椒"Maricha"的音译。又云："子形似汉椒，至辛辣，六月采，今人作胡盘肉食皆用之。"可以看出，受胡食风尚的影响，胡椒是当时制作肉食的珍贵香料。据《新唐书》记载，唐大历十二年（777），因在宰相元载家中搜出八百石胡椒，而招致灭门之灾。

北宋时期胡椒贸易扩大，东南亚各国使节来中国时，经常以胡椒作为贡品[2]。元代中国商船首次驶出马六甲海峡，第一次进入胡椒的原产地。到了明朝中后期，由于东南亚等热带地区的普遍种植，使胡椒的价值逐渐降低。至清朝时期，全球产量扩大，供给增加，价格也随之下降。最终胡椒变为寻常之物。

如今，作为基础香料，胡椒仍是当今世界上最受喜爱、消耗最多的香料之一。

厨涯趣事 >>>

1989年夏，我被公派到香港世界贸易中心会（World Trade centre Club Hong Kong）学习西餐制作。当时除面对英文菜单的困惑外，就是粤语。如朱古力（巧克力）、忌廉（奶油）、奄列（蛋卷）、甘笋（胡萝卜）、薯仔（土豆）、鸡肶（鸡腿）……有些是外文粤语的音译，顺着规律还能猜个八九不离十，而有些则是港人自创的古怪名称，真叫人一时摸不着头脑。有一次，厨师长权叔让我腌鸡肶，并叮嘱："只加盐和古月。""古月是什么？"我问道。他不耐烦地指了一下调料盒里的胡椒粉。原来因胡椒与"煳焦"近音，粤语中为避讳将胡字拆开，而称"古月"。

[2] 玛乔丽·谢弗著，顾淑馨译，《胡椒的全球史：财富、冒险与殖民》，上海三联书店，2019年。

[1] 娜塔莉·波恩胥帝希、阿梦德·孔拉德·波恩胥帝希著，庄仲黎译，《香料之王：胡椒的世界与美味料理，关于人类的权力、贪婪和乐趣》，远足文化，2013年。

核桃
外国的坚果

核桃的故乡是伊朗。伊朗种植和栽培核桃的历史悠久，现存最古老的核桃树龄达 1400 多年。公元前 10 世纪前后，核桃向西传至土耳其、希腊，又从希腊引入罗马。古希腊人称其为"宙斯的坚果"，罗马人则称为"朱庇特的坚果"，两种文明都以最高的神祇命名，可见其被重视的程度。15 世纪时被引入英国，最初在英国被称为"外国的坚果"。

核桃向东传播到巴基斯坦、印度、阿富汗及乌兹别克斯坦。大约在公元前 2 世纪的汉代时被引入新疆，后被移植到西北的甘肃、陕西及中原的河南等地。

核桃最早的名称是"胡桃"（胡人的桃子）[1]。汉代《西京杂记》曾载，汉武帝修建的皇家园林上林苑中就有"金城桃、胡桃，出西域，甘美可食"。《晋宫阁名》中也有"华林园中，有胡桃八十四株"的记载。因此有人猜测核桃由张骞带回，如西晋张华在《博物志》中云："汉时张骞使西域，始得种还，植于秦中，渐及东土。故名之。"虽《史记》和《汉书》中均无此记载，但这种说法仍然影响到后世，如南朝齐梁间陶弘景《名医别录》："此果出自羌胡，汉时张骞出使西域，始得种还，移植秦中，渐及东土。"所以核桃又有"羌桃"的别称。

唐代段成式在《酉阳杂俎》中对核桃有详细的记述："胡桃，人曰虾蟆，树高丈许，春初生叶，长三寸，两两相对。三月开花，如栗花，穗苍黄色。

核桃

核桃邮票（不丹）

核桃树

核桃手绘

结实如青桃，九月熟时，沤烂皮肉，取核内仁为果。北方多种之，以壳薄仁肥者为佳。"这里的"虾蟆"亦作"蛤蟆"，古人认为其凹凸不平的外表如门上铜环的蟾形底座，而得其别称。唐宋以后才改为"核桃"，此名一直延续至今。

秋季核桃果实成熟时，人们除去绿色肉质的果皮，晒干后露出黄褐色布满皱纹的核壳。砸开坚硬的核壳，里面就是核桃仁了。核桃仁既可以生食、炒食，也可以榨油、配制糕点、糖果等，不仅味美而且营养价值很高。古人很早就认识到核桃仁对人体有诸多益处。历代医药典籍均记载其有补气养血、润燥化痰、温肺润肠等功效。核桃的果仁结构复杂，如人的大脑。民间流传，以形补形，补脑益智。

自明代始，把外壳坚硬、表面凹凸的核桃雕刻成各种玲珑剔透、造型优美的饰品成了附庸风雅方式。据说明天启皇帝有"玩核桃遗忘国事，朱由校御案操刀"的野史流传。清代北京流行俗语：贝勒爷有三宝 —— 核桃、扳指、笼中鸟。核桃不仅可以健身，还是艺术品，集把玩、健身、观赏于一身。

"核"与"和""合"谐音，寓意阖家幸福、和睦康泰。核桃这个外来物种，在中国逐渐形成了独有的核桃文化。

厨涯趣事 >>>

核桃仁含油极高，在国外常常用来榨油。记得在 25 年前，北京马克西姆法餐厅（Maxim's）的总厨单春卫大师曾送给我一罐法国产的核桃油，它的包装很是特别，如同卡式炉燃气罐。他解释说，之所以采用这种金属材料包装是为了避光，使核桃油得到更好的保存。核桃油是高档植物油，适合制作蔬菜色拉等生食清淡的食物，添加食物的温度最好不要超过 40 度。我小心翼翼地打开瓶盖，一股核桃特有的坚果香气扑鼻袭来。由于当时国外进口的食材极少，所以舍不得多用。几年后又想起它时发现已过了保质期。前年单兄光荣退休，春节前我们小聚时，我还提及此事。他却如常笑呵呵地说：早忘了！

美极鲜核桃仁

核桃的英文"walnut"源自古英文"wealhhnutu"。过去英国人曾一度把外国进口之物都冠之以"Welsh"，核桃传入英国后，就以"Welsh nut"称之（即"外国坚果"），以别于如"chestnut"（栗子）、"hazelnut"（榛子）等坚果。后来又把"Welsh nut"跟"wall"一词相联系，最终演变为"walnut"这一形式。这也是英文中俗字词源的一个较为典型的例子。

［1］劳费尔著，林筠因译《中国伊朗编》，商务印书馆，2016年。

榅桲

新疆木梨

榅桲起源西亚和中亚细亚高加索地区，距今已经有超 4000 年的栽种史。这种古老珍奇稀少的水果和苹果是近亲，比起苹果，它在很久前就在国际上享有盛誉。它植物学上的学名"Cydonia"源自塞多尼亚——位于现在克里特岛的哈尼亚[1]。

榅桲是通过古丝绸之路从西亚或中亚传入新疆后被带到中原的，据汉代《西京杂记》记载，汉武帝修建的皇家园林上林苑内即栽有榅桲，古时称"蛮檀"或"楔枒"。3 世纪的《晋官阙记》："华林固有林檎十二株，楔枒六株。"因此可以保守地推测榅桲至少是在汉代时被引进的。榅桲这个名字初见于南朝梁人任昉著的《述异记》："江淮南人至北，见榅桲，以为楂。"这里的楂字通楂，但并不是山楂，是榠楂，为一种木瓜。

新疆维吾尔语的榅桲是"毕也"，也被叫作木瓜或木梨，因为它长得像梨，还似苹果。榅桲果实由绿变黄，成熟后其表面附有一层细细绒毛也会脱落，呈现出诱人的金黄色，近闻散发出苹果、柑橘及菠萝混合的怡人果香。

宋代榅桲屡见于诗词，宋诗开山鼻祖梅尧臣有《得沙苑榅桲戏酬》："蒺藜已枯天马归，嫩蜡笼黄霜冒干。不比江南楂柚酸，橐驼载与吴人看。"诗人文同的《彦思惠榅桲因谢》："秦中物专美，榅桲为嘉果。南枝种府署，高树立婀娜。秋来放新实，照日垂万颗。中滋甘醴酿，外饰素茸裹。彦思摘晨露，满合持赠我……"详细地描述了高大的榅桲树、丰硕的果实及外表白色茸毛而果肉滋味甘甜的特点。宋时中原的榅桲很多，孟元老《东京梦华录》："又有托小盘卖干果子，乃旋炒银杏、栗子、河北鹅梨、沙苑榅桲……"沙苑是陕西大荔南洛水与渭水间一大片沙草地，历史上曾是草木茂盛的牧马之地，也是榅桲著名的产地。明代陈继儒《读书镜》卷七："陕西有木，实名榅桲，肉色似桃，而上下平正

榅桲邮票（保加利亚）

榅桲植株

榅桲手绘

如柿，其气甚香，其味酸濇，以蜜制之，岁进贡。"可以看出榅桲在当时是珍贵的果品。榅桲可使满屋生香，在古代榅桲也是床帐中焚熏的香品。李时珍释名曰："榅桲，性温而气馞，故名。馞，香气也。"指出榅桲是因其性温而气馞得名。

榅桲果实虽芳香，但质地坚硬、果肉粗糙、口感木渣、味道酸涩，取汁困难，故不宜生食。人们很早就发现将其蒸煮熟后，其口感和味道都会华丽转身。新疆人在羊肉手抓饭中加入切碎的榅桲，这种抓饭叫作"毕也波劳"，有沁人心脾的果香味。榅桲含丰富果胶，可制作果酱、果冻、果汁、果酒及蜜饯、糖果等。

榅桲在我国少量栽培，主要作为砧木。而新疆天山以南部分区域相对较多，阿克苏地区最多，库尔勒、喀什、和田等地也有出产。但这种新疆特有的珍稀水果，只是零星种植，并未形成生产规模。

烤榅桲

老北京有一道甜食也叫榅桲，实际上是用山楂或山里红制作一种满族的传统小吃，是随着满族入关后带到北京的。满语山楂的发音是"温普"或"温朴"，而榅桲之名源于康熙皇帝在《几暇格物编》"满洲呼山楂曰榅桲"的记载，后人就将错就错地沿袭了这个叫法。不过北京话读音的末尾会轻声带儿化音榅桲儿。梁实秋在《雅舍谈吃》和老舍在《四世同堂》里都提及过用它拌梨丝或白菜丝，而这种老式吃法会做的人不多了，也濒临失传。

厨涯趣事 >>>

为撰写本书，我特意去新疆考察采风。由于是暑假时节，未等到榅桲成熟就结束了行程，所以没有机会见到榅桲的真容。但对它仍是念念不忘。托和硕冠颐酒庄的魏德昌先生打探榅桲的情况，他回复说2018年以前南疆有很多种植，但由于梨火病的防治调查后，阿克苏的榅桲被挖除而几近灭绝。听到这个消息，心情十分沉重。不禁想起几年前，在"丝路美食嘉年华"的活动中，阿塞拜疆大使夫人叶江娜（Yegana Zeynalli）女士让我品尝榅桲果汁时的甘甜。看来以后要见到新疆榅桲不是一件容易的事情了。

[1] 弗朗西斯·凯斯主编，王博、马鑫译，《有生之年非吃不可的1001种食物》中央编译出版社，2012年。

石榴

榴开百子

石榴原产西亚一带。自古以来，在诸多民族的文化中石榴是富贵、安详和繁荣的象征。古希伯来人常以石榴为工艺品和服饰图案。《圣经·雅歌》中多处提到用石榴果汁酿的酒。在《古兰经》中石榴是真主赐予的美好事物。其红亮的外皮及美丽的形状受到人们的赞赏，无论是西亚波斯、犹太，还是中亚阿塞拜疆、亚美尼亚等民族，都常借石榴多籽，来祝愿子孙繁衍、家族兴旺、国家昌盛。

石榴

石榴的名字蕴含了它的发源地。古称"安石榴"，该词最早出现于东汉张仲景医学名著《金匮要略》中："安石榴不可多食，损人肺。"因来自古代西域粟特人建立的安国和石国（今乌兹别克斯坦境内的布哈拉和塔什干），样貌似瘤而得名。也有学者认为，石榴来自安息国即帕提亚帝国（前247—224），又名阿萨息斯或阿尔撒息王朝，为西亚伊朗古国。

石榴是公元前127年张骞出使西域从安息国带来的[1]。西晋张华《博物志》："汉张骞出使西域，得涂林安石国榴种以归，故名安石榴。"石榴的梵语音译为"涂林"（Darim）。西晋陆机与弟云书中也有相同的记述："张骞为汉出使外国十八年，得涂林，安石榴也。"然而，张骞的传记和《汉书》却没有提及。因此著有《中国伊朗编》的美国汉学家劳费尔则反对把石榴等物种归功于张骞一人[2]。

榴开百子纪念银币（中国）

石榴引入之初，最先栽种于新疆。汉武帝下令在长安的上林苑及骊山温泉宫种植。随着石榴树在北方的普遍种植，石榴文化逐渐渗入中国礼俗生活，也进入诗人文士的吟咏中。西晋潘岳在《安石榴赋》中有"榴者，天下之奇树，九州之名果，滋味浸液，馨香流溢"的赞美之辞。梁元帝在《乌栖曲》中有"芙蓉为带石榴裙"之句，"石榴裙"的典故也由此而来。此时妇女着裙，流行石榴及其红色图案，"石榴裙"就被赋予香艳的色彩，便有"拜倒石榴裙下"之说。后来演变成比喻男子被女子的美貌所征服或求爱的含义。

石榴的花非常美丽，唐代诗人元稹有"何年安石国，万里贡榴花"的诗句。元朝时，回族人在大都（今北京）的聚集地种植石榴成街，人们将此街称为"石榴街"，后来简化为"榴街"，再后来被讹称为"牛街"。即北京南城回民聚集地牛街的由来。

《橘子葡萄石榴图》

历经千百年，石榴这一外来物种逐渐成为中国文化的意象和符号。在民间，石榴是美好事物的象征，满枝嫣红的石榴花是火红年华的意蕴，如红水晶般透明的籽粒，千房同膜、千子如一，喻示人丁兴旺、兄弟团结、民族昌盛。带有石榴图案的针织绣品更是结婚、百日、团聚及祝寿的吉祥礼物。

石榴手绘

石榴鸡

石榴在地中海和中西亚地区的文化中有着紧密的联系。如犹太教认为石榴中众多的籽，代表犹太教义摩西律法中的 613 条戒律（Mitzvot），同时也象征多子多孙。石榴是西班牙国徽图案的组成部分，国徽的盾牌下带绿叶的红石榴是国王的标志，石榴花也是西班牙的国花，被视为富贵吉祥的象征。在阿塞拜疆，石榴不仅用于各种美食和美酒，还常见于建筑装饰、服饰、手工艺品及神话故事等创意文化之中。盖奥克恰伊地区传统的石榴节（Nar Bayrami）入选 2020 年世界非物质文化遗产名录，该节日通过弘扬石榴的实用和象征意义彰显当地自然和文化。

厨涯趣事 >>>

从高加索到中东，从西亚至北非，石榴都是受人喜爱的水果和食材。我在游历以色列阿克古城时，在十字军城堡前喝下的鲜榨粉红色石榴汁和摩洛哥马拉喀什不眠广场的石榴汁一样甘甜。在土耳其伊斯坦布尔餐厅，吃面包时蘸着石榴酿制的浓黑果醋，竟让我误以为是意大利香脂醋。印象最深的是在伊朗首都德黑兰品尝具有传统历史的波斯名菜：石榴汁烩鸡肉（Anarbij）。几天后，在参观壮美的阿契美尼德王朝遗址——波斯波利斯（Persepolis）时，震撼地见到了 2500 年前用波斯楔形文字镌刻在石碑上的这道菜的名字。

[1] 黄新亚，《中国文化史概论》，陕西师范大学出版社，1989 年。

[2] 劳费尔著，林筠因译，《中国伊朗编》，商务印书馆，2016 年。

蚕豆
名出蠢茧

蚕豆起源于亚洲西南和非洲北部。在以色列古城杰利科遗址中发现距今 8000 多年前的蚕豆残存物，西班牙新石器时代和瑞士青铜器时代人类遗址中也曾发现蚕豆种子。

希伯来人在圣经时代即开始种植蚕豆，《圣经》中称为野豌豆。古希腊时期，上层阶级的精英认为蚕豆没有价值，可能是因为蚕豆有很少的一部分带有毒性。哲学家毕达哥拉斯（Pythagoras）将蚕豆称为"亡者之豆"，所以被认为和冥界有关，会在葬礼上使用蚕豆。

蚕豆

星川清亲在《栽培植物的起源与传播》一书中认为蚕豆是公元 1 世纪从西亚引入我国 [1]。它旧称"胡豆"，最早出自三国时代张揖撰写的《广雅》中，因此可以推断是汉代时引入的。依据这个名称上的线索，后人自然又把它归功于张骞这位凿空的民族英雄所带回。遗憾的是汉代史书中也未有相关记载，直到千年后宋代李昉等编纂的《太平御览》方云："张骞使外国，得胡豆种归。指此也。今蜀人呼此为胡豆，而豌豆不复名胡豆矣。"可见当时在西南一带已有培植了。

历史上豌豆曾与蚕豆同叫"胡豆"一名。据李时珍在《本草纲目》中解析："陈藏器《本草拾遗》虽有胡豆，但云苗似豆，生田野间，米中往往有之。然豌豆、蚕豆皆有胡豆之名。陈氏所云，盖豌豆也。豌豆之粒小，故米中有之。"指出了同名异物的现象。

鲜蚕豆

蚕豆手绘

明代周文华在《汝南圃史》中写道："吴俗又呼蚕豆为大豌，豌豆为小豌。"是以豆形的"大""小"来区别蚕豆与豌豆。蚕豆也叫佛豆，北宋嘉祐二年（1057）宋祁的《益部方物略记》："佛豆，丰粒茂苗，豆别一类。秋种春敛，农不常莳。"说明佛豆在当时种植尚未普及。

蚕豆之名，最先见于南宋杨万里《招陈益之、李兼济二主管小酌·益之指蚕豆云》的诗序中。顾名思义，自然与蚕有关。元代王祯在《农书》中记载："蚕时始熟，故名。亦通……此豆种亦自西胡来，虽与豌豆同名，同时种，而形性迥别。"就是说蚕豆成熟于春蚕第一次吐丝结茧时节，于是被叫作蚕豆。而《本草纲目》则认为："豆荚状如老蚕，故名。"即豆荚很像即将吐丝的蚕，而得名。

明代时蚕豆已被广为种植于长江流域。宋应星所著的《天工开物·乃粒》中说："襄汉上流，此豆甚多而贱，果腹之功，不啻黍稷。"蚕豆也成为代粮充饥之物。我国蚕豆多生在南方，刚上市的蚕豆，以嫩、糯、香、鲜的特点著称，为春末夏初的好食材。

如今，我国是世界上蚕豆栽培面积最大、总产量最多的国家。在美食的国度，各地蚕豆的吃法自然也丰富多彩。

盐水鲜蚕豆小河虾

新鲜蚕豆的吃法多样，可煮、可凉拌、可油炸，可炒或汤，都具有翠绿清香，软嫩鲜美的特点。晒干的蚕豆粒与八角煮成茴香豆，是鲁迅先生笔下孔乙己的下酒菜。蚕豆也可以加工成"兰花豆""怪味豆""五香蚕豆""奶油蚕豆""酸甜蚕豆""咸香蚕豆"等休闲小吃。老熟的种子又可发酵制成豆瓣酱、豆瓣酱油，还是甜酱、粉丝、粉条、糕点等的原料。因此说既是时蔬，又是粗粮；既是小菜，也是补品。

厨涯趣事 >>>

2008年5月1日，好友陈倩及其丈夫卢卡（Luka）先生热情邀请我们去位于罗马郊区的别墅做客。陈倩驱车带我们绕过街上纪念"国际劳动节"震耳欲聋的浩荡游行队伍，在市场买了些蚕豆回来。她说："这个季节正值蚕豆出产，罗马的蚕豆个头大，颗粒也饱满。蚕豆在罗马人眼里有特殊的地位，家家户户都会摆上一盘带皮的生蚕豆。"而在每年5月1日，鲜嫩碧绿的蚕豆与佩科里诺（pecorino）奶酪一同食用，为罗马人的一种传统习惯。我们边剥食蚕豆，边聊天喝酒，也慢慢地适应了生蚕豆淡淡的腥气味，体验了一回当地人悠闲的假日生活。这时，我不禁想起上午游行的人们，是不是也该回家吃蚕豆了？

［1］星川清亲著，段传德等译，《栽培植物的起源与传播》，河南科学技术出版社，1981年。

小扁豆

撒豆成兵

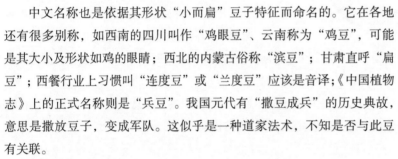

小扁豆

小扁豆可能是最早的驯化农作物之一，起源可以追溯到公元前8500—前7500年。其野生祖先广泛分布在包括新月沃地在内的整个西南亚及中亚南部。约在青铜器时代逐渐向西传播到地中海、欧洲和亚洲等地区。

小扁豆的籽粒很小，直径约6毫米，表面光滑，呈中间略鼓的扁圆形。拉丁文学名"Lens culinaris"中的属名"Lens"及其英文"Lentil"含义"透镜镜片"，也就是"双凸镜形"之意。

中文名称也是依据其形状"小而扁"豆子特征而命名的。它在各地还有很多别称，如西南的四川叫作"鸡眼豆"、云南称为"鸡豆"，可能是其大小及形状如鸡的眼睛；西北的内蒙古俗称"滨豆"；甘肃直呼"扁豆"；西餐行业上习惯叫"连度豆"或"兰度豆"应该是音译；《中国植物志》上的正式名称则是"兵豆"。我国元代有"撒豆成兵"的历史典故，意思是撒放豆子，变成军队。这似乎是一种道家法术，不知是否与此豆有关联。

由于小扁豆具耐寒、耐旱、耐贫瘠的特点，特别适合在高寒山区栽种，主要产区在我国西南的川、滇及西北陕、甘、宁、内蒙古及晋等省份。通常每个豆荚里只有1—2粒豆子，在成熟时豆荚不会裂开，极大方便了收获，是生活在这个区域人们必要的粮食。作为杂粮的小扁豆历代相关信息很少。2014年在山西北部右玉县苍头河流域区域考古调查采集浮选样品，出土了丰富的炭化植物遗存，包括小麦、大麦、粟、黍、荞麦、大麻、

收割后的小扁豆

小扁豆植株

小扁豆手绘

云南丽江鸡豆凉粉

世界约有40个国家栽培小扁豆，它有几个品种，按颜色分为深绿或褐色的意大利卡斯泰卢乔小扁豆、有着美丽大理石纹的法国普伊和西班牙帕尔迪纳小扁豆、闪亮如黑珍珠的加拿大黑色小扁豆、偏黄色的埃及小扁豆及偏红色的印度小扁豆。按籽粒大小可分大粒和小粒两个亚种，欧洲南部、非洲北部和美洲栽培的主要是大粒亚种；亚洲南部和欧洲东部主要是小粒亚种。

小扁豆含有丰富的蛋白质、维生素及铁等微量元素，在欧洲长期作为肉的替代品，是素食者的理想食材。

豌豆和兵豆等农作物。出土的遗迹背景包括了东汉时期的破虎堡村灰坑 H4，年代相对较早，为探讨起源于西亚的豆类作物传入中国的时间提供了重要的信息[1]。

目前有关小扁豆的最早记载却是作为本草的医药典籍，出自元代维吾尔族的《明净词典》，它的维语名称是"艾代斯""乃西克"或"麻苏尔"，维吾尔药名是"艾斯开尔"和"普尔查克"。在《注医典》中也有相关记载。作为药材，其味甘，性微温。

直到清代《敦煌县志》记载当时种植的农作物才有扁豆，应该是河西人的食物原料之一。有"扁豆饭""扁豆面"及"豆面徽饭"等多种做法。乾隆年间《丽江府志》有"食黑豆腐"的记载，因外表呈黑灰色，人们又称之为"黑凉粉"，这就是如今云南丽江的特色小吃——"鸡豆凉粉"。名曰凉粉，其实也有冷热之分，即暑吃凉，寒可啖热。佐以酱油、醋、葱花、韭菜、辣椒油等调味，质地细腻、口感爽滑。无独有偶，将鸡豆泡透磨细过滤成浆，小火煮熟呈稠糊状后，再倒入容器冷却后成形的做法，在陕西汉中则写成"槟豆凉粉"。两种凉粉同宗同源，夏食解暑开胃，冬咥暖意全身。且价廉物美，深受百姓青睐。

小扁豆可炖汤、熬粥及做面食。春季采摘新鲜的嫩茎叶可以做时令蔬菜热炒或凉拌。

厨涯趣事 >>>

我在很多地方都吃到过用小扁豆做的菜，如耶路撒冷的"洋葱扁豆饭"、德国慕尼黑的"兵豆鲑鱼色拉"、伊斯坦布尔的"土耳其扁豆浓汤"，包括云南丽江的"鸡豆凉粉"，但印象最深的是在罗马，倒不是菜品的做法有什么特别，而是意大利人对小扁豆的那份偏爱。旅居罗马多年的好友陈倩告诉我：意大利人认为乖巧可爱小扁豆的形状如同薄薄的硬币，因此俗称"钱豆"。人们在新年前夜的晚宴上一定要吃小扁豆做的食物，小扁豆象征着金钱和财富，每吃下一颗就会带来更多财运，也寓意来年日进斗金。这与我们中国在除夕之夜吃形如元宝的饺子一样，都是把对新年的希望、祈福和美好的祝愿寄托在美食之上。

[1] 赵志军，"历史时期农牧交错带地区的生产经营方式复原——苍头河流域考古调查浮选出土植物遗存分析"，《农业考古》，2020年第4期。

洋芹

城邦标志

芹菜的起源有两个可能：一是源于我国的野生水芹，另一源头是地中海沿岸沼泽地区的野生洋芹，也称旱芹。

洋芹在西方的历史悠久。公元前9世纪，荷马在希腊古典史诗《奥德赛》（*The Odyssey Homer*）中首次提及。古希腊人非常喜欢这种芳香的植物，把它如同月桂叶一样使用在婚礼上。为纪念大力神赫拉克勒斯（Heracles）而进行的献祭运动会上就以野生洋芹枝加冕优胜者。据说，还一度被当作橄榄枝的替代品。公元前651年，古希腊莫拉加人在西西里岛西端所建的赛里诺斯（Selinos）的城徽就采用当地野生洋芹叶（Selinon Leaf）为标记，并把它刻铸在银币上。这是已知流传至今有关洋芹最早的图案。洋芹的英文"Celery"一词就是源于古希腊语赛里诺斯城邦。

芹菜钱币（古希腊）

洋芹古称"胡芹"，何时传入我国已无从知晓。依据其古时以"胡"字命名的方式，推断可能是汉代由中亚的高加索一带传入。从汉代丝绸之路以后的千余年来，洋芹通过不同的途径，多次传入我国。[1]

有关"胡芹"最早的记述出自北魏贾思勰的《齐民要术》共提及20处，如胡芹小蒜菹法："胡芹寸切，小蒜细切，与盐酢。"是用胡芹和小蒜加工成酸味腌菜的方法。这种经发酵佐酒下饭的小菜，到了唐代演变为"醋芹"。唐宋八大家之一的柳宗元在《龙城录》中就有李世民煞费苦心以"醋芹"试臣的故事：宰相魏征性情耿直，常在朝堂上刚直谏言搞得皇帝下不来台。太宗皇帝得知他在家偏爱食用腌的"醋芹"。便问他有什么喜好？他却说："无所好。"次日皇帝赐宴，其中有三杯醋芹。魏征喜形于色，一扫而光。太宗对意犹未尽的魏征说："你不是无所好吗？"魏征方自知失态，赶紧起身谢罪。看来面对钟爱的美食，古人也会丧失理智，显露本性。

贞观二十一年（647），尼婆罗国王派遣使者曾把菠菜、胡芹、浑提葱等作为礼品进献给唐太宗，《唐会要》记载："胡芹状如芹，而味香。"《太平寰宇记》所引杜环《经行记》列举末禄国（今土库曼斯坦马里）物产时提到胡芹[2]。北宋史书《册府元龟》中称："胡芹，状似芹而味香。"作为珍稀的芳香蔬菜，古时食肆酒楼常常题有"喜有车马临门第，胡芹贡酒迎嘉宾"的楹联。

西芹

17世纪开始，欧洲把野生洋芹人工培植。100年后，经改良的新品种传入我国，被称为"西洋旱芹"。清朝末年，因朝廷筹办农事试验场，分别通过驻外使节从意大利及德国等国家引进不同品种。而如今常见叶柄粗壮、质地脆嫩、清香爽口、纤维较少的"西芹"，则是改革开放后才引进的。

洋芹手绘

厨涯趣事 >>>

西安袁伟大师邀请我到"长安荟·原味陕菜"品鉴，这家坐落于幽静的西影厂内的食肆，也是当地为数不多经营陕西菜的高端会所。袁伟大师是资深陕菜宗师、仿唐菜研发人之一刘峻岭先生的高足，近年来在传承与创新方面取得了骄人的成绩。得知我是第一次到西安，他特意呈现了具历史文化底蕴及现代艺术手法相结合的美馔。首入眼帘"长安九鼎盘"，接下来"酸辣驼蹄羹""葫芦鸡""姜黄甲鱼泡馍""秦岭七层罐罐茶"……一道道精致的佳肴，再配上历史故事，彻底改变了我对陕西菜点的初级认知。而印象最深的是"浆水麦芹炝鲜鲍"中的"浆水麦芹"，简约素雅，酸香脆爽。细品于舌尖，却犹味穿盛世间的"醋芹"。

浆水麦芹炝鲜鲍

芹菜在中餐里是蔬菜，而在西餐中既是蔬菜也是香草。常与洋葱、胡萝卜组合被戏称为"三位一体"（Mirepoix）的基础调味料，如同中餐的葱、姜和蒜的地位不可动摇。常用于海鲜、肉类及禽类的腌料或烤、烩、焖、煮菜肴和汤菜。芹菜叶剁碎后可加入色拉、蜗牛黄油、奶油干酪或烤鸡鸭的填塞料中提味，也可以放入牛奶中煮鱼贝类时去腥。芹菜的种子也是香料，磨成粉与盐调制成西芹盐（celery salt），是西餐常见的一种调味盐。

[1] 张平真主编，《中国蔬菜名称考释》，北京燕山出版社，2006年。

[2] 余欣，"园菜果瓜助米粮：敦煌蔬菜博物志"，《兰州学刊》，2013年第11期。

大蒜

强体圣品

大蒜原产于亚洲中部，是世界上古老的栽培作物之一。之后传入西亚和地中海沿岸地区。历史上最早有关大蒜的记载在是 4500 年前，古巴比伦国王曾下令为皇宫的御膳房进贡 395000 蒲式耳的大蒜，以满足国王嗜蒜成瘾之癖好。古巴比伦人把大蒜奉为圣物，串起来挂在墙壁上顶礼膜拜。

古埃及人相信大蒜是被赋予力量的源泉。法老胡夫在兴修金字塔时，要求奴隶们每天必须食用大蒜，不仅可以增添力气，还能预防瘟疫等疾患。难怪《圣经·民数记》记载：古希伯来人在摩西的带领下逃出埃及后，在旷野中流浪时就曾抱怨没有从埃及带出大蒜等食物。

古罗马时期，士兵笃信食用大蒜可以增强耐力和英勇气势。中世纪，欧洲人把蒜当作护身符戴在身上避邪。大蒜的主要成分是大蒜素，有杀菌作用。古今中外，大蒜在医疗上都有一席之地。18 世纪欧洲暴发鼠疫，人们用大蒜为主要原料做出了防鼠疫的药品。此外大蒜还有很多保健功效。

我国自古就有蒜的品种，叫"小蒜"。东汉《四民月令》中就出现过小蒜的记载。大蒜是在汉代时期引入，因是外来物种被称为"胡蒜"。其体积比土生的"小蒜"要大，故称"大蒜"。晋郭义恭著《广志》记载："蒜，有胡蒜，小蒜。"传说，大蒜由张骞出使西域时带回，如西晋《博物志》载："张骞使西域，得大蒜、胡荽。"后来贾思勰在《齐民要术》及李时珍在《本草纲目》中都曾引用这种说法。但并无考古证据支持这个言论。

晋代崔豹《古今注·草木》载："胡国子有蒜，十许子共一株，二籈幕五果之，名为胡蒜，尤辛于小蒜，俗人称之为大蒜。"宋代罗愿所著的《尔雅翼》也云："胡蒜有大小，大者为葫，小者为蒜，又称胡蒜，以自胡

大蒜

大蒜邮票（波兰）

大蒜

大蒜手绘

来，故名胡蒜。"

《说文》释字："蒜，荤菜。从艸，祘声。""蒜"与"散"二字古音声韵相同，音同义通。说蒜有散的含义，因为蒜散发独特刺激性的味道，所以古人将它称为荤菜。中国佛家、道家及炼形家也认为，大蒜其腥臭味，生食令人烦躁不安、心神混乱，熟食发淫，有损精神意志，故被列为五荤（五辛）而禁食。

但在民间，大蒜却是普罗大众的重要调味食材。千百年来，我国南北食蒜的习惯差异很大，对"蒜香"的理解也不同。如北方人多喜生吃，直接入口，辛辣浓厚，促进食欲，大呼过瘾。徐珂的《清稗类钞》载："北人好食葱蒜，亦以北产为胜，不论富贵贫贱之家，每饭必具，此言不为过之语。"而江南人则厌之特异气息，一定加热至熟出味，辛辣缓释减弱，方肯下箸。南方人习惯称大蒜为"蒜头"或"蒜子"。

蒜香鱼腩

大蒜的品种很多，按大小分有大瓣、小瓣及独头蒜等。按外皮颜色来分有白皮蒜和紫皮蒜。白皮蒜辣味淡，有耐寒、耐贮藏特点。紫皮蒜辛辣味浓，产量高。大蒜的繁殖方法十分有趣，它不是使用种子，而是用几瓣小鳞茎组成一簇长有外膜的大蒜球，每一小鳞茎萌芽长出一枝直立不分枝的小型球状的茎。夏季开白色小花，形成伞形花序。大蒜刚萌芽，叶片柔嫩，色泽偏黄，故称蒜黄；茎叶呈绿色时称青蒜；花梗抽薹，叫作蒜薹。蒜薹又称蒜苗、蒜毫及蒜苔。

厨涯趣事 >>>

刚入厨时，经常做的是法式"蒜蓉面包"。每天要剥一大盆蒜，洗净后放在搅拌机里粉碎成蒜蓉，再与半软的黄油混合，放在冰箱冷藏，就可以用上几天了。用时把黄油蒜蓉均匀地涂抹在面包片上，烤成微黄色时，迷人的蒜香也随之散发出来。有一次，由于没有提前缓化黄油，我急中生智，把黄油全部加热溶化后，便直接兑入了蒜蓉。没等凉透，就入了冰箱。第二天发现蒜蓉变成了绿色，味道也不太愉快。惊慌中向师傅求救，师傅边摇头边说道："这就是偷懒的结果。因为你糊弄它，它就糊弄你。"羞愧中真诚认错，以后便格外小心了。

胡葱
浓缩精华

胡葱起源于西亚巴勒斯坦非利士人（Philistine）的古城镇亚实基隆（Ashkelon）[1]。在中东地区被称为"亚实基隆葱"，其最早的拉丁文学名"ascalonicum"也源于此。它是洋葱的一个变种但体积却比洋葱小，与洋葱的区别是其花茎不发育，而是靠丛生的鳞茎做无性繁殖。外形又近似大蒜，外皮有紫褐色、淡褐色、灰褐色或红灰色几种。一旦剥开，里面也如大蒜一样分瓣，但又不像大蒜那样每瓣外面都有蒜皮包裹着。

胡葱

人类利用胡葱有几千年的历史了。古埃及人就将它作为主要的调味品，波斯人相信它是一种神圣的植物。而古希腊人和古罗马人则认为胡葱有催情的作用，再加上民间丰富的想象给色情文学带来许多灵感，被戏称为"小铃铛"（暗指睾丸）。

胡葱从汉历晋，经南北朝至唐，多次传入我国[2]，并经驯化、栽培至今。有人认为是张骞出使西域时带回的，但《史记》《汉书》并无记载。胡葱之名始见于东汉时期崔寔撰写的《四民月令》，又见晋代郭义恭的《广志》。北魏贾思勰《齐民要术》卷二十一引《广志》："葱有冬春二葱。有胡葱、木葱、山葱。"并在《种葱》中也有种植胡葱的记载。

到了唐代，作为国际间交往的礼品，胡葱又堂而皇之地来到中国。据欧阳修的《新唐书·西域传》记载，唐太宗观贞二十一年（647），泥婆罗国（今尼泊尔）曾遣使赠送过"浑提葱"。经考证，"浑提葱"即为胡葱。孙思邈在《千金食治》中也有记述。

元《长春真人西游记》中有"浑提葱"在今新疆的记载。明王象晋编纂的《群芳谱》中也有载："胡葱生蜀郡山谷，状似大蒜而小，形圆皮

胡葱

赤，叶似葱，根似蒜，八月种，五月收。"看来胡葱在北地南方均有种植。明代李时珍《本草纲目》载："胡葱即蒜葱也，非野葱也。野葱名薤葱，似葱而小。胡葱乃人种莳，八月下种，五月收取，叶似葱而根似蒜，其味如薤，不甚臭。"详细描述了胡葱的特点及种植情况。

胡葱手绘

胡葱在各地称谓各异。因育苗期在冬季而被叫"冬葱"；其外皮为红褐色，也称"红葱"或"小红洋葱"；由于与洋葱的区别是分生出如同蒜瓣的鳞茎而又称为"分生洋葱"或"瓣葱"；粤港澳地区认为胡葱相比洋葱水分较少就叫"干葱"；而潮汕地区认为其粒粒如珠，干脆称其为"珠葱"；台湾同胞习惯叫"油葱"；其形如大蒜又故名"蒜头葱"；在辽宁南部则叫"薤蒜"。胡葱的香气比洋葱浓郁、细腻，也更美味。在烹饪上完全可以代替洋葱使用。在粤闽菜系中使用广泛。

红葱头海参啫花胶

胡葱是西餐里重要的蔬菜香料。欧洲人非常喜欢用胡葱调味，法国、英国及荷兰等国家均为胡葱的重要产地。而其中以法国西北部地区的布列塔尼（Brittany）、安茹（Anjou）和北部的德罗姆（Drôme.）出产为佳。胡葱的法语是"échalote"，在法国菜系中被高度认可的芳香食材。温和又精细的风味好像是洋葱与大蒜的混合物，可能是"浓缩"的原因，它比洋葱的葱香气更浓，因此是法国人的最爱。毫不夸张地讲，它是法国美食的无名英雄，如同一个神奇而独特的音符穿梭在法国美食的各种酱汁中。

厨涯趣事 >>>

2015 年 5 月，我受邀参加在昆士兰州罗克汉普顿会展中心举办的"澳洲牛肉产业大会"（Beef Australia 2015 Trade Fair），与马来西亚吉隆坡会议中心总厨林明宝（Richmond Lim）、新加坡西餐厨师协会主席苏庆炜（Edmund Toh）等一起烹制近百人的牛羊肉套餐菜品。在试盘时，总觉得缺点什么。我建议用红葱炸成"红葱酥"，既可以当配料，也可用来装饰。大家齐动手，剥皮、切片、油炸……不一会儿，金黄色的"红葱酥"完成。最后撒在低温慢煮的牛肉上，酥脆焦香的口感与鲜嫩的牛肉相得益彰，也受到了食客的欢迎。

[1] 亚实基隆（Ascalon），又称亚实基伦或阿什克隆，今以色列南部内盖夫西部的城市。

[2] 张平真主编，《中国蔬菜名称考释》，北京燕山出版社，2006 年。

茴香

衣怀佩之

茴香原产地中海沿岸的欧洲南部，气质优雅的野生茴香的植株可以长到 1.5 米以上，羽状线形的绿色叶子衬托黄色花朵布满南欧一望无际的山野，随微风起舞。我们现在食用的茴香就是由野生品种演化培育而来的。

茴香自古以来就有很高的药用价值，在古埃及的莎草纸（Papyrus）文献中就有"茴香不采是傻瓜"的俗语。现代医学奠基人——古希腊医师希波格拉底（Hippokrates，前 460—前 370）曾记录茴香有刺激乳汁分泌的功能，这在欧洲民间被普遍认同。希腊神话中，普罗米修斯把盗取的火种藏匿在茴香中空的枝干中带到了人间。以后，古希腊人就是采用这种办法来远距离传递火种的，这也被视为以后传递奥运火炬的原理。公元前 490 年，著名的"波希战争"在雅典东北 30 千米的马拉松平原开战。马拉松（Marathron）这个中译地名，源自腓尼基语"Marathus"，意即"多茴香之地"，因生长众多高大的野生茴香而得名。最终希腊人退败了来犯的波斯人。为了让胜利喜讯尽快告诉雅典居民，传令兵不顾路途遥远，一口气从马拉松跑回雅典。以后，奥运的长跑项目"马拉松赛跑"就得名于此。因此，茴香是成功和荣誉的象征。

茴香

野生茴香

茴香大约在东汉时期，由中亚通过丝绸之路传入我国[1]。最早称为"蘹香""怀香"或"槐香"，怀与槐，古来同音，实指一物。因其种子气味芳香，因此有人推测可能是古人有身配香袋、衣怀槐兰之香的习惯而得名。三国时期"竹林七贤"之一的嵇康在《怀香赋·序》中有"仰眺崇冈，俯察幽阪……'怀香'生蒙楚之间"的记述。

茴香的称谓最早见于南北朝时顾野王所著的《玉篇》中[2]。而作为芳

《怀香赋·序》

茴香手绘

香调料的记载始于孙思邈《千金本草》："煮臭肉，下少许，即无臭气，臭酱入末亦香，故曰回香。"茴香籽可除去肉的腥臭味，而又能使肉有回香之作用。以后便在回字上添加草字头，写成了茴香。北宋苏颂也云："蘹香，北人呼为茴香，声相近也。"明代李时珍在《本草纲目》正式把茴香从"草部"移入"菜部"，也是把茴香作为蔬菜的最早记载。

我国许多省份都食茴香，但唯独云南人最懂也最擅长利用茴香。从普通人家的"茴香花卷""茴香饼"到用熟土豆泥与茴香制成"洋芋茴香粑粑"的小吃，几乎都有用茴香制作的佳肴，且做法多样。而"氽茴香丸子汤"，茴香绿色细叶镶嵌在一颗颗圆润的肉丸中，犹如可爱的翡翠珠球，晶莹剔透、清香可口。

茴香又叫香丝菜，"香丝"和"相思"谐音；"茴香"又与"回乡"同音，因此在北方的很多地方在过春节的时候都喜欢包茴香馅的饺子，以释思乡之情。

花生米拌茴香

茴香按颜色分绿色茴香（Green fennel）和青铜色茴香（Bronze fennel）。按味道分为甜茴香（Sweet Fennel）及苦茴香（Bitter Fennel）。意大利南部和西西里岛有一种被称为"Carosella"的野生亚种。此外还有一个变种即球茎茴香（见本书 308 页），外形是浅绿白色扁圆形的球茎。为意大利人于 17 世纪在佛罗伦萨经过几代人精心培育出来的芳香蔬菜。

厨涯趣事 >>>

在土耳其旅游时，与好友永辉国旅的何总每餐必喝号称土耳其国酒的"Raki"，常常惹得邻桌当地人投来好感的目光。这种由蒸馏酒与茴香精油配制而成的利口酒，在地中海沿岸国家几乎都有。如在希腊叫"Ouzo"，虽然叫法不同，但都被奉为自己国家的国酒。把"Raki"倒入三分之一玻璃杯，再加冰块或水，其原本透明的酒体顷刻变成不透明的乳白色。原因是茴香精油可以溶解在酒精中，但不溶于水。稀释后，酒中茴香的味道仍然很浓。使我想起很早适应了这种味道的法国潘诺（Pernod）和里卡尔德（Ricard）茴香酒，以及意大利的珊布卡（Sambuca）、西班牙的欧基恩（Ojen）及德国的野格（Jagermeister）等。茴香酒通常用作开胃酒，但也会与其他酒混合成鸡尾酒。

[1][2] 张平真主编，《中国蔬菜名称考释》，北京燕山出版社，2006 年。

豇豆

细束千条结

豇豆起源地是非洲赤道以北的热带地区。在加纳曾考古发现了 3500 年前的豇豆残留物，表明西非应该是豇豆最初的驯化中心。

公元前 1000 年左右，豇豆从西非经海路传入印度，由于豇豆的栽培族群有很大的变异性，此后产生了短荚豇豆和长豇豆品种，印度成为次生起源中心。豇豆又从印度向西传入伊朗和阿拉伯地区，公元前 3 世纪自西亚经希腊传入欧洲，后来传播到东南亚和远东。

豇豆何时传入我国，目前尚无确切考证。最早记载于《四民月令》中 [1]，可以推测豇豆大概是在东汉后期沿着丝绸之路引入我国的。三国时期称为"蜂蘩"，这个称谓始见于魏国人张揖的《广雅·释草》[2]。后来演化成"蜂豆"或"江豆"。"豇豆"之名始记于成书于隋文帝仁寿元年（601），隋朝音韵学家陆法言所著《切韵》中。北宋宋真宗大中祥符元年（1008）的《大宋重修广韵》中也收录了"豇"字。在我国某些南方省份，"豇"字也可以读作"gāng"，明朝国子监太学生梅膺祚编写的《字汇》里称也是正确的读法。

豇豆未成熟的豆荚色泽青翠，体态修长，最长的豆荚可以长到 1 米。苏轼曾有咏豇豆的诗："绿畦过骤雨，细束小虹霓。锦带千条结，银刀一寸齐。贫家随饭熟，饷客借糕题。五色南山豆，几成桃李溪。"诗人笔下的寻常豇豆竟然如此唯美，也可窥见在宋代已是栽培菜蔬了。

绿豇豆

红豇豆

紫豇豆植株

豇豆手绘

豇豆易种植，好采收。明代朱橚把它列入《救荒本草》中："豇豆今处处有之，人家田园多种之，就地拖秧而生，亦延篱落。"又云："救饥：采嫩苗叶炸熟，油盐调食。角嫩时，采角食之，亦可做菜食。豆熟时打取豆食之。"豇豆也有紫红色品种，李时珍《本草纲目》释名道："䜤。此豆红色居多，荚必双生，故有豇之名。"他还认为："豇豆理中益气，补肾健胃，生精髓。"并"可菜，可果，可谷，备用最好，乃豆中之上品"。

春夏之交是豇豆盛产季节。垂挂在架上，犹如少女的百褶裙，在微风中婆娑。故又名裙带豆。清代谢墉《食味杂咏·裙带豆》："月姊奁前五彩云，天孙机上七襄纹。白头未识丝垂带，赤脚惟宜布翦裙。露下畦塍铺绮绣，霜中篱落佩缤纷。嘉名好补陶君录，豇䜤端宜摈说文。"

豇豆是人们喜爱的一种蔬菜作物。清代才子袁枚在《随园食单》的"杂素菜单"中有一款豇豆的做法："豇豆炒肉，临上时，去肉存豆。豇豆南北皆宜，各地都有不同的吃法。以极嫩者，抽去其筋。"

鲜豇豆既可热炒，又可焯水后凉拌。腌渍成酸豆角或晾晒成豇豆干，又是另种美味！

炝拌豇豆

豇豆拉丁文学名的种加词"seaquipedails"有"一英尺半长"的含义，约合46厘米，正好相当于普通豇豆的长度。除常见的绿色品种，还有白色、紫红色及花皮色豇豆等。另有一种饭用豇豆，专门取成熟的豆粒当作粮食用。

豇豆在各地还有很多叫法，如角豆、饭豆、蔓豆、泼豇豆、黑脐豆、长豆角、豆角、长豆、挂角豆、腰豆、浆豆、羊角、筷豆、线豆、菜豆、矮脚豆、浆豆、带豆等。

厨涯趣事 >>>

每去外地，总会抽出时间去当地的菜市场转转。一来是为了发现有无特殊的食材，同时也体验一下当地人的生活气息，每次都有不一样的收获。菜市场看起来大同小异，大多数蔬菜摊主也总是把品名和价格懒散地写在硬纸板上，歪歪扭扭，也常有错别字。比如豇豆写成"浆豆"或"江豆"，大家也习以为常，见怪不怪。一次在江苏扬州的农贸市场里，在高立于蔬菜之上的硬纸板林中，发现一个"缸豆"的纸板。我就故意拿起一捆问这是什么菜？老板回答是"缸豆"，看到我面露疑色，陪我同来的当地好友笑着解释：我们方言是"缸豆"。

[1]李昕升、王思明，『中国古代夏季蔬菜的品种增加及动因分析』，《第四届亚洲食学论坛（2014西安）论文集》，陕西师范大学出版社，2015年。

[2]张平真主编，《中国蔬菜名称考释》，北京燕山出版社，2006年。

草果

滇香翘楚

草果是原生于越南等亚热带地区的一种姜科植物。草果何时传入我
国云南等地已无从考证，但国人作为药草使用已有千年的历史。

草果

草果有燥湿除寒、祛痰截疟等功效。传说在三国时期，诸葛亮为降
服起兵反叛蜀汉的少数民族首领孟获进军云南时，就命将士口含草果，
以适应山地潮湿多变的气候。南朝梁药学家陶弘景在其《名医别录》中
就有草果的药用记述了。宋代唐慎微成书于元丰五年（1082）的《经史
证类备急本草》（简称《证类本草》）中也有记载。

1253年，元世祖忽必烈率军自宁夏出发，经甘入川，再渡金沙江进滇，
结束了大理国在云南的统治。蒙古人惊喜地发现草果的辛辣香甜之味与牛
羊肉十分搭配，不仅能除膻味，还增进食欲。于是草果便成了进献蒙古王
朝的重要贡品。元代御医忽思慧在《饮膳正要》的"料物性味"中有"草
果，治心腹痛，止呕，补胃，下气"的记述；"聚珍异馔"中列举有关羊肉
的菜肴里几乎都会用草果来调味。明代李时珍《本草纲目》亦云："滇广所
产草果，长大如诃子，其皮黑厚而棱密，其子粗而辛臭，正如斑蝥之气，
元朝饮膳，皆以草果为上供。"云南草果也随蒙古铁骑传播到大江南北而
广为人知。蒙古人并没有开发和再利用草果，就如同他们曾经一掠而过的
征服地一样没有留下太多蒙古文化痕迹。而在我国西北地区却沿袭了用草
果为牛羊肉类及家禽等去腥除膻的遗风。

草果是云南特色香料之一，云南草果以滇东南地区出产
的质量最佳。明代御医刘文泰在弘治十八年（1505）所著《本
草品汇精要》中曰："草果生广南及海南。形如橄榄，其皮薄，
其色紫，其仁如缩砂仁而大。又云南出者，名云南草果，其
形差小耳。"广南是指广南府，即今文山一带。有关草果的
传入直到明《开化府志》方有明末清初时期，草果由瑶族民
众从越南引入并栽培的记载。草果也一直是当地瑶、苗、怒、
彝、哈尼、拉祜、独龙及傈僳族等少数民族生活紧密相连的
农作物。草果在秋末冬至时节用来喂养牲畜，以增加牲畜体
温，提升其御寒的能力。少数民族朋友后来发现草果具有很
高的食用及药用价值。

草果植株

在云南，草果的食法多样。把整粒拍出裂纹的草果加在
炖煮各种肉类汤汁中是最常见的做法；也可以把草果研磨成

草果手绘

粉，腾冲"鹅油拌饭"用腊过的鹅肉及热鹅油配温热的米饭，蘸上草果粉同食，香浓馥郁，解腻提鲜；还可加工成"草果油"，是"稀豆粉"等小吃的调料油之一。

草果也是西北部地区常用的香料，如新疆菜的"大盘鸡"、甘肃兰州的"牛肉拉面"、陕西渭南的"水盆羊肉"、西安"羊肉泡馍"中都有草果的功劳。

云南鹅油拌饭

1917年，法国植物学家夏尔·维克多·克雷沃斯（Charles Victor Crevost）和夏尔·勒梅尔（Charles Lemaire）在法属印度支那（Indo-Chine，今越南）勘察亚洲植物时发现了草果，并按照林奈的植物二名法分类为姜科豆蔻属，再加上物种发现者的姓名，草果的拉丁文学名"Amomum tsao-ko Crevost et Lemaire"由此而来。草果的英文也可写成"Caogus"，为汉语拼音的音译。

草果是林下作物，其植株与其他姜科植物相似，可高达2米以上。但与"根茎派"的姜科植物（如姜、高良姜、凹唇姜、姜黄等）不同，草果是地道的"果实派"。有趣的是它的花、果是开结在树茎的底部，而不是茎上端。草果种植三年后即可开花结果，七年后进入盛果期，且可连续结果20年左右。

厨涯趣事 >>>

怒江傈僳族自治州福贡县鹿马登乡布拉底村是云南省驻京办事处的扶贫对象，驻京办帮助当地村民种植草果脱贫致富。2019年10月初，我有幸参加了当地草果文化推广活动。汽车在蜿蜒险峻的山路不知盘过多少"之"形弯后爬到了山顶。随即传来鼓乐歌声，竹牌楼前山门，盛装的傈僳族少女为来宾套上民族服装，佩挂散发草果香气的手绣香包，戴上宛似红宝石的新鲜草果项链和手串，再敬草果茶。大家鱼贯移步山上，往干布自然村草果种植林。我虽去过云南多次，但还是第一次见草果植株，并兴奋地亲手割下丰收的累累果实。回到村广场已是午时。主席台背后是一个由15吨鲜红草果堆成的草果塔仓并有黄色的"丰收"字样。接着几百人开始品尝米其林星厨泓0871臻选云南菜餐厅的刘新大师亲自操刀的草果宴，二三十种草果菜品布满菜台，琳琅满目，场面壮观！

迷迭香
千年等一回

迷迭香的中文译名非常优雅。迷者，有迷离、迷津及迷惘之意；迭，交迭、更迭。迷迭香的意思为在记忆混沌不清时，利用它那迷离不断的香气可以使人清醒。这种极具异域风情又不失浪漫和神秘的名字真正体现了"信、达、雅"的最高意境。

迷迭香古称"迷迭"，早在三国曹魏时期（220—265）传入我国。曹魏鱼豢《魏略》中云："大秦出迷迭"，大秦（即古代对罗马帝国的统称）。晋代郭义恭在《广志》中则云："迷迭出西海中。"西海即今地中海。《乐府诗集》载有："行胡从何方？列国持何来？氍毹毾㲪？五木香，迷迭艾纳及都梁。"贾胡，即从西域而来的商人。

迷迭香

迷迭的幽香令魏文帝曹丕对它情有独钟，"种迷迭于中庭，嘉其扬条吐香，馥有令芳。"他御笔写就《迷迭香赋》，还召集建安七子中的曹植、王粲、陈琳、应玚等人也来作赋助兴。曹植在《迷迭香赋》序曰："迷迭香出西蜀……花始盛开，……佩之香浸入肌体，闻者迷恋不能去，故曰迷迭香。"不仅道出了迷迭香的出处、习性、用途，还说明其名字的由来。正是由于帝王的痴迷偏好，使迷迭香受宠达到了一个历史阶段的峰值。但古人并没有用于烹饪中。

《迷迭香赋》

海边的迷迭香

迷迭香手绘

迷迭香原产地中海沿岸，自古就是一种与人类密切相关的神奇香草。其拉丁语"ros marinus"意为"海之朝露"。昔日在地中海沿岸的海边空地和山坡悬崖上到处布满了野生的迷迭香，开着淡蓝白色的小花，任凭海风和露水的侵袭仍能顽强地生长。当远航的船只迷失方向时，船员会凭聆海风，借以嗅得迷迭香的香味来辨别方向。

英文"rosemary"的含义是"玛丽亚的玫瑰"。传说圣母玛利亚为躲避犹地亚希律王（Herod the Great）的迫害，带年幼的耶稣逃亡埃及时，将耶稣的亚麻外衣搭挂在迷迭香的树丛上，使原本蓝白色的花随即变成了具有象征真理的紫色，于是它被赋予为圣洁显神灵的植物。每当圣诞节时，欧洲人会在教堂及家中的门楣上装饰迷迭香的枝叶。

新鲜迷迭香的叶子形如松针，散发出强烈的类似松脂的香味。有刺激脑细胞和醒脑作用，欧洲人坚信能增强人的记忆力。莎士比亚在《哈姆雷特》中就有台词："迷迭香，是为了帮助回忆。亲爱的，请牢记心间。"

令人费解的是，我国自魏晋以后迷迭香在古籍文献中就鲜少记载了。只有唐代陈藏器在《本草拾遗》中把它列为药品时才偶见提及；明代李时珍在《本草纲目》里又把它收为草部。

在沉寂了千余年后，近30年来随西餐文化的来袭，迷迭香也结束了其寂寞独守，往昔的芬芳重新迎来了新一轮被她迷醉的人。

煎牛排配迷迭香

迷迭香是香味浓郁的香草之一。最适宜与肉类菜肴搭配，可除去肉类特有的腥膻和油腻而提升肉中的香气，尤其是在羊肉和鸡肉料理中使用效果最佳。如法国菜中的"炭烧羊排"（Caree dagneau Grillé），是将羔羊排用迷迭香、胡椒及盐略腌后放在明火炉上烧烤，香味四溢。"迷迭香烤马铃薯"（Pomme de teree au Romarin）就是一道经典的配菜。烹调中应掌握用量，只需少许就能体会到它的芳香。如果使用过量，会盖过主要食材的味道。更要注意的是千万不要把它添加在高汤和酱汁中。

厨涯趣事 >>>

2012年年底，我赴美国烹饪学院（Culinary Institute of America，简称CIA）加州分校参加培训。此前，就教于该校纽约总部的成蜀良（Shirley Cheng）教授告诉我，加州纳帕校区内有一个很漂亮的供教学用的香草园。当我慕名而来时，已是冬季，很多香草已开始变黄，甚至枯萎。唯有迷迭香依然保持着挺拔的芳姿并开放着美丽的小花。仔细观察发现竟然有十几个迷迭香系列品种，每一个品种前都配有相应的英文名称及拉丁文学名的标牌，这也是我最集中见到这么多迷迭香品种的一次。我兴奋地连续利用三个午餐后歇息的短暂时间，拍照留作资料备用。至今仍记得当时激动的心情，也幻想着自己何时也能有这样的香草园。

熏陆香
希俄斯之泪

熏陆香产于地中海沿岸，以希腊爱琴海东部的希俄斯岛质量最优。盛夏时节，当地居民会在这种灌木树干与树枝上切出伤口，使它流出形如花蜜又格外芬芳的树胶，被形象地称为"希俄斯之泪"（Tears of Chios）[1]。待树胶晾晒数天后，凝固成透明又富有弹性的硬块，就制成了熏陆香。

熏陆香

熏陆香在三国时期之前就传入我国了。最早的记录是吴国丹阳太守万震所著《南州异物志》："状如桃胶，夷人采取，卖与商贾，无贾则自食之。"据魏国郎中鱼豢在《魏略·西戎传》记载，大秦的 11 种香料中就有熏陆香。晋代嵇含的《南方草木状》："熏陆，出大秦国，其木生于海边沙上，盛夏木胶流出。沙中夷人取之卖与贾客。"说明晋人对熏陆香加工与采集方法已十分了解。

中文熏陆之名，有来自梵语"Kunda"或"Kunduru"（意为香）之转音的说法，也有人认为是由"熏炉"讹名而来。作为香药，熏陆香在香炉中焚烧时的气息典雅而烟气鲜明，适合于营造神圣的气氛，被广泛应用于各种宗教活动中。南朝齐梁间陶弘景在《授陆敬游十赉文》中写道："今故赉尔香炉一枚，熏陆副之，可以腾烟紫阁，昭感上司。"意思是说他赏赐给弟子香炉和熏陆香，以辅助修炼。

熏陆香也是中药材，可行气活血、消肿生肌。到了唐代，另一种植物的树脂——乳香（Frankincense）随天竺僧带进中土。由于两种香料在形状、颜色及香气上相似，甚至药物功用也非常接近。因此，开始出现

熏陆香树

熏陆香树脂

熏陆香手绘

熏陆香面包

熏陆香具有松木及柠檬的香气，透出地中海的阳光气息。在欧洲巴尔干半岛、西亚及北非国家常用于烹饪和酿酒。虽然熏陆香的香气很浓，却擅长化解如油炸、烧烤等重口味食物的浓腻感。还可以在布丁、甜点和冰激凌里使用，来增添香气与黏稠度。希腊东正教的"庆典面包"（Vasilopita）、塞浦路斯复活节"奶酪点心"（Flaounes）里也离不开熏陆香促进质地的弹性。另外，在许多茴香风味的蒸馏酒中，如土耳其的"拉克"（Raki）、希腊的"乌佐"（Ouzo）也会添加熏陆香。

混淆迹象。以至于宋代沈括在《梦溪笔谈》明确熏陆香和乳香是同一种东西的误判："熏陆即乳香也，本名熏陆。以其滴下如乳头者，谓之乳头香，溶塌在地上者，谓之塌香。如腊茶之有滴乳、白乳之品，岂可各是一物？"这个观点甚至影响到明代李时珍也采用此说。其实二者有区别。乳香为橄榄科乳香属多种乳香树的树胶；而熏陆香则是漆树科黄连木属粘胶乳香树的树胶。遗憾的是，而今的医书药典仍然将两者混为一谈。

熏陆香的英文"Mastic"源自希腊语"Mastiha"，这和古希腊及腓尼基文"Mastichan"有关，意为"咀嚼"。熏陆香曾是口香糖、口腔芳香剂、香水、亮光漆与助消化剂[2]。后来人们发现可用于烹饪和酿酒。在中东地区，熏陆香就是一种食用香料。其阿拉伯语"Mastaki"，古时音译"马思答吉"。元代忽思慧在《饮膳正要》里就有一道给皇帝推荐温中顺气的炖羊肉汤食谱中，用到了一钱"马思答吉"调味。这个神秘之物也搞懵了后人。就连李时珍都在《本草纲目》中云,（马思答吉）"元时饮膳用之，云极香料也，不知何状，故附之"。如今，这种古老而生疏的香料在我们的日常生活中更是显得遥远、神秘和陌生了。

厨涯趣事 >>>

2008年初春，经法国巴黎的1728餐厅老板娘、旅居法国的著名古琴演奏家杨丽宁女士推荐，我特意去共和国广场附近的巷子里一个著名的香料商店。在琳琅满目的香料中，我兴奋地挑选了几种自己不熟悉的品种，其中就有熏陆香。回国后作为样品收藏，就束之高阁了。再次与熏陆香相遇则是在10年后的摩洛哥，摩洛哥国王的御厨哈希德（Rachid Agouray）先生组织我们御厨协会的全体成员在他的厨房里集体参与制作传统摩洛哥佳肴，在倒入香橙花或玫瑰水时，我意外地发现了琥珀般晶莹的熏陆香颗粒。如见了久违的老友般激动，捧着熏陆香的瓶子不肯撒手！

[1]［2］加里·保罗·纳卜汉著，吕奕欣译，《香料漂流记：孜然、骆驼、旅行商队的全球化之旅》，天地出版社，2019年。

叶荼菜

五彩斑斓

叶荼菜在公元 3—5 世纪的魏晋南北朝时期，沿着丝绸之路经由波斯等地传入我国[1]。"荼"字原是形容草木茂盛的词汇，后因这种菜的味道甘甜，就以其命名之。南朝梁人陶弘景在《名医别录》中有："荼，作'甜'音，亦作'忝'"；"忝菜，味甘、苦、大寒。"这是叶荼菜最早的记录。

叶荼菜

叶荼菜的野生品种起源于地中海沿岸的欧洲南部，公元前 1000 年在西西里岛即有栽培。所以，其拉丁文学名中的种加词"cicla"即指今意大利的西西里岛。公元前 800 年，曾出现在亚述人的文字记载中。古巴比伦人把荼菜种植在空中花园观赏。古希腊人当作贡品献给太阳神阿波罗，古罗马时期用来治疗便秘和缓解发热。由于叶荼菜的汁含硼的成分，古代欧洲也曾用它做春药。公元 8—12 世纪，叶荼菜作为食用蔬菜在波斯和阿拉伯地区已广为栽培。

唐初高僧玄奘"取西经"时，经过印度北部，在《大唐西域记》记土产说："蔬菜则有姜、芥、瓜、瓠、荤陁菜等。"这里的"荤陁菜"和唐慧琳在《一切经音义》中的"军达"或"荤陁"，均为荼菜梵文"Kandu"或古波斯文"Gwun-dar"的音译，以后演变成"莙荙"。唐时叶荼菜是很受欢迎的蔬菜。苏恭在高宗显庆二年（657）成书的《新修本草》中载："此荼菜似升麻苗，南人蒸炮，又作羹食之，亦大香美也。"表明在初唐，南方已普遍栽培和食用了。元末熊梦祥在《析津志》把它列入"家园种莳之蔬"中的第二位。

叶荼菜植株

叶菾菜手绘

说明在元代，北方地区已把它视为仅次于白菜的常见蔬菜了。

叶菾菜从形状、颜色及风味上都是极不寻常的蔬菜。由于类似大菠菜的叶片有明显的光泽而被称为"光菜"；或因其叶形近似汤匙而直呼"杓菜"；又因叶大而厚，有些地区也称"厚皮菜"或"牛皮菜"[2]。在台湾被称作"厚帽仔菜"，潮州人称"厚合菜"，寓意厚道和合。是每年农历正月初七家家户户制作"七样羹"（由七种蔬菜合煮而成）中必用的蔬菜。有的叶菾菜的叶片呈紫红色，又有"火焰菜"的称谓。此外还有："瑞士菾菜""甜白菜""海白菜""泥白菜""假菠菜"等叫法。

明代李时珍在《本草纲目》中载："菾菜，正二月下种，宿根亦自生。"当时是作为药食两用。到了明代中后期，随着海上丝绸之路的兴起，引进菜蔬的品种增多。叶菾菜逐渐被冷落，甚至被降为猪牛羊等牲畜的饲料了。

叶菾菜在沉寂了几百年后，近年来又成为新宠。尤其是从国外新引进的优良品种，茎梗的筋脉有白、青、黄、橙及红色多种，殷红的叶脉如血管般分布于绿色叶片。如果几个品种混种一起，五彩缤纷，吸人眼目。

叶菾菜色拉

叶菾菜不仅是观赏和食用性俱佳的优良叶菜品种。其营养丰富，富含维生素B和C，以及钾、磷、镁、铁等微量元素。可凉拌或炒食，如清炒叶菾菜、叶菾菜烧豆腐、叶菾菜炒肉或做汤等。广东客家有一道猪衄菜包，是把腊肉、鲜冬笋、香菇、水发虾米、胡萝卜及韭菜等切粒炒熟后勾芡，然后用叶菾菜叶片包裹后再入油锅煎一下即可。此菜风味独特，吃后回味无穷。

厨涯趣事 >>>

2012年8月，前往瑞士的格施塔德（Gstaad）时正值当地有美食节活动。在这里工作的马来西亚大厨钟国祥（Chon Kok Seong）师傅带我去附近的超市购物，我顺便购买几种香草及蔬菜的种子，其中就有叶菾菜。次年春天，我特意向孙英宝博士讨教栽种香草及蔬菜的学问。在孙老师亲自指导下，把它们播种在租住的辛庄房院中。从发芽出苗到慢慢长大，显得盎然生机。两个月后，叶菾菜的茎叶格外显眼，在一小片绿地的衬映下真正是五彩斑斓，煞是悦目。随着时间的增长，蒲扇般的彩色叶子竟然有半米之高，郁郁葱葱。也成了小院的一道特殊的风景。

[1] 张德纯."蔬菜史话·叶菾菜"《中国蔬菜》2011第3期。

[2] 张平真主编.《中国蔬菜名称考释》北京燕山出版社.2006年。

黄瓜

青瓜称王

黄瓜原生于南亚的印度东北热带雨林地带。在印度有 3000 多年栽培史。公元 1 世纪左右，黄瓜传入了小亚细亚和北非，此后逐渐扩展到欧洲。瑞典植物分类学鼻祖林奈（Linne）在 1753 年用拉丁文为黄瓜命名时野生黄瓜尚未被发现，所以林奈定名时的模式标本只能是 Cucumis sativus L.（sativus 意为栽培的）。

嫩黄瓜

西汉以后，黄瓜分别从南北两路传入我国[1]。北路是从西亚波斯的巴库托利亚由西域（新疆）进入西北地区；南路则是由缅甸和印度传入西南地区。黄瓜始称"胡瓜"，有张骞出使西域时带回来的说法，但史证不足。

历史上"胡瓜"曾经两次更名。传说东晋、十六国时期，因后赵皇帝石勒属于"五胡"之一的羯族，忌讳胡字，汉臣襄国郡守樊坦在石勒的威逼下，急中生智改称为"黄瓜"。另一次是在隋朝，608 年隋炀帝因大忌胡人，曾下令把"胡瓜"改为"白露黄瓜"。据唐人杜宝著《大业杂记》中道："（大业四年）九月，自塞北还至东都，改胡床为交床，改胡瓜为白露黄苽（瓜）……"

老黄瓜

北魏贾思勰在《齐民要术》中云："收胡瓜，候色黄则摘。"是说要等胡瓜颜色完全变成黄色时采摘，此时瓜籽取出晒干，可以用来作为种子。这可能才是被称为黄瓜的另一个原因吧。但毕竟熟透的老黄瓜口感及味道都不如未成熟的质嫩、脆爽和清香。因此，人们就在绿的时候采摘食

黄瓜

黄瓜手绘

用了。但从植物本身上来看，我们吃的都是还未真正成熟的瓜，所以广东人至今叫"青瓜"。

唐朝时，黄瓜已成为南北常见的蔬菜，甚至有用温泉水加温在温室栽培黄瓜来供应宫廷享用的技术。唐代诗人王建的《宫词》写皇家风物："酒幔高楼一百家，宫前杨柳寺前花。内园分得温汤水，二月中旬已进瓜。"这内园是皇家的园圃，诗中的"瓜"，就是温室种植的黄瓜。

古代文人留有很多有关黄瓜的诗句。如唐章怀太子《黄台瓜词》："种瓜黄台下，瓜熟子离离。一摘使瓜好，再摘令瓜稀。三摘犹良可，四摘抱蔓归。"以种瓜摘瓜做比喻，用意在于期盼生母武则天能重视母子亲情，不要残害骨肉。以后有如元代刘鹗《食黄瓜》及明末清初吴伟业《咏王瓜》的诗作。

江南吴语中"黄"与"王"两字的读音相近，元明以后，流行用王瓜称呼黄瓜，这在元明时期的文献中随处可见。如明代王世懋在《学圃余疏》中记录温室黄瓜的栽培过程："王瓜出燕京最佳，其地人种之火室中，逼生花叶……""火室"即温室。此外还有"勤瓜""唐瓜""吊瓜"等别称。而在日文中，黄瓜仍写成"胡瓜"，保留了这种植物古代称谓演变的遗迹。

由于黄瓜含有少量游离酸而具有诱人的清香气味，口感脆嫩，生食、烹炒，腌渍皆宜。千百年来一直是我国重要的瓜类蔬菜。

厨涯趣事 >>>

授业恩师王锡田师父曾经给我讲过他学徒时的故事。见一位墩上（砧板）老师傅在切黄瓜时，先切下黄瓜顶部咬一小口，然后再继续切，但偶尔也会把黄瓜放在一旁。他非常好奇又不得其解，而老师傅好像也看透了他的心思，就叫他过来一起切。开始尝到清香的黄瓜尖非常惬意，但没吃几个就咧嘴吐了出来，是碰到了苦涩黄瓜。这才恍然大悟为什么老师傅会把个别试过的黄瓜放在一边，同时也明白了要先吃一口的原因了，不是偷吃尝鲜，而是为了避免客人吃到有苦味的黄瓜。这就是现代人强调的职业道德。

凉拌黄瓜

野生黄瓜的果皮上和果肉瓤里存在一种很苦的物质——丙醇二酸，是防止动物吃掉它的种子，从而利于繁殖后代。随着农业的发展，人类逐步驯化了黄瓜。在长期人工选择下，黄瓜逐渐向人需要的方向发展，这种苦味物质也逐渐消失，但也会有少许黄瓜出现返祖现象。当人们咀嚼黄瓜时，丙醇二酸与唾液融合会产生苦涩的口感。这就是我们偶尔会吃到苦黄瓜的原因。

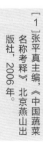

［1］张平真主编，《中国蔬菜名称考释》，北京燕山出版社，2006年。

芫荽

百搭香草

芫荽即香菜。原产地中海沿岸和西亚地区，在距今 9000 年前希腊爱琴海群岛上古人类居住的山洞遗址中曾发掘出芫荽的种子。芫荽的英文名 "Coriander" 就源自希腊语 "Koris"，意为 "臭虫"。古希腊人认为芫荽在未成熟前，其茎叶浓烈的味道如臭虫般呛人，但果实（即种子）成熟后则变成类似茴香的香甜。这也是西方人至今对芫荽植株难忍其味的原因。

芫荽（香菜）

据《圣经·出埃及记》第十六章三十一节载：芫荽籽的外形和颜色都非常像上帝赐予犹太先民的食物 "吗哪"（Manna），犹太人因此怀念在埃及时常用的芫荽籽。

芫荽何时由何人传入我国，一直有争议。历史上可能是对英雄的崇拜，总是把很多物种引进的功劳归于张骞一人。如最早有关芫荽的记录西晋张华的《博物志》："张骞凿空，得安石榴、胡桃、大蒜、胡荽。"香菜当时被称为 "胡荽"，为古波斯语 "Gosniz" 的音译。而实际上它是在张骞出使西域之后由活跃在丝绸之路的外国商旅带入我国的。日本学者宫崎正胜在《你不可不知的世界饮食史》一书中认为，香菜是丝路商人的贮存食品。行走在丝路的胡商们，把干燥的香菜果实和腌渍的香菜装在骆驼的行囊中。腌渍的香菜可以作为维生素的补给，果实则是牛羊肉去腥除膻的调味品，同时也用于健胃和解毒[1]。

北魏贾思勰在《齐民要术》中记述了芫荽的种植及腌制方法。作为药草始记成书于唐开元年间（713—741）孟诜的《食疗本草》，同时代的

香菜籽

香菜手绘

陈藏器撰于开元二十七年（739）的《本草拾遗》都有记载。

它的中文名字也几经变迁。传说十六国时，后赵皇帝石勒为胡人，为避讳"胡"字而改称为"香荽"。东晋陆翙《邺中记》："石勒讳胡，胡物皆改名，名胡饼曰麻饼，胡荽曰香荽。"香菜也称"蒝荽"。"蒝"为茎叶布散的样子，"荽"是茎柔叶细，而根多须，绥绥然也。明代徐光启在《农政全书》中载："蒝"为茎叶布散子貌，俗称"芫荽"。"芫荽"称谓的著录不迟于元代，元代御医忽思慧在其所著的《饮膳正要》中已把"芫荽"作为正式名称列入"菜品"之中[2]。至于香菜的叫法，李时珍在《本草纲目》解释道："胡荽，因有香气，俗称香菜。"

如今绝大多数省份称香菜，唯有中原民众仍然保存传统称为"芫荽"。两广地区叫"芫西"，四川话是"芫须"。芫荽是一年四季皆可购得的芳香蔬菜。其具有穿透力芳香的叶片及嫩茎也是极好的装饰物。

两千年来，西来的芫荽在中华大地落地生根，成为饮食中的百搭香草，深受各地民众喜爱。使用范围之广泛、利用部位之全面、应用方法之多样，在众多芳香植物中是极其少见的。在博大精深的中国烹饪文化中占有重要地位。

芫爆肚丝

芫荽是全球使用最广的芳香蔬菜。除中国芫荽外，还有泰国芫荽、印度芫荽和摩洛哥芫荽等品种，它们外形基本相近，味道略有差异。其叶茎和种子都可以入馔，无论在亚欧还是南美，芫荽几乎都被利用，大到珍馐佳肴、小至地方风味都能觅得芫荽的芳香。因此用芫荽烹制的菜肴呈现多风格、多流派的特点。唯有日本人至今无法接受香菜的味道。

厨涯趣事 >>>

香菜在中餐里使用已根深蒂固，以至于很多人认为是我国原产物种，就连欧洲人也把芫荽称为"中国香菜"（Chinese Parley）。2008年初夏，我在结束欧洲考察前夕，应意大利罗马著名饮食媒介机构"大红虾"（Gambero Rosso）CEO的要求，录制电视饮食节目。意大利导演特意叮嘱手下到唐人街去购买"中国香菜"。我与他说，芫荽原产地就在此，他却一脸茫然。第二天，购回来的香菜味道有点不对劲，细细品味原来是泰国香菜。最后，终于又找到了"中国香菜"。意大利人特意伸出大鼻子，把中国香菜和泰国香菜比嗅了好一会儿，似乎闻出了些许区别。

[1] 宫崎正胜著，陈柏瑶译，《你不可不知的世界饮食史》远足文化，2013年。

[2] 张平真主编《中国蔬菜名称考释》北京燕山出版社，2006年。

高粱
适者生存

高粱起源于非洲的埃塞俄比亚和苏丹一带，在公元前6000年时得到驯化。由于高粱具有超强的耐旱能力，凡是人口高度密集、贫瘠窘迫的地区都有它的身影。几千年来，在其他庄稼都无法生长的时候，是高粱维持了人们的生命。

2000年前高粱从埃及传到印度，又由印度经"蜀身毒道"传入中国西南地区，具体的时间尚不明了。由于高粱是外来物种，没有名号，古人就把它归属黍、粟和稷之类，也借用这些谷物之名，于是就有了"蜀黍""蜀秫"及"巴禾"等复名称谓，而从其名称上似乎暗示是由印度传入蜀地的。

高粱钱币（莱索托）

高粱还有"胡秫""芦粟""芦穄""荻粱"及"木稷"等别称。拆分释名，各有其源。"秫"是古代对黏性粟的称谓；"芦"原指芦苇，高大如芦荻；"荻"为禾本科多年生草本高大植物；"穄"是古代对不粘黍的叫法；"粱"是古代的一种粟（即成语"黄粱一梦"中的黄米）；"木"为树，如树木般高大之"稷"。以上命名的理念都强调它的高大。如今的正式名称"高粱"，同样承袭的是又高又帅农作物之意。

河北师范大学国际文化交流学院齐小艳院长提出，高粱也可能就是古籍记述的"大禾"。最早出现在北魏贾思勰的《齐民要术》中："大禾，高丈余，子如小豆，出粟特国。"以上的描述的确类似高粱，粟特国是位于葱岭西方之西域古国名。粟特是活跃在丝绸之路上的游商族群。粟特人先民原居祁连山下"昭武城"（即今甘肃张掖），后为匈奴人所破，被迫西迁至中亚，并建立了康、安等一系列小国，即史书中著名的昭武九姓。"粟特"一词正式出现在《魏书》中，南朝范晔《后汉书·西域传》写作"粟弋"。元代马端临撰的《文献通考》中载："粟弋，后魏通焉，在葱岭西，大国，一名粟特，一名特拘梦。出好马、牛、羊、葡萄诸果，出美葡萄酒，其土地水美故也。出大禾，高丈余，子如胡豆。"如果"大禾"就是高粱，由此推断应该在4世纪以前的南北朝时代高粱由印度传入中国[1]。这也与星川清亲的观点契合。

尽管高粱具有很好的适应性，但13世纪以前并无大

高粱植株

的发展。直到金元时期才有了转机，也有了"高粱"之名，最早的记载是《务本新书》。而后在成书于元至元十年（1273）的《农桑辑要》中有种植高粱的方法。明代徐光启的《农政全书》始把高粱列为五谷之末。

清代乾隆时期的程瑶田曾写下《九谷考》，认为高粱就是古代的"稷"，因此主张高粱是我国自有物种。直到1949年史学家齐思和通过考古并在《毛诗谷物考》指出"稷"应为"粟"（即小米）。

如今高粱在北方仍有种植。虽然可以充当口粮，但主要作为杂粮、饲料，并作为酿酒和做笤帚的材料。

红高粱植株

厨涯趣事 >>>

高粱因缺乏让面团伸展膨胀的谷蛋白，所以它不适合做发酵面食。传统上人们会把高粱磨成粉后再制成大饼，埃塞俄比亚著名的"茵吉拉"（injera）饼就是代表作。2017年秋，我在亚的斯亚贝巴国际机场转机时，于候机大厅里一家当地风味餐厅里就品尝过这种饼。这种在铁鏊子上摊烙成锅盖大小，上面布满海绵状微细小孔的软薄饼吃法很独特：洗净手后，坐在圆形草编的"桌子"前，服务员掀开"桌子"上的草帽般盖子，露出的就是"茵吉拉"。接着在轻柔的饼上堆放几种各色荤素菜肴。食客用右手撕下饼的一角，覆盖在你想要吃的菜肴上，再抓裹起来同食，饼有韧劲，略带酸涩。"茵吉拉"大饼扮演着食物、餐盘和餐具的三重角色。除高粱外，当地也常用小颗粒谷物苔麸（Teff）制作"茵吉拉"。

白高粱米饭

高粱按性状及用途可分为食用高粱、糖用高粱和帚用高粱等。食用高粱谷粒可熬粥、捞饭，磨成粉还能做成饼糕、蒸饺等面食，同时又是酿造蒸馏酒的好材料，茅台、五粮液、汾酒等白酒都是高粱为主要原料。食用高粱又分为红高粱、白高粱及黏高粱。糖用高粱的茎秆含糖较高，也叫"甜芦粟"，可制糖浆或生食，曾经是上海人最爱吃的零食之一。高粱饴糖果最早也是以高粱为原料。帚用高粱则是利用高粱的穗制成笤帚或炊帚等日常清洁用具。

［1］星川清亲著，段传德等译，《栽培植物的起源与传播》河南科学技术出版社，1981年。

蛇瓜

神形兼备

蛇瓜的果实呈细长柱形，两端渐尖细。在嫩瓜期，自瓜柄开始有数条浅白绿色相间的条纹；老熟后的瓜体表面呈现红绿色相交。体态翘头细尾，或垂直或弓身，或扭曲或卷尾，酷似一条条长蛇垂吊在棚架下，婀娜曼舞，栩栩如生。因此其拉丁文学名的种加词"anguina"，以及英文名称"Snake gourd"均有"蛇"或"蛇状"的含义。蛇瓜的中文也来自其外形而得名。

这种起源于印度及东南亚地区外形奇异的瓜果，在印度栽培历史悠久。我国最早记载蛇瓜的史料是现藏于法国国家图书馆伯希和（Pelliot）收集的敦煌文献（P.3391）《杂集时要用字》"菜蔬"类目下罗列出当时的最主要品种"……汉苽、虵苽、胡苽、葫芦……"等，其中"虵"为"蛇"的异体字，而"苽"即"瓜"[1]。据敦煌人文研究院的杨富学先生介绍《杂集时要用字》为唐代写本。由此可以推断蛇瓜最迟应该是在隋唐之前就传入我国了。又从其别称"印度丝瓜""蛮丝瓜"中的"印度"和"蛮"字上就表明是经由印度传入的。

蛇瓜

从植物学上来看蛇瓜和丝瓜类似，都是葫芦科攀缘藤本植物。但蛇瓜为栝楼属中的栽培种，"栝楼"原为我国的本土瓜类，虽然名字不带"瓜"，也属于葫芦科，为一种传统中药材，其果实近球形。古人认为，木本植物结在树上的果实称为"果"；草本植物结在地下的果实叫"蓏"。而"栝楼"

蛇瓜植株

蛇瓜手绘

既能在草本上结实，又能攀缘木本而蔓生，因此可以兼称其为"果蓏"。"果蓏"谐音"栝楼"。由于两者极为相似，我国在引进"蛇瓜"后，就以"栝楼"为参照物，比照"栝楼"命名，因此"蛇瓜"还有"长栝楼""果裸""果蠃"的别名。其中的"长"指的是其体长，"裸"和"蠃"的读音和释义都与"蓏"相同[2]。

中文还有"蛇丝瓜""蛇形丝瓜""蛇王瓜""蛇豆""龙豆角""大豆角""豆角黄瓜"及"乌瓜"等俗名。

因为蛇瓜原产在热带地区，适合在我国南方种植。由于瓜形奇特，体长一般在1米以上，最长可达3米。常常作为具观赏性的瓜类蔬菜，也是观光农业稀有难得的作物品种，观赏期可达3个月。近年来北方也有引进栽培。作为夏季瓜类时蔬，同样具性凉，清暑解热，化痰润肺的功效。其嫩果和嫩茎叶可炒食、做汤，别具风味。但真正认识和了解它的人还不多。

蛇瓜传入我国虽有1500年的历史，可能是因其外形的原因并未普及，历代有关记录也少之又少。有趣的是，欧洲的蛇瓜是在清康熙五十九年（1720）经由中国传入，有记载英国园艺学家菲利普·米勒（Philip Miller）于1755年开始种植蛇瓜[3]。如今，蛇瓜在澳大利亚、西非、美洲热带和加勒比海等地也有了栽培。如此看来，行走在丝绸之路上的食材，只有起点，没有终点。

厨涯趣事 >>>

初识蛇瓜时，我还是刚入厨校的懵懂青年。它独特的外形，开始看起来虽然有点害怕，但强烈的好奇心吸引我。记得买了一根后即在手中如耍蛇人恶作剧般戏弄一番，吓得周围的人急忙躲避。回到家就迫不及待地削去外皮，切片时有一点点轻微的腥气味。沸水焯过，葱姜炝锅，简单清炒后，便逐渐释放出如同冬瓜或丝瓜的清香，家里人也都欣然接受这个奇葩的瓜蔬。这是我第一次做蛇瓜的经历，所以印象极其深刻。在以后30多年里，我自认为走南闯北，去了不少地方，也见识了很多特色食材，可就是没有与蛇瓜再次相遇。不知是否需要等待上天安排更好的机缘？

清炒蛇瓜

由于蛇瓜几乎没有病虫的危害，因此是一种理想的绿色果蔬。蛇瓜性凉，入肺、胃、大肠经，能清热化痰，润肺滑肠。含有丰富的碳水化合物、维生素和矿物质，肉质松软，清暑解热，利尿降压，可促进人体骨骼生长发育，对人体健康十分有利，具有药用价值。品种可划分为白皮、青皮两种，还可以根据条纹分为青皮白条、白皮青丝、灰皮青斑等。

[1] 余欣，"园菜果瓜助米粮：敦煌蔬菜博物志"，《兰州学刊》2013年第11期。

[2] 张平真主编，《中国蔬菜名称考释》，北京燕山出版社，2006年。

[3] 张德纯，"蔬菜史话·蛇瓜"，《中国蔬菜》2009年第3期。

莴苣

千金难求

莴苣是一组蔬菜的统称,它包括普通莴苣、皱叶莴苣、结球莴苣和莴笋。莴苣原产于地中海沿岸及西亚地区,公元前 4500 年就已普遍栽培。在苏美尔、古埃及和波斯文明中都有记载。古希腊医学先驱希波格拉底曾经称赞莴苣的医疗作用。恺撒大帝还为莴苣竖起一个祭坛和雕像,因为莴苣使他疾病痊愈。以后罗马军团把莴苣带到了被他们占领的欧洲其他地区。

普通莴苣

莴苣引入我国的时期不迟于 6 世纪末 7 世纪初的隋代。据研究敦煌饮食文化大家高启安先生介绍:唐代敦煌写本《俗务要名林》中就有莴苣的记载。北宋初年,学者陶谷在《清异录·蔬菜门》云:"呙国使者来汉,隋人求得菜种,酬之甚厚,故因名'千金菜',今'莴苣'也。"隋代从 581 年到 618 年仅统治 37 个年头,而"呙国"可能就是"吐火罗国"的音译名称[1]。因当时所付大价钱购得,所以有"千金菜"的誉称。但据《正字通》解字:"'呙'同'和'。"故也有学者认为"呙国"是"和阗国"的简称(今新疆和田一带)。

皱叶莴苣

隋代稀缺的"千金菜"到了唐代就是大路菜了。莴苣以嫩叶供食,因叶可生吃,俗称"生菜"。杜甫曾亲自种过莴苣并留有"脆添生菜美,阴益食单凉"等诗句。赵匡胤在年轻时期也曾有在寺庙经营菜地旁生食莴苣的趣闻。敦煌文献《癸酉年至丙子年(974—976)平康乡官斋籍》中有"生菜头"等负责人,说明当时生菜为主要食用蔬菜[2]。明徐光启在《农政全书》卷二八"树艺"云:"苣有三种:白苣、苦苣、莴苣,皆不可熟煮,故通曰生菜。"

结球莴苣

大约在北宋时期,我国培育出莴苣的新品种:茎用莴苣,因其茎如竹笋,故俗称"莴笋",可见我国是莴笋的次生原产中心。宋钦宗靖康二年(1127),孟元老创作的《东京梦华录》中有在"州桥夜市"上出售"莴苣笋"的记载。元代王祯的《农书》中首次记有"莴笋"的条目:其茎嫩,如指大,高

莴笋

可逾尺。去皮蔬菜，又可糟藏，谓之莴笋；生食又谓之生菜。四时不可缺者。"莴笋还有"青笋""笋菜""香菜心""香笋"等别称。

莴苣可药用，唐代孟诜在《食疗本草》中指出：莴苣"主补筋力，利五脏"，能开通疏利、消积下气、增进食欲、宽肠通便。古人善用莴苣因其味甘而带苦，有驱虫作用。宋《续博物志》载：莴苣的香气能驱虫，故"百虫不敢近"，如有小虫钻入耳内，只要用莴苣汁滴耳中，虫子就逃之夭夭。所以这种蔬菜很少有虫蛀。

莴苣手绘

无论叶用莴苣还是茎用莴苣，掰开茎和叶会涌出防御用的白色乳液，所以莴苣的拉丁名称"lactuca"中的"lac"即"牛奶"之意。日本称莴苣为"乳草"也是这个意思。有趣的是，其英文名称"Lettuce"在美国俚语中有"钞票"的含义[3]。

厨涯趣事 >>>

陕菜资深烹饪大师、西安仿唐菜研发人之一刘峻岭先生是我一直仰慕的前辈。他退休后的近十年，一直致力于陕菜的挖掘、整理与研究工作，笔耕不辍，编写《珍贵的资料·难忘的历史·陕菜钩沉》系列文章百余篇，使我受益匪浅。几年前，他得知我到西安，特意邀请我去"九坛荟"小酌。席间，他热情地介绍陕菜的历史发展及文化。在品尝"炝香酱笋"时，他自豪地说：陕西潼关县的传统酱腌制品"潼关酱笋"已有300余年历史，被誉为"甘美天成，声称字内"，曾于1915年参加巴拿马国际博览会并获得奖章和奖状。此前，我只知道江苏镇江及扬州一带的酱菜制品——"香菜心"。中国饮食文化博大精深，敬畏之心，油然而生！

椒麻莴笋

莴苣与莴笋虽一字之差，但区别很大。莴苣的食用部位主要是叶子，因此也叫叶用莴苣，有普通、皱叶及结球莴苣等品种。其中包括广东生菜、玻璃生菜、紫叶生菜及油麦菜等。而莴笋则是莴苣的一个变种，因其茎肥大如笋，故称莴笋，主要是吃其肉质细腻如玉、晶莹悦目的茎，也称茎用莴苣。所以严格意义上来说，莴苣和莴笋不是一种蔬菜。莴苣不是莴笋，但莴笋一定是莴苣。

[1] 张平真主编，《中国蔬菜名称考释》，北京燕山出版社，2006年。

[2] 胡同庆、王义芝编著，《敦煌古代衣食住行》，甘肃人民美术出版社，2013年。

[3] 张平真，《中国的蔬菜：名称考释与文化百科》，北京联合出版社，2022年。

菠菜

红嘴绿鹦哥

菠菜原产于亚洲西部的伊朗高原，在高加索和阿富汗地区发现过野生菠菜；现今在印度和尼泊尔境内还能找到原始菠菜的两个近缘种。据史书记载：菠菜是通过官方和民间等多种途径从中亚和南亚地区先后传入我国的 [1]。

菠菜

菠菜古称"波棱菜"，据《唐会要》记载："观贞二十一年，泥婆罗国献波棱菜，类红蓝花，实如蒺藜，火熟之，能益食味。"泥婆罗国（今尼泊尔），即 647 年，尼泊尔国王那拉提波于把菠菜等作为礼物派使臣献给唐皇太宗。唐段公路在《北户录·蕹菜》中也有"国初建达国献佛土菜，泥婆国献波棱菜"的说法。而在民间流传波棱菜是由波斯而来，波棱（Palinga）是梵语国名，地在波斯。故也有"波斯草"的叫法。自幼从学诗豪刘禹锡的韦绚在《刘宾客嘉话录》中这样记述菠菜的来源："菜之菠薐者，本西国中有僧人自彼将其子来，如苜蓿、葡萄因张骞而至也。"如今福建泉州方言中仍称菠菜为"菠伦菜"，依稀保留着唐朝人的口音。

菠菜不论来自何处，在当时都是稀有之物，甚至被赋予神秘的色彩。唐代药学家孟诜认为菠菜可"解酒毒"，"服丹石之人，食之佳"。也就是说服丹药求长生的道士可以通过吃菠菜来抵消摄入汞化合物带来的不适感，菠菜作为解毒剂而深得信奉道教的方士们偏爱，对于道士而言这种蔬菜有重要的用途。

唐代以后简称菠菜，后世也有不少别称。如五代时期，南唐时担任过户部侍郎的钟谟给菠菜起了个玄虚的名字——"雨花"，使之带有佛教色彩。"雨花"一词出自佛教经典，据说佛祖传经说法时感动了天神，天空中飘下各种各样的香花，像下雨一样。

菠菜是自古就受国人喜爱的菜蔬。据《唐六典》载："太官令夏供菠叶冷淘，凡朝会宴饮，九品以上供其膳食。"就是用熟菠菜叶和入面团中，再加工成绿色的凉面。历代文人都有关于菠菜的诗句。苏东坡曾有诗道："北方苦寒今未已，雪底波棱如铁甲；岂知吾蜀富冬蔬，霜叶露芽寒更苗。"明王世懋在《瓜蔬疏》中说："菠菜，北名'赤根'。"是因根色嫩红，故俗名赤根菜。《滇南本草》

红根菠菜

中称"红根菜",《本草纲目拾遗》还有"红菜"和"洋菜"的叫法。清《广群芳谱》中也因其根为红色,像鹦鹉的嘴,又有"鹦鹉菜"之名。

菠菜一年四季都能种植和收获。春天幼嫩,夏季鲜翠,秋天肥美,冬日略甜。可用来凉拌、热炒、烧汤,荤素由人。清代学者梁章钜根据明人笔记文献介绍,明成祖朱棣曾微服私访,偶尔尝到用菠菜和豆腐干烹制的菜肴,觉得美味可口,于是询问菜名。店家以"金镶白玉板,红嘴绿鹦哥"作答。此外梁章钜还指出,袁枚在《随园食单》上以"金镶白玉板"喻指"菠菜"的错误。后人又演绎出乾隆下江南时品尝此菜的戏说趣闻[2]。

菠菜手绘

菠菜豆腐汤

菠菜似乎天生就是备受争议的食材。我们从小就被灌输菠菜富含铁质,源自于 1870 年,德国化学家冯·沃尔夫(Erik von Wolf)发表的一篇论文中声称100 克菠菜,铁含量高达 35 毫克,其价值足可与红肉相当。这一结论被写入了最具权威性的百科全书后受到广泛宣传,也影响了几代人。但事实上这是个乌龙事件,是编辑时点错了小数点,使铁含量数值被夸大了十倍。

另有说法菠菜含有很多草酸,草酸沉淀易结晶,会诱发结石;与豆腐中的钙质结合,影响钙质吸收。对此现在学术上仍有争议。

厨涯趣事 >>>

厨校学徒期间,有幸受宫廷御膳传承人李洪志大师的教诲。记得李老师曾展示过一道菠菜豆腐汤。在讲解技术要点后说:此菜看似简单易做,却有来历。传说乾隆下江南时,偶入农家用饭,主人虽不知客人来历,却热情招待。家中只有一块豆腐,农妇就随意用油煎金黄色,加上从菜园里挖了些嫩绿的菠菜连根带叶熬了个汤。谁知乾隆食后,大加赞赏。问其菜名,主人此时得知圣上驾到,就急中生智道:"金镶白玉板,红嘴绿鹦哥。"后来才知道其实是明成祖朱棣故事的民间讹传。但无论此菜的典故出自何处,宫廷御膳中又多了一道美味。

[1][2] 张平真主编《中国蔬菜名称考释》,北京燕山出版社,2006 年。

青菜头
茎瘤芥

青菜头是由原产于地中海的十字花科芸薹属植物演化而来，它是茎用芥菜的一个变种，学名茎瘤芥。因其茎部膨大成瘤状，故又有"包包菜""疙瘩菜"等俗称。

青菜头古称酢（cù）菜。7世纪时，泥婆罗国进贡好几种新的植物，其中有一种被称为酢菜的阔叶菜[1]。泥婆罗国为唐代对今尼泊尔国的称谓，《新唐书·西域传上·泥婆罗》："（贞观）二十一年，（泥婆罗）遣使入献波棱、酢菜、浑提葱。"这里的酢菜，即青菜头。北宋史书《册府元龟》也载："泥婆罗献波棱菜……，又有酢菜，状类慎火，叶阔而长，味如鲜酢，绝宜人，味极美。"可见青菜头是与菠菜和浑提葱（胡葱）一起作为尼泊尔朝贡的礼物献给唐太宗的，以后逐渐成为一种民间特有的茎用蔬菜。

青菜头

由于气候的原因，青菜头主要种植在巴蜀大地，尤以今重庆地区涪陵出产的品质最佳，也是当地广为种植的冬季蔬菜。青菜头的肉茎肥大，白嫩生脆。它的吃法多样，可荤可素。鲜食具芥菜独特的清苦味道，煮、炒、烧汤、腌、泡等均鲜香可口，深受人们喜爱。

榨菜

而最常见的做法是盐渍，只需一把盐，清脆的口感和咸鲜的味道，就令人难忘。据清道光二十五年（1845）涪陵州志《涪州志》记载："青菜有包有苔，渍盐为菹，甚脆。"可见用来腌菜的历史久远。光绪二十四年（1898），涪陵邱姓人家把腌制的工艺改进升级，形成了"榨菜"。榨菜的得名源自加工设备，最初进行腌制加工时需用"木榨"，即把青菜头经穿绳上架和风干脱水后，加盐码入榨豆腐的"榨箱"，覆以重物压榨出青菜头中苦盐汁水。需经"三腌三榨"工艺后，再添加辣椒、花椒、姜粉等香料拌匀，码入坛中置阴凉处发酵10日后加盖封泥，待整坛沉入特殊的水塘继续发酵两个月后方可出坛。

榨菜也可写作"搾菜"，如台湾学者李朴在其所著的《蔬菜分类学》一书中就称其为"搾菜"。茎用芥菜拉丁文学名的变种加词"Tsatsai"即为"榨菜"的含义[2]。宣统二年（1910），榨菜工艺公开后，其加工产业在当地兴起并逐渐遍及全国，经久不衰。以涪陵出产的榨菜品质最佳，其色泽嫩黄、肉质肥

青菜头

厚、嫩脆少筋、入口无渣、劲道爽口、鲜香微辣。它简单平凡，价格实惠，泡面送粥，酒饭两宜，而且能与所有菜品和主食百搭成为国民下饭菜而誉满全国，1915年涪陵榨菜荣获巴拿马国际博览会金奖，从此扬名海外。与德国酸菜、法国酸黄瓜并称世界三大名腌菜。

榨菜的原料是青菜头，腌制的成品称榨菜。故也有人把青菜头称为鲜榨菜。

青菜头手绘

厨涯趣事 >>>

我从沈阳市服务技工学校烹饪班毕业即有幸被选调到北京。经培训后，分配到厨房工作。最初被分到生菜加工间（即配菜），被分到同一岗位的还有几位新同志，其中有来自重庆的李洁。他是个眉清目秀的小伙子，我们同住在一个寝室，朝夕相处，情如兄弟。工作一年后，可以回乡探望父母。返京时，每人都带来家乡特色美食，晚上就聚集在宿舍里打牙祭。记得李洁拿出一个玻璃罐头瓶，里面是碧绿的小块蔬菜十分显眼。咸中带鲜，清香脆爽使我停不住口边吃边问是什么蔬菜？他拉着长声用一口标准的重庆话告诉我："是青菜头！"见我满脸困惑的样子，他接着解释道："就是做榨菜的那个青菜头！"这是我第一次听说青菜头，也知道了原来它是榨菜的原料。几年后，李洁调回原籍，从此失去了联系，至今再也没有见过面。每当我看到青菜头时，不禁就会想起他。

榨菜

1936年，我国园艺家毛宗良按国际惯例给青菜头以拉丁文命名为：Brassica juncea coss var Tsatsai Mao，其意为"芸薹属种菜变种青菜头"。1942年农学家曾勉和李曙轩教授重新命名：Brassica juncea coss var tnmida Tsen et lee。新中国成立后，农业科学工作者在20世纪80年代中期系统地对其进行科学命名为"茎瘤芥"（Var tnmida Tsen et lee），拉丁文命名沿用早年曾、李教授的命名形式。在植物分类上的定位为：双子叶植物纲，十字花科，芸薹属，芥菜种叶芥亚种，大叶芥变种的变种。

［1］薛爱华著，吴玉贵译，《撒马尔罕的金桃》，社会科学文献出版社，2016年。

［2］张平真主编，《中国蔬菜名称考释》，北京燕山出版社，2006年。

孜然

西域遗风

提及孜然，我们自然会想到新疆。作为新疆的"首席"香料在 20 世纪 90 年代，随着烤羊肉串飘香全国，越来越多的人从此开始认识和喜欢上孜然。

而在全球的视野里，孜然则是阿拉伯的味道。它原产西亚、北非等气候偏热和较干旱的地区。根据考古发现，人类使用孜然可以追溯到 4000 年前。孜然的阿拉伯语是"Cumin"，古希伯来语、古希腊文都借用了这个词，之后散播到整个欧洲。也是其拉丁文学名"Cuminum"及英文"Cummin"的词源。而中文的正式名称"枯茗"也由此音译而来。

孜然

孜然由阿拉伯商人西传到欧洲，但它没有像胡椒等香料珍贵，而成为一种廉价的香料。古希腊时期，人们把守财奴称为"Kyminopristes"，字面的意思是"劈开孜然籽的人"。著有《沉思录》的古罗马皇帝马可·奥勒留（121—180）因为吝啬得有"孜然"的绰号。公元前 7 世纪，波斯人把孜然带到了印度和巴基斯坦一带。孜然是在唐代随着大漠的驼队自土耳其南部的安塔基亚途经巴格达然后经巴基斯坦白沙瓦进入我国新疆地区。可能是由沿着丝路而来的粟特人、波斯人与阿拉伯人引进的 [1]。印度人依据古波斯语"zireh"，称其为"jeera"。维吾尔语叫作"zira"，即其俗称"孜然"的音译。

孜然的植株、种子的外形及大小都酷似茴香，因此古称"安息茴香"。安息（Ashkanian）是伊朗高原古代国家，建于公元前 247 年，开国君主

孜然植株

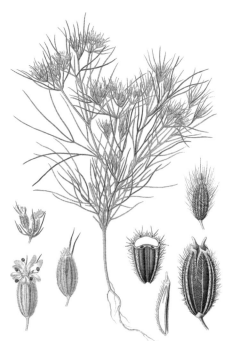

孜然手绘

新疆红柳羊肉串

孜然在全球的适用范围十分广泛，是胡椒以外的世界第二大香料。除了在中东及阿拉伯菜系里必不可少外，也是印度混合香料"咖喱粉"和"玛莎拉"（Garam masala）的重要成分之一。16世纪后，西班牙探险家把孜然带到拉丁美洲，在墨西哥等国家的料理中也同样受欢迎。欧洲人偶尔会使用孜然调味，如荷兰"埃德姆奶酪"（Dutch Edam）、德国"芒斯特奶酪"（German Muenster）、法国萨瓦省的"孜然面包"等。瑞士的"洋葱和孜然汤"（Onion and Cumin soup with cro tons）和"烩牛肚"（Thurgau Tripe）里也离不开孜然的味道。

为阿尔撒息，汉朝时古人取阿尔撒息王朝的音译，称为"安息"作为国名。司马迁在《史记》中记载："初，汉使至安息，安息王令将二万骑迎于东界。东界去王都数千里。行比至，过数十城，人民相属甚多。"说明西汉王朝时期已经与安息帝国有外交接触了。但孜然是何时传入中国的，古人没有留下具体信息。让我们还是回到"安息茴香"这条思路上，安息帝国于226年被萨珊王朝（Sasanid Empire）代替。而茴香是在东汉时期传入的。可以肯定的是先引入的茴香，后来是孜然，才有"安息茴香"之名。

新疆曾是我国最早、也是孜然的唯一产区，在当地也叫"小茴香"，古人最早把它当作治疗消化不良、胃寒腹痛的药物时又称为"马芹子"（此名至清代后匿而不现）。作为香料，它有去除腥膻及解除肉类油腻的作用，尤其是与羊肉搭配，风味独特。

孜然具有穿透力的香味来自内含的化学物质枯茗醛（Cuminaldehyde），这种难以形容的味道在加热后更加浓郁而持久。它浓重逼人的香味并不是所有人开始都能接受，待慢慢习惯后会有令人迷恋，甚至上瘾的神奇魔力。在新疆的美食中，无论是烧烤肉类还是面食都会浸入孜然的味道。孜然不仅是新疆个性鲜明的地域味道的代名词，也是古老西域味道延续的记忆。

厨涯趣事 >>>

我很早就喜欢用孜然调味的食物，但真正见到孜然的植株却是在瑞士。2012年8月，在瑞士的格施塔德当地的美食节活动中遇到一位名叫海蒂（Heidi）的女士，她20年前曾经乘欧亚东方列车到北京等地旅游，对中国文化非常痴迷。当她得知我对香草香料感兴趣后就热情地邀请我到她家的花园参观。在众多的香草丛中，她意外地发现了几株野生孜然，并指认给我看。我也同样兴奋，因为是第一次看见孜然植株的样子。整个植株呈撑开的伞形，顶部又是分叉的小伞形上开着一簇簇小花。海蒂说：孜然是边开花，边结果，每朵花会有两粒果实。成熟时，便飘散出香气。

［1］加里·保罗·纳卜汉著，吕奕欣译，《香料漂流记：孜然、骆驼、旅行商队的全球化之旅》，天地出版社，2019年。

姜黄

黄色的诱惑

姜黄原产印度、印度尼西亚一带。它是姜的近亲，新鲜根茎部有褐色环纹的薄皮，用指甲划开里面便呈现出鲜艳的橙黄色。散发着像姜一样的香气，故也称"黄姜"。姜黄的学名"Curcuma"来自梵语"黄色"之意，波斯文的"Kunkuma"及阿拉伯文的"Kourkoum"也由此而来。

姜黄

姜黄作为草药、染料和香料已有4000多年的历史。在世界最古老的梵语医学体系论著《阿育吠陀》（Ayurveda）中被用来净化血液，以及治疗各种皮肤疾病和愈合伤口。1世纪时，姜黄通过印度交易传至罗马帝国，当时称其为"Terra merita"（美好的大地），这也是英文"Turmeric"的词源[1]。

姜黄是在唐代从印度经过吐蕃、西域传入我国西部地区的。最早有关姜黄的记录是《新修本草》（即《唐本草》）："姜黄，叶、根都似郁金，花春生于根，与苗并出。"古人认为姜黄具辛散温通，苦泄，入血入气，故能有活血行气，使瘀滞通而痛解的功效。宋代苏颂在《本草图经》中曰："旧不载所出州郡，今江、广、蜀川多有之。"说明宋时在南方多地已普遍栽培。

干燥后的根茎被研磨成粉状，即姜黄粉。姜黄粉具有神秘的土质香气，隐约有柑橘香以及姜辛辣味。姜黄内含的姜黄素（Curcumin）是其艳丽色泽的来源。这种自然界植物中少有的颜色与番红花极其相似，因此被称为"印度番红花"。由于番红花非常昂贵，只有皇家才可受用，而姜黄是世界上最廉价的染料，僧侣们就利用姜黄替代番红花为袈裟染色。

把姜黄当作调味香料入馔的是在元代。文宗天历三年（1330）御医

制作倘塘黄豆腐

姜黄粉

姜黄手绘

忽思慧撰写的蒙元宫廷饮食书籍《饮膳正要》中就有"姜黄腱子"及"姜黄鱼"等菜肴的详细做法。

姜黄在烹饪中兼顾两个作用，即调味和着色。姜黄适合在南部的热带地区生长，但南方人用它入馔的并不多，只有云南宣威市倘塘镇出产一种添加了姜黄粉的黄色豆腐——"倘塘豆腐"。而其他南方菜系里却觅不到姜黄的影子。反倒是在不出产姜黄的西北部省份的民众喜欢把它和胡麻油一起添加在面粉中制作"马蹄馒头""油锅盔""焜锅馍馍""蒸笼月饼"及"一窝丝"等面食。似乎刻意坚守着丝绸之路的古老遗风，因为姜黄等许多食材是在千年前最先传到了这里，西北人是最早见到和利用姜黄的，也是始终固守民俗传统的群体。

"黄"与"皇"同音，在甘肃等地有"贵客吃黄，宾客吃绿"的说法，就是把添加姜黄粉和胡卢巴（见本书 214 页）的面食敬献给客人食用。在我国传统文化中，黄澄澄的颜色是吉祥和富贵的象征。吃了加有姜黄粉的面食，也就是接受了真诚而古朴的祝福！

倘塘黄豆腐

世界卫生组织（WHO）和联合国粮农组织（FAO）同时将姜黄和姜黄素列为天然、无毒的色素，而且是可以无限制用量的安全功能性色素。姜黄食疗养生价值越来越被人了解和认同。在印度咖喱粉中姜黄的比例约占30%，这也是咖喱粉为什么是黄色的原因。而日式的咖喱中姜黄粉的比例竟达50%，所以色泽更加耀目。

厨涯趣事 >>>

曲靖宣威倘塘镇，在明朝就是茶马古道重要的驿站。石板镶砌而成的街道两边店铺林立，从瓦房檐口垂落下来一串串金黄色的小方块格外醒目，如同窗门帘般在微风中被晨光影映得闪闪发光。云南餐饮与美食行业协会丁建明副会长介绍说："这就是传说中的倘塘豆腐。"在一家豆腐坊，见店主把刚刚出锅的白豆腐，舀出一勺在纱布上包裹成如同馒头状，再排列整齐压上重物排出水分。去掉纱布，豆腐块在姜黄水中煮上色后用麻线拴挂，经过三煮三挂，就是倘塘黄豆腐了。倘塘黄豆腐入选省级非物质文化遗产项目，而"倘塘豆腐拴着卖"成了云南第十九怪。

[1] 宫崎正胜著，陈柏瑶译，《你不可不知的世界饮食史》远足文化，2013年。

罂粟籽

洁身自好

说到罂粟，不禁让人想起鸦片，这种由切开未成熟的罂粟果实流出的乳浆提炼的麻醉品，曾给中国人民带来深重的灾难，中国近现代史的衰落和屈辱与这种毒品密切相关。清道光年间，英国为巨额的贸易利润和达到侵略的目的，向腐败无能的中国清政府倾销鸦片，国人因吸食鸦片被西方列强鄙称"东亚病夫"。林则徐虎门销烟，使英帝国利益受损而爆发了两次战争——"鸦片战争"。

罂粟原产于地中海沿岸地区。公元前 4000 年，苏美尔人就曾虔诚地把它称为"快乐植物"，认为是神灵的赐予。其拉丁文学名"somniferum"有"催眠"之意，来自希腊神话中的睡梦之神摩耳甫斯（Morpheus）。希腊人发现它有安神、安眠、镇痛、止泻、止咳及忘忧等作用。

众所周知，罂粟有毒性，而多数人不知道罂粟籽不含任何麻醉成分。罂粟籽经干燥或烘焙之后有浓郁的坚果香味，应用到食物中至少有 2600 年的历史了。

罂粟是在唐代由印度传入我国的 [1]。人们最初种植罂粟是当作普通的观赏植物，罂粟轻盈的花朵非常艳丽。古人称其为"阿芙蓉"，是由阿拉伯语"Afyūm"音译而来。唐代陈藏器在《本草拾遗》中描述了它的特点："罂粟花有四叶，红白色，上有浅红晕子，其囊形如箭头，中有细米。"因此它也称"米囊花"。花朵凋谢后，形成了青色球状的蒴果。割开未成熟的果实流出的乳浆，即鸦片。待蒴果完全成熟后，里面包裹着无数的种子，就是罂粟籽。罂粟之名就源自其果实及种子的特征："罂"是指其蒴果形

罂粟蒴果

罂粟籽

罂粟花

罂粟手绘

如盛酒的容器，"粟"是小米。即"实如小罂，子若细粟"之意。

到了宋代，人们对罂粟有了更多的认识了解。它有时也被写成"莺粟"。如苏轼的"道人劝饮鸡苏水，童子能煎莺粟汤"是将罂粟作为汤饮。用罂粟籽制作食品也盛行于宋代，苏辙也曾用"研作牛乳，烹为佛粥"来称赞罂粟籽的妙用。著有《山家清供》的福建人林洪把罂粟籽磨成乳浆，点醋使之凝结成块，再用红曲米水酒染色蒸熟后就是"罂粟腐"，又切成鱼鳞状的片即为"罂乳鱼"。

明代李时珍在《本草纲目》中也有罂粟籽的食方："研其米水煮，加蜜作汤饭甚宜。"又云："嫩苗作蔬食极佳，榨其米做菜肴，久食解胸闷、益血畅。"罂粟籽过去作为贡品为御上之用，故又有"御米"之名。由于罂粟籽含有油脂，可提炼罂粟籽油，古称"御米油"。如今是营养价值极高的养生植物油。由此可见，古人一直都把罂粟籽作为医疗及食用植物。

虽然罂粟籽不含麻醉剂成分，但是在鸦片邪恶的阴影下，大多数国家仍禁止使用。

厨涯趣事 >>>

几年前，好友周群及其精英团队陪我赴滇西采风。在腾冲有一个600年历史的马帮头领的大宅子，如今是著名的餐厅"侨乡斋"，里面的菜品特色十足，其中印象最深的是"烤罗非鱼"。我顺着飘来的香味寻到厨房，看见厨师把整条的罗非鱼剖片两半，再用铁网夹住，在炭火上边烤边刷满调味酱料，在即将烤好时撒上一层罂粟籽，顿时香气四溢。而入口时罂粟籽坚果香味与焦香的鱼皮、细嫩鱼肉形成美妙的口感，令人难忘。而在瑞丽的农贸市场，有一种手指般粗细的牛干巴，上面沾满了细细的颗粒。放在嘴里干香酥脆，店主大声地说是大烟籽。在玉溪曾品尝过的"野茼蒿"，经高汤煮过，类似茼蒿的清香。同席的当地领队则小心而神秘地告诉我是罂粟的嫩苗。

罂粟面包

罂粟籽经灭活后已经丧失种植能力，因此在欧美、中东等地区作为坚果或香料可以安全使用和出售。罂粟籽的颗粒非常细小，700多粒才1克重。它看似圆粒形，其实是腰肾状。一般有三种颜色：棕褐、灰蓝和浅黄。中东地区产的为棕褐色，灰蓝色的来自欧洲，浅黄色的则产于印度。

作为药用植物，在世界卫生组织的允许下，全球只有六个国家可以合法种植罂粟，我国是其中之一，但要在我国法律的严格掌控之中。

［1］星川清亲著，段传德等译，《栽培植物的起源与传播》，河南科学技术出版社，1981年。

阿魏

魔鬼的粪便

阿魏是原产波斯东部及阿富汗一带干燥地区植物的树脂。这种草本植物的外形与巨大的野生茴香类似。春季开花前，在茎近根部处切割，断口会渗出乳白色的树脂液，变硬后成胶状固体，故也称阿魏胶。

阿魏因内含硫化物挥发油，有类似腐烂大蒜的怪臭、辛辣又略带苦味，难闻刺鼻。可一旦加热后马上变得温和，随即会转换为类似洋葱甜香及松露的幽香。因此波斯人把它称为"神赐食物"。而不接受这种气味的人会觉得味道令人作呕，甚至有些地方称之为"魔鬼的粪便"。其英文"Asafetida"就是由波斯语"Aza"（树脂）与拉丁文"Fetida"（恶臭）合拼而成。

阿魏

莫卧儿王朝（Moghul）时期阿魏被带到了印度。印度的婆罗门教（Brahmanism）和耆那教（Jainism）忌食动物性食品、洋葱和大蒜，所以就以阿魏胶来替代，于是阿魏成为他们主要的食用香料。

阿魏是在唐代随佛教文化传入中国的，西域各国常以阿魏为贡品进献于中央王朝。据杜佑《通典》中记载："北庭都护府：贡阴牙角五支，速藿角十支，阿魏截根二十斤。"阿魏有刺激神经、助消化的功效，但唐朝人却最喜欢利用它"体性极臭而能止臭"的奇异性能。《海药本草》载："阿魏，谨按《广州志》云：生石昆仑国，是木津液，如桃胶状，其色黑者不堪，其状黄散者为上。其味辛、温，善主风邪鬼注，并心腹中冷，服饵。"

阿魏

阿魏植株

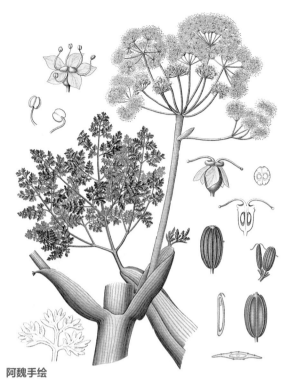

阿魏手绘

阿魏可与茶同服，唐末五代著名诗画僧贯休在《桐江闲居作十二首》中写道："静室焚檀印，深炉烧铁瓶。茶和阿魏煖，火种柏根馨。"阿魏还是一种高效的杀虫剂，且"阿魏枣许为末，以牛乳或肉汁煎五六沸服之，至暮以乳服"可以辟鬼除邪。唐朝人也接受了它的西域名称——"阿魏"。阿魏这个名字很可能是吐火罗语"Ankwa"的译音[1]。

南宋范成大《晚春田园杂兴》诗："百花飘尽桑麻小，夹路风来阿魏香。"南宋陈元靓《事林广记》中有用阿魏调味的食谱。元代的《饮膳正要》中称其为"哈昔尼"，是蒙古人从萨布利斯坦的首都加兹尼（khazni）派生而来的叫法。李时珍在《本草纲目》中写道："夷人自称曰阿，此物极臭，阿之所畏也。"后讹传为阿魏。阿魏的另一个名字"阿虞"，则是波斯语"Angnyan"的音译。在《佛经》中也被称为"形虞""兴渠"或"熏渠"，都是源于梵文"Hingu"。

由于阿魏的气味强烈刺激，中国佛教徒认为，生吃会增加人的瞋恚心，熟吃能增加人的淫欲。故被列为禁忌中的五辛之一。

在我国新疆地区有少量出产。《增广贤文》曰："黄芩无假，阿魏无真。"是说常见的物品不容易作假，而人们容易被不熟悉的东西所欺骗。

印度素食

阿魏在印度是常用香料，任何杂货店都能买到。因为印度有很多的素食者依赖豆类蛋白提供营养，但豆类不易于消化，而阿魏正好能预防和减少肠胃胀气及有助消化。除此之外，最重要的是其调味功能。虽然味道腐臭怪异，还有轻轻的苦涩和辛辣，可一经加热烹饪，内含硫物质分解并释放出一种温和的、令人较为愉悦的洋葱或大蒜相似的香味。这双重作用使阿魏成为印度素食烹饪必不可少的香料，也是印度人会在几乎所有豆类菜肴中都使用阿魏的原因。但在印度以外，阿魏却鲜为人知。

厨涯趣事 >>>

2015 年，新加坡美食家司徒国辉（K. F Seetoh）先生带我来到位于竹脚中心的小印度（Little India）。这里是印度人的聚集地，既是农贸市场、购物中心也是美食中心。印度的各种特色物品在这里都可以看到。在专营印度香料的商店，一股混杂着强烈的辛香气味扑鼻而来。倚墙而立的三面壁柜，如同中药铺的抽屉里摆满各种香料，据说有上百种。我粗略地浏览一下估计有一半不认识，再次搜索时，眼前出现了类似药瓶装的阿魏。我便购得两瓶，打开后才发现是被磨成了黄白色粉末状，而不是原生态树脂胶状，小有遗憾了。

[1] 薛爱华著，吴玉贵译，《撒马尔罕的金桃》，社会科学文献出版社，2016年。

沙姜

客家秘籍

沙姜原产越南、印度尼西亚及马来半岛，为姜科植物的一个品种。沙姜比姜的体积小些，呈圆形或尖圆形，表面外皮褐色略带光泽，肉质断面白色光滑而细腻，但富于粉质，故质脆易断。因其性耐旱耐瘠怕浸，喜生长于砂石土中，故称"砂姜"或"沙姜"。

沙姜

由于我国南方人舌音中的声母"N"和"L"的发音不清晰，因此又被谐音讹称为"三奈"或"山奈"（奈同柰）、"山辣""三赖"。李时珍在《本草纲目》中解释道："山辣，山奈俗呼为三奈，又讹为三赖，皆土音也。或云：本名山辣，南人舌音呼山为三，呼辣为赖，故致谬误，其说甚通。"

沙姜是在唐代传入我国的。据段成式在《酉阳杂俎》中记述："柰只出拂林国。长三四尺，根大如鸭卵，叶似蒜，中心抽条甚长，茎端有花六出，红白色，花心黄赤，不结子，其草冬生夏死。取花压油，涂身去风气。""拂林国"是古人对东罗马拜占庭帝国的称谓，而沙姜起源地为东南亚，此说与实际相差甚远。

李时珍又说"山奈生广中，人家栽之。根叶皆如生姜，作樟木香气。土人食其根如食姜，切断曝干，则皮赤黄色，肉白色。古之所谓廉姜，恐其类也。"廉姜也是姜科家族的近亲，为姜科山姜属植物。廉姜在汉唐专门记载周边地区及国家新异物产的典籍《异物志》及北魏贾思勰所著的《齐民要术》中均有记载。与沙姜区别不大，但不是一物。

沙姜作为中药材，具有化痰行气、开胃健脾、消食、祛湿和防疫等功效。《本草纲目》中有"暖中，辟瘴疠恶气，治心腹冷痛，寒湿霍乱，风虫牙痛。入合诸香用"等记述。古人认为南蛮（南方）是瘴气弥漫之地，所以生长沙姜这样的制约之物。

沙姜和我们常用的姜在味道上有很大的差别，具有较醇浓的芳香气味。粤菜烹饪界把沙姜与姜、高良姜并称为"三姜"。以沙姜入馔最著名的莫过于"盐焗鸡"。这道经典的客家菜式起源于清朝时期的广东惠州，300多年前的广东沿海地区盐业发达，客家人将三黄鸡宰杀除去内脏后吊起风干，在鸡腔内抹涂沙姜粉、盐、芝麻油的混合物，用草纸将整只鸡严实包好，埋入有炒热粗盐的砂锅中闷焗至熟。蒸汽将盐及沙姜的香味慢慢向鸡体内浸入，成熟后特点是皮脆爽、肉鲜滑、味香浓。早

干沙姜

沙姜手绘

期叫"客家咸鸡"，因粤菜行话称此手法为"焗"，故称"盐焗鸡"。又因用这种方法制熟的鸡肉具浓郁沙姜风味，换句话说沙姜是"盐焗鸡"的灵魂，故也有"沙姜盐焗鸡"之名。

沙姜的味道对北方的朋友来说的确很抽象，千百年来沙姜一直是粤、闽、台等沿海一带地域性很强的香料。

手撕沙姜盐焗鸡

粤菜有"盐沙姜汤"的术语，即用盐水和沙姜调配浸制盐味鸡的浓卤汤水。与其他香料的功用一样，沙姜在烹饪中可去掉动物性原料的腥、臭、膻、臊异味。

沙姜虽适宜胃寒之人心腹冷痛，肠鸣腹泻者，纳谷不香，不思饮食，或停食不化等症状。但不宜一次性多食，因内含姜辣素在经肾脏排泄过程中会刺激肾脏，并产生口干、咽痛、便秘等上火症状。尤其是阴虚血亏，胃有郁火者最好不吃为宜。民间有"男怕沙姜女怕麝香"的谚语。是说过量食用沙姜会造成男人房事不举，持久力下降；麝香影响女人的内分泌，降低性欲，会使孕妇流产。

厨涯趣事 >>>

好友小聚时，最怵的是常被推举为点菜人。理由是"你专业！"如此信任，也就责无旁贷。记得十几年前去深圳出差，被几位在鹏城工作的初中同学拉出来宵夜。做东的唐一为大哥把服务生递过来的菜单直接就转给我，我只好从命。我简单浏览一下，几款沙姜的小炒很快上桌。我边吃边讲解沙姜的特色：干沙姜适合卤水，而沙姜粉多作盐焗。大家听得出神，食得有味！就连定居于此20多年的唐兄也头一次听说和吃到沙姜。几杯下肚有点飘然，我突然感觉反客为主，不禁自问：有有搞错？大佬！

扁桃

西域珍果

扁桃原产于波斯，并由波斯的战胜者传到阿拉伯地区，后被阿拉伯人带到欧洲的西班牙和南亚的印度。

扁桃在唐朝时传入我国新疆地区。可能是从西亚先传到疏勒、龟兹，然后才传入高昌的[1]。古人依波斯语"bādām"译为"婆淡"或"巴达"。因其果实似杏又像桃，又有"八达杏""八担杏"或"偏桃"的称谓。最早的记载见于唐代《酉阳杂俎》中："偏桃出波斯国，波斯呼为婆淡树。长五六丈，围四五尺，叶似桃而阔大，三月开花，白色。花落结实，状如桃子，而形偏，故谓之偏桃。其肉苦涩不可啖，核中仁甘甜，西域诸国并珍之。"虽然段成式没有强调这植物已传播到中国，但是他这叙述显然是根据实际观察而写的。

巴旦木

元代御医忽思慧非常重视这种食药同源的食材，他在《饮膳正要》中称其为"八檐仁"，认为："味甘无毒，止咳下气，消心腹逆闷。"而元代汉文史籍又将其写成"芭榄"或"杷榄"等，则为叙利亚语"Palam"的音译。蒙古国大臣耶律楚材就曾留有"葡萄垂马乳，杷榄灿牛酥。酿春无输课，耕田不纳租"的诗句。

扁桃树开白色的花朵，果实成熟时易开裂，在植物学上被分类为核果，扁桃虽然也称"巴旦杏"，但它却是桃属类植物，所以它是"桃"而非"杏"。但与桃、杏、李子等核果不同，它的果肉苦涩无汁无法食用。而其种仁则混合有榛子、杏仁及核桃等坚果的甘香。因此，在园艺栽培和烹饪上它又被归类为坚果。正如明代李时珍在《本草纲目》所说："其核如梅核，壳薄而仁甘美，点茶食之，味如榛子，西人以充方物。味甘、平、温、无毒。主治止咳下气，消心腹逆闷。"

由于地理环境等因素，扁桃在干旱的新疆沙漠地区具有十分旺盛的生命力。扁桃的维吾尔语是"巴旦木"或"巴旦姆"。在传统维医中，巴旦木是重要的药材，维药里 60% 都配有其成

巴旦木植株

巴旦木手绘

分。具安神开窍，健脑明目，益肾生精，止咳平喘及润肺健胃等功效。维吾尔族人甚至把它珍比人参，视为延年益寿的滋补品。

巴旦木口感香甜，也是维吾尔族人喜爱的休闲食品。除作为零食外，也可用作糕点、茶点及糖果。每逢古尔邦节和肉孜节时每家每户都用巴旦木待客赠友。巴旦木的形状酷似游牧民族崇拜的"新月"。以巴旦木为基本原型，采用各种艺术手法绘出呈线性风格的巴旦木纹样，在维吾尔族文化中备受推崇。无论是维式建筑物、乐器、衣帽、服饰、刀具、铜器等都能见到巴旦木纹样装饰的艺术图案。

新疆人对巴旦木有一种特殊的情感，赋予其吉祥、幸福和尊贵的寓意。这种新疆独有的精灵，千百年来守护和滋养着生活在这片土地上人们的身体和心灵，生生不息。

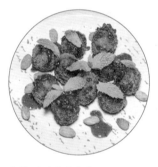

龟兹巴旦木牛肉丸

扁桃和普通杏仁外形相似，很多人误认为这是一种产品。其实它们是两种不同的坚果，在植物学上有本质上区别。杏仁是杏及其近缘种的果核，而扁桃可食用部分仅仅是其核，即扁桃仁。扁桃的果壳皮薄，表面有凹凸感，手可剥开；而杏仁果壳表面光滑，皮厚坚硬。扁桃的果仁形状扁长个大，杏仁的果仁则扁平较小。扁桃仁有特殊的甜香风味，杏仁的气味芳香但微苦。而所谓的"美国大杏仁"其实是扁桃的一种，美国是扁桃最大的出产地，全球有八成以上的扁桃来自美国。

厨涯趣事 >>>

初识巴旦木是在30多年前北京街头新疆人推车卖的"切糕"中，堆砌起来的"切糕"上掺杂着芝麻、玫瑰花、核桃仁、葡萄干、巴旦木等，其中最显眼的是硕大个的"杏仁"，后来得知它有个异域风情的名字——巴旦木。再后来知道了所谓的"切糕"在新疆叫"玛仁糖"。据说这种特色小吃，是当年丝绸之路上商旅为了长途旅行所携带的干粮。2021年7月，为了寻找巴旦木树特意去了新疆，在英吉沙手工小刀店主的指引下，来到土陶村的种植园看到了成片的巴旦木树林，树上挂着外面带绒毛的巴旦木果，由于收获期尚欠，果实还有些青色，偶见地上落下开裂的果子，急忙捡起来发现露出里面的果核，散发着淡淡的清香。

[1] 张平真主编《中国蔬菜名称考释》，北京燕山出版社，2006年。

无花果
树上的糖包子

无花果，顾名思义是没有花的果实。这种特殊的植物原产西亚，是人类最早栽培的果树树种之一。在埃及的金字塔中，就有描绘浇灌无花果的浮雕。在美索不达米亚的尼普尔古城堡中发掘出公元前 3000 年的石刻上有用楔形文字记载了用无花果的药方，古罗马人则用无花果喂养家鹅，为得到肥腴而细腻的上等鹅肝。

无花果

"无花果叶子"在《圣经》中的含义是"遮羞布"，源自《创世记》人类始祖亚当和夏娃，用无花果的叶子为自己遮盖私处。无花果隐秘地表征了性的意义，同时也象征人类性意识的觉醒。西方人类学家的研究表明，无花果确实是与性有密切关系的植物，具有某些催情和提高性能力的功能。果肉成熟时为红紫色，内有无数种子。切开的果实更是性的隐喻。许多西方裸体绘画和雕塑作品上都有遮羞的无花果叶子。

无花果邮票（以色列）

无花果何时传入我国，史书上没有明确记载。通常认为约在唐代前后与扁桃（巴旦木）、阿月浑子（开心果）等同时期引入新疆的。玄奘在《大唐西域记》提及"乌昙跋罗果"，梵文名"Udumbara"，又译"优昙钵"，就是一种印度的无花果树[1]。阿拉伯商人苏莱曼于 815 年著书说无花果是中国的一种水果[2]。唐代段成式的《酉阳杂俎》中称无花果为"底称实"。书中写道："底称实，波斯国呼为阿驿，拂林呼为底珍。树长四五丈，枝叶繁茂。叶有五出，似椑麻，无花而实，实赤色，类椑子，味似干柿，而一年一熟。"

无花果

无花果树手绘

无花果之名，始载于明代的《救荒本草》："无花果生山野中，今人家园圃中亦栽。"明代时无花果的种植已普遍，王象晋在《群芳谱》中还总结了种植和利用无花果的好处。无花果的药用价值也被重视，李时珍在《本草纲目》中认为："味甘平，无毒，主开胃、止泻痢、治五痔、咽喉痛。"清代园艺学家陈淏子在《花镜》中对无花果的名字做了小结："一名优昙钵、一名映日果、一名蜜果。"历史上它还有"天生子""奶浆果""树地瓜""文仙果""品仙果"及"名目果"等诸多别称。

据说在新疆阿图什有两株1000多年的无花果树，这是我国境内最古老的无花果树。无花果的维吾尔语是"安居了"，为古波斯语"Anjīra"的音译，意为"树上的糖包子"。新疆的无花果皮薄蜜甜，肉质软糯。新疆人在吃熟透的无花果之前一定要拍一下，据说拍扁了的无花果内含的糖分才更均匀，吃起来更有味道。而形状也真的变成了包子。

无花果由新疆传到甘肃和陕西等地后，又逐渐被带入中原。如今，无花果作为时令水果在我国南北方都有种植。

无花果拌西芹

人们误以为无花果是不开花的，其实它的花是隐藏在果实内，我们看到的果实，就是其花朵，或者说是无花果的花囊。初夏时节，厚厚肉壁包裹着的花囊中开着无数我们肉眼看不到的小花（小果）。植物学上把这种在花囊内部开花的花朵叫作"隐头花序"。内部有雌花、雄花、瘿花等三种。果实的尾部有一个小孔，雌性黄蜂从这里钻入无花果内，在瘿花中完成产卵的使命后，便结束了短暂的一生。每一个好吃的无花果里都藏着一个死黄蜂。小黄蜂的授粉和其死后在果内的蛋白化，才使其变得营养和美味。

厨涯趣事 >>>

为了寻找无花果，我利用暑假跑了趟新疆。在离喀什不远阿图什市阿扎克乡的库木萨克村询问千年无花果树时，当地村民却一脸茫然。我又求助一位维吾尔族警察，他说他在这里工作生活了30多年，都没听说过这件事。我仍未放弃，在一家超市兼小吃部前，遇见了一位维吾尔族小伙子伊玛目，并用维吾尔语无花果的发音说出"安居了"。他听懂了并要热情地带路。没成想来到了20多千米的阿孜汗村，在村口竖有"中国无花果之乡"的塔形招牌，斜对面就是一个名叫仙果乐园的无花果种植园。通过张灯结彩的拱形门，被栈道引入深处的大片果树林，果实挂满枝头。听说这里再过三周要举办无花果节。我虽未找到千年无花果树，却意外发现了成片的无花果林。真要感谢维吾尔族小伙子的引路，才不虚此行。

[1] 毛民，《榴花西来：丝绸之路上的植物》，人民美术出版社，2005年。

[2] 劳费尔著，林筠因译，《中国伊朗编》，商务印书馆，2016年。

开心果

阿月浑子

开心果起源中、西亚地区。是一种古老的树种，人类食用开心果有近万年的历史。在西亚，传说开心果是由人类始祖亚当带到地球上的。古波斯人将开心果视为"仙果"，认为吃后会使人精力充沛。牧民在放牧时必带足够的开心果，才能进行较远的迁移。

开心果

关于开心果有两个神奇的传说。公元前3世纪，亚历山大大帝远征时，军队粮草出现短缺。士兵们发现一种树上有果实，就试着采来充饥，结果发现不仅味香，还增强体力。还有一种说法是5世纪波希战争中，骁勇无比的波斯人就是靠食用开心果打败了希腊人，最终赢得了胜利。

开心果的外壳在接近成熟时会自动开裂，伊朗人将其称为"开口笑"，这也是开心果之俗称的来历。其学名是"阿月浑子"，这个充满异国情调的词汇，是源自操某些西亚古语的胡商所言"agozvan"的音译。

阿月浑子是在唐朝或更早一两个世纪时由波斯人移植到中国的[1]。唐开元二十九年（741）陈藏器的《本草拾遗》载："阿月浑子生西国诸番，与胡榛子同树，一岁胡榛子，两岁阿月浑子也"，并称："阿月浑子，味辛，温，涩，无毒，主治诸痢，去冷气，令人肥健。"这是最早记载阿月浑子的文献。从"与胡榛子同树"的说法，显然可以看出古人并不了解这一新的物种。但此奇葩的说法却严重地影响了后人。百年之后段成式在《西

新鲜开心果

开心果手绘

阳杂俎》中也云："胡榛子阿月生西国。番人言与胡榛同树，一年榛子，二年阿月。"

除阿月浑子外，开心果还有"无名子"的别称。波斯后裔李珣在其《海药本草》中记述："按徐表《南州记》云：无名木生岭南山谷，其实状若榛子，号无名字，波斯家呼为阿月浑子也。"实际上阿月浑子不适合岭南山谷潮湿的生长环境，可能是古时的乌龙或讹传。元代御医忽思慧在他专门为皇帝撰写的食疗专著《饮膳正要》中就曾记载开心果具有"调中顺气"的功效。并取其古波斯语"Pista"的译音，写为"必思答"。据肖超宇在《阿月浑子考》中认为开心果果仁黄绿色的品种是"必思答"，而紫红色品种为"阿月浑子"[2]。

古人早知开心果对人有保健作用。明代李时珍在《本草纲目》中认为开心果"主治诸痢，去冷气，令人肥健"；"治腰冷，阴肾虚弱，房中术多用之"。在维吾尔医学里也用开心果治疗肾炎、肝炎及胃病等症。

如今，开心果更多是作为休闲坚果，主要依靠进口。以西亚伊朗及土耳其出产的居多。由于它更适合北方干燥的气候条件生长，所以只在我国新疆南部喀什地区的疏附县才有少量种植。

伊朗牛轧糖

开心果树是世界四大坚果树种之一。它的寿命很长，结果可达350—400年之久。果仁的营养很丰富，不但富含脂肪，而且含有多种营养成分，具有很高的经济价值。高质量的开心果外皮微黄泛白，颜色均匀，具有自然的光泽，内衣颜色淡褐色；果肉颜色应绿中带白，如果果壳颜色特别洁白或者果肉的颜色特别绿，就有染色或者漂白的嫌疑。

厨涯趣事 >>>

2006年盛夏，应时任驻伊朗伊斯兰共和国大使刘振堂先生的邀请，我与好友代忠义先生开启寻访古波斯文化及美食之旅。在德黑兰街头的水果摊上见到一堆堆小果实，外皮尖端开裂并露出红晕。我好奇地询问店主为何物，回答竟然是开心果！我以为听错了。店主解释说只有刚刚采摘新鲜开心果的外壳才是粉红色的，待干燥后逐渐变浅黄色，而里面果肉的内皮开始泛出粉红色，果肉则是呈浅绿色，颜色越绿质量越高。捏起一个尝尝，新鲜的开心果仁的质地并不脆，但油性很大。在传统的波斯烹饪中，开心果常用于制作精美的甜点或糖果，如著名的牛轧糖"加兹"（Gaz）。

[1] 劳费尔著，林筠因译，《中国伊朗编》，商务印书馆，2016年。

[2] 肖超宇，「阿月浑子考」，《民族史研究》2013年第12辑。

葛缕子

藏茴香

葛缕子是伞形科香料植物葛缕子果实里的种子。原产于小亚细亚半岛西南，爱奥尼亚以南的卡里亚（Caria）地区。它被认为是世界上最古老的香料和药物，在5000年前埃及法老的坟墓中就曾被发现。12世纪以后，阿拉伯人就知道了葛缕子，并以"Karawiya"称呼，这也是其英语名称"Caraway"的来源[1]。

葛缕子

葛缕子何时传入我国不得而知。有关它最早的信息出自成书于8世纪中期的藏医经典《月王药诊》中，因此有理由相信葛缕子最初是作为药物传入的。葛缕子的藏语发音是"廓聂""郭鸟""郭扭""郭女""郭牛"或"贡牛"，这些藏语称谓很可能是葛缕子印度语"Gunyan"的译音，而汉语"葛缕子"则来自藏语的转音。

据清代藏医药学家帝玛尔·丹增彭措编撰完成于清道光二十年（1840）的藏医本草学大成之作《晶珠本草》中记载："郭牛祛风，清热解毒，治眼病。"以后，在历代藏本草中均有记载，如藏医著作《宝堆》："郭牛性轻、平，利目，调和培根。"让钧多吉的《药性广论》："郭牛清心热，祛风。"它生长随意，不是很择地，据《图鉴》载："郭牛生长在山沟，叶椭圆深裂，茎细长，分枝多，花白色，花序伞状，种子状如蛇床子而油润，功效消肿，治眼病，培根病，舒胸开胃。"道出了它的植物状态及药性。而有趣的是，在历代却从未出现过汉方本草典籍中的葛缕子，包括收载药物数量最多的经典著作《本草纲目》中也未收录。

由于地缘关系，葛缕子应该是在唐代通过印度传入西藏的。葛缕子在藏地的人们日常生活中，不仅作为药用，也是香料。它的可食用部位为种子和嫩茎叶，在半农半牧的藏区被广泛使用。成熟的种子在秋季9月割取全株，阴干，敲打下种子，除去杂质，就是葛缕子了。由于葛缕子与孜然、茴香、莳萝等是近亲，因此它们的外形都很接近。但还是容易区分的，即它褐色外观的末端渐窄，仿如弯月形状。其味道复杂，既似孜然苦涩，而嚼碎时又会有细微的茴香与水果般的清甜芳香，还具坚果及薄荷的混合滋味，所以是一种很容易让人混淆的香料。添加在美食中，这种上瘾的香味久久不散，令人回味悠长。葛缕子的茎叶，藏语叫作"者布"，春季时采摘鲜嫩的芽可做色拉，亦可焯水后凉拌、炒食、煮汤或做馅。晒干后碾碎或手搓成细末，撒在煮土豆、油炸土豆

葛缕子植株

上散发着类似蒿草的清香，有增加食欲和解腻的作用。

葛缕子是西藏地区特有的香药及香料，然而它并非西藏独有，我国西南、西北、华北及东北也有分布。因以藏区出产集中又品质最佳，故有"藏茴香"的俗称，同时还有"蒖（yè）蒿""姬茴香""马缨子"和"草地小茴香"等叫法。葛缕子在内地省份鲜见用于烹饪中，但在西餐中却是常见的调味香料。

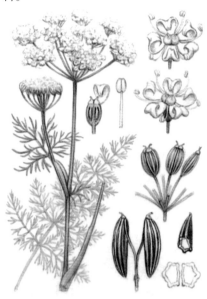

葛缕子手绘

葛缕子面包

葛缕子在西餐中是常用的香料。如德式香肠及酸菜、英国的种子蛋糕、裸麦面包（Rye bread）、荷兰莱顿奶酪（Leyden）、中东布丁（Moghli）、突尼斯哈里萨辣酱（Harissa）及印度的玛萨拉（Garam masala）中都有它增香的功劳。它也是德国香甜烈酒（Kümmel）、北欧香料酒（Aquavit）及金酒（Gin）成分之一。葛缕子在西方语言中有"凯莉茴香""野孜然""罗马孜然""波斯孜然"等别称。

厨涯趣事 >>>

2010年年初，马克·维拉（Marc Veyrat）受邀来北京亚运村峰会国际俱乐部献艺，这位法国阿尔卑斯山区农民出身的天才名厨，擅用家乡各种天然野菜和香草与"分子料理"技术完美结合，创造融入真实和自然味道的美食而闻名于世。他也是世界上唯一摘得两次"米其林三星"及获高勒·米奥（Gault Millau）满分的厨师。他在北京之行的菜单里会用到葛缕子，但主办方一时找不到这种小众的香料，就委托好友吴佳骥询问到我。刚好我手里有，在俱乐部隋九昂总经理的引荐下当面赠送。他彬彬有礼地深表感激，当得知我对香草香料也有兴趣时非常高兴。几个月后，我收到了他签名三卷本的《21世纪厨艺百科》（Encyclopédie Culinaire du XXI Siècle）。书中当然也有用葛缕子调味的精美菜品。

[1] 伊恩·汉菲尔、凯莉·汉菲尔著，陈芳智译，《香草＆香料圣经》，原水文化，2020年。

<h1>白芥</h1>

芥子纳须弥

　　白芥是芥菜类蔬菜中籽用芥菜的一种，起源于东地中海。籽用芥菜的种子除白芥子外，因产地不同还有黄、褐及黑色品种。

　　白芥是早期欧洲唯一原生香料植物。芥子虽小，却蕴含着大世理。公元前333年，波斯帝国的大流士三世给对手希腊的亚历山大大帝的战书就是一袋芥子，用来代表他兵力的数目。而亚历山大大帝立即以一小袋芥子回敬，暗示军队虽人数不多，却十分精锐骁勇。《圣经》中也有"一粒芥子"（Grain of mustard seed）的说法来表示迅速发展的事物。

白芥籽

　　芥子磨成粉末状即为芥末，是一种调味香料。芥末的英文"Mustard"派生于盎格鲁－诺曼语（Anglo-Norman）的"Mustarde"及古法语"Mostarde"。另一种说法是来自拉丁文"Mustum ardens"，意为"没有发酵的葡萄汁"，源于罗马人把芥末用葡萄汁调和成稠糊状。古罗马美食家阿皮修斯在其《论烹饪》（*De Arte Caquinaria*）中就有芥末的食谱。1世纪，老普林尼（Pliny）在《博物志》里也记述芥末如同火焰般的辛辣，还列出近40种降低和减少辣味的配方。从中世纪起，欧洲百姓普遍食用芥末，因为芥末是平民能买得起的唯一香料。

白芥植株

　　我国原产的是褐色芥子。在古汉语中"芥"与"介"通假，王祯在《农书》中云："其气味辛烈，菜中之介然者，食之有刚介之象。"故而"芥"字从介。"一介不取"的成语出自先秦孟轲《孟子·万章上》："一介不以与人，一介不以取诸人。"形容芥子虽小，但不是自己应该得到的一点都不能要，是古人为人廉洁守法的原则。佛教有"须弥藏芥子，芥子纳须弥"之说，意为小的东西

白芥手绘

可以容纳大事物的禅理。

白芥是唐代由胡商带来的西方芥属植物，它与甘蓝和芜菁有密切的关系。这情形很清楚地说明了这种植物是经亚洲中部的陆路运到我国的 [1]。传入之初是当作药物，籽实硕大，辛辣异常，用温酒吞下可以治疗呼吸道疾病 [2]。唐代苏敬在《唐本草》里首先提到它："白芥子粗大白色，如白粱米，甚辛美，从戎中来。"记录了白芥的特点及来处。几十年后，陈藏器在《本草拾遗》中说："白芥生太原、河东。叶如芥而白，为茹食之甚美。"足以说明白芥已在我国北方开始种植。白芥也称为"胡芥"，该词始见于后蜀韩保升所著的《蜀本草》："胡芥，近道亦有之，叶大子白且粗，啖之及药用最佳。"可见当时已是一种质量上乘的籽、叶兼用的植物了。因产于蜀地，又有"蜀芥"的别称。明代李时珍在《本草纲目》中解释了名字的由来："其种来自胡戎而盛于蜀，故名。"

白芥子的主要成分是硫苷，不含挥发性油，辛辣味于口腔而非鼻腔，所以较褐色芥子味道相对温和，带有芳香味。在中餐里通常为凉菜调味，具通窍开胃、赋香解腻的作用。如今在我国很多地区栽种。

芥末虾球

芥菜是几种古老经济作物的统称，我国就有很多品种，按植物形态和食用部位分叶用芥菜（雪里蕻、盖菜等）、茎用芥菜（榨菜）、根用芥菜（大头菜）、薹用芥菜（芥蓝、菜薹）、芽用芥菜（儿菜）及籽用芥菜等。籽用芥菜成熟的种子，也称芥子。褐色芥子原产中国、印度及喜马拉雅山区，褐芥并不辣，加温水可加速酵素活性反应出辛辣物质，溶解后放置 5—10 分钟后食用，风味最佳。黑色芥子产于南欧、南亚及亚热带地区，具有强烈刺鼻的辣味。

厨涯趣事 >>>

在成都彭州第三届博物学论坛上有幸结识了钟秉明先生。钟先生是博物馆设计专家，曾走访过全世界 600 余家博物馆。前些年他在美国考察，特意去了位于威斯康星州的国家芥末博物馆（National Mustard Museum）并拍摄了很多照片与我分享。钟先生说这个博物馆不大，但陈列有来自 70 多个国家和地区，5000 多瓶不同时期的芥末。博物馆内还有许多相关芥末历史和文化的介绍。这不禁又勾起以后也要建立香料博物馆的念头。万事俱备，只欠东风！

[1] 劳费尔著，林筠因译，《中国伊朗编》，商务印书馆，2016年。

[2] 薛爱华著，吴玉贵译，《撒马尔罕的金桃》，社会科学文献出版社，2016年。

小豆蔻
天堂果仁

小豆蔻原产印度南部和斯里兰卡。人类使用小豆蔻已经有 5000 多年的历史，它是古老和重要的香料。掰开绿色的豆荚，内含约 17—20 粒细小的种子，会散发令人兴奋和迷人的芳香。

印度人认为其特有的香气有催情的作用，因此称其为"天堂果仁"。小豆蔻在很早就被传到中东。在阿拉伯国家，它至今仍有增强男性性欲的美誉。

公元前 4 世纪，阿拉伯人的商队把小豆蔻传入希腊。小豆蔻的英文"Cardamom"就源自阿拉伯语，字根的含义是"变暖"。古希腊植物学之父——泰奥弗拉斯（Theophrastus，前 371—前 287）就记录过小豆蔻的药用及烹饪用途。古罗马人使用小豆蔻除了帮助消化外，还是制造香水的材料之一。

小豆蔻

几千年来，小豆蔻一直是仅次于番红花和香荚兰（Vanilla）的世界第三贵重的香料。原因有三：一是小豆蔻对生长环境和土壤要求高，如适当阴凉、水流旁及肥沃的土地处，而不宜在贫瘠的土地上或有强风的土地上种植。二是产量低，与其他姜科香料不同，小豆蔻的利用部分是包覆于成串纤维质的豆荚中黑色的种子，熟成时间各异，必须趁其尚未完全成熟、荚膜即将裂开前用剪刀小心翼翼采摘，避免伤及花朵及未成熟的果实。三是采收后还需要漂洗及干燥等复杂工序。

小豆蔻是作为药物被引入我国的。英国人比尔·劳斯在《改变历史进程的 50 种植物》一书中认为，在中医当中，对于小豆蔻的记录最早出

小豆蔻植株

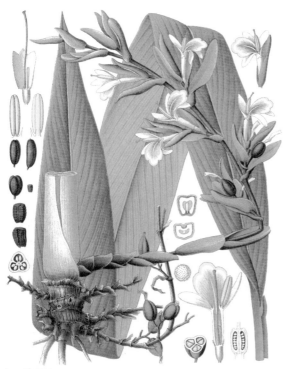

小豆蔻手绘

现在 1300 年前。1000 年时，阿拉伯商人已经开始经陆路将这种香料运到中国[1]。也就是唐代，小豆蔻在国际药材市场上已是流通性的商品，主要通过古代丝绸之路的商贸活动由巴基斯坦和印度进入我国新疆[2]。小豆蔻的维语是"拉琴达内"（Laqindane），作为香药被应用于维吾尔族医疗中。唐天宝年间，于阗维吾尔名医比吉·赞巴·希拉汗应聘入西藏，担任王室侍医，曾将自己所著的 10 余种医书译成藏文献给藏王的同时也把小豆蔻等维药带到了藏族医药中。著名藏医学家宇妥·宁玛云丹贡布所著的《四部医典》中就有小豆蔻的记述。

小豆蔻在烹饪中应用广泛，但由于气味浓烈很少单独使用，通常与其他香料混合成综合香料，如印度咖喱粉、埃塞俄比亚"什锦香料"（Berbere）及也门的哈瓦伊（Hawayij）和辣酱（Zhug）等都有小豆蔻的成分。

20 世纪初，德国移民把小豆蔻带到了北美洲的危地马拉。如今，危地马拉是小豆蔻最大的种植和出产地，全世界有一半的产量都来自那里。而全球使用小豆蔻最多的是西亚北非地区，占全球总量的 80% 左右。

小豆蔻因其绿色果荚的外形呈椭圆三角形，故有"绿豆蔻"和"三角豆蔻"的别称。

阿拉伯咖啡

由于小豆蔻的加工方式不同，会出现绿、白、黄三种不同颜色。自然阴干的绿色小豆蔻最能保持其原料的风味，原香中带有柠檬香气的秀雅；以自然光晒干而成的是麦黄色小豆蔻；而白色小豆蔻则是以二氧化硫漂白过。后两者小豆蔻气味相近。此外，还有一种黑褐色的小豆蔻（Amomum subulatum/Brown Amomum pods），它是小豆蔻近亲，体积比小豆蔻略大，口感和味道均比真正的小豆蔻粗糙，并非真正的小豆蔻。

厨涯趣事 >>>

在约旦的佩特拉古城，刚入住"丝绸之路"客栈，即被咖啡吧里飘来异样的香气所吸引。我不由自主地要了一杯，并询问翻译阿里先生这香味是什么？他告诉我是小豆蔻粉，并让咖啡师抓了一小把整粒的小豆蔻给我看。我捧在鼻子闻到姜的辛辣和令人愉悦的清凉香气。他说：在贝都因人（Bedouin）的文化中，添加小豆蔻豆荚的咖啡被称为"Gahwa hal"，是招待贵客的饮料。我煞有其事地呷了一口，接着咂了咂嘴，发出这种响声是一种礼貌和最高的赞赏！几年后的 2015 年，"Gahwa hal"被联合国教科文组织列入人类非物质文化遗产名录。

[1] 比尔·劳斯著，高萍译，《改变历史进程的 50 种植物》，青岛出版社，2016 年。

[2] 黄辉、张彦福"维吾尔药小豆蔻名实考辩"，《中国民族民间医药》，1998 年第 6 期。

燕麦
有名有实

燕麦原产于中亚细亚的亚美尼亚地区。最初在二粒小麦和大麦田中被看作杂草，随着麦类的传播得以扩大。在不良的气候和土壤条件下，具有较强的适应性。为防止歉收常与麦类混合播种而被保存下来，这样就逐渐演变成一种独立的栽培作物[1]。

燕麦粒

燕麦何时引入中国，学界的说法不一。有战国时代始栽说，依据《尔雅·释草》中"蘥（yuè），雀麦"的记载，后来西晋郭璞注为"即燕麦也"。也有人认为东汉时期张衡《南都赋》中"冬稌（tú）夏稨（zhuō）"的"稨"即为燕麦。但"稨"字到底指何种作物也还存在着不同的解释。

燕麦一词最早出现于汉代《乐府·古歌》中："田中菟丝，何尝可络？道边燕麦，何尝可获？"菟丝和燕麦，皆为植物。菟丝虽有丝之名而不可织，燕麦有麦之名却不可食，意思是讽喻那些有名无实的人和事。《魏书·李崇传》也云："今国子虽有学官之名，而无教授之实，何异兔丝燕麦，南箕北斗哉！"也是成语"燕麦兔丝"的出处。可见，当时燕麦还是一种没有食用价值的野草。

还有人认为燕麦就是《齐民要术》中的"瞿麦"，但贾思勰对"瞿麦"的记载也是语焉不详。日本学者星川清亲称：中国燕麦是于唐朝时期由西方传入的，大都种植于北方山区地带。西夏干祐十三年（1182）重刻的《圣立义海》中有用西夏文写的"民庶灌溉，地冻，大麦、燕麦九月熟"。而中文古籍对燕麦的记载到元代才出现。

到了明代，燕麦开始广泛种植。关于燕麦之名有两种不同的解释：一是李时珍在《本草纲目》中云：因其"野生于废墟荒地间，任燕雀所食，故名"；二是源自其小穗的护颖像燕子的翅膀而得名。嘉靖年间成书的《平凉府志》

燕麦穗

燕麦手绘

还对甘肃平凉一带百姓或用燕麦喂马，或供人食的情形有过叙述："雁麦，唐曰蒿麦，春种，七月收。大者少实，宜饲马；小者实可食。"明末黄自烈《正字通》："燕麦，似稗稍长，有细米，山陕有种之者。"燕麦在河套地区也称"莜麦"。

燕麦耐寒、抗旱，对土壤的适应性很强，又能自播繁衍。朱橚《救荒本草》："燕麦，田野处处有之。"在贫苦地区是不可缺少的干粮。即使是在现今它也是山西北部到内蒙古河套平原一带重要的粮食作物，被誉为当地的"三宝"之首（莜面、土豆、羊皮袄）。

在明清两代被称为"草原丝绸之路"的绥蒙商道上，晋商驼队就是带着炒熟的莜面创造了繁荣的海外贸易。清道光年间，法国传教士古伯察（Evariste Régis Huc，1813—1860）在《鞑靼西藏旅行记》中记载：在归化城（今呼和浩特旧称）他看到蒙古人用骆驼、牛、马、羊等交换莜麦面、小米、布帛、砖茶等生活必需品。

近年来，燕麦作为高营养、高能量和低糖的绿色健康食品富含膳食纤维，有降脂降糖、促进肠胃蠕动及利于清理肠道垃圾的功效，越来越受到人们的欢迎。

栲栳栳

燕麦属于杂粮，按成熟时内外稃包籽粒与否，有裸燕麦和皮燕麦之分。皮燕麦的籽粒带壳，不易脱皮，一般所称燕麦主要是指皮燕麦。而籽粒成熟后不带壳的则是裸燕麦，俗称油麦，即莜麦。也就是说燕麦是一个较大的种属概念，皮燕麦和裸燕麦只是其种属下的两大分支。我国主要栽培的是裸燕麦，而国外栽培最广的是皮燕麦。

厨涯趣事 >>>

我们日常所见多是压制而成的燕麦片。记得在酒店实习时，每天都会把燕麦片及热牛奶等准备好放在一起供客人早餐食用。由于我从小不习惯喝牛奶，所以对这种简单冲泡的快餐食品也没有多大兴趣。有一次，师傅教我做一种叫作"穆斯利"（Museli）的新品，是把燕麦片、酸奶、冷牛奶和青苹果丝、香蕉片及葡萄干等混合在一起再放入冰箱。几个小时后，燕麦片吸收了奶香及果香，滑润清甜。我一下子就喜欢了这个食物。据说是一位瑞士医生为了病人研发了这种食品，不仅膳食纤维丰富，也非常易于消化和吸收。后来得知"莜面栲栳栳""莜面墩墩"等面食中的莜面也是燕麦的一种，对燕麦就更加情有独钟了。

[1] 星川清亲著，段传德等译，《栽培植物的起源与传播》，河南科学技术出版社，1981年。

西瓜

青门绿玉房

西瓜野生种产自非洲南部干旱的卡拉哈里沙漠（Kalahari Desert）地带，后经人工培植成为食用西瓜。西瓜沿着丝绸之路多次传入我国，经行路线大约是从非洲经伊朗高原，经中亚一带进入新疆[1]。至于传入的时间，有汉代说、南北朝说和五代说之分。然而，根据确切的史料记载，西瓜传入我国的时期应不迟于10世纪初的五代时期[2]。

916年，北方游牧民族建立了契丹国。契丹首领耶律阿保机西征攻破回纥（也称回鹘，今维吾尔人的祖先）时带回西瓜，说明西瓜传入后最先落户在新疆地区，维吾尔语称西瓜为"塔吾孜"。契丹大军侵入西域后，因地制宜发明了"牛粪覆棚"的西瓜种植技术。后来，西瓜随契丹人来到北方草原地区契丹都城上京（在今内蒙古赤峰市巴林左旗南）地区，西瓜也开始了由西向东的旅行。

五代人胡峤于947年随同宣武军节度使萧翰来到契丹。萧翰因诬告被杀后，他被契丹羁押了七年返后周，把入辽经过及见闻记录下来。胡峤在《陷虏记》云："自上京东去四十里，……始食西瓜。云契丹破回纥得此种，以牛粪覆棚而种，大如中国冬瓜而味甘。"他成为了第一个记下契丹人以"牛粪覆棚"种西瓜的中原人士[3]。

1995年，在内蒙古赤峰敖汉旗羊山1号墓中发现了筑于辽圣宗耶律隆绪太平六年至七年（1026—1027）年间辽代壁画上的《食西瓜图》，并在辽上京遗址发掘到西瓜籽及粮食等。这是目前我国最早有关《西瓜

西瓜邮票（中国）

辽墓壁画《食西瓜图》

图》及西瓜籽的考古发现。无独有偶，1979年8月，在北京门头沟斋堂乡发现一座辽代晚期贵族古墓内绘有彩色壁画《侍女图》上有两个侍女，双手托盘，盘内盛有西瓜等时鲜瓜果。再次证明了胡峤的记述及契丹人喜吃西瓜，西瓜盛于大辽国，逐渐向南传至幽州地区及陪都南京城（今北京）得以推广。

西瓜手绘

金灭辽后，不仅承袭了辽的种植方式，还把它引种到今黑龙江地区。南宋建炎三年（1129），礼部尚书洪皓出使金国，希望迎回被掳的徽、钦二帝，但不想却被金人扣留。14年后获得自由时把西瓜种子带回了京城临安（今杭州），他在《松漠纪闻》中写道："西瓜形如匾蒲而圆，色极青翠，经岁则变黄，其瓤类甜瓜，味甘脆，中有汁，尤冷。"并称"予携以归，今禁圃乡圃皆有"。从此开创了西瓜在我国南方地区种植的先河，才有范成大《西瓜园》"碧蔓凌霜卧软沙，年来处处食西瓜"的诗句。

元代王祯在《农书》中以"醍醐灌顶，甘露洒心"来形容吃西瓜的感觉。到了明代才普及为常见的水果，瞿佑《红瓤瓜》有诗曰："采得青门绿玉房，巧将猩血沁中央。"徐光启《农政全书》中云："西瓜因种出西域，故名之。"西瓜一词，作为正式名称一直沿用至今。

西瓜雕刻

西瓜不仅是夏季消暑解渴的水果，也是可以入馔的食材。用西瓜做的菜品虽然不多，但都是经典之作。如清代慈禧太后喜爱的宫廷御膳"西瓜盅"，是将两只童子鸡连同火腿、干贝及坚果等放在挖去瓤的大西瓜中，用文火蒸制一个时辰。清醇鲜美，沁人心脾。流行于中原的"西瓜酱"则是民间在传统黄豆酱的基础上演化而来，即在制作黄豆酱时，加入了甜美多汁的西瓜瓤一起发酵而成。色泽红润、酱香浓郁、香辣微甜的"西瓜酱"是河南、山东一带家常蘸饼下饭的神器。而最直接的是河西走廊民众的"西瓜泡馍"，馒头掰开四瓣日晒风干后，当餐具直接插入裂开的半个西瓜果肉中，馒头干吸满西瓜汁水，甜中带脆，脆中带甜。丝路遗风，朴实自然。

厨涯趣事 >>>

前些年去泰国曼谷，在端庄亲切的谢玛丽（Malee Vajrodaya）女士的引领下先参观了大皇宫。由于谢女士与皇室有亲缘，又是华裔，可以讲简单的汉语，我们尊称她为玛丽姐。午餐时在餐厅的入口处有一位身穿泰式民族服装的少女在雕刻西瓜，小小的弯刀在玉手中穿梭，不一会儿一朵红白相间的牡丹花便在西瓜上绽放开来。听玛丽姐介绍我们是来自中国的客人，她放下刻刀，双手合十，慢声柔语地说，中国的果蔬雕刻技术更高，应该向你们学习！泰式的浮雕技法近几年非常流行，但是泰国朋友的谦逊和礼貌更是令人印象深刻。

［1］杨富学、程嘉静、郎娜尔丹："西瓜由高昌回鹘入契丹路径问题考辨"，《丝绸之路研究集刊》第7辑，社会科学文献出版社，2021年。

［2］张平真主编，《中国蔬菜名称考释》北京燕山出版社，2006年。

［3］王大方，"敖汉旗羊山1号辽墓「西瓜图」兼论契丹引种西瓜及我国出土古代「西瓜籽」等问题"，《草原文物》1998年第1期。

鹰嘴豆

回回豆

鹰嘴豆起源于西南亚干旱地区。根据中东地区的史前考古遗址中发现鹰嘴豆的残存物，证明人类在 7000 多年前就开始栽培了。以后传播到尼罗河流域、印度及欧洲和美洲。

鹰嘴豆

鹰嘴豆何时传入我国已难以详考，但可以认定是沿丝绸之路而来，因为它在新疆种植已有上千年的历史。因由西域回鹘人传到内地，古称回鹘豆。回鹘豆之名首见于北宋洪皓在《松漠纪闻》中曰："回鹘豆，高二尺许，直干，有叶无旁枝，角长二寸，每角止两豆，一根才六七角，色黄，味如粟。"南宋叶隆礼所著辽朝纪传体史书《契丹国志》卷二十七《岁时杂记·回鹘豆》中也有类似的记述。

回鹘为西域一个少数民族的名称，即今维吾尔人的祖先。辽代上京建有东迁屯田的西域回鹘营，观其名则知自回鹘最晚应在辽代引进契丹地区。到了元代，回鹘豆演变成回回豆子。"回回"是回鹘的转音，该词狭义上是指回鹘人，而广义上则泛指居住在西北地区信奉伊斯兰教的民族。

元代宫廷饮膳太医忽思慧在《饮膳正要·米谷品》中记载："出在回回地面，苗似豆，今田野中处处有之。"由此得知，鹰嘴豆在当时已是普遍种植和食用的豆类植物了。回回豆子在元朝备受重视，宫廷食谱中各种以回回豆子为基本原料的有十几种 [1]。如与羊肉一起煮制具补益、温

鹰嘴豆植株

鹰嘴豆手绘

中、顺气的"马思答吉汤":羊肉一脚子,卸成事件。草果五斤、官桂二钱、回回豆子半升,捣碎去皮,右件一同熬成汤,滤净,下熟回回豆子二合,香粳米一升,马思答吉(熏陆香)一钱,盐少许,调和匀,下事件肉,芫荽叶。除此之外,八儿不汤、沙乞某儿汤、木瓜汤、松黄汤、鸡头粉、鸡头粉馄饨、杂羹、荤素羹、珍珠粉、黄汤等15道菜肴里也均用到了回回豆子。忽思慧又曰:"回回豆子,味甘、无毒,主消渴,勿与盐煮食之。"至于为何不能与盐同煮,并未加以说明。明代谢肇淛在《五杂俎》中记载:"回回豆,状如榛子,磨入面中极香,能解面毒。"道出了其食药同源的作用。而李时珍《本草纲目》则以其为豌豆。

鹰嘴豆的维吾尔语是"诺胡提",在维吾尔医学中已沿用了千年有余。据完成于1368年用波斯文编写的维吾尔医药专著《依合提亚拉提·拜地依》载:"强筋健肌,去寒湿,止疼痛。"《回回药方》三十六卷中称其为"那合豆子",为波斯语的音译。明《肃镇华夷志》中叫"那孩豆"[2];《甘州府志》卷六"物产":"那孩豆:形如樱桃,红白色,味香。"如今甘肃武威叫"脑孩豆"。

鹰嘴豆因其圆形的表面有一个凸起的小尖状,似鹰嘴而得名。它还有鸡豆、鸡心豆、鸡头豆、羊头豆、脑豆子、桃豆、三角豆等俗称。鹰嘴豆在我国种植的历史悠久,但主要集中在新疆地区。近年来,新疆木垒哈萨克自治县已成为最大的鹰嘴豆生产基地。西北等省也有栽培,因此也是一种西北地区的特色食材。

鹰嘴豆色拉

鹰嘴豆主要有两种:迪西(Desi)和卡布里(Kabuli),两种豆子功效营养区别不大,主要是外形口感的不同。迪西是最古老的品种,豆粒外表棱角分明,褐色,皮厚,价格较低。迪西起源于土耳其,18世纪后被引入印度次大陆。卡布里生长在西亚和地中海地区,豆粒略大呈圆形,上面的尖嘴明显,颜色白,皮薄,价格较高。在西班牙还有一种小的品种Garbanzos Pedrosillano鹰嘴豆,表皮软滑,质地细腻,微甜,有些许牛奶和坚果的味道。西班牙人甚至把它当作咖啡的代用品,也是卡斯提利亚人每日必吃的食物。

厨涯趣事 >>>

路过新疆喀什地区的英吉沙县,寻到当地一家专营鸽子汤饭的风味小店午餐。菜单很简单,除几道特色的鸽子汤饭就是几个小菜。所谓鸽子汤饭中的饭其实是煮在鸽子汤里的小面片,中碗够三人食量,几块带骨的鸽子肉下面还有鸽蛋、金针菇、小枣、枸杞等。味道不错,有营养,也有特色。在菜单最后一项发现"豆子"的菜名,便问女服务员是什么豆子?美丽的她笑着以维吾尔族朋友特有的普通话语调反问:"豆子你不知道吗?"于是我只好叫一份这神秘的"豆子"尝尝,原来是凉拌的鹰嘴豆。接着她端来一份凉粉说是赠送的,凉粉上也撒有很多"豆子",看来此地朋友的确喜欢"豆子"!

[1] 尚衍斌,"回回豆子"与"回回葱"的再考释,《中国回商文化(第二辑)》2009年。

[2] 李应魁,高启安、邰惠利校注,《肃镇华夷志》甘肃人民出版社,2006年。

胡萝卜
秀色可餐

胡萝卜发源于近东和中亚地区，即今阿富汗的兴都库什山与喜马拉雅山会合处一带。原始胡萝卜为细小品种，且为黑紫色。

从 9 世纪起，胡萝卜向东西两条线路扩散。西路先到达波斯时分化成红紫色、白色和黄色等品种。因此波斯被认为是胡萝卜的第二发源地。12 世纪时胡萝卜传播至欧洲大陆[1]，当时欧洲主要是获取它的种子和叶子，因为种子有香气，可作为香料；而清香的叶片质地细柔，绽放漂亮的小白花；在英国有"安妮皇后的蕾丝"（Queen Anne's Lace）之美称，查理一世时期是宫廷女士最美的佩戴饰品。直到 14 世纪后，欧洲人才把胡萝卜作为食物。

胡萝卜沿着东线传播，经西域被带入我国西北的河西走廊地区，但具体年代学术界一直有争论。据以"胡"字命名的方法而论，应该是在汉代来到中土的，但却史无明文。最有影响力的说法似乎是明代李时珍在《本草纲目》"元时始自胡地来，气味微似萝卜，故名"的记载。而有关胡萝卜的最早著作则是北宋大观二年（1108）的官方药书《大观本草》新修订的版本中记载着新增了六味药，胡萝卜就列在其中。51 年后，即南宋绍兴二十九年（1159）由医官王继先等人所著医书《绍兴校定经史证类备急本草》中记载："胡萝卜味甘平无毒，主下气，调理肠胃，乃世之

胡萝卜

紫色胡萝卜

各种胡萝卜

胡萝卜手绘

炒胡萝卜丝

由于荷兰皇室奥伦治家族（The House of Orange）的名称含有橙色之意，因此橙色也是荷兰的象征。17世纪初，荷兰园艺学家为了向对橙色痴迷的荷兰国王威廉一世（William of Orange）献礼，培育出新品橙色胡萝卜。此时正值号称"海上马车夫"的荷兰崛起，从此橙色胡萝卜也成为欧洲主流品种。把胡萝卜、马铃薯和洋葱炖在一起还是荷兰人的国菜"Hutspot"，每年10月3日，全国都要吃这道菜，以纪念1794年荷兰抵御西班牙入侵时靠这三种蔬菜度过的艰难岁月。

常食菜品矣，处处产之，本经不载，当今收附菜部。"肯定了胡萝卜药食两用的身份。因此可以推测，胡萝卜最晚在宋代传入我国。

南宋吴氏所著《中馈录》记录过"胡萝卜鲊"的做法。元代《农桑辑要》及《农桑衣食撮要》中都有胡萝卜种植之法。忽思慧在《饮膳正要》也说："胡萝卜性平，无毒，主下气，调利肠胃。"从以上的文献可以看出，当时对胡萝卜的种植及其药用价值已经有了相当经验。经验是需要时间积累的。由此可见，胡萝卜传入时元人尚未灭宋，所以还是应该在宋代。元代以后胡萝卜由西北部引入中原地区，并得到推广。到了清代，胡萝卜在吴其濬的《植物名实图考》里才有了第一幅在中国的画像[2]。

最初传入我国的是西亚的红紫色和黄色品种，因此有"红莱菔""红萝卜""黄萝卜"及"丁香萝卜"等旧称。在西北、西南少数民族地区仍然有这些古老的品种，如新疆塔里木盆地和准噶尔盆地南缘的黄色胡萝卜是"羊肉手抓饭"的最佳搭档；在云南大理紫色胡萝卜被称为"紫玉萝""胭脂红萝"，紫色胡萝卜体态修长、脆嫩多汁，又被称为"紫人参"。无独有偶，内蒙古出产的红色胡萝卜被称为"草原参"，在东北民间也叫胡萝卜为"土人参"。潮汕人称"红菜头"，港澳地区则雅称为"金笋"或"甘笋"。

如今最常见的橙色胡萝卜是由黄色胡萝卜基因突变得来的，最先出现在17世纪初的荷兰。

厨涯趣事 >>>

20世纪80年代中期，我毕业后即有幸被选调到北京工作。当时北京屈指可数的几家国营西餐厅多是俄式风味。进口原料几乎没有，使用最多的便是胡萝卜、洋葱、芹菜、土豆和西红柿等国内能找到的西餐基础食材。胡萝卜在西餐里不仅是蔬菜也是调料。胡萝卜与洋葱、芹菜的组合如同中餐的葱、姜、蒜一样为基本调料。无论是腌肉、烩焖、煮汤都不可或缺。由于很多中餐师傅不甚了解西餐文化，加之当时西餐食材匮乏，周继祥师傅就风趣地编了个顺口溜：胡萝卜、洋葱、山药蛋（土豆）！引来厨房一阵笑。

[1]川城英夫编，石仓裕幸绘，《话说胡萝卜》，中国农业出版社，2017年。

[2]福建博物馆编著，《舌尖上的丝绸之路》，新蕾出版社，2018年。

丝 瓜

内结成网

丝瓜起源于印度及东南亚，2000 年前在印度等高温多雨的热带地区已有栽培。

丝瓜传种我国的具体时间不详。古称"虞刺""虞丝"或"鱼际""鱼鯎"皆为外来语不同的音译写法。李时珍在《本草纲目》曰："丝瓜，唐宋以前无闻，今南北皆有之，以为常蔬。"

普通丝瓜

丝瓜最早在宋高宗时期的《卫济宝书》中提及 [1]。较全面记录丝瓜的是南宋的花谱类著作集《全芳备祖》："丝瓜，一名天罗絮，所在有之，又名布瓜，有苦甜两种。多生篱，开黄花，结实如瓜状，内结成网。"宋代的记载多出闽、浙两地，以后两广的方志也多称从福建引入。由此可见，丝瓜很可能是从东南沿海一带引入的。李时珍云："始自南方来，故曰蛮瓜。"

有棱丝瓜

南宋以后，丝瓜成了很多诗人歌咏的对象。如杜北山的《咏丝瓜》："寂寥篱户人泉声，不见山容亦自清。数日雨晴秋草长，丝瓜沿上瓦墙生。"说明丝瓜已进入恬淡的寻常百姓家，也道出它喜攀爬墙头屋顶的生长习性。赵梅隐也有《咏丝瓜》："黄花褪束绿身长，白结丝包困晓霜。虚瘦得来成一捻，刚偎人面染脂香。"写出了丝瓜的植物特点。

关于丝瓜的命名也十分有趣，所谓的"丝"，是指完全成熟后瓜瓢呈网络状的纤维，纤维如丝；而"瓜"则是取其为藤蔓植物的果实似瓜，其实它并不是"瓜"，因为通常瓜类皆可生食，而丝瓜只能熟食。丝瓜分普通和有棱两种。成熟后，外皮都开始变硬，形如棒槌，晒干后内部成海绵状空洞，甩掉里面黑色的种子，露出纤维化的瓢，网络如丝，此时的丝瓜瓢就是天然环保的清洁用品了。宋代陆游在《老学庵笔记》提到："丝

丝瓜瓢

瓜涤砚磨洗，余渍皆尽而不损砚。"是利用丝瓜瓢子洗涤清洁砚台等器物的最早记录。普罗大众则用来刷洗锅碗，李时珍曰："老则大如杵，筋络缠纽如织成，经霜乃枯，惟可藉靴履，涤釜器，故村人呼为洗锅罗。"干丝瓜络还能沐浴搓澡、蹭脚及制成鞋垫使用，是除了菜蔬之外的用途。

丝瓜也可入药，其味甘，性平。治五脏虚冷，补肾补精。早在宋名医许书微的《普济本事方》中就多次提及，明代《学圃杂疏》及《滇南本草》均有记载。丝瓜的异名也很多，广东叫作"胜瓜"，是因在粤语中"丝"与"输"音似，为避讳改称讨彩的"胜瓜"。各地还有"锦瓜""絮瓜""水瓜""天络瓜""天丝瓜""天萝""纺线""洗碗水葫芦"[2]等。

夏季丝瓜开着嫩黄色的喇叭状花朵，立秋之后瓜叶茂郁，攀缘的果实挂满藤蔓。趁嫩采摘的果实，改块切片，宜汤宜炒，荤素皆可，清甜味美。卷须鲜嫩的叶尖也是时令佳蔬。

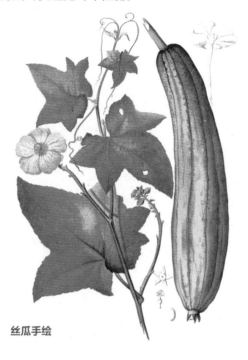

丝瓜手绘

蒸酿丝瓜

因丝瓜中含有酚类物质，切开之后就会与氧气发生反应表面产生黑色。用盐腌或盐水浸泡一会儿，会给酚类物质形成保护膜，防止丝瓜氧化变黑；其次，可先焯水后烹调，水里放点菜油，这样让丝瓜的颜色特别鲜亮；此外，丝瓜含糖量比较高，而且瓜籽中含有黑色素，遇到高温颜色容易变黑。所以烹调时间要短。旺火速炒还可保留其脆爽的口感。还有，炒制丝瓜时不要加味精，否则会产生化学变化，也是使丝瓜变黑的诱因。

厨涯趣事 >>>

在沈阳站旁的和平旅社实习期间，王荣久师傅给我们演示"清炒丝瓜"。只见他把丝瓜去皮后，纵向剖开四瓣，再横切骨牌块。切好的丝瓜块放一点盐腌上片刻，入温油锅中划一下迅速捞出，接着爆香葱姜，倒入划过油的丝瓜块，翻炒几下，调味，勾薄芡，出勺，装盘。整个过程如行云流水，一气呵成。一盘色泽碧绿，质地柔滑，汁芡饱满，鲜嫩可口的"清炒丝瓜"便呈现在大家面前。接下来，我们开始习练，各显神通，努力模仿。但出品对比，参差不齐，多数是颜色不理想，不是暗灰色就是有些发黑。待王师傅讲解要点后，大家才恍然大悟！

[1] 程杰，"我国黄瓜、丝瓜起源源考"，《南京师大学报（社会科学版）》，2018年第2期。

[2] 张平真主编，《中国蔬菜名称考释》，北京燕山出版社，2006年。

柠檬

黎朦子

柠檬邮票（美国）

柠檬是柑橘属水果。千百年来，柑橘属物种被不断地选择、杂交、改良和重新杂交，它们的关系变得十分复杂和亲密[1]。柠檬的起源是一个谜，普遍认为：柠檬原产于印度的西北部地区，但也有一说原产地是缅甸北部、喜马拉雅山东部[2]。没有争议的共识是柠檬是香橼和酸橙的杂交体。

柠檬何时传入我国，史无明文。古有一种被称为"黎檬"的果子，始记于苏轼《东坡志林》中。苏轼有位叫黎錞的朋友对《春秋》颇有研究，他们共同的朋友刘贡父给黎錞起了个"黎檬子"的绰号。一日，刘黎二人骑马外出，忽听集市有人叫卖"黎檬子"，二人大笑，差点掉下马来。多年后，苏轼被贬到海南岛发现这里出产"黎檬子"，不禁想起这段往事。然而，好友们却已故去，再无相见日，想起刘贡父不随波逐流的性情、黎錞不苟且随俗的好文章，于是写下了以《黎檬子》为题的忆文。

黎檬也称"黎朦"，南宋地理学家周去非在《岭外代答》中有详细的记述："黎朦子，如大梅，复似小橘，味极酸。或云自南蕃来，番禺人多不用醯，专以此物调羹，其酸可知。又以蜜饯盐渍，暴干收食之。"也是最早有关广东地区食用及加工柠檬的记录。

柠檬也是药材。清代李调元《南越笔记·黎檬子》："黎檬子，一名宜母子，似橙而小，二三月熟，黄色，味极酸，孕妇肝虚，嗜之，故曰宜母。"道出柠檬适于孕妇及益母果的别称的由来。《食物考》曰："浆饮渴廖，能辟暑。孕妇宜食，能安胎。"清代杭世骏《黎朦》诗："粤稽《桂海志》，是

柠檬树

物为黎朦。"

民国年间，黎檬才演变成柠檬。悟民氏撰写的中医著述《粤语》记载："柠檬，宜母子，味极酸，孕妇肝虚嗜之，故曰宜母。当熟时，人家竞买，以多藏而经岁久为尚，汁可代醋。"又云："以盐腌，岁久色黑，可治伤寒痰火。"

1926年，加拿大传教士在成都的华西医学堂种下一株从美国带来的柠檬树苗。三年后，就读于该校的四川安岳籍学生邹海帆将其引回安岳龙台老家栽种。如今，安岳成为"中国柠檬之都"。

柠檬还有个别称"香桃"，它虽是芳香水果，但因果汁较酸，却不能直接食用，而多用于烹调。有趣的是，柠檬传入中土千余年，但古人并没有留下多少以柠檬调味的食方。即使是在可以生长柠檬的南部地区，似乎也没有几款以柠檬入馔的传统经典佳肴，在其他菜系柠檬更是名不见经传。屈指可数的如广西"柠檬鸭"也不过历史百年，而港式粤菜"柠檬鸡"乃中西合璧的产物。这种现象在具有包容性的美食国度确属罕见。与之相反，柠檬在西式海鲜、肉类及甜品中无处不在，且游刃有余。

柠檬手绘

厨涯趣事 >>>

我第一次见到柠檬树是在欧洲。2008年春天，在罗马学习期间，租住房屋的门前就有一棵不大的柠檬树。每天早上推开房门，首先入眼的就是满树的黄色果子，好像在向我问候早安。意大利人喜欢柠檬，有各种不同的吃法，如自制柠檬果酱，添加在海鲜烩饭里是绝配；把擦碎的柠檬皮屑撒在菜品或糕点上增香又是别样的风味。我更喜欢饮用柠檬皮和糖在烈酒中浸泡而成的一种餐后甜酒"Lemon cello"，酒香与柠檬清香完美结合，加上酒体诱人的柠檬黄，真令人着迷，据说有开胃和助消化的作用。一天晚宴，我吃多了牛排，喝上一小杯柠檬酒后，果然很快就化解了饱腹感。

柠檬凤爪

中文"黎檬"或"柠檬"一词与英文"lemon"及其拉丁文学名limon发音近似，很容易被误解为是外来语的音译，实际上其语源是来自梵语"nimbū"。阿拉伯商人把柠檬带回中东后，阿拉伯语称柠檬为"laimun"。中世纪十字军东征时，柠檬由中东传至欧洲，欧洲人借用了拉丁语或波斯语"limun"，最后演变成了"limon"及"lemon"。

[1] 彼得·布拉克本·梅兹著，王晨译，《水果：一部图文史》，商务印书馆，2017年。

[2] 星川清亲著，段传德等译，《栽培植物的起源与传播》，河南科学技术出版社，1981年。

黑种草子

馕上灵物

黑种草原产西南亚及北非地区。在古埃及图坦卡蒙（Tutankhamun）法老的墓中曾被发现黑种草子，据说埃及艳后用其籽榨经过蒸馏萃取的精油来作为养颜的秘籍。古希腊时期黑种草被当作药物使用。在阿拉伯文化中，它被称为"habbatul barakah"，意思是"福分的种子"。先知穆罕默德说其是"除了不能起死回生之外，百病皆可治的万灵丹"[1]。

黑种草子

其拉丁文学名"Niger"，是"黑色"的意思，指它黑色的种子。这种色泽深黑细小的籽粒，略呈三角形，两侧扁平，中间略凸。有着坚果与胡椒双重味道，只是味道并不浓烈。直到16世纪，才被欧洲认识和使用。早期欧洲把它作为胡椒的代用品。1226年出版的《巴格达烹饪书》（*Baghdsd Cookery Book*）中，利用黑种草子、茴香及盐在面团里发酵制成面包。

黑种草何时传入我国不得而知，有关其记载最早出现在敦煌文献中。高启安先生在《唐五代敦煌饮食文化研究》中认为敦煌文献有写作"草豉"或"葿"者，有时也写作"草莳"，即黑种草[2]。是西域商人携来赠送敦煌人的。明李时珍《本草纲目》引《集解》对"草豉"的解释："生巴西诸国。草似韭状，豉出花中，彼人食之。"在吐鲁番文书中亦有"草豉"的记载。

1200年出生在和田地区墨玉县的贾马力丁·阿克萨拉依用阿拉伯文撰写的《阿克萨拉依》（也译《白色宫殿》）中记载："黑子儿，一种草的种子，色黑，仁白，茎似小茴香茎，但比它稍长、稍细；花淡黄色或黄绿色；叶形似舌。种子生在鞘中，粒大者为佳品。"这里的黑子儿，就是黑种草。1368年用波斯文编写的维吾尔医药专著《依合提亚拉提·拜地依》中黑种草被称为"守尼籽"，《回回药方》卷三十六里写成"少尼子"。维吾尔语

黑种草植株

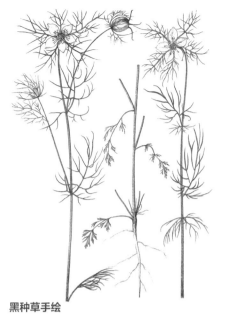
黑种草手绘

是"siyadan",汉语音译为"斯亚丹"或"孜亚丹"。

元代太医忽思慧在《饮膳正要》中也提及"黑子儿",称其"味甘平,无毒。开胃下气。烧饼内用,极香美"。并有一款"黑子儿烧饼"的做法:"白面五斤,牛奶子二升,酥油一斤,黑子儿一两微炒,右件用盐、减(碱)少许和面做烧饼。"可见,黑子儿是用来制作烧饼的一种添加物。[3]

在国外,黑种草子可代替芝麻或罂粟籽撒在各种烤制的面食上,如犹太人在安息日里食用的辫子面包、德国粗黑麦面包、伊朗扁面包及印度的大饼等。

我国只有新疆地区烤馕上还保持着用黑种草子的习俗,特别是在南疆一带把黑种草子和皮牙子(洋葱)水拌匀涂抹在馕坯表面后再烤制,不仅烤出的馕具有特殊和浓郁的香味,而且长时间保存也不会变质。以精致秀气而著称的阿克苏库车市的"拖喀西"馕上就有黑种草子,而大多数则是以黑芝麻代替了黑种草子。

拖喀西小馕

黑种草子有很多别称,听起来甚至有些混乱。由于其外形与洋葱的种子极其相似,故被称为"黑洋葱籽"。"卡龙吉"或"卡隆基"为印度语"Kalonji"或"Kala jeera"的音译,也是"黑洋葱籽"之意。英文中还有"黑野葱籽""黑葛缕子"及"茴香花"(Fennel Flower)、"肉豆蔻花"(Nutmeg Flower)、"罗马芫荽"(Roman Coriander)、尼葛拉籽(Nigella)等叫法,因常常被误认为黑色品种的孜然,又有"黑孜然"(Black Cumin Seed)的俗称,实际上二者毫不相关。美国人称其为"Charnushak",实际上是俄文"Chernushak"之误;西印度群岛称之为"Mangril",阿拉伯语是"Kazha",摩洛哥叫法是"Sanouj"。在法国它则有"维纳斯秀发"(Cheveaux de Venus)的美称。

厨涯趣事 >>>

慕名来到古丝路重镇新疆库车(龟兹)的主要目的就是寻找黑种草子。我与马奕兄在伊西哈拉镇寻到"纯味馕饼店",三个维吾尔族小伙子正在分工合作打制著名的库车大馕。便上前询问是否有添加斯亚丹(黑种草子)的馕,他们答道前几天古尔邦节时是有的,现在没有了。我们又询问路边的其他人,正巧从斜对面修车厂驶出一辆轿车,开车的男子主动要带我们去老城寻找,这位自称依尔凡的维吾尔族朋友把我们带到古老的热斯坦清真寺旁的商业街说这些铺子里应该有。我们下车后果然在一家"库尔班江调料店"门外排列整齐、盛放五颜六色各种香料的方形盒子里找到了黑种草子,也买到了带有斯亚丹的"拖喀西"馕。要衷心感谢热情好客的维吾尔族兄弟凡哥!

[3] 孙立慧,《几种稀见名物考释》,《黑龙江民族丛刊》2007年第4期。

[2] 高启安,《唐五代敦煌饮食文化研究》,民族出版社,2004年。

[1] 约翰·欧康奈著,庄安祺译,《香料共和国:从洋茴香到郁金,打开A—Z味觉密语》,联经文库,2017年。

罗望子

酸甜皆宜

罗望子是一种原产非洲地区高大乔木植物罗望子树的果实，其树高可达 30 米，棕色豆荚形的果实连同叶子优雅地挂满枝头。豆荚在未成熟前就可采摘，荚内黏稠而酸甜的果肉中包裹着种子。

罗望子的拉丁文"Tamarindus"派生于阿拉伯文，其中的"Tarmar"为熟枣，而"Indus"则是"印度"之意。因此也有"印度枣"之称。

600 年，古泰米尔文学及古印度医学体系《阿育吠陀》(*Ayurveda*) 等文献中有罗望子的记载。在印度的寺庙中，人们利用罗望子果肉中所含的酒石酸来擦拭因陈年而氧化变黑的佛像、食器等其他铜制品，使之锃亮如新。印度人还将罗望子视为万能的天然药物。

中世纪时，阿拉伯人发现它的美味后把它带到中东地区。十字军东征后又被引入了欧洲。英国人非常喜欢罗望子的味道，后来成为英式调味品李派林喼汁（Lea & Perrins，也称伍斯特郡黑醋 Worcestershire sauce）及 HP 酱的重要成分。17 世纪时，欧洲探险家及殖民者将罗望子带往美洲和加勒比海等地区。至此几乎全球每个热带地方都有了罗望子的踪迹。

罗望子在何时、由何人、经何地输入我国，历史都没有明确的记载。在古籍中，罗望子最早出现在南宋淳熙二年（1175）范成大撰《桂海虞衡志》有"罗望子，壳长数寸，如肥皂（皂荚树的一种），又如刀豆，色正丹，

罗望子邮票（巴巴多斯）

罗望子

罗望子

罗望子手绘

内有二三实，煨食甘美"的记录。《桂海虞衡志》系范成大由广南入蜀途中所作，为记述广南地区（相当于今广东中、西部，雷州半岛，海南岛及广西）风土、物产、民族的重要著作。与范成大同时代的周去非在任桂林通判时所撰的《岭外代答》中称："罗幌子，壳长数寸，如肥皂。内有二三实如肥皂子，亦如橄榄，皮有七重，煨食甘美，类熟栗。亦曰罗望子。"可见当时在我国热带地区已经有种植了。

罗望子有酸甜之分，云南人称为"酸角"或"甜角"。明代兰茂在《滇南本草》中记载："酸饺，味甘、酸，平。治酒化为痰，隔于胃中。""酸饺"即罗望子。海南人则称之为"酸豆"或"酸梅"，三亚市南山有 3000 多棵罗望子树林，是我国面积最大、数量最多的罗望子树林，因此成为三亚市的市树。

罗望子有温肾生精、健胃进食、滑肠通便之功能。李时珍在《本草纲目》中称：它可排除血液里的杂质，达到疏通血管的效果，所以又被称为"通血图"。

罗望子多作为水果或加工成果汁、糖果等休闲零食。以前几乎没有入馔，近年来烹饪界才开始关注罗望子，尤其是琼、滇两地重视开发本地食材，研发出不少令人惊艳的新菜品。如三亚疍家以各种鱼类，辅以罗望子（酸豆）、酸杨桃、酸笋及番茄等创制的"羊栏酸鱼汤"，成为三亚十大名菜之一。而云南鄢赪大师研制新滇菜"石墨丹青——罗望子墨色大理石"，中西合璧，更具特色。

云南罗望子墨色大理石

罗望子在东南亚是常用的调味品。其未成熟果实的果肉酸涩，浸水后过滤取汁，犹如柠檬汁在西餐中的作用，具开胃、解腻、去腥、提味之效。马来语称作"Assam"，当地的华人按发音写成汉字是"亚参""阿参"或"阿三"。马六甲的"阿三鱼头"（Assam fish head）、槟城的"亚参叻沙"（Assam Laksa）以及印度尼西亚的"沙嗲肉串"（Satay）都离不开罗望子的调味。

厨涯趣事 >>>

2014 年，受时任秘鲁驻华大使贡萨洛·古铁雷斯（Gonzalo Gutierrez）先生的邀请，参加他的老同学——秘鲁著名记者玛丽艾拉·巴尔比（Mariella Balbi）女士的《秘鲁中餐馆历史及食谱》（*Los chifas en el Perú Historia y Recetas*）一书的中文版发布会。据玛丽艾拉·巴尔比女士介绍，在秘鲁有一道最受欢迎的中餐菜肴"糖醋肉"，是 100 多年前早期到达秘鲁的华人因为没有中国米醋，就利用当地的罗望子浸水后过滤取汁，再与糖等调制的一种糖醋汁，本意是用来制作"咕咾肉"，而秘鲁人更习惯把这种中国人因地制宜创造出来的美味叫作"罗望子肉"。而被此菜征服的秘鲁人坚信罗望子是中餐必备的调味料。

根莙菜
生命之根

根莙菜是莙菜家族的一个变种，是一种以肥大的肉质根供食用的根菜类蔬菜，因其呈紫红色，故又称"红菜头"或"紫菜头"。

莙菜家族中的"叶莙菜"（见本书 112 页）早在魏晋南北朝时期就传入我国。古时根据波斯文音译为"莙荙菜"。而根莙菜却迟到中国近千年。

关于根莙菜在何时传入我国，此前学术界有在明清时代从海路而来的说法，也有人断言它"不见于明代以前的中国文献"。但据张平真在《中国蔬菜名称考释》中考证：根莙菜最早著录见于元代御医忽思慧的《饮膳正要》，在书中"卷三·菜品"一节中已列有"出莙荙儿"的名目，说它"味甘，平，无毒。通经脉，下气，开胸膈"。该条末端还附有注释说："出莙荙儿即'莙荙根'也。""莙荙"原是"叶莙菜"波斯语称谓的音译，"莙荙根"即指根莙菜，而"出莙荙儿"也出自波斯语。更难能可贵的是书中绘有实物图可确认。《饮膳正要》问世于元文宗天历三年（1330），由此可以断定：根莙菜引入我国的时间应不迟于 14 世纪初叶[1]。考虑到苏联学者阿加波夫认定在 12 世纪根莙菜已传入中国，可以推断根莙菜是在 12—14 世纪的宋元间从中亚地区沿丝绸之路传入我国的[2]。

元末熊梦祥所著的《析津志》一书"家园种莳之蔬"类中，在"白菜"和"莙荙"两种叶菜之后，就列有"甜菜"和"蔓菁"两种根菜。从而证实了元代在大都(今北京)已经有人工栽培根莙菜了。根莙菜的"莙"字，原是形容草木茂盛的词汇，后因这种菜的味道甘甜，就以"莙"命名之。

红根莙菜

红白相间及黄根莙菜

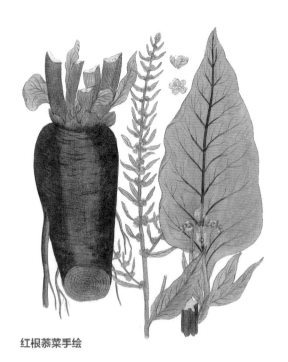

红根荙菜手绘

又称为"根甜菜""甜菜根"及"甜菜"。我国现在采用"根荙菜"作为正式名称。

由于根荙菜含有甜菜红素（Betalain），其叶片、叶脉和叶柄以及肉质根都呈紫红色，并会渗出如像鲜血般殷红的少许汁液，因此人们就以这一特点来命名，如"红蔓菁""火焰菜"或"紫萝卜头"等。目前国际通用根荙菜的拉丁文学名的变种附加词"rapacea"亦为"芜菁状的"之意；其他几种变种附加词"rubra""rosea"也都凸显了"红"或"玫瑰红"等颜色特征，由此可见中外命名因素所具有的相通性。此外，根荙菜还有切开肉质根的断面带有红白相间轮纹、黄色和白色的品种。

根荙菜是欧洲常用的食材。内含叶酸，有抗癌、防止高血压的作用。在欧洲的传统疗法中，荙菜根是治疗血液病的重要药物，被誉为"生命之根"。

作为根菜类蔬菜，它虽传入我国已有700年的历史，但并没有像胡萝卜等外来蔬菜一样得到普及和利用，似乎也未完全融入中国饮食文化中。好像只有黑龙江和北京的家庭中在腌制"俄式泡菜"和"红菜汤"时才会用到。

红菜汤

与番茄中的番茄红素溶解在油脂中不同，红菜头中的甜菜红素可以溶解在水中。但甜菜红素随着碱度的变化，其炫目的颜色也会发生变化。当处于中性和酸性环境（pH值为4.0—8.0）时，甜菜红素呈紫红色；当处于碱性环境（pH值在10.0以上）时，甜菜红素会变成黄色。另外甜菜红素不耐高温，在100℃下加热15分钟，它会褪去靓丽的紫红色，变成黄色。

厨涯趣事 >>>

前些年，旅游卫视《厨神驾到》栏目为我拍摄了五集的专访，每集要配一道经典菜品。在制作东欧的红菜汤（Borsch，也叫罗宋汤）时，把切好的红菜头用砂糖和白醋提前一夜腌好后，攥出鲜红的菜汁留用。红菜汤中鲜紫红的颜色就来自所含的甜菜红素。但这种物质不耐热，长时间加热后颜色会减退，甚至消失，因此待把其他食材全部煮熟后，最后才兑入汤中以保持其鲜艳的色泽。当我进入最后环节时，才发现预留的红菜头汁被人当作厨余垃圾倒掉了。为了不影响拍摄进度，只好用红色素代替。第二天，我给韩飞导演打电话要求重拍，理由是不能糊弄观众。在剪辑后，韩导表情丰富地感叹道：天然的红菜头汁的颜色和质感就是不一样！从此，我俩成了忘年交。

［1］张平真主编，《中国蔬菜名称考释》，北京燕山出版社，2006年。

［2］张德纯，"蔬菜史话·根荙菜"，《中国蔬菜》2013年第5期。

番红花
讹为藏名

世界上有很多不准确的名称被沿用至今，其中原因诸多，如以讹传讹、翻译偏差、历史误会等。番红花就是其中一例。番红花被国人习惯称为"藏红花"，人们第一反应就是产自西藏。其实不然，历史上西藏并不出产这种植物。

番红花起源于小亚细亚。7 世纪阿拉伯人征服波斯后，916 年番红花由阿拉伯人经摩洛哥越过直布罗陀海峡被带到西班牙栽种。在欧洲只有贵族阶层才能拥有番红花，为防止不法商人趁机造假，法国亨利二世（Henri II，1519—1559）为此颁布"Safranschou 法"：凡掺假者，格杀勿论。

番红花之名始见于明代李时珍《本草纲目》："番红花出西番回回地面及天方国，即彼此红蓝花也。元时以入食馔用。"元代忽思慧在《饮膳正要》中"八儿不汤"等食谱用到番红花调味，并附录"泊夫兰主心忧郁积，气闷不散，久食令人心喜"。泊夫兰古时也称"撒法朗""撒馥兰"或"撒香兰"，为番红花的波斯语"Zaafaran"的音译。也是英语"Saffron"和法语"Safran"的词源。因此有人推断番红花是蒙古远征军由西亚带回的。

明朝中叶，番红花又从波斯经印度、克什米尔地区引入西藏后，再由西藏作为朝奉贡品输入内地。美国汉学家谢弗（Edward H. Schafer，又译薛爱华）的名著《撒马尔罕的金桃》将伽毗国（今克什米尔）献给中国的郁金香考证为番红花[1]。番红花是由鸢尾科红花属开放花朵中的雌蕊（即柱头）经干燥加工而成。每朵花中只有 3 个雌蕊，将近 80000 个雌蕊

番红花

番红花邮票（匈牙利）

番红花

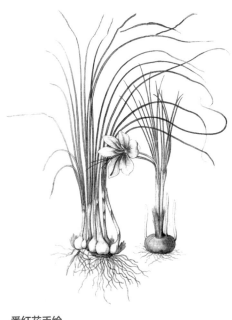

番红花手绘

才能经加工制作成 500 克的干燥番红花。物以稀为贵的经济法则，使番红花成为世界上最昂贵的香料。

"藏红花"一词出现较晚，初见于清赵学敏的《本草纲目拾遗》："藏红花，出西藏，形如菊，干之可治诸痞。"又曰："纲目有番红花又大蓟曰野红花，皆与此别。"很清楚地说明这是一种出自西藏，形状如菊花的药材。并进一步明确与纲目中的不是一个物种。番红花因由西藏而来，就被人误以为是西藏所产，其实西藏只是番红花的入境或集散之地。所谓"藏红花"故被讹用至今。

在阿拉伯语中，番红花意为"黄色"。番红花内含红花素（Crocin）成分，有溶于水而不溶于油的特点，经水泡后，其悦目的色彩渲染优雅的气氛，也是强效着色剂。这种天然高贵的染料被印度等很多国家的皇室或王公贵族采用。相传在佛祖释迦牟尼涅槃时身穿用番红花染色的袈裟，这种圣洁的金黄色以后为大德高僧法衣尊贵的颜色。

作为药材，番红花具有活血化瘀、解郁安神、凉血解毒的功效。更是妇科良药，改善经血不调等疾病。对更年期综合征状也有疗效。番红花有较特殊的香气和淡淡的苦涩，这种既有回味又无任何刺激性的特点，正是烹调高档菜品所需的香料。

而番红花植株在 1965 年才从国外引进并栽培成功，如今南北均有少量种植。

新疆番红花烤馕

由于番红花价格昂贵，市面上常有赝品，常用某些植物切丝染色而成，如用印度萌草菌染上胶汁制成，呈紫色粗梗。鉴别的方法是假番红花浸入水中虽会被染成红色，但也无香气。其"柱头"不呈喇叭状，也绝无先端自然裂缝。还有人把西藏早已引种栽培的药材——即菊科红花属植物——草红花（Safflower）与番红花混淆，冒充藏红花。

厨涯趣事 >>>

2006 年仲夏，在时任中国驻伊朗大使刘振堂先生的邀请下，我与好友代忠义先生前往了德黑兰、伊斯法罕、波斯波利斯、设拉子及里海参观游览。每到一地，除参观波斯帝国古迹、寻访波斯文化遗址及自然景观外，就是探寻当地美食，各种特色的波斯大饼、烤肉、糕点及水果……印象最深的就是喷香的捞蒸米饭普鲁（Polo）和契鲁（Qilo）。这种米饭是选用长粒香米加上伊朗特产的番红花先捞后蒸而成，一粒粒通透浅黄的色泽，散发着稻米与番红花混合的香气，是配食波斯烤肉的最佳组合。在享用了这些添加番红花特色美食的同时，身体和心灵似乎也得到了滋养。

［1］薛爱华著，吴玉贵译，《撒马尔罕的金桃》，社会科学文献出版社，2016 年。

洋葱

深有层次

洋葱起源于何时、何地史学家至今尚无定论。但大多数认为原产中亚地区，考古学家在距今 7000 多年的化石里曾发现洋葱的痕迹。在公元前 1000 年左右洋葱传到埃及，古埃及人认为其由内至外层层的球体结构，如同宇宙的同心圆，是永恒的象征。古罗马人以拉丁文 "Unionem"（联合、团结）为其命名，以后演变为法文 "Oignon" 及英文 "Onion"。

洋葱何时引入我国，众说纷纭。有人认为是张骞出使西域时带回，即是与胡蒜（大蒜）一样是在汉代而来的 "胡葱"（见本书 100 页）。但实际上这种 "胡葱" 比洋葱体积小得多，且根茎丛生，分成多瓣，是状如小蒜的 "瓣葱"。另有洋葱是唐朝时传入之说。中亚地区与我国新疆毗邻连通，这一带古称西域，也是古代丝路的重要路段。洋葱由此进入新疆，再逐渐传播到内地，从途径上应该是成立的。历史上该地区也曾为各民族的征乱之地。德国古突厥语研究学者冯·佳班（Annemarie von Gabain）在《高昌回鹘王国的生活 850—1250 年》中提及在高昌回鹘时期当地曾经食用一种葱（回鹘也称回纥，为维吾尔族的祖先）。高昌回鹘人在 9 世纪时的唐代建立地方政权的原址即今乌鲁木齐东南，但此说却缺乏具体的史料佐证。

最靠谱的说法是 1220 年成吉思汗的铁骑远征中亚时带回。元代熊梦祥在《析津志》中称："荨麻林最多，其状如扁蒜，层叠如水晶葱，甚雅。味如葱等。淹（腌）藏、生食俱佳。" 荨麻林为今河北张家口西洗马林堡，是中亚工匠聚集区 [1]。元代把居住在中亚地区及信奉伊斯兰教的民族称为回族，所以把这种葱称为 "回回葱"。依元代忽思慧在《饮膳正要》一书所绘制的 "回回葱" 插图判断，只能是洋葱 [2]。

各种洋葱

紫洋葱

洋葱切片

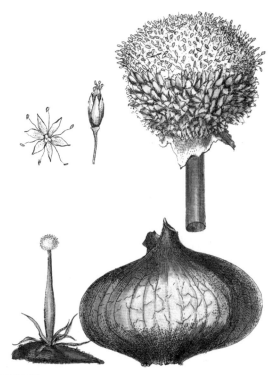

洋葱手绘

而洋葱的称谓在400年后的清朝才出现。康熙十八年（1679）后官至监察御史吴震方在《岭南杂记》中载："洋葱形似独颗蒜，而无肉，剥之如葱；澳门的白鬼饷客，缕切为丝，珑珫满盘，味极甘辛。余携归二颗种之，发生如常葱，冬而萎。"描述了洋葱的形状、特点和来自欧洲白人在澳门加工、食用洋葱的情况，及其自己试种的体验。乾隆九年（1744）首任澳门同知的印光任在所著的《澳门纪略》卷下"澳番篇"亦记葡萄牙人以洋葱缕丝饷客。这时洋葱仍是不常见的蔬菜。栽种洋葱的具体记录则是在近代。据《上海县续志》载："洋葱，外国种；因近销售甚实，民多种之。"与此同时，1901年上海嘉定农民在美国传教士的影响下，开始种植洋葱。

综上所述，洋葱是13世纪由蒙古人带回北方。17世纪又随欧洲葡萄牙殖民者的船队向全世界传播的同时又被带到我国南部澳门地区。如今，我国是洋葱产量及出口量为世界最大的国家。种植区域主要是山东、内蒙古、甘肃和新疆。

铁板洋葱肥牛

历史上洋葱有很多别名，"胡葱"为其古称；"玉葱"是因其质细如玉而命名；而"肉葱"则可能因肉质丰厚得名。我国各地区也叫法异同，如北京及台湾叫"葱头"；东北大部分称为"圆葱"，是因其形状故名。而靠近俄罗斯的黑龙江及内蒙古则称"毛葱"，因为该地区民众对俄罗斯人俗称"毛子"；西北甘肃则叫"洋蒜"；在新疆称为"皮牙子"，是维吾尔语"Piyaz"和哈萨克语"Peyaz"的音译。

厨涯趣事 >>>

刚入厨时，最怕的就是切洋葱。因每次都会受到洋葱中所含的硫化物捉弄和欺负。那时我们经常一次就会切百八十斤洋葱，在开始给洋葱剥外皮时泪腺就会被刺激得"热泪盈眶"，而真正切洋葱丝时更是"泪流满面"。为了减轻痛苦，大家想了很多办法。比如有人把剥了皮的洋葱放在凉水中先浸泡一会儿；也有人在冰箱里冷藏2小时后再切，还有人戴上眼镜来抵御刺激的侵袭。受此启发，我撕下寸许宽的长条保鲜膜贴敷于双目，保鲜膜的两端则顺势挂在耳朵上。没想到这种轻薄透明，又阻隔严密的防护眼膜效果极佳。以后，在切洋葱时大家纷纷效仿，也不再集体"痛哭流涕"了。

［1］尚衍斌，"「回回豆子」与「回回葱」的再考释"《中国回回商文化（第二辑）》2009年。

［2］张平真主编，《中国蔬菜名称考释》北京燕山出版社，2006年。

茎 蓝

球茎甘蓝

球茎甘蓝也叫茎蓝，它与结球甘蓝（圆白菜）、花椰菜（菜花）、抱子甘蓝等都属甘蓝家族，也是该家族唯一长成球茎的变种，也因此而得名。

球茎甘蓝原产地中海沿岸。通过丝绸之路由西向东首先传入我国，传入我国的时间最迟不晚于 13 世纪的元代[1]。甘肃、宁夏等西北地区为球茎甘蓝栽培最早的区域。成书于明天顺五年（1461）的《明一统志》中载，陕西行都指挥使司（今甘肃）土产有"茄莲，叶似蓝，根似萝菊，味甜脆"。刊于万历四十四年（1616）的《肃镇华夷志》记载酒泉地区土产有"茄莲"："叶似蓝靛，根出土外，小根在土内，味甘肥。"[2]"茄莲"即为球茎甘蓝的古称。这里道出了其叶呈蓝色，有膨大如萝卜根茎及食用味道甜脆的特点。

茎蓝

由于方志一般为当地史官所著，所载物产大多具体到州府县，对作物的名称、食用方法、来源等多按百姓日常惯用名称记载，因此同一作物在不同地区常常有不同的方言名称。在明代方志中，还有"甘蓝""玉蔓青"等地方名称。此后，球茎甘蓝也开始向南方传播。

明末天启元年（1621）王象晋的《群芳谱》中称："擘蓝，一名芥蓝，叶色如蓝，叶可擘食，故北方谓之擘蓝。""擘蓝"中的"擘"，有用手分开之意。说明了当时还是一种茎、叶兼用的蔬菜，同时也道出擘蓝得名的缘由。鉴于"擘"和"掰"同意，擘蓝又称作"掰蓝"。书中还记录了其食用方法"叶可作菹，或作干叶，鲜炒尤宜"。这一时期，经驯化、选育开始出现球茎膨大品种栽培。崇祯十二年（1639）徐光启在《农政全书》云："北人谓之擘蓝。按此即今北地撒蓝，很大有十数斤者，生食、酱食。"这里出现了其俗称"撒蓝"。这一时期，球茎甘蓝处于叶和球茎同时采收食用，主要以叶为食，球茎次之。明代兰茂在《滇南本草》中称"茎蓝"。

到了清代，其茎和叶已经具有同等重要的食用价值。不同地区培育出了不同的球茎甘蓝地方品种，如著有《聊斋志异》的蒲松龄在康熙四十四年（1705）

紫皮茎蓝

成书的《农桑经》中记载："臂蓝，宜多粪，四五月种，逐旋擘叶，叶愈擘，根愈大。"此处的"臂蓝"，即为球茎甘蓝在山东的别称。雍正八年（1730）山西的《岚县志》载："茎蓝，大者径尺。"在河北地区，球茎甘蓝也被称为"菘根"。此外，各地还有"早白""芥蓝""撒拉疙瘩""芥蓝头""芥兰头""玉头""香炉菜"等别名。

民国以后，球茎甘蓝已遍及全国各地。其食用价值也不断提高，成为北方重要的冬贮根茎类蔬菜之一。而在南方地区，叶用蔬菜品种较多，因此人们多舍弃叶片，只取食其球茎。球茎甘蓝腌酱、生食、热烹均可，是深受百姓喜爱的家常良蔬。

球茎甘蓝手绘

拌茎蓝丝

球茎甘蓝与芜菁外形看似相近，实则不好分辨。但通过以下方法可以区分。首先"观叶"：芜菁的叶像萝卜的叶，多长在顶部；而球茎甘蓝的顶部、侧面和底部也会有枝蔓出叶。如同香炉的柄，因此有"香炉菜"的叫法。其次"察皮"：芜菁和球茎甘蓝的外皮都有白、淡绿或紫色三个品种。但芜菁的外皮较薄而软，而球茎甘蓝的外皮则厚且硬；最后"看果"：芜菁和球茎甘蓝的果肉皆为白色，但芜菁的肉质柔嫩、细密，而球茎甘蓝的肉质更加紧实。

厨涯趣事 >>>

记得恩师王锡田先生有个工作笔记本，就是写下近期工作计划及记录日常业务等方面的事情。老人家有自己的记录方法，有时会用某些符号替代食材名称。比如"0"代表冰激凌，因"0"与冰激凌的"凌"同音。所以在别人看来如同天书。有一次我发现了一个新的标记"丿"，百思不得其解，就趁着他高兴时询问。他解释道：这个"丿"，就是"茎蓝"。我问：是不是"丿"读音为"撇"的缘故？他笑眯眯地说：是的，因为过去蔬菜牙行就是用"丿"代替茎蓝进行交易的。原来小暗码的背后隐藏着行业的大学问。

［1］丁晓蕾，「球茎甘蓝在中国的引种栽培史考略」，《中国蔬菜》2015年第12期。

［2］李应魁，高启安、邰惠利校注，《肃镇华夷志》甘肃人民出版社，2006年。

结球甘蓝

由散到聚

结球甘蓝简称甘蓝，是由不结球的野生羽衣甘蓝（kale）演化而来。而早期野生甘蓝的叶子如萝卜叶般散开，在远古时就被人类食用。

野生甘蓝原产于欧洲地中海沿岸，在希腊神话中是由主神宙斯头上的汗珠变成的。古希腊人将其入药，包括减轻痛风、头痛症状和有毒的蘑菇摄入。罗马时期的政治家加图（Cato）不仅把甘蓝作为食物，也把它用来治疗许多疾病。

甘蓝

大约5—6世纪南北朝时期，散叶类型的甘蓝经由中亚地区引入我国[1]。由于蓝绿色的叶片有淡淡的甜味，又似传统染料作物"蓼蓝"，所以古人取名"甘蓝"。甘蓝之名始见于东晋南北朝时期著名的《胡洽百病方》中："甘蓝，河东陇西多种食之。汉地甚少有。其叶长大厚，煮食甘美。经冬不死，春亦有英，其花黄，生角结子。"因来自西域，故又称"西土蓝"，唐代陈藏器在《本草拾遗》中曰："甘蓝是西土蓝，阔叶可食。"此阶段只在西北地区驯化栽培。

紫甘蓝

这种散叶的甘蓝，直到13世纪因基因变异在欧洲出现了结球卷心的品种，因此在欧洲被称为卷心菜。由于易种植、产量高、耐储藏，后被广泛种植为四季的佳蔬。欧洲人非常喜欢食用这种蔬菜，其地位犹如大白菜在中国，为百姓的当家菜。

约16世纪后，结球甘蓝分别由陆路及海上传入我国。陆路又是多条

结球甘蓝

结球甘蓝手绘

路径：西南线是在明代由缅甸传入我国云南等西南地区，明嘉靖四十二年（1563）《大理府志》中就有记载；西北线是由新疆方向引入，据清《回疆通志》称："莲花白菜……种出克什米尔，回部移来种之。"回部是清代对新疆天山南麓的统称。这里的人多是信奉伊斯兰教的回民，因此被称为"回子白菜"；据蔬菜学家蒋名川先生考证，结球甘蓝又于清康熙二十九年（1690）由俄罗斯传入东北黑龙江。清《小方壶斋舆地丛钞》中记述：以引入地域的名称命名为"俄罗斯菘"，东北地区把俄罗斯又呼为"老羌"或"老枪"，因而有"老枪白菜"之名。

海路则稍晚，是17世纪由荷兰人输入我国东南沿海。清乾隆二十八年（1763）福建《泉州府志》记载为"番芥蓝"；清嘉庆二十四年（1819）广东《香山物产略》中称为"椰珠菜"，光绪年间的《广州府志》："椰珠菜，一名番芥兰。"

清道光二十八年（1848）吴其濬在《植物名实图考》中附有结球甘蓝最早的插图，并称其为"葵花白菜"。清末中日甲午战争后，台湾沦落为日本殖民地，日本侵据台湾期间，以朝鲜的旧称"高丽"命名结球甘蓝为"高丽菜"，而日文的汉字称谓则写成"玉菜"。

甘蓝由散叶到结球历经了千年的进化，在这个历史时空中又通过不同的途径引入我国，逐渐成为如今大众喜闻乐见的主力蔬菜。

厨涯趣事 >>>

在慕尼黑的"HB"皇家啤酒馆，屋里屋外，高朋满座。服务生总是彬彬有礼地向客人推荐这里的名菜"慕尼黑白肠配酸菜"。这款美味顺滑的小牛肉香肠在酸甘蓝菜丝的配食下，既解除了油腻感也有助于消化。德国人每逢深秋时节，如同我国东北一样，家家户户会腌渍酸菜。不同的是中国用大白菜，而德国用结球甘蓝。但二者发酵方法及口味上都非常接近，可谓异曲同工之妙！作为土生土长的东北人，在国外大块吃肉，大杯喝酒。再吃到中意的酸菜，也体会到家乡菜的感觉。也应了那句"美食无国界"！

莲花白炒馕

结球甘蓝在各地称谓繁多，命名的方法也各异。如早期在西北回族地区种植，人称"回子白"及"花白"；上海及江南一带讲"莲花白"；湘鄂人因其叶叶相包裹，而称"包菜"；而东北人叫"大头菜"或"疙瘩白"；北京人依其外形叫"圆白菜"，或因是西洋品种称其为"洋白菜"；台湾同胞则称"高丽菜"；而广东人认为其形圆如椰子，故称"椰菜"。此外还有"球菜""葵花白""包心菜""蓝菜"及"绿甘蓝"……

[1] 张平真，《中国的蔬菜：名称考释与文化百科》，北京联合出版社，2022年。

甘薯

烫手的山芋

甘薯，又名"番薯"。从名字上就表明了它的外来身份，如今粤港澳还保持番薯这个最初的叫法。

这个在今天看似普通的食材在历史上却充满了传奇。它原产于美洲，秘鲁人食用它的历史至少有近万年了，早在印加帝国之前人们就开始种植。1492年哥伦布发现新大陆后把它带入欧洲，后经葡萄牙人传入了印度及东南亚地区。

与其他被动地由外邦人传入的作物不同，甘薯则是国人主动带回的。据清乾隆十五年（1750）编写的《蒙自县志》记载，有一位名叫王琼的人把甘薯由印度、缅甸通过陆路带入我国云南。时间应该是在明代初期，据何炳棣先生研究，早在1563明嘉靖年间的《大理府志》中就有甘薯的记载。除此之外，在1574年的《云南通志》中，甘薯已被六个府、州列为当地物产 [1]。以后，甘薯又通过海路传入东南沿海地区，时间是在明万历年间。坊间有广东华侨陈益从安南（越南）以及福建华人陈振龙从吕宋（菲律宾）带回的两种说法。最有影响力的说法是宣统《东莞县志·物产》记载，万历八年（1580）陈益"觊其种，贿于酋奴，获之"。而《长乐县志》则称："邑人陈振龙贾吕宋，丐其种归。"据说陈振龙把甘薯藤与草绳混编在一起，蒙蔽了海关的检查最终乘船渡回福建老家。以上记载都说明，在邻国封锁禁运垄断的情况下，甘薯是被聪明的中国人偷偷引入中国的 [2]。

黄色甘薯

紫色甘薯

甘薯植株

甘薯手绘

甘薯的到来简直是一种天赐的恩物。因为甘薯不与稻米及其他传统作物争地，独在此前未开拓利用的土壤上蓬勃生长 [3]。其易栽种、收成高、可果腹、味道好等特点，使各地百姓积极种植，更缓解了当时的饥荒。李时珍在《本草纲目》载："南人用当米谷果餐，蒸炙皆香美……，海中之人多寿，亦由不食五谷而食甘薯故也。"中医学认为甘薯补虚乏、益气力、健脾胃、强肾阴。

甘薯与马铃薯（土豆）最大的区别是可以生吃，且清脆爽口，甘甜适中。至于熟的吃法更多，蒸、煮、煎、炸、炒及烤等。而大江南北最普遍、最简易和最原汁原味的吃法就是整个甘薯带皮烤制。无论是北京胡同里的"烤白薯"、上海弄堂口的"烘山芋"，还是巴蜀街头"烤红苕"及北方市集巷口的"烤地瓜"，都是老少皆宜、物美价廉的好吃食。在冬季经常看见人们在筒炉摊前边嘘气边在左右手之间颠来倒去烟皮焦香流油，软糯甜香的烤甘薯。

民间还有以甘薯喻世的俚语"烫手的山芋"，是指遇到了棘手的麻烦事。湖北和江西一带则蔑称不聪明的人为"萝卜苕"。

过去多弃之不食或用作饲料的甘薯叶，近年来常被当作是一种绿色蔬菜被请上餐桌，越来越受到人们的喜爱。现今中国的红薯种植面积和总产量均占世界首位，占全世界的 80% 以上。

烤地瓜

甘薯在各地还有诸多别名。如：北方大多数称其为"地瓜"，北京人称为"白薯"；上海人叫"山芋"；长江上游的川、赣、鄂等地区是"红苕"；苏北徐州叫"白芋"；安徽北部称为"红芋"；陕西叫"红薯"；除此之外，还有"番芋""线苕""金薯""朱薯""枕薯""番葛""萌番薯""甜薯"等俗称。

有趣的是，福建与北方一样也把它叫"地瓜"，因此闽南人讲话的语调又被戏称作"地瓜腔"。在山东平度还流行一个地方剧种"地瓜戏"，为早年乞丐谋生的唱调，因会讨到地瓜而得名。

厨涯趣事 >>>

儿时就喜欢两种地瓜制品，地瓜干和拔丝地瓜。20 世纪 70 年代物质匮乏，如果谁家里有私藏的地瓜干那是孩子们最幸福的零食。所谓地瓜干，是晾晒成半软富有弹性浅黄或橙黄色的地瓜片，慢慢咀嚼 QQ 弹牙的口感透出自带的甘甜。拔丝地瓜则是北方红白喜事宴席中最后的压轴甜食，油炸过的地瓜块色泽金黄，包裹着经高温炒好的焦糖。用筷子夹起一块，拉出缕缕纤细、晶莹的糖丝，再在凉水碗中打个滚，外表形成脆壳的同时也降低了温度。入口酥脆、甜香软糯、口齿留香。初学厨师最愿意做的就是这道菜。因为技术难度较大，要综合火候、温度及速度等因素，才能成功。

[1] 何炳棣，"美洲作物的引进、传播及其对中国粮食生产的影响（一）"，《世界农业》，1979 年第 5 期。

[2] 张箭，《新大陆农作物的传播和意义》，科学出版社，2014 年。

[3] 艾尔弗雷德·W. 克罗斯比著，郑明萱译，《哥伦布大交换》，中信出版社，2018 年。

糖用莙菜

甜疙瘩

糖用莙菜是莙菜家族除根莙菜以外的另一个以肥大肉质根茎著称的变种，也是除热带甘蔗以外糖的一个主要来源。由于其含糖量极高，是食用糖的原料之一，也称"糖用甜菜"；又因其根茎形如萝卜，故也有"糖萝卜""甜菜""甜菜头""甜菜根"或"甜疙瘩"等俗名。

糖用莙菜的历史不长，它是在根莙菜（见本书166页）基础上人工培养出的新变种。1747年，德国柏林科学院的化学家马格拉夫无意间从白色根莙菜中发现并提取出了一种有甜味的白色晶体，经反复实验证明这种晶体就是蔗糖。但蔗糖的含量较低，马格拉夫认为没有继续研究的价值。而他的学生阿恰德（F.C.Achard）没有放弃，他测定了23个不同莙菜的含糖量，通过进一步的人工选择，培育出含糖分较高的白色品种。虽然含糖量只有6%，但已经高于叶莙菜数倍了，这让莙菜制糖成为了可能。1801年，阿恰德受到德国皇帝威廉三世的支持，在西里西亚的库内恩建立世界上第一座甜菜糖厂。19世纪后，糖用甜菜品种不断改良，含糖量从4%逐步提升至18%。开启了人类用糖用甜菜制糖的历史。1840年，全世界只有5%的蔗糖来自糖用甜菜。到了1880年，这个数字猛增到50%。全球甜菜糖业开始蓬勃发展[1]。

普遍认为20世纪初期糖用甜菜引入我国。但据宋湛庆先生考证，河南滑县人郭云升在其所著《救荒简易书》中："洋蔓菁菜来自西洋欧罗巴

糖用莙菜邮票（捷克斯洛伐克）

蔗糖

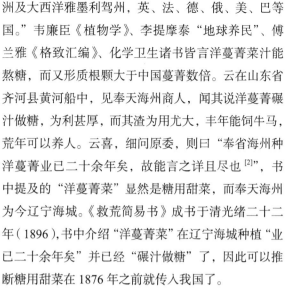

糖用恭菜及根恭菜手绘

洲及大西洋雅墨利驾州，英、法、德、俄、美、巴等国。"韦廉臣《植物学》、李提摩泰"地球养民"、傅兰雅《格致汇编》、化学卫生诸书皆言洋蔓菁菜汁能熬糖，而又形质根颗大于中国蔓菁数倍。云在山东省齐河县黄河船中，见奉天海州商人，闻其说洋蔓菁碾汁做糖，为利甚厚，而其渣为用尤大，丰年能饲牛马，荒年可以养人。云喜，细问原委，则曰"奉省海州种洋蔓菁业已二十余年矣，故能言之详且尽也[2]"，书中提及的"洋蔓菁菜"显然是糖用甜菜，而奉天海州为今辽宁海城。《救荒简易书》成书于清光绪二十二年（1896），书中介绍"洋蔓菁菜"在辽宁海城种植"业已二十余年矣"并已经"碾汁做糖"了，因此可以推断糖用甜菜在1876年之前就传入我国了。

　　由于糖用甜菜比较适合在北纬45度左右地区，即冷凉气温环境中生长，所以最早在东北地区试种成功。1897年，俄罗斯人开始在哈尔滨香坊中东铁路试验场进行过小区域种植。而较大规模引种是在20世纪初。1905年，俄籍波兰人柴瓦德夫在黑龙江阿城创办了阿什河精制糖股份公司（黑龙江省阿城糖厂的前身）。从德国、俄国和波兰等地购自设备，设计能力日加工甜菜350吨，于1909年投产。这座在我国建立的第一个甜菜糖厂无疑带动了东北地区糖用甜菜种植的产业。到20世纪中期，我国甜菜栽培和制糖的"甜蜜的事业"渐入佳境，全国糖料作物形成"南蔗北菜"各半壁江山的分布。

厨涯趣事 >>>

　　20多年前，有机会去了趟哈尔滨市阿城区。在参观上京历史博物馆后与刘姓大哥闲聊时才得知这里曾盛产甜菜，还有一座大型糖厂。他见我好奇就聊起小时候偷吃生甜菜和自熬糖稀的往事，糖稀蘸黏豆包、甜菜的嫩叶焯水后蘸酱吃，老叶则摘下喂猪。作为糖厂的家属子弟，那时生活上很有优越感。后来由于国企不适应市场经济，年年亏损，加上国内种植业结构调整及国外食用糖的进口，曾作为全国"糖老大"百年老厂也破产了。但阿城人对甜菜的记忆和情感却无法忘记。

八宝饭

　　利用甘蔗和糖用甜菜做出的糖都叫蔗糖。蔗糖属于双糖（葡萄糖＋果糖），含蔗糖高的植物就是甘蔗和糖用甜菜，相较适合种在热带气候地区的甘蔗，糖用甜菜则生长在比较寒冷的温带。糖用甜菜所需的生长期比甘蔗更短（5—6个月），照料与采收成本更低，单位含糖量更高，比甘蔗也更耐贮存。按制作加工工艺可分红糖、白砂糖、绵白糖及冰糖等产品。

[1]史军《中国食物：蔬菜史话》，中信出版社，2022年。

[2]宋湛庆，「我国引进糖用甜菜时间的正误」，《中国农史》1988年第3期。

草莓
间谍的收获

野生草莓产地多源，在气候温暖地区的欧洲、美洲及亚洲都有分布。早期草莓的果实较小，因它的花和果实都具有特别的芳香，草莓属的学名"Fragaria"（有香味的）正是由此而来。草莓曾被当作药用植物，甚至被用来治疗抑郁症。

有关现代草莓的来源一直被描绘成传奇和浪漫的爱情故事。1712年，法国和西班牙之间将要爆发战争时，法国工程师弗雷兹耶（Amédée Frézier）被派往侦察在智利和秘鲁海岸上的西班牙防御工事。归国时他带回了 5 株智利硕大草莓。悲剧的是，这 5 株草莓全为雌性，接着创造了30 年不结实的奇迹[1]。后来人们利用仅仅存活下来的 4 株智利草莓与先期由法国探险家卡蒂埃尔（Cartier）引入的北美弗吉尼亚耐寒草莓进行杂交并获得成功。就这样两个从未谋过面的南、北美洲草莓在欧洲喜结姻缘，培育出的新品种——既抗寒性强，又果型硕大，且色泽鲜艳、香味浓郁。因这种新品果实上的细细籽粒排列如凤梨，被命名为"凤梨草莓"（Fragaria ananassa Duch.）。凤梨草莓自诞生后，即被传播到世界各地。19 世纪中期，欧洲人又把它引种到东南亚及日本。

亚洲的野生草莓资源主要在我国，分布在河北承德周边塞外等地区，在清朝时该地区被称为驮粗地区。但这种野生小果子一直没有受到重视，因此历史古籍或地方志中均没有记载。18 世纪初期，康熙皇帝因喜欢草莓，

草莓

草莓邮票（俄罗斯）

草莓

草莓手绘

曾下令引种到御花园里培育，他在紫禁城里还仔细询问过意大利籍传教士马国贤草莓在欧洲的食用方法。

欧洲杂交的草莓传到中国是在清朝末年。据《北满果树园艺及果实的加工》记载：1915年，由俄罗斯侨民从莫斯科引入5000株叫"维多利亚"（别名"胜利"）的草莓在黑龙江的亮子坡栽培，这也是有关中国草莓栽种最早的文字记载。几乎同时，西方传教士也分别把草莓带到上海宝山、河北正定等地栽培。20世纪初，旅居朝鲜的华侨又把草莓带到山东半岛的烟台和威海种植，被当地人称为"高丽果"。

从植物学的角度讲，草莓是蔬果兼用型、杂菜类蔬菜。草莓的称谓是由"草"和"莓"两字所组成。"草"强调是草本，为的是与木本的树莓相区别。草莓初期曾以其原产地的标识"洋"命名为"洋莓"。由于植株低矮，近地面生长，又被称为"地莓"[2]。

20世纪80年代开始，草莓种植得到迅速发展。目前，我国草莓种植面积和产量均居全球第一位。

草莓蛋挞

香港根据草莓的英文"strawberry"音译为"士多啤梨"，殊不知英文"strawberry"是一种错误，因为它并不是"莓"（berry）。其"果肉"实际上是"假果"，因为草莓不同于大多数水果由子房发育而成，它的花托是在传播花粉后变膨大而成的。也就是说，我们所吃的并不是草莓的果肉，而是草莓花的一部分。真正的果实是一种聚合果，即布满了遍身像芝麻一样，经常被误认为是"种子"的小颗粒（瘦果）。每一颗草莓果上有大概200个颗粒。

厨涯趣事 >>>

当人工栽培的草莓个头越大、颜色越红、产量越多时，我们更怀念未经改良的老品种，尤其是野生的草莓更珍贵。十几年前，在罗马学习交流时，意大利甜点师给我们演示了一道甜品：奶油野生草莓配意大利香醋。他把指甲大小的野生草莓放在鸡尾酒杯里，往里掼一些打发的奶油，再浇上一勺香醋，轻轻地搅拌。透亮的玻璃杯里，洁白的奶油和黑色香醋相互依偎在深红色的野生草莓间隙中。舀起一勺放入口中，野生草莓浓郁的果香与滑腻的奶油及醋的酸甜交织一起，相互平衡的质感，在口腔里碰撞出一股美妙的愉悦。这是人工栽培的草莓永远无法比拟的。

[1] 约翰·沃伦著，陈莹婷译，《餐桌植物简史：蔬果、谷物和香料的栽培与演变》商务印书馆，2019年。

[2] 张平真主编，《中国蔬菜名称考释》北京燕山出版社，2006年。

海上 丝绸之路

海上丝绸之路萌芽于商周时期，在秦汉时期已有雏形。公元前112年，汉武帝平定南越之后，为海上交通创造了条件。三国隋朝时期海上交通和交流的航线得到发展。

唐中后期，由于战乱及经济重心转移等原因，"海上丝绸之路"取代陆路成为中外贸易交流主通道，也促进了海路交通空前的繁荣发展。以南海为中心的商船带回海上贸易的物资和商品种类非常多，主要是香料、花草及一些供宫廷赏玩的奇珍异宝。这种状况一直延续到宋元时期。

宋代造船技术和航海技术明显提高，指南针广泛应用于航海，中国商船的远航能力大为加强。南宋时期，大批阿拉伯人来到泉州等地，泉州成为中国第一大港，也被联合国教科文组织承认是"海上丝绸之路"的唯一起点。宋元两代瓷器出口渐成为主要货物，同时由于输入的香料为最大宗的商品，因此又被称为"海上陶瓷之路"和"海上香料之路"。

世界遗产（泉州：宋元中国的世界海洋商贸中心）金银纪念币

随着元代海上贸易的繁荣与兴旺，形成了以泉州、杭州和广州为代表的几个世界性港口城市。且海路已突破唐代的波斯湾，而及红海与东非海岸。与"陆路丝绸之路"相比，海运使丝绸、茶叶和瓷器等货物的运输更安全、更便捷，货物量更大、效率更高、线路也更远。

明朝初期，海防受到侵扰，朱元璋于是下令海禁。但作为朝贡贸易并未受到影响，郑和七下西洋标志着海上丝路发展成为外交活动和朝贡贸易的极盛时期。明中后期实行海禁政策，阻碍了海上贸易交流和发展。直至隆庆年间全面开放，民间的海外贸易获得了合法的地位后才进入了一个新时期。

而在世界的另一头，1492年哥伦布发现新大陆及达·伽马开辟了新航线，开启大航海时代，"海上丝绸之路"在全球范围内的延伸和拓展的同时全球历史也被划分为新旧两个世界，拉开了"哥伦布大交换"的序幕。

明末清初，美洲新大陆的作物随着欧洲殖民者的商船的引进和传播占了相当大的比重，如辣椒、西红柿、玉米、马铃薯、红薯、花生、南瓜、西葫芦、向日葵、菠萝、榴莲、番荔枝、番石榴、番木瓜等近30种农作物通过海洋贸易陆续传入我国东南沿海。也使中国与地中海有了直接的贸易接触。

清代《植物名实图考》中记录的瓜果蔬菜已经增至176种。这些外来蔬菜，不仅影响着国人的口味，改变了民众的膳食结构和饮食习惯，也奠定了我国夏季蔬菜以瓜、茄、菜、豆为主的格局。

通过海上丝绸之路出入的食材也深深地影响着我们的饮食和文化。鸦片战争后，沿海口岸被迫开放，西方列强掠夺中国资源和垄断中国丝、瓷、茶等商品的出口贸易。虽偶有西方传教士带来苹果、西洋梨、欧洲甜樱桃、咖啡等物种，但海上丝路一蹶不振。清末随着洋务运动兴起，由农工商部筹建农事试验场，并委托帝国驻欧美的使节代购芦笋、球茎茴香等国外蔬菜种子在京试种植，但实际上已进入了衰落期，最后以朝廷的谢幕而告终。这种状况延续到整个民国时期，至1949年新中国成立前夕。

几千年来，海上丝绸之路一直把我国与世界紧密相连。

槟榔

待客之道

在海南的街头巷口摆摊或挑担叫卖鲜槟榔的小贩比比皆是。鲜槟榔果的形状比鸡蛋略小，皮青味苦略涩。切开生果，用水调少许贝壳粉（或石灰粉），一起包卷于蒌叶上，如同嚼食口香糖，辛辣与芳香在口中并进。蒌叶可以减轻青槟榔的涩味，贝壳粉则有助于润滑，它们经咀嚼后发生化学反应，随后吐出残渣，地现殷红津液，为生活增添了色彩，也是南国一道独特的市井文化。

鲜槟榔

槟榔原产于马来半岛，主要分布在印度、东南亚及南太平洋等地区。人类嚼槟榔已有 3000 年的历史，古人认为嚼槟榔作为一种柔和的兴奋剂和洁口剂[1]，对口腔、固齿都有好处，虽长期嚼食嘴唇会变成红色、牙齿也会染黑，但据说这样才有别于其他动物的白牙齿，在古时被视为一种美。在东南亚，人们将槟榔、蒌叶及贝壳粉等盛放在一个特制的盒子里。家境殷实者会把盒子精雕细刻如同工艺品，在马来西亚发行面值 20 仙的硬币上是 15 世纪苏丹王宫里用由金银丝镶嵌宝石装槟榔和蒌叶的盒子（Betel nut condiment tray）。可见嚼槟榔不仅是普罗大众，也深入皇亲国戚中。

槟榔盒硬币（马来西亚）

槟榔何时传入我国已不可考。西汉时称为"仁频"，是来自爪哇语"Jambi"，司马相如《上林赋》中有"留落胥邪，仁频并间"的记载。后来由马来语"Pinang"音译成槟榔，由于槟榔与"宾""郎"同音，皆贵客之意也。古时宾客胜会，必设槟榔，否则就是失却礼数，怠慢了客人。西晋嵇含《南方草木状》云："交广人凡贵胜族客必先呈此果，若邂逅不设用相嫌恨，则槟榔名义甚取于此。"槟榔逐渐由休闲零食发展成为一种迎宾敬客的礼节，大致相当于我们现在社交的请茶、敬烟。古人又认为："槟榔，言

干槟榔切片

《北京的胡同生活景观》插图

女宾于郎之义也。"寓意青年男女门当户对，夫妻相敬如宾，生活和美。槟榔又被民间升级为订婚和嫁娶的聘礼。

初嚼槟榔，令人面泛红热，心跳加速，伴有轻微的兴奋和麻醉感，久食则易上瘾。正可谓"嚼一口千年飘香，

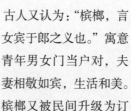

槟榔手绘

槟榔卤水鹅肝

我国槟榔产于海南，但湖南却是槟榔最大消费区，在湘潭还有一个槟榔文化博物馆。与海南嚼食青槟榔不同，湖南人把鲜果先煮再晒干，最后熏制加工成各种口味。食前用小刀把槟榔剖成两至四瓣，放入口中反复咀嚼，又甜又涩，满口芳香，余味悠长。湖南人"呷槟榔"成瘾，不分男女长幼，不分时间和地点。近年来发现，因长期咀嚼槟榔会造成口腔溃疡、牙龈退变、黏膜下纤维化，导致口腔癌变。国际癌症研究中心发布警示：槟榔属于一级致癌物。应该引起广泛的重视。

闻一下满心释怀"。据说苏轼在谪居海南期间就喜欢槟榔，曾作诗云："两颊红潮增妩媚，谁知侬是醉槟榔。"嚼槟榔还有提神、解乏的作用，这种习俗随时间的推移其范围也逐渐扩大到北方。皇帝出巡，槟榔是仪仗之一。《明史》载："出乘象，则绣女执衣履、刀剑及槟榔盘以从。"据传乾隆皇帝也喜好槟榔，有两个和田玉材质、波斯手工雕刻装槟榔的罐子，两物今存北京故宫博物院。清代曹雪芹《红楼梦》第六十四回载："妹妹有槟榔赏我一口吃。"描写的正是贾琏向尤二姐索要槟榔吃的情形。

古人不仅把槟榔作为嗜好之物，还发现它有防瘴疠的功效。作为药物始记于南朝的《名医别录》，宋代罗大经在《鹤林玉露》云："岭南人以槟榔代茶，且谓可以御瘴。"槟榔被历代医家视为药果，也是我国四大南药之一。李时珍《本草纲目》："槟榔治泻痢后重，心腹诸痛，大小便气秘、痰气喘急，疗诸疟，御瘴疠。"因此，槟榔在琼、台、闽、粤、湘、滇等热带地区使用普遍。

槟榔果沸水煮后，晒干，去果皮干燥，再切成片就是一种香料，多用在广东及川味卤水中，有增香、去异味的作用，但要严格控制用量。

厨涯趣事 >>>

马来西亚的槟州（Penang），也称槟城或槟榔屿，因当地盛产槟榔而得名。此地理名词最早出现在明永乐年间成书的《郑和航海图》。如今这里融合了浓厚的东方与西方文化，被联合国教科文组织列入世界文化遗产名录。槟城还是美食之都，马来菜、娘惹菜、印度菜、泰国菜、中国菜及西餐厅比比皆是。在品尝了南洋风味之后，同行的湘籍友人胡勇便急忙打听哪里可以买到槟榔，可问过很多当地人都摇头说不知道。我们也非常奇怪，槟城的州旗上就是一棵槟榔树，这里怎么会买不到槟榔？后来一位年长的华人朋友无不遗憾地告诉我们，由于人口增长和工业开发，岛上很少有槟榔树了。所以槟榔屿，已几乎无槟榔了！

[1]薛爱华著，吴玉贵译，《撒马尔罕的金桃》，社会科学文献出版社，2016年。

假蒟

以假乱真

假蒟生长于东南亚的热带和亚热带地区以及印度半岛的几个地区。在东南亚全境假蒟的叶片是当地家庭料理经常使用的配料 [1]。

假蒟何时传入我国已无从考证。假蒟古时也称"枸酱",该词最早出现于《史记·西南夷列传》,东汉后谓之"蒟酱",为枸、蒟二字同音异写。但究竟是假蒟这种植物,还是以其有辣味如桑葚的果实制的酱,历史上一直有争议。

假蒟

由于假蒟与胡椒属植物荜拨(piper longum. 见本书 188 页)在形态上很相似,古人常把它们相混淆。如晋人嵇含《南方草木状》曰:"蒟酱,荜茇也。生于蕃国者,大而紫,谓之荜茇;生于番禺者,小而青,谓之蒟焉。可以调食,故谓之酱焉。"是说荜拨有两种,大而紫的生蕃国,不作酱,小而青的蒟,生于岭南,可作酱。而唐人颜师古在《汉书注》云:"蒟酱亦名浮留,似荜拨,岭南取叶和槟榔食之。"这又将假蒟与配食青槟榔的另一种胡椒科植物蒌叶(Piper betle Linn.)混淆了。蒌叶也称"浮留"或"扶留",清代吴其濬在《植物名实图考》则说:"扶留急呼则为蒌,殆为一物也。"

假蒟和蒌叶在形状与味道上十分相似,为了区分人们称蒌叶为"真蒌",于是假蒟就有了"假蒌"的别称。"真蒌"只是配食槟榔使用,而"假蒌"则可作为调味香草入馔食用。

假蒟在我国的海南、广西、广东、福建及云南地等都有野生,四季可采。这种巴掌心大小的叶片,表面光泽油亮,搓揉会散发出胡椒科植物特有的香气。它在各地称谓不同,如在海南也有"山蒌""青蒌"或"臭蒌"

假蒟植株

假蒟手绘

蒌叶煎蛋

假蒟、蒌叶与荜拔皆为胡椒科属植物，它们的形状与味道也极相似，但还是有区别的。从植物学上来看假蒟为葡匐草本植物，蒌叶是攀缘藤本植物，而荜拔则为藤蔓植物。假蒟植株最高1米左右，叶子比蒌叶和荜拔叶片要窄，花期也要更长。

假蒟不但是食材，还有很好的药用价值。其药用的部位是根，药用名称有：巴岩香、酿苦瓜、封口好、毕拔子、大柄蒌、马蹄蒌、荜拔等。其味辛、性温，有温中散寒、祛风利湿、滋阴补肾、消肿止痛的功能，对胃腹寒痛、风寒咳嗽、牙痛、水肿、疟疾、风湿骨痛、跌打损伤等都有一定的疗效。

的别称，还有人把"蒌"写成谐音字"苃""栳"或"捞"。云南德宏谓之"鸽蒌"；在广东雷州半岛俗称"蛤蒌"，而廉江又称"急蒡"。在湛江地区，人们用假蒟叶包蛤蒌粽的历史悠久。明万历《雷州府志》中就有"端午日，设酒肴祀家神及祖先，为角黍（粽子）相馈"的记载；清嘉庆年《海康县志》也有"摘取橹罟叶去刺，代替粽叶编织成鸭母、笔架、锅盖、橄榄、枕头之形粽子（俗称'饺仑'）"的描述。儋州中秋节的"山蒌香糕"及汕头濠岛的"青糖饼"都离不开蒌叶增香。

借以假蒟香气与其他食材相配，为肉鱼类除腥去臊是热带地区民众的智慧。清代《粤西丛载》中收入了众多关于广西民俗的记载："今俗所常食者，皆蒌之叶。"如今，柳州著名的风味"鸭脚螺蛳煲"中假蒌叶就是灵魂调味香草。"蛤蒌炒田螺""蛤蒌炒田鸡""蛤蒌饭"等皆为传统民间美味。

在海南，假蒟被称为蒌叶。"蒌叶肉碎煎蛋角""土烧蒌叶包红薯"及"山蒌叶炒文昌鸡"都是风味十足的农家菜。五指山的黎族朋友更是视假蒟为宝，常用其果穗和根来炖出清香解暑的食疗汤品。

厨涯趣事 >>>

十年前，应中国烹饪协会名厨委邀请赴海南为当地的厨师培训。三亚烹饪餐饮行业协会的王国骅会长得知后热情地请我品尝特色美食。琼岛佳肴琳琅满目，但印象最深的却是"蒌叶煎鸡蛋"，也使我一下子就喜欢上了假蒟。拙作《香料植物之旅》出版时，也把假蒟列入63种香草香料书中。一日，收到在三亚工作的长子转发的微信，说他的朋友买了这本书，并发现我把假蒟和蒌叶混为一谈，我急忙查看很是羞愧。半年后小书售罄，趁出版社二次印刷之前，认真修改，以正视听。并嘱儿子赠新书以表谢意，儿复友留言：他原本担心因挑错会遭到记恨，反倒获赠新书。很是意外！

［1］娜塔莉·波恩胥帝希—阿梦德、孔拉德·波恩胥帝希著，庄仲黎译，《香料之王：胡椒的世界史与美味料理；关于人类的权力、贪婪和乐趣》，远足文化，2013年。

荜拨

昔日宠儿

荜拨(bō)起源于印度及东南亚地区。在古印度(前1000—前500)诗歌典籍《夜柔吠陀》(*Yajurvede*)和《阿达婆吠陀》(*Atharvavede*)中就曾提及。其梵语为 Pippali",荜拨的拉丁文"piper"及英文"pepper"就衍生于此。

荜拨

荜拨是欧洲人最先认识的东方香料之一,由于它是胡椒的近亲,古罗马时期"piper"一词同时表述胡椒与荜拨,因其果实呈小短棍形,故也被称为"Long pepper"(长胡椒)。由于那时欧洲人无法得知荜拨与胡椒的植物形态,又可能因为荜拨与胡椒的味道极为相似,以至于老普莱尼在《博物志》中误认为这两种香料取自同一种植物,区别只是形状不同而已。

从古罗马到文艺复兴时期,荜拨一直是欧洲最受宠的香料。荜拨令人兴奋及壮阳的特性更是常常被人渲染,据说饮用荜拨及其他香料浸泡的酒能使人的性欲亢进。罗马皇帝屋大维的女儿朱莉叶生活奢侈腐化,因迷恋这种补酒而受到正人君子的斥责,最后被流放异乡。

荜拨是在汉武帝时期作为香药传入我国的。无独有偶,在西晋张华的《博物志》中也有用荜拨、干姜及石榴汁浸泡酒的方法:"押取汁……此胡人所谓荜拨酒也。"又云:"汉武帝时,弱水西国有人乘毛车以渡弱水来献香……荜拨、石蜜、千年枣……"弱水西国是昆仑之北的小国,其国使者乘坐着一种特殊的船——"毛车",渡过弱水,向西汉朝廷进献了荜拨等香料。同时代的嵇含在《南方草木状》中进一步记述荜拨的产地:"生于蕃国者,大而紫,谓之荜菝。……交趾、九真人家多种。"

荜拨植株

巧事成双,中文"荜拨"一词也来自梵语"Pippali"的音译,始称"荜拨黎"。唐代段成式在《酉阳杂俎》中对其称谓解释道:"摩伽陀呼为荜拨黎,……"摩伽陀国为五印度的大国,地在恒河以南[1]。此外,荜拨还有"荜菝""筚拨""荜茇"及"毕勃"的写法和"鼠尾"等别称。

荜拨用于烹饪调味,较适合为各种肉类食物矫臭赋香。苏敬在《唐本草》就有记载:"荜拨生波斯,……胡人将来入食味用也。"做复合调料及腌制肉类使其味

渗透内部后，再采用烧、烤、烩、卤、酱、炸等方法烹饪，由于荜拨多种植于南国，因此在南方某些菜系中会用到。也一直是粤菜卤水和重庆火锅汤料配方的秘密武器。

作为药材，荜拨性热、味辛，温中散寒。据《续前定录》记载：唐贞观年间，太宗李世民因服用有人晋献"牛乳煎荜拨方"使久患的慢性气滞性痢疾痊愈。所以，自唐宋以来直至明清，历代医家及民间都用它煮粥治病。

如今，荜拨与胡椒都是物美价廉的香料，但其适用范围却远不如胡椒广泛了。昔日的宠儿，也逐渐终被历史所淡忘。

荜拨手绘

荜拨童子鸡

荜拨与胡椒都是胡椒科胡椒属多年生攀缘藤本植物。荜拨油亮的叶片呈心形，穗状花序。果实表面有很多类似罂粟的小颗粒，又如拉长的微型松果。我国在福建、云南、广西、广东等地有栽种。

印度尼西亚爪哇还有一种"假荜拨"（Java pepper, Piperr retrofactum），它们无论在外形和口味上都非常相似，可以互替使用。

厨涯趣事 >>>

　　我在 30 年前曾和李永葆大师学得一道佳肴"荜拨童子鸡"。见他将童子鸡加葱、姜、料酒后，又取出几个寸许长小棍状的东西研磨放入，一起腌制。我好奇地尝了一下，如胡椒辛辣香气有强烈灼热感和蜇舌的痛感，但香气似乎比胡椒更富有层次，还会散发出一种木质及松脂的香味。急忙询问是什么。李大师眯着眼睛，悄悄地告诉我是荜拨。这是我第一次听说和见到这种外形独特的香料。用荜拨腌过的童子鸡放入热油中经二次复炸，色泽金黄，外焦里嫩，散发出荜拨与鸡肉混合后扑鼻的香气。李大师又低声说加荜拨后腌制时间不宜过长，因为挥发油会有所损失，影响风味。这款"荜拨童子鸡"香味仍然长留在记忆之中。

[1] 陈连庆，《中国古代史研究》，吉林文史出版社，1991年。

杨桃

星之果

杨桃发源于南亚的印度及东南亚等热带地区。应该在西汉时期通过海路传入我国广东、福建一带，时间约在汉武帝灭南越国（前112）前后。

杨桃古称"三廉"，东汉杨孚在《异物志》载："廉实虽名三廉（棱），或有五六，长短四五寸，廉头之间正岩，以正月中熟，正黄多汁，其味少酢，藏之一美。"是最早关于杨桃记载的文献。

杨桃

西晋时期的郭义恭在《广志》中把"廉"写成"帘"。书中载："三帘（三敛），似翦羽，长三四寸；皮肥细；缃色（浅黄色）。以蜜藏之，味甜酸，可以为酒啖。"古时岭南人还把"帘""廉"也作"棱"或"敛"。因杨桃有五个脊棱的品种，稽含在《南方草木状》载："五敛子，大如木瓜，黄色，上有五棱，南人采棱为敛，故以为名。"

古人对这种形状奇特的水果很是不解。南宋范成大在《桂海虞衡志》里说："五棱子形甚诡异，瓣五出，如田家碌碡状，味酸，久嚼微甘。"所谓"碌碡"，是古时南方一种农具，中间的滚轴由五六片木质踏板组成。这与杨桃的外形极其相似。虽然杨桃长相诡异，但其美味却令苏东坡赞道："恣倾白蜜收五棱"。

福建人最早称之为"羊桃"，因古时"羊桃"也是猕猴桃的别称，为避免混淆就写成同音的"阳桃"。明李时珍在《本草纲目·果三·五敛子》

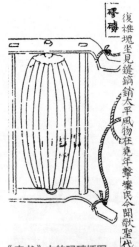

《农书》中的碌碡插图

杨桃树

杨桃手绘

写道："五敛子出岭南及闽中，闽人呼为阳桃。其大如拳，其色青黄润绿，形甚诡异，状如田家碌碡，上有五棱如刻起，作剑脊形。皮肉脆软，其味初酸久甘，其核如柰（柰，原始苹果的旧称）。"因果悬挂枝头如"桃"，又漂洋而来，故称"洋桃"。

乾隆《广东通志》中说："此即五敛子也。有三棱、四棱以至七八棱者，统名曰五棱。……然与苌楚羊桃名同而实异，或曰种自大洋来，故谓之羊（洋）桃。"清朝以后，因为其口感酸甜，被叫作"杨梅桃"，口语就简化成了"杨桃"。其实早在三国时期就有这种叫法。始记于沈莹所撰《临海异物志》中："杨桃，其色青黄，核如枣核。生晋安侯官县，可密藏之，有五瓣，或谓之五瓣子。"

杨桃熟时装点满树黄灿灿，景观甚美。剥开如膜的薄皮，肉脆多汁，酸甜味美，口感爽滑。鲁迅先生曾对这种古灵精怪的水果也没少发议论，他在给许广平的《两地书》里称，杨桃简直称得上是一条隐匿的线索[1]。信时也提及杨桃"汁多可取，最好是那香气，出于各种水果之上"。而作为广东番禺人的许广平自然要推荐家乡花地特产的杨桃："杨桃种类甚多，最好是花地产，皮不光洁，个小而丰肥者佳，香滑可口。"

从生物学上来看，杨桃的花、子房具有五室，又有五棱槽状结构，所以横切开是标准的五角星形。因此，英语称之为"星之果"（Star fruit）。

杨桃鹅肝

杨桃古称"三敛"，但在印度及东南亚确有一种叫三敛（A. bilimbi）的水果。顾名思义果实的外形有三个棱，且棱较钝而滑得凸起。三敛整体瘦小，看上去颜色形状类似于黄瓜，因此英语中称之为"树黄瓜（Cucumber tree）"。三敛的果肉切开和杨桃差不多，味道也非常像，但口感更为酸涩，通常不直接生吃。在东南亚主要作为酸味咖喱、酸辣酱及加盐腌渍腌菜，也经常被浸在糖浆中制成蜜饯。

厨涯趣事 >>>

杨桃是南方特有的水果，酸甜爽口，但很少入菜，而我却经历过巧用杨桃配鹅肝。30多年前，在香港世界贸易中心会学习时，冻房（冷菜厨房）的刘师傅是个极热心的人，做每道菜时都会向我详细传授。他做的法式鹅肝，质感细腻、入口即化、回味香郁。在装盘时，横切了两片如五角星状的杨桃配在鹅肝酱旁。我不解地问为什么要配水果，他用粤式国语（普通话）说：杨桃的酸甜，正好可以解鹅肝酱的油腻。我方恍然大悟！近年来，中餐也引用法国鹅肝，有人利用本土的山楂或京糕等相配，也是这个道理。

[1] 崔岱远著，李杨桦绘《果儿小典》，商务印书馆，2019年。

藿香
鱼之伴侣

藿香

藿香原产于东南亚地区。在我国种植历史悠久，但具体传入年代已无可考证。古籍中，可以觅其踪迹。最早载于东汉时期杨孚所著的《异物志》中："藿香，交趾有之。"交趾即今越南，以后历代都有类似的记述，如：三国时期的康泰在记述他和朱应出使南海时的经历和传闻，《吴时外国传》："都昆国在扶南，山有藿香。"晋代嵇含在其编撰的《南方草本状》中也载："藿香产于交趾……五六月采，日晒干乃芳香。"

古人常常把藿香佩戴在衣服里，由内而外散发出阵阵清香，类似现代人香水的角色。藿香的芬香也引得文人雅士的赞许，南朝文学家江淹在他的《藿香颂》中赞曰："讴及藿香，微馥微薰，摄灵百草，养气青氛。"三国时期吴国丹阳太守万震在《南州异物志》也云："藿香出产于海边国。形如都梁，可着衣服中，用充香草。"唐代史学家杜佑在《通典》中写道："顿逊国出藿香，插枝便生，叶如都梁。以裹衣。"都是说藿香佩衣使用，而顿逊国即今缅甸南端之丹那沙林附近。

佛教传入以后，以香敬佛是人与菩萨沟通的一种方式。也能使人得到清净自在，从而止息一切生死烦恼。在佛教文化中，藿香还是佛经中

藿香植株

藿香手绘

十二香王之一。佛经中藿香有多种叫法：如《法华经》称"多摩罗跋香"，《金光明经》谓之"钵怛罗香"，《涅槃经》叫"迦草香"，《楞严经》是"兜娄婆香"。藿香也是浴佛圣水中的香料之一。

汉字"藿香"的意思是"豆叶香"[1]。李时珍在《本草纲目》中对其名称另有解："豆叶曰藿，其叶似之，故名藿香。"作为药草，有清凉解热、健胃止吐作用。

而在世俗民间，藿香作为美味的香草植物深受国人喜欢，它不争大雅之堂，专找寻常百姓家。虽不及大家闺秀之端庄，却又如小家碧玉之俏丽。用藿香炖鱼更是坊间独有，只在起锅时信手拈来，放几片剁碎的藿香，便除去了鱼的土腥气，藿香独特的香气与鱼肉的鲜嫩相得益彰，犹如画龙点睛，满堂生香。清代查嗣琛在《竹枝词》中就留有"一瓶东阁莲花酒，半尾西斋藿香鱼"诗句。

我国南北多省均出藿香，甚至以产地命名以示区别，如苏藿香、川藿香、广藿香、海藿香及产于浙江的杜藿香。在这些地方中，饮食文化都极其发达，有的甚至形成菜系，但并不是以上所有的地方都利用藿香入馔。只有在东北、江苏、山西及川渝等地才鲜有使用。而各地叫法各异。如山西、津蓟一带的土名是"大叶薄荷"；东北则称"把蒿""猫把蒿"或"野苏子"；川渝地区百姓索性称藿香为"鱼香"，即鱼之香草。

藿香豆腐

藿香是薄荷庞大家族的分支，自古以来就是我国药食同源的芳香植物。藿香拉丁文学名"Agastache"来自希腊文"Agan"，意为"非常"。在英文的资料中，会特意标注中国名称的拼音"Huo xiang"（藿香）。藿香在全世界大约有30余种，东亚及北美也有出产，只是品种不同而已。中药"藿香正气"里所用的是同科的广藿香（Pogostemon cablin (Blanco) Benth.）。

厨涯趣事 >>>

十几年前的仲夏，受吉菜大师齐金柱兄之邀前往长白山游览，中午途经蛟河水库旁小憩时，特意品尝"庆岭活鱼"。家常炖好的整条大鱼看似并无特殊之处，但伴随鲜嫩的鱼肉入口袭来的一缕香气，这种夹杂着茴香、桂皮及薄荷的混合气味，似乎熟悉，细辨又难。急问何物？齐兄神秘笑答："把蒿。"并饶有兴致地带我在房前屋后的院子寻找，果然觅得。一簇簇齐腰高的植株上长着绿色的大叶，揪一片叶握在手中一股浓浓的香味飘溢。这种独特的香气一直萦绕着我。"把蒿"的学名是什么？这个问题一直困扰着我。直到几年后，查阅资料偶得"把蒿"是东北对这种野生香草的俗称，即藿香。方恍然大悟！

[1] 薛爱华著，吴玉贵译，《撒马尔罕的金桃》，社会科学文献出版社，2016年。

莳萝

幸运草

莳萝原生于西亚，后传至地中海沿岸乃至整个欧洲以及印度。人类利用莳萝的历史悠久，在波斯帝国居鲁士大帝的碑文中就曾被提及过。古希腊人用莳萝止嗝和祛胀气。罗马人认为外出时遇到莳萝一整天都会交到好运。人们便将其命名为"Anethon"，它的拉丁文学名"Anethum graveolens"由此而来。

莳萝

莳萝是在三国时期传入我国的。最早记载莳萝的是成书于晋代的《广州记》："生波斯国。马芹子色黑而重，莳萝子色褐而轻，以此为别。善滋食味，多食无损。且不可与阿魏同食，夺其味也。"是说莳萝的产地，还有莳萝子与马芹子（孜然）的区别及其用法。以后莳萝作为药用植物屡次出现的历代的本草药书中。唐代药学家陈藏器在《本草拾遗》里说："莳萝出佛誓。"佛誓（Bhoja）即今印度尼西亚的苏门答腊岛。唐五代时期前蜀的波斯籍药物学家李珣在《海药本草》中也收载莳萝是由海上而来。

莳萝籽

到了宋代，莳萝已广布岭南地区。北宋中期的药物学家苏颂在《本草图经》里描述道："今岭南及近道皆有之。三月、四月生苗，花实大类蛇床而簇生，辛香，六七月采实。今人多用和五味，不闻入药用。"可见当时广东地区的百姓把莳萝已作为食用调料，而不是药物了。南宋福建人林洪在《山家清供》中有"玉灌肺"和"满山香"两道菜就是用到莳萝调香的。

到了元代，莳萝在美食烹饪中的应用更是达到空前的高度。在当时

莳萝

蒔萝手绘

蒔萝三文鱼

由于蒔萝与茴香是同科不同属的香草，它们的植株及其种子的外形酷似，香味也接近，常被误认，但还是可以区分的。蒔萝的根部只有一个茎，而茴香则生长出层层包裹的茎叶；蒔萝味道温和香甜、清香淡雅，比茴香更具清凉感。在西餐中最适用于冷水性鱼类及海鲜的搭配，尤其是鲑科（三文、虹鳟）鱼类。其细细羽状的外形透出非凡的气质，也是最佳的天然盘饰。除此之外，香气浓郁的蒔萝子是可以添加在香肠及奶酪中的香料。

的一部佚名书籍《居家必用事类全集》中收录了 400 多道食物的做法，其中有 26 道使用蒔萝，涵盖制酱、腌咸菜、腌肉、做肉脯、造荤素鲊、凉拌菜等各种做法，甚至在最后一种名为"天厨大料物"的复合香料配方里，也出现了蒔萝的身影 [1]。元代御医忽思慧在《饮膳正要》中称："味辛，温，无毒。健脾开胃，温中，补水藏，杀鱼、肉毒。"并有"蒔萝角儿"（类似饺子）的面食制作方法。

蒔萝之名可能来自古印度的梵文或中古波斯文的音译。它还获有"慈勒""慈谋勒"和"时美中"等读音相近的译称，这些称谓散见于宋代《开宝本草》《证类本草》《清异录》，以及清代《授时通考》诸书。而蒔萝的称谓则作为正式名称一直沿用至今 [2]。"蒔"有栽培之意，"萝"为多种草本植物的泛称。李时珍在《本草纲目》中解释道："蒔萝，一名慈谋勒。番言也！"并把蒔萝从草部移至菜部。明末清初屈大均在《种葱》中有"寸寸慈亲意,盘中杂蒔萝"的诗句，再现了制作春胙时的场景。

虽然古人早把蒔萝列为蔬菜类，可它并没有像茴香那样幸运地被广为人知，而仅限作为某些地区的小众香草或香料。直到改革开放后，随着西餐的普及又重新被人重视和利用。

厨涯趣事 >>>

1989 年夏，我被公派到香港世界贸易中心会学习西餐制作。当时的港人几乎不会国语（普通话），而粤语对我们内地人更是如同听天书，工作上语言交流非常困难。记得一位谭姓师傅在腌三文鱼时叫我替他去取一种食材，我没有听懂。他便着急地重复发出：丢、丢、丢……，我以为他在爆粗口（说脏话），就面露愠色。他觉察到了我的情绪变化，急忙找出纸笔写下"刁草"二字，原来粤语的蒔萝是由英文"dill"的音译而来，发音是"刁草"，而我却听成了"丢"。误会解除，气氛缓和，点手互指，摇头坏笑。

[1] 陈博君「蒔萝：西式泡菜中的「灵魂」」《百科知识》2022 年第 4 期。

[2] 张平真《中国的蔬菜：名称考释与文化百科》北京联合出版社 2022年。

肉豆蔻

国旗上的香料

肉豆蔻原产于印度尼西亚的班达群岛，是热带雨林代表树种，其树高达十几米，可生长百年。雌雄树必须种在一起，从第八年开始结果，青涩的果子摇曳在枝头，慢慢变成如黄色的杏子。熟后果肉会自动裂开，露出包裹在果核外层橘红色网状假种皮（Mace，也称肉豆蔻衣），剥下假种皮，再去掉表皮油亮的薄壳后，最里面的即为肉豆蔻果核（Nutmeg）。果核与假种皮都散发甘甜而迷人的香气，因此肉豆蔻树是为数不多可以生长出两种香料的树种。

肉豆蔻鲜果

肉豆蔻在何时、经由何地运抵中国，史料没有明确记载。从最早记载肉豆蔻炮制方法的南北朝刘宋、雷敩《雷公炮炙论》中，可以推断肉豆蔻至少是在魏晋十六国期间作为香药引入的。唐代药学家陈藏器《本草拾遗》中云："肉豆蔻生胡国，胡名迦拘勒。大舶来即有，中国无之。""迦拘勒"为阿拉伯语"Qaqulah"肉豆蔻之音译，可见唐代全靠海外阿拉伯人的商船输入。药食同源，唐末药学家李珣《海药本草》云："主脾胃虚冷……研末粥饮服之。"宋代赵汝适《诸蕃志》谓："肉豆蔻出黄麻驻、牛仑等处。"黄麻驻即"Wamangi"，指班达西北之布罗岛（Bulu）[1]。说明已了解它的产地了。

肉豆蔻

关于它的中文名称，古人是参考了草豆蔻而命名的。宋代药物学家

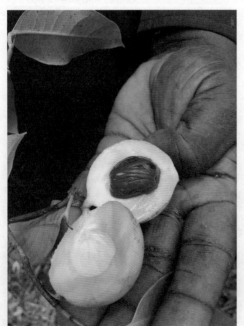

鲜肉豆蔻果实

寇宗奭在《本草衍义》云："肉豆蔻对草豆蔻言之，去壳只用肉。肉油色者佳，枯白瘦虚者劣。"因此又有"肉果"及"玉果"的俗称。明代李时珍在《本草纲目》详细解释了两者的区别及肉豆蔻的特点："肉豆蔻花及实状虽似草豆蔻，而皮肉之颗则不同。颗外有皱纹，而内有斑缬纹，如槟榔纹。最易生蛀，惟烘干密封则可少留……"由于年代所限，古人无法见到其果实的形态，而只能是

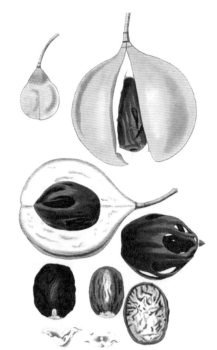
肉豆蔻手绘

肉豆蔻干燥的果核,所以又曰:"花实皆似豆蔻而无核。"显然是把果核当成了果实。

阿拉伯商人把肉豆蔻带到中国后,也向西传入了欧洲。中世纪时,肉豆蔻成为欧洲最具诱惑和令人垂涎的奢侈香料。而它作为傲人的预防黑死病和抵御瘟疫医疗用途,更使它的价格飞涨贵如黄金。巨额的利润必会引来贪婪与邪恶,随着大航海时代的到来,1511年葡萄牙人成为第一批踏上班达岛的欧洲人[2],从此也拉开了近300年的血腥争霸香料贸易序幕。葡萄牙人、荷兰人及英国人先后以武力征服控制了香料岛。以后英国人把肉豆蔻树苗移植到英属殖民地的新加坡、斯里兰卡及马来西亚的槟城。从那里,又传播到东非的桑给巴尔和加勒比海岛国格林纳达。

如今,格林纳达成为继印度尼西亚之后世界上第二大肉豆蔻主产地,同时肉豆蔻也是该国的重要经济作物。1974年格林纳达独立,肉豆蔻被骄傲地设计在国旗上。

辽宁老山记牛庄馅饼

肉豆蔻在中餐多用于为肉类除腥赋香,如在酱卤制品及香肠中使用。其香气来自内含的肉豆蔻醚,这种物质含微量毒素,会使人上瘾,有麻痹和催眠作用,食用7.5克以上令人产生幻觉。大量可致死亡。

红色网状的假种皮浓重的香甜中带着微苦、辛辣及木香味,比肉豆蔻的味道更细腻。刚收获时,肉豆蔻种皮是亮红色的,在干燥的过程中,它会呈现出它特有的橘橙色。假种皮使用方法与肉豆蔻一样,欧洲人喜欢把它磨碎后用于甜品增香,如加在布丁、奶油蛋糕、冰激凌上,甚至加入到酒、咖啡中调味。

厨涯趣事 >>>

2018年7月中旬,我远赴格林纳达寻找肉豆蔻。从首都圣乔治前往圣约翰的肉豆蔻协会的收购加工站。穿过棚院见有个穿蓝色圆领衫的中年男子正在低头挑拣肉豆蔻,蓝圆领衫自称叫弗兰克,他介绍说这个格林纳达最大的收购加工站成立于1952年,集收购、加工及销售于一体。他先讲解了肉豆蔻种植及果核的分级标准,接着带我参观了肉豆蔻的加工流程,即破壳、沉水、挑选、晾晒、干制、包装等工序。装满肉豆蔻的麻袋堆积如山。每年有150万磅的肉豆蔻销往世界各地。这个加工站,也是当地的特色旅游景点之一。我在隔壁的商店里挑选了肉豆蔻油、肉豆蔻果酱、肉豆蔻肥皂及肉豆蔻等香料串成的项链等留作纪念。出门时回望店门楣上各种文字的欢迎词语中,竟然发现了繁体中文"欢迎"!既意外又亲切。

肉豆蔻收购站门楣

[1] 陈连庆,《中国古代史研究》吉林文史出版社,1991年。

[2] 吉尔斯·弥尔顿著,王国璋译,《豆蔻的故事:香料如何改变世界历史》究竟出版社,2003年。

椰枣

中东圣果

椰枣树原产西亚及北非干燥的沙漠地区，为人类栽种最古老的果树之一。在幼发拉底河与底格里斯河流域南部的美索不达米亚平原广泛种植。几千年来，椰枣一直是生活在这片土地上人们喜爱的食物。枣椰果色金黄、光鲜的表皮包裹着黏的、如琥珀般光泽的果肉。软糯的口感，汇集了蜂蜜与焦糖的味道，受人喜爱，是丰饶的象征，也被视为上天的恩赐。

据《圣经》记载，以色列人心目中的迦南美地——"流着牛奶和蜜"中的蜜，指的就是椰枣。椰枣也是犹太教的七种圣餐之一。伊斯兰教则认为椰枣树是真主创造亚当后用剩余的泥土制成的，因此被誉为"生命之树"。由于晒干的椰枣可以长时间保存，又富含碳水化合物和维生素，是长途穿越沙漠时最好的粮食储备，阿拉伯人将其誉为"沙漠面包"[1]。

我国最早记载椰枣是在西晋，当时称为"海枣"。嵇含在《南方草木状》载："海枣树身无闲枝，耸三四十丈，树顶四面共生十余枝，叶如栟榈，五年一实，实甚大，如杯碗。核两头不尖，双卷而圆，其味极甘美。安邑御枣无以加也。"因来自海外，果实如枣，而故名。但嵇含只描述了椰枣的植物形态，并未说明其来处。直到唐天宝五年（746）位于里海沿岸的陀拔思单国（Tabaristan）向大唐玄宗皇帝朝贡这种枣子以后，唐人称之为"波斯枣"。《酉阳杂俎》载："波斯枣出波斯国，""子长二寸，黄白色，有核，熟则紫黑，状类干枣，味甘如饧，可食。"

椰枣在《魏书·波斯传》《隋书·波斯传》及《博物志》中也叫"千年枣"。它还有"鹘莽""窟莽"的古称，均是波斯语"Gurmang"或"Khumang"的音译。《本草纲目》中将其称为"苦鲁麻"的原因同上。而《本草拾遗》中的"无漏"则是埃

鲜椰枣

椰枣

长沙窑椰枣纹样瓷器

椰枣树

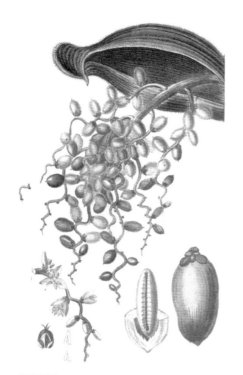

椰枣手绘

及文"Bunnu"或希腊文"Phoinix"的同源名字（希腊文的椰枣与"凤凰"为同一字）。宋代时译为"纥莽"，今新疆维吾尔语称之为"火莽"。

美丽的枣椰树犹如复活和永生的凤凰，椰枣的纹样在唐代，还曾经是丝路上风靡一时的纺织纹样。唐代晚期的长沙窑也流行在瓷器上烧制椰枣纹样，外销中亚和西亚地区[2]。

椰枣也是药材，唐代陈藏器在《本草拾遗》中认为："补中益气，除痰嗽，补虚损，好颜色，令人肥健。"药物学家刘恂在其《岭表录异》中写道："广州有一种波斯枣，木无旁枝，直耸三四丈，至巅四向，其生十余枝，叶如棕榈，彼土人呼为海棕木。"详细地介绍了9世纪在广州的椰枣树，他还把枣核带到北方种植，但没有成功。虽在千年前，古人有广州种植椰枣树的记载，但实际上椰枣树适合干旱的沙漠及阳光允足的地方生长。20世纪60年代末，不用票证就能买到的"伊拉克蜜枣"就是从伊拉克进口的椰枣。

厨涯趣事 >>>

2018年秋，世界御厨协会第41届年会在摩洛哥的马拉喀什举行。入住的拉玛蒙尼亚（La Mamounia）皇家酒店的庭院中有成排的椰枣树。而最为吸引人的是在游泳池中居然也有一棵，且被巧妙地设计在台阶的缓冲之处。树上一穗穗累累欲坠的果子，好像要拥抱每个走入水中者。我不禁也有了下水的冲动，游了一会儿，突然发现水面上浮起枣子，抬头望去，原来是饭店的员工不知何时攀爬到树上砍下这些已经熟透的果子时散落的。水面上的椰枣调皮地在波邹中晃动如宝石般晶莹，捡起一个扔进嘴里，刚熟的椰枣口感有点脆，像梨子的味道，但是比梨要甜。虽没有熟透干枣的黏甜，但这"天上掉椰枣"的经历实在令人欣喜。

椰枣甜品

椰枣的中文之名，是因其外观像椰子树，而果实形状似枣，合二为一而得。椰枣树属于棕榈科植物，与椰子树、槟榔树及油棕榈树是近亲。椰枣树最高能长到20多米，树龄可达百年。椰枣树的果实产量高，每棵每年能收获100千克的椰枣，干燥椰枣的糖含量甚至可以达到80%。

[1] 林江编，《食物简史》，中信出版社，2020年。

[2] 毛民，《榴花西来：丝绸之路上的植物》，人民美术出版社，2005年。

荜澄茄
带尾胡椒

荜澄茄原生于印度尼西亚苏门答腊岛、马来西亚槟城及巴布亚一带。它是胡椒家族的近支，其果实外形与胡椒极其相似，只是多了小而尖的硬柄，如同一个尾巴。因此也称"带尾胡椒"（Tailed Pepper）。又因主产在印度尼西亚的爪哇而得名"爪哇胡椒"（Java Pepper）[1]。

荜澄茄

早在晋代时荜澄茄就传入中国，始载于晋人顾微《广州志》。唐代陈藏器在《本草拾遗》中云："生佛誓国，似梧桐子及蔓荆子微大。"佛誓即为今印度尼西亚的苏门答腊的古称，说明了它的具体来处。唐末五代李珣在《海药本草》中称："按《广志》：生诸海，嫩胡椒也。青时就树采摘造之，有柄粗而蒂圆是也。古方偏用染发，不用治病也。"认为荜澄茄是一种胡椒，有黑发的作用，并进一步说出了荜澄茄与胡椒的区别："胡椒生南海诸国，向阴者为澄茄，向阳者为胡。"荜澄茄经《海药本草》收载后，成为现代中药学的正式名称[2]。

在我国宋代第一部板刻印刷的药书《开宝本草》中荜澄茄被叫作"毗陵茄子"。明代李时珍认为"毗陵茄子"为番语，并称"南海诸番疆皆有之，蔓生，春开白花，夏结白实，与胡椒一类两种"。有化食、祛邪、黑发、香体的作用。

荜澄茄的味道比较特别，它不如胡椒辛辣，夹杂着百里香、薄荷及柠檬的多层次香气，甚至有点回苦。这有可能是它在传入中国 1800 多年的历史中很少作为烹饪香料的原因。即使在其原产地印度尼西亚的食谱中偶尔会用荜澄茄来提高菜肴的风味，而在西亚、北非等伊斯兰国家相对使用较多，但很少单独使用，常常是与其他香料混合成综合香料。荜澄茄的阿拉伯语是"Kababah"，成书于 9 世纪的《一千零一夜》中曾提到荜澄茄可以用于治疗不育症，这表明其已被用作医药。而荜澄茄作为香料则是从 10 世纪以后开始的。13 世纪意大利旅行家马可·波罗在他的游记中有于印度尼西亚爪哇见到荜澄茄的描述。14 世纪时，阿拉伯商人以黑胡椒的名义把荜澄茄带入欧洲，不明就里的欧洲人被蒙骗了几百年。1640 年葡萄牙国王为保护胡椒贸易，下令禁止销售荜澄茄及荜拨等接近胡椒的香料。在欧洲，荜澄茄可添加在杜松子酒中，能给杜松子酒带来柔和的香气和深沉的余味。

荜澄茄是为数不多的没有被我国引种的香料植物之一。作为小众的调味香料，其主产地是印度尼西亚的马都拉岛（Madura，亦作 Madoera）。

荜澄茄

而在我国中药领域里还有一味被称为"荜澄茄"的药材，实为樟科植物山鸡椒（也称山胡椒或木姜子）的果实，其形状也酷似胡椒，但却没有小尾巴。这种同名异物的现象给使用和研究造成了混乱，因此近年来有中药界学者建议《中国药典》将山鸡椒改名为"澄茄子"，以正视听。

荜澄茄手绘

厨涯趣事 >>>

2018 年年初在伦敦，挚友驻英国大使馆政务参赞杨瑞光先生驾车带我来到位于诺丁山的"The Spice Shop"香料店。迈进不大的店铺，四周货架上堆满了多是小包装的各种香料。店主是位头披金色长发、瘦小精干戴眼镜的男士。他彬彬有礼地介绍说店里经营近千种商品，但以香料为主。我询问他有什么特别的香料时，他拿出了一个小袋子，倒出来的是如胡椒的颗粒上有个小尾巴。一看就是荜澄茄，我说出了荜澄茄产地及用法。他有些惊奇，杨参赞告诉他我是来自中国的厨师，而且对世界各地的香料有浓厚的兴趣和研究，他立刻兴奋地找出另两种胡椒"Laotian teppal sichuan"及"Andaliman passion pepper"，原来是产自老挝和印度尼西亚苏门答腊岛北部巴达克族人的胡椒，当我说只是在书上见过图片和介绍时，他满意地笑了。

摩洛哥塔金锅

造成荜澄茄与我国特有的樟科植物香料山鸡椒混淆的原因有二。一是荜澄茄古时来源匮乏，主要依赖少量进口。两者外形相似，就常被替代使用。久而久之，中药业便把山鸡椒误为荜澄茄的商品用名。二是它们拉丁文学名中的种加词完全一致，分别是"Litsea cubeba"和"Piper cubeba"。好在瑞典博物学家林奈早在 200 多年前就发明了为动植物命名的二名法。因此，从其科属名上还是可以区分的。

英国伦敦香料店

[1] 娜塔莉·波恩胥帝希—阿梦德、孔拉德·波恩胥帝希著，庄仲黎译《香料之王：胡椒的世界史与美味料理，关于人类的权力、贪婪和乐趣》远足文化，2013 年。

[2] 刘迎胜，《丝路文化·海上卷》浙江人民出版社，1996 年。

砂仁

阳春三月

砂仁原生于印度支那和大洋洲，是热带和亚热带特有的姜科植物缩砂蜜的成熟果实。隋唐时期就引进我国，作为香药及香料应用已经有 1500 多年的历史。

砂仁

砂仁古称"缩砂蜜"，源自梵文"Suksmaila"。"蜜"本指荷的地下茎，有密藏之意[1]。李时珍释名曰："藕下白多密，取其密藏之意。此物实在根下，仁藏壳内，抑或此意欤。"又云："三月、四月开花在根下……状似益智而圆，皮紧浓而皱，有粟纹，外有细刺，黄赤色。皮间细子一团……似白豆蔻仁。"

因其果实表面密布凸起的小刺，在使用时通常会剥去果皮，只留下种仁。其种仁如砂粒般紧缩一起，这也是其名的由来。也有解释认为，鲜者为"缩砂蜜"，干者称"砂仁"。

砂仁药用始载于生于南朝卒于唐代的甄权《药性论》中："缩砂蜜出波斯，味苦，辛。"唐末五代的李珣在《海药本草》写下："缩砂蜜生西海及西戎波斯诸国。多从安东道来。"这里所说的"波斯"显然是马来亚波斯[2]。并不是指今西亚的伊朗，而是马来亚群岛的一个古港口名，我们姑且就称其为"马来波斯"；西海指印度洋、波斯湾及今东南亚一带的岛国。由于是从海路而来，砂仁多在我国南方沿海的广东、广西、海南、福建等地栽培。其中以广东阳春县的砂仁最出名，被称为阳春砂仁或阳春砂。

关于阳春砂仁，在当地流传砂仁救牛的故事：很久以前，阳春县曾发生了一次牛瘟，而唯独蟠龙金花坑附近的耕牛没有发病，据说是吃了一种散发浓郁芳香的草，人们后来发现这种草就是砂仁的植株。从此阳春砂仁名声大噪，百姓纷纷种植。阳春砂仁的质量好，历来被视为"医林珍品"，也是我国四大南药之一。

宋《开元本草》中首次记载了春砂仁的药物功效，云其可："开胃醒酒食，安胎治恶阻，行气止痛，和中止痢。"金元时期医家李东垣称春砂仁为"化酒食之妙剂，因其辛温行气而使酒食随之

砂仁植株

砂仁手绘

而化"。明代韩愗在《医通》中云:"缩砂属土,主醒脾调胃,引诸药归宿丹田。"

到了清朝中期,砂仁已经成为贵族阶层经常使用的一种养胃化食的药材。据载清乾隆年间,御医曾用阳春砂仁治愈了皇妃腹胀肚痛的顽疾,之后更是被列为贡品。曹雪芹在《红楼梦》第六十三回中描写了尤二姐饭后咀嚼砂仁,贾蓉进门后与她抢着吃的场景,说明砂仁在当时不仅可以药用,民间还把它当作调胃、养胃、助消化的保健食物,甚至是零食。而作为香料可用来煲汤、炖肉、煮粥等。

除广东阳春所产阳春砂仁外,还有海南产土砂仁、福建产建砂仁及东南亚国家为主产的缩春砂。

厨涯趣事 >>>

我刚参加工作就有幸在王锡田师父手下学艺,他不仅精通鲁菜、旁通川、粤及淮扬菜系,还会西餐制作,是难得的技术全面、经验丰富的国宝级大师,留下了不少经典菜点。记得师父告诉我:在所有香料中,砂仁的最大特点是"化油",即能化解动物性原料的油脂,解腻功效显著,但它还有"微苦"的短板。因此,砂仁极少单独使用,而多与其他香料联袂出场。砂仁可整粒或拍碎使用,但加工成粉效果为佳。一般以2克为宜。恩师的教诲,受用一生。

砂仁鸡

砂仁也是红、白卤水及酱货的香料之一。与其他香料客串配制复合型地方风味。如山东德州扒鸡、安徽符离集烧鸡、河南道口烧鸡、张集熏鸡、河南孔集卤鸡等。在广东阳春市近年来利用砂仁深度加工成系列产品,如砂仁茶、春砂蜜饯、春砂糖、春砂醋及春花白酒等。

[1] 段石羽、曲文勇、朱庚智,《汉字与植物命名》,新疆人民出版社,2009 年。

[2] 劳费尔著、林筠因译,《中国伊朗编》,商务印书馆,2016 年。

芦荟

超群拔萃

芦荟原产非洲，在埃及金字塔中发现的莎草纸医书《埃伯斯·帕比路斯》（*Ebers Papyrus*）中就曾有芦荟作为最古老天然药物的记载。芦荟希腊文"Alsos"，是指肥厚叶片中所含苦味的汁液，其词源来自早期阿拉伯文"Alloeh"或希伯来文"Allal"，两者均有"苦"的含义。以后演化成英文"Aloe"。芦荟中的汁液遇空气氧化后变成黑色，经熬煮出水分即成黑的膏状，冷却后凝成块状就是药物芦荟了。

芦荟

药物芦荟在隋代就传入了我国。最早出现在隋末唐初甄权的《药性论》中，初称"卢会"。唐开元年间，陈藏器在《本草拾遗》中称为"讷会"，当时人们并不十分了解这种味苦的黑色块状药物出自植物，因其味苦如胆，故古人又称其为"象胆"。而"卢会"或"奴会"等写法均由阿拉伯语的音译而来。直到晚唐李珣《海药本草》："生波斯国，状似黑锡，乃树脂也。"方有产地、状态乃是树脂的描述，之后"卢会"二字被加上草字头，写成"芦荟"，强调其植物属性，其中"芦"字意为"黑"；"荟"字是"聚集"的意思。

宋代《本草图经》："出波斯国，今惟广州有来者。其木生山野中，滴脂泪而成。采之不拘时月。俗呼为象胆，以其味苦而云耳。芦荟治湿痒，搔之有黄汁者。"则更详细道出了芦荟的由来、加工及药效。系经海上丝绸之路由波斯商人传入的[1]。《开宝本草》及《政和本草》也都有芦荟药用的记载。赵汝适在其地理名著《诸蕃志》云："芦荟出大食奴发国，草属也。其状如鱼尾，土人采而以玉器捣研之，熬而成膏，置诸皮袋中，名曰芦荟。"是对芦荟的产地及加工等最准确的描述。意大利旅行家马可·波罗在《马可·波罗游记》中有我国用芦荟治疗胃病、脓疮和皮肤病的记录。由此可见，当时人们对芦荟药用价值的认识已达到相当水平。

而我们今天熟知的植物芦荟则是在明朝时由葡萄牙人从海路传入的。李时珍《本草纲目》将芦荟收录在"木部"，中医认为，芦荟归肝经、大肠经，有泻下通便，清肝泻火，杀虫疗疳的功效。西医则认为芦荟的主要用途是愈合伤口和通便，同时也有许多其他治疗作用，如皮肤的清净和保湿。

芦荟植株

"二战"后，日本人发现用芦荟治疗被原子弹辐射灼伤的幸存者效果显著。20世纪后期，西方人也发现芦荟有护肤的效果。于是，世界发达地区纷纷掀起了芦荟医药、美容及保健的热潮，促使芦荟身价百倍。美国、日本又研发出芦荟保健食物和菜肴，芦荟也由盆栽观赏与药用转向菜食多用植物。21世纪初，芦荟热也开始波及我国，并纷纷引种栽培。有些适合食用的芦荟品种被餐饮业以养生菜品的旗号陆续推出，成为风靡一时的时尚珍馐。

芦荟手绘

芦荟素什锦

不是所有的芦荟都能食用，芦荟有几百种，各品种的形状与性质差别很大，大多数用于观赏栽培。只有库拉索芦荟（Aloe Vera）、开普芦荟（Aloe ferox Mill.）、花叶芦荟（Aloe saponaria Haw）、中国芦荟（Aloe Vera L.var. chinensis）、树芦荟（Aloe arborescens Mill）和上农大叶芦荟（Aloe Vera L. var. SCA Gu.）等极少的品种可以食用。由于每个人的体质不同，有些人食用芦荟可能引起过敏现象，如出现红肿、刺痛、起疙瘩、腹痛等，要慎重择食。

厨涯趣事 >>>

我用芦荟入菜的经历约在20年前。用刀修整和片去绿色的外皮就露出里面半透明肥厚的芦荟叶肉时，会感到汁液非常黏滑，把叶肉改成所需的大小块状，如同果冻般，焯过水后可除去其自身的苦涩味，同时质地紧实，也更加水晶透亮了。经过处理的叶肉用途广泛，可与水果汁浸泡成开胃凉菜，也能做汤、烧菜，甚至还可以榨汁饮用及搭配在甜品里。通常与口味比较清淡的食物搭配，才能保持它自身的特点。加工芦荟时一定要小心。有一次，由于黏液太多，叶肉险些滑脱，也差一点被刀伤了手。如果不小心烫伤，涂抹芦荟的黏液在患处，恢复疗效非常明显。

［1］武斌，《中国接受海外文化史》，广东人民出版社，2022年。

八角

栋梁之材

记得上初中时，在元宵节的灯谜会上曾见一条谜语。谜面是：栋梁之材，打一调味品。苦思冥想终于猜得谜底"大料"，至今想起仍能感受到当时的喜悦。

八角

大料是中餐里用途最广、用量最大的香料，所以在北方俗称"大料"。因有八个星状放射形的角，在南方则被称为"八角"；又因其香味与伞形科的大茴香（Anise seed）极其相似，也叫"八角茴香"。虽然八角与大茴香并不属于同科植物，外形区别也很大，但所含的主要成分茴香醚、茴香醛等挥发性芬芳香气却十分相似。八角的香味来源是豆荚果皮里的干燥果浆，而不是种子[1]。

这种原产于东南亚的香料，在古籍文献中虽没有其登陆我国的确切年代记录，但被国人利用已有上千年的历史。早期称为"舶茴香"或"南茴香"。据清代张德裕所撰的《本草正义》载："茴香始见于《唐本草》，据苏颂谓结实如麦而小，青色，此今之所未见者。苏又谓入药多用番舶者，则今食肆之所谓八角茴香也……""惟李引诸方，有明言八角茴香、舶茴香者，则舶来品耳。按今肆中之大茴香，即舶来之八角者，以煮鸡鸭豕肉及诸飞禽走兽，可辟腥臊气，入药殊不常用。"以此推断最晚应该是在唐朝引入的。

南宋时期桂林县尉周去非在《岭外代答·花木门》中记述："八角茴香出左右江蛮峒中。质类翘。尖角八出，不类茴香，而气味酷似，但辛烈，

树上未成熟的青八角

八角手绘

茴香豆

八角的英文"Star anise"（星状茴香），是取其星芒的外形和香味相近的大茴香的结合；法文"Anise étoilé"也有这个含义。其拉丁文学名为"illicere"则意为"倾城"或"引诱"，所指的就是其神秘而诱人的香气。1588年，英国航海家、探险家托马斯·卡文迪什（Thomas Cavendish，1560—1592）在环球旅行时把八角从菲律宾带回英国，成为将八角传入欧洲的第一人。但这种外形奇异的香料直到17世纪才被西方人认识和了解。西方人认为与甜味食物比较搭配，其美丽的外形也是西点的装饰品，这就是中西饮食文化的异同之处吧。

只可合汤，不宜入药。中州士夫以外荐酒，咀嚼少许，甚是芳香。"说明南宋时期八角已是桂林的特产香料了。

明弘治十八年（1505），刘文泰等撰辑的《本草品汇精要》："八角产占成国，今四川、湖广、永州府祁阳等县所贡多由舶上来者……其形大如钱，有八角如辐而锐，赤黑色，每角中有子一枚，如皂荚子，小匾而光明可爱，今药中多用之。"这里提供两个信息，一所说的占成国为今越南中南部地区；二作为药材使用。李时珍在《本草纲目》中也云："自番舶来者，实大如柏实，裂成八瓣，一瓣一核，大如豆，黄褐色有仁，味更甜，俗呼舶茴香，又曰八角茴香。"此外，它还有"唛角"及"八月珠"等别名。

八角是国人最喜欢的香料之一，相信只要有中国人居住的地方，在厨房里就一定会找到八角。它具独特挥发和刺激性的芬芳，这种香气需要稍长时间的水解加热才能缓慢释放出来。它通常用于动物性食材，有去腥、解腻和赋香作用。即使在烹调某些蔬菜、素食中若加入一粒八角即能体现出如荤菜般浓郁的芳香。

如今，我国是八角主要生产国，产量占世界80%以上。以广西出产质量为佳，其中藤县古龙镇是种植规模最大、最集中的产区，被誉为"八角之乡"。

厨涯趣事 >>>

2016年6月，中国食品土畜进出口商会在海南博鳌举办"首届中国调料国际大会"。会上结识很多国内外香料产业人士，其中广西玉林香料协会会长杨国美女士主动联系我，介绍了玉林作为全国最大的香料、药材集散地与广西八角种植、加工及贸易等信息，还特意提及了家乡特产——八角鸡。这种散养在八角林中的土鸡觅食能力强，有昆虫、草籽及八角树叶和八角花等。偶尔主人还会以伴有八角粉的五谷杂粮玉米粒等喂饲。因此，鸡的全身也带有八角的香气。只需简单烹饪，鸡肉就异常鲜美。当时就约定有机会一定要去学习考察，也顺便在当地品尝一下美味的八角鸡。遗憾的是，一直未能成行。

［1］加里·保罗·纳卜汉著，吕奕欣译，《香料漂流记：孜然、骆驼、旅行商队的全球化之旅》，天地出版社，2019年。

油橄榄

齐墩果

　　油橄榄树主要分布于地中海沿岸。古老的油橄榄树似乎见证人类的文明与智慧。《圣经》中，诺亚在方舟上放飞鸽子衔回的油橄榄树枝作为大地复苏的标志。因此，在西方文化中油橄榄树枝是和平的象征。希腊人将油橄榄枝编成花环头冠献给竞技的优胜者，现代奥运会上也沿袭了这一传统。

　　油橄榄的果实呈椭圆形，初果为绿色，成熟时变黑或红色。有核，味酸涩，具特殊芳香。可生食，也可腌制或榨油。

衔橄榄树枝的和平鸽

　　在唐朝与大食争夺中亚的怛罗斯战役中被俘的杜环于 751—762 年间游历了当时的黑衣大食国全境，并在《经行记》中描述大食的油橄榄时写道："又有莃树，实如夏枣，堪作油，食除瘴。"这里的"莃树"即橄榄树，也称"齐墩"，可能是波斯语"zeytun"或阿拉伯语"zaytūn"的音译。因此杜环应该是最早在境外见到和记录油橄榄的国人。

各种腌油橄榄

　　尔后，油橄榄传入我国，唐段成式在《酉阳杂俎》中有记载："齐墩树，出波斯国，亦出拂林国。拂林呼为齐（厂虚），长二三丈，皮青，白花似柚，极芳香。子似杨桃。五月熟，西域人压为油，以煮饼果。"但自唐以后，古籍中几乎显有相关的记录。

　　而到了宋代，油橄榄在中国的情况反倒是被来往于丝路的阿拉伯商人提及。作为海上丝路的起点福建泉州，在五代十国时因城中引种豆科植物刺桐而闻名，故被称为"刺桐城"。而"刺桐"的发音，恰巧与阿拉

橄榄树

刺桐树

油橄榄手绘

橄榄烩牛肉

伯语里的油橄榄相近，因此色目商人就把泉州城讹传为"油橄榄城"。这个美丽的错误在当时影响极大，以至于元代时意大利旅行家马可·波罗在《马可·波罗游记》也将泉州写成为"油橄榄城"。直到 1342 年，摩洛哥游历家伊本·白图泰来到泉州，亲自证实泉州并无油橄榄树，而是刺桐树。才彻底解除了这个历史误会。

近千年之后，"齐墩"一词再次出现在清乾隆年间（1736—1795）的《钦定西域同文志》"外国果实类"条目中，编纂者们给保全了下来[1]。1771 年出版的满汉字典《清文补汇》中："齐墩异果，出波斯国，亦出拂林国。木皮绿，花白香。此果五月熟，果油可燃锌锌。"这定义显然是根据唐代的记述。

"齐墩果"一词在现代人看来显得十分陌生，目前它仅限于在学术中使用，如"齐墩果烷"等。它还有个别称"阿列布"，则是英语"olive"的译音。

油橄榄是世界闻名的油料作物。20 世纪初，法国传教士和留法学生带来一些油橄榄树苗，在云南蒙自县草坝、四川重庆和台湾省等地栽培，但规模都很小。1975 年，我国甘肃陇南市武都区引种油橄榄，武都橄榄油荣获国家"地理标志保护产品"保护。1998 年，国际橄榄油理事会绘制的《世界油橄榄分布图》上，第一次标上了中国的名字，武都区被国家列为全国三大油橄榄生产基地，被称为"中国油橄榄之乡"。

1964 年，我国农学家邹秉文先生曾提议：为区别我国原有的两种被称为"橄榄"的植物（一种是无患子目橄榄科橄榄属的橄榄（Canarium album），淡绿色的果实呈椭圆形，因此又名青果。味略苦涩而又芳香，亦可入药。潮州人喜欢取未成熟的橄榄与腌好的芥菜叶一起加油熬煮成著名的佐餐小食——橄榄菜。另一种是产于云南金虎尾目叶下珠科下珠属的余甘子（Phyllanthus emblica），云南方言为"橄榄"，因此也称"滇橄榄"。其果实黄绿色，如乒乓球目大小，入口先酸涩后回甘。可泡酒。），将其改命名为"油橄榄"，但遗憾的是这个提议没有被推广。油橄榄在绝大多数的情况下仍然被称为"橄榄"。利用油橄榄压榨的"油橄榄油"，也被不规范地叫作"橄榄油"。

厨涯趣事 >>>

2008 年春天，在罗马的厨艺交流培训机构"大红虾"，意大利农业部负责推广橄榄油和农业产品的专家马克·乔治（Marco Giorgio）博士给我们讲授"橄榄油品尝与鉴别"课程。他说：地中海沿岸国家都盛产油橄榄及橄榄油，但意大利的橄榄油最出名，而意大利又以萨比娜（Sabina）地区的质量最佳，这里有上千年树龄的油橄榄树。市面上很多号称是意大利的橄榄油，但真正意大利本土出产的只有十分之一左右，而绝大多数是在意大利灌装的产品。真正意大利的特级初榨橄榄油产品通常在瓶子的包装上会有原产地保护（DOP）及地理标识保护（IGP）字样，另一种蓝绿色标签则是无污染的产品标志。

[1] 劳费尔著，林筠因译《中国伊朗编》，商务印书馆，2016 年。

菠萝蜜

巨无霸果

菠萝蜜是原产于印度及马来半岛的一种大型热带水果。在印度南部，菠萝蜜一直是当地的重要食物，未熟的可为蔬菜，成熟的则是水果。菠萝蜜树和菩提树一样，同为佛教的圣树，受到人们的敬重。

菠萝蜜是隋唐时从印度传入中国的。因来自波罗国而得名"波罗密"，波罗国是 8—12 世纪统治印度东北部（今孟加拉国和印度比哈尔邦大部）的一个重要王朝。这个来自梵文"Paramim"音意相结合的名字，最初译为"波罗蜜多"，大乘佛经中有诸部般若经之集大成者——《大般若波罗蜜经》，"般若波罗蜜"意即"通过智慧到达彼岸"，有终极、彻底解脱的含义；"波罗蜜多"也专指这种水果。以后省略了"多"字，"密"字也改为甜蜜的"蜜"，"波罗"二字也加了草字头，沿用至今。

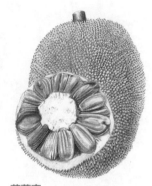

菠萝蜜

菠萝蜜的古称很多，唐代是"婆那娑"。段成式《酉阳杂俎》中载："婆那娑树，出波斯国，亦出拂林，呼为阿蔀掉。树长五六丈，皮色青绿，叶极光净，冬夏不凋，无花结实。其实从树茎出，大如冬瓜，有壳裹之，壳上有刺，瓤至甘甜可食，核大如枣，一壳中有数百枚，核中仁如粟黄，炒食甚美。"（这里说的波斯，实为马来半岛的南海波斯。）

菠萝蜜最早引种到广东。番禺南海神庙前的古码头为"海上丝绸之路"的重要港口，也是古代祭海的场所。该神庙距今有 1400 多年历史，庙前

菠萝蜜树

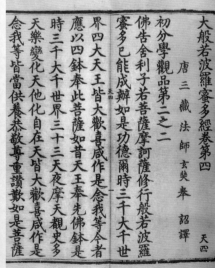

《大般若波罗蜜经》

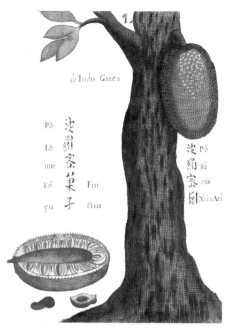

《中国植物志》中的菠萝蜜手绘

有两棵菠萝蜜树，相传是六朝时一位名叫达奚的使者随船将带来的波罗树移种在此。这座神庙因此得到俗名"波罗庙"，庙前的江水亦名"波罗江"。

宋代时菠萝蜜又称"囊伽结"。方信孺《南海百咏》云："南海东西庙各有一株……以蜜饯之，颇为适口。相传云西域种也，本名囊伽结。"此外，还有"频那挲""阿萨""阿蓓弹"等别称。菠萝蜜的学名是"木菠萝"，在广东被称作"大树凤梨"，而在海南和徐闻县则称之为"包萝"。因为外形大，还有"牛肚子果""蜜冬瓜"等别名。

虽然菠萝蜜的外皮上覆盖着像松果一样具棘刺的结构，但每一个都代表了一朵开败的花。在果实内部，每一朵曾在表面开放的花都结出一枚种子，一个果实最多可以结出500枚种子。果实在成熟的时候会从外壳散发出一种腐臭的气味，但里面的果肉却甘甜[1]。而包裹果肉的丝状物，可以炒肉或炖汤。果肉内的种子富含淀粉，煮熟后如同栗子般粉糯。

古人十分喜爱这种大型水果，南宋范成大在《桂海虞衡志》中写道："菠萝蜜大如冬瓜，削其皮食之，味极甘。"明代李时珍《本草纲目》："其果肉食之味至甜美如蜜，香气满室。"或许因为这个原因，吃了这种甜蜜水果之后的大悟，人也就如同到达了极乐世界——彼岸。

菠萝蜜炖鸡

菠萝蜜是世界上体积最大和最重的水果，堪称水果中的巨无霸。一般重5—20千克，最重超过59千克。熟透的果肉有烂洋葱的刺鼻味，切开后中间会流出许多白色黏液。应事先在手和刀上涂抹食用油，防止粘黏。如果手上已经沾上白浆可用少许食用油擦洗即可清除。菠萝蜜的果肉分干苞和湿苞两种，干苞的甜，湿苞有甜和不甜之分。但菠萝蜜不可多食，否则令人胸闷、烦呕。

厨涯趣事 >>>

在物流不发达的年代，北方能见到菠萝蜜就是一件新奇的事情了。30多年前，同事孙勇的父亲结束了海南的短期工作，乘火车返京时特意作为礼物带回菠萝蜜，令我心存感激。面对这个外壳青绿，生满了软刺的大果，无从下手。无奈拿起刀子费力剖开，随之是白色乳胶般的果胶黏液沾满刀身和双手。而那黄色的果肉，只有黏涩的口感，并无期许的果香和甜蜜。手上的乳白黏液却费了很大的劲儿才清洗掉。这就是初试菠萝蜜的经历。可能是考虑当时交通不便，路途又遥远，朋友只能挑选未完全成熟的果实。多年后，自己有机会去南国，也曾吃过菠萝蜜。成熟的果肉香甜可口，别有风味。想起第一次吃菠萝蜜的经历，真是应了广东的民谚："会吃滑溜溜，不会吃汗流流。"

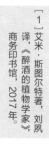

[1] 艾米·斯图尔特著，刘夙译，《醉酒的植物学家》，商务印书馆，2017年。

白豆蔻
聚众匪盗

白豆蔻原产东南亚。唐朝时传入我国广东等南部沿海地区，作为药草和香料在我国被利用已经有 1000 多年的历史。

唐人段成式在《酉阳杂俎》中云："白豆蔻，出伽古罗国，呼为多骨。形似芭蕉，叶似杜若，长八九尺，冬夏不凋，花浅黄色，子作朵如葡萄，其子初出微青，熟则变白，七月采。""伽古罗国"也称"哥谷罗国"，是坐落在今马来西海岸半岛上的克拉（Kra）地峡的一个小国。伽古罗即"Kakula"，乃阿拉伯语白豆蔻之称，盖以物名地[1]。而"多骨"一名可能是马来语的音译。

白豆蔻

"蔻"字由"寇"演变而来，古汉语中"寇"为聚众匪盗之意。白豆蔻果实近圆形，外表呈现不明显的三棱状，乳白或淡黄色，果皮薄且脆，易纵向裂开，露出里面许多深褐色的种子，衍生聚众，故名"豆蔻"。又因果实色白、形圆似豆子所以被称为"白豆蔻"。它还有"白蔻""白蔻仁""蔻米""圆豆蔻"及"白扣"等别名，其果实串生，也称"串豆蔻"。史籍中曾把草果也称"豆蔻"，李时珍在释名时曰："按扬雄《方言》云：凡物盛多曰蔻。豆蔻之名，或取此义。豆象形也。"除此之外，香料中的草豆蔻、小豆蔻和红豆蔻等也是依此命名的。

宋人苏颂云："今广州、宜州亦有之，不及番船来者佳。"南宋赵汝适《诸蕃志》中曰："白豆蔻出真腊、阇婆等蕃，惟真腊最多。""真腊"和"阇婆"，

白豆蔻植株

白豆蔻手绘

即今柬埔寨北部和印度尼西亚的苏门答腊岛一带。从以上记述可以看出，白豆蔻是由东南亚一带而来的舶来品。

白豆蔻是生长在温暖潮湿的林下作物，它天然地就有化解湿气的本领。宋代女词人李清照在《摊破浣溪沙》中有"豆蔻连梢煎熟水，莫分茶"的词句。她夏日生病时，以豆蔻煮水饮用，以药代茶，用以治脾肺的湿气。与句首"病起萧萧两鬓华，卧看残月上窗纱"相呼应。元代道士丘处机所著的养生奇书《摄生消息论》中也有夏季时"宜桂汤，豆蔻熟水，其余肥腻当戒"的劝诫。

白豆蔻也是一种常用香料，其芳香来源于内含的山姜素。在东南亚，人们不仅会使用白豆蔻的果实用作调味，就连其新鲜的嫩茎也不放过，因为其嫩茎同样散发迷人的香气。在泰国东部地区，白豆蔻白嫩的茎常常被切成厚片，与鸡肉、辣椒同炒。还可以放在石臼里和凹唇姜等舂碎，加入椰浆煮鱼肉。

白豆蔻在中餐应用广泛，但作为调味香料它很少单独使用，通常是与其他香料联袂出场，主要用于配制各种卤水、酱汤及火锅的底料中，或用在烧、炖、煨、煮、烩各种肉类菜品中，有去腥赋香的作用。

潮州卤水狮头鹅全拼

当白豆蔻果实成熟时，可剪下晒干。干燥后的白豆蔻直径有1.5厘米左右。它的果壳有3条较深的纵向槽纹，薄脆易碎。里面的种子和果壳之间空隙较大，容易纵向裂开。裂开之后，里面球形的种子团分为三瓣，每一瓣大约有10粒种子，种子都紧密地长在一起，不易分开，形状不规则，是比较暗的棕红色。种子有清凉的辛香之气，碾碎后辛辣香气更加浓郁。

白豆蔻并不是颜色越白越好，质量优者自然色泽是白中带微黄，而很白的则是被漂白或提炼过，需要警惕。

厨涯趣事 >>>

由于我经常把发表在专业期刊或公众号介绍香草和香料的文章分享在朋友圈，因此结交了很多热心博物的好友。去年，在"壹木自然学院读书会"的微信群中，有位郑国颉先生在福建霞浦种植芳香植物，其中就有白豆蔻。他发给我白豆蔻生长的图片：狭长的叶子直接从茎上长出来，白色的花长在茎的顶部。到了秋天，就长出了一串类球形的果实，如同绿色小灯笼般高挂在枝头，而花序就变成灯笼的穗，煞是可爱！8月初，他把刚刚采收的白豆蔻快递给我。收到带着枝茎新鲜的"绿色小灯笼"，嗅其特有的芳香。合十感恩！

[1] 陈连庆，《中国古代史研究》吉林文史出版社，1991年。

胡卢巴
苦心孤诣

胡卢巴原产于欧洲南部地中海地区，其药用历史可追溯到公元前4000年左右。古埃及人将胡卢巴干燥的叶子用作制作木乃伊的防腐香料。古罗马人从希腊引进胡卢巴，一直把它当作饲牛的草料，称其为"希腊秣草"。在中东地区，胡卢巴是传统药材、烹饪的香料，也被用来作为明黄色的天然染料。

胡卢巴籽

胡卢巴的种子外层含一种水溶性储备碳水化合物聚半乳甘露糖，因此浸水后会渗出一种浓黏稠物质凝胶。历史上它曾是被用于战争的秘密武器。据约瑟夫斯（Flavius Josephus）在《犹太战争》（*The Jewish war*）中记述：66年，罗马军团在进攻圣城耶路撒冷时，聪明的犹太守军从城墙上泼洒水煮过的胡卢巴，胡卢巴落在罗马人云梯上导致敌人因湿滑失去平衡，击退侵略者的进犯。

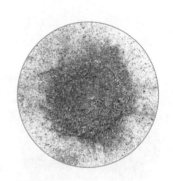

香豆粉

胡卢巴于晚唐时期传入我国，其中文名称来自阿拉伯语"hulba"的音译。这个译音非常有趣，因为这"胡"字也是译音的一部分，然而它同时也暗指种族的名称"胡"。从这个音译的形式来看，它是唐朝以后所译的[1]。胡卢巴最早见载于后唐侯宁极的《药谱》中。

胡卢巴后来出现在历代药书中，北宋嘉祐年间（1056—1063）的《嘉祐本草》中认为它有"主元脏虚冷气""治肾虚冷"的功效，又云："胡卢巴出广州并黔州。春生苗，夏结子，子作细荚，至秋采。"说明此物当时已在广东和贵州有栽种。明代药学家卢之颐在其所撰的《本草乘雅半偈》中对其名称由来有进一步的解释："胡者敛互，卢者火器，巴者曲折三廻，

胡卢巴植株

胡卢巴荚果

胡卢巴手绘

香豆酥饼

阖白水流也。言能敛互水火两肾之元阳，盖以功力为名矣。"又曰"胡卢巴，一名肾曹都护。生海南诸番，今广州、黔州具有，不及舶上者佳"。

胡卢巴的种子含有香豆素（Coumarin），是以苦香味著称，这在众多的食物香料里也是唯一的。元代忽思慧因其有苦香气味而称之为"苦豆"，他在《饮膳正要》中并列有一款以羊肉为主、胡卢巴及草果调味的"苦豆汤"的详细做法。这也是最早用胡卢巴入馔的记载。

如今，在西北地区依旧保持着食用胡卢巴的古老习俗。甘、青、宁及新疆等民众仍称其为"苦豆子"。端阳节前后，正是苦豆子叶鲜枝嫩的时节，将叶片捋下洗净，晒干后揉搓成细细的绿色粉状，有焦糊微苦的香气，因这种芳香气味具极强的穿透力，因此也被称为"香豆子粉"。将发制好的面团擀薄，涂上清油和苦豆子粉，然后卷切成剂子，做成各种面食。苦豆子粉与面粉的麦香相得益彰，堪称绝配。那种被誉为母亲的味道，只有西北人才能体会得到。添加苦豆子粉的面食既可调色调味，还有医食同功之妙。在西北地区有"宾客吃绿，贵客吃黄"的说法，就是把添加胡卢巴和姜黄粉的面食敬献给尊贵的客人。

胡卢巴新鲜的叶子可作为蔬菜食用，在北非地区，突尼斯和摩洛哥人就直接用来制作色拉，切碎放在西红柿之类的果菜上或加入到三明治中，也可以煮汤、炒或焯水拌凉作为配菜。胡卢巴的种子非常坚硬。需稍微烘烤后再磨碎，强烈的辛辣和甜中带苦焦糖般令人愉悦的芳香会更明显。印度人喜欢把它混合到咖喱香料中。在中东及阿拉伯国家"芝麻果仁酥糖（Halva）"的表层上撒裹的就是胡卢巴粉。而美国和加拿大则用胡卢巴的种子来加工"人工枫糖浆"（Mapleine）。

厨涯趣事 >>>

马思林先生是草本爱好者，也是我香草香料系列文章的拥趸。当他得知胡卢巴就是家乡的苦豆子时，就兴奋地讲解西北"宾客吃绿，贵客吃黄"的习俗。又如数家珍地介绍：甘肃回民"马蹄馒头""香豆烤锅""香豆胡麻油饼"及敦煌的"死面饼子""洪福卷卷"；青海的"浇尿饼""馍馍""焜锅"；宁夏的"烤饼子""蒸花卷"及新疆东三县的"胡麻蒸饼""油渣包子"等面食也一定要掺和了苦豆子粉才格外好吃。苦豆子的根须含苦参碱，在民间煮水是医治慢性肝炎的良药。我们每次都相聊甚欢，我也学习很多。真可谓高手在民间！

[1] 劳费尔著，林筠因译，《中国伊朗编》，商务印书馆，2016年。

籼米

占城稻

　　我国长江流域是水稻的起源中心之一，在江西和湖南分别发现了距今约万年稻作栽培遗址。由于江南地区温暖湿润的气候适合种植水稻，因此稻米一直是长江流域及其以南人民的主粮。

　　汉代时期，稻米就被列为"五谷"之一。当时人们主要集中居住在中原一带，4世纪，西晋时期塞外的匈奴、鲜卑、羯、羌、氐等胡人部落相继发生了"五胡乱华"之后，迫使北方人口南迁并开始有规模地种植水稻。又经过数百年的缓慢发展，至宋代稻米逐渐成为中国南方最主要的粮食作物。

籼米

　　北宋大中祥符四年（1011），江、淮、两浙出现旱情。朝廷得知福建从占城（今越南中南部）引进了耐旱的两季稻，被称为"占城稻"，引起了真宗皇帝赵恒的高度重视。所谓"占城稻"又称早禾或占禾，属于籼稻，起源于亚热带，有生长期短，自种至收仅50余日，且在无霜期生长一年可多次成熟的特点。我国原有粳米及糯米，并没有籼稻，占城稻在唐末宋初时就由闽商传入福建，至宋真宗时已有上百年历史。据《宋史·食货志》记载："（占城）稻比中国者，穗长而无芒，粒差小，不择地而生。"因此，这是一种耕作粗放，无需灌溉设施，任其自然生长的良种稻。

种植水稻钱币（越南）

　　为了推广这种新作物，真宗皇帝"以江淮两浙稍旱，即水田不登，遣使就福建取占城稻三万斛，分给三路种，择民田高仰者莳之，盖旱稻也。内出种法，命转运使揭榜示民。后又种于玉宸殿"。北宋僧人释文莹《湘山野录》在"真宗求占城稻种"条下载明："真宗深念稼穑，闻占城稻耐旱、西天菉豆子多而粒大，各遣使以珍货求其种。占城得种二十石，至今在处播之……"按每亩地用种三升估算，三万斛稻种，约可栽种到100万亩稻田中[1]。赵恒帝还亲自示范，在玉宸殿旁栽种，观察种植情况后，还邀请大臣们吃了一次籼米宴，乘兴还做了一首《占城稻赋》，以颂扬占城稻的优秀。宋真宗主导引种和推广占城稻是中国双季稻、三熟制发展的契机，这种典型的外来农作物，使得南方许多高抑干涸之

《御制耕织图》

地也可以种植，粮食产量得到提升。占城稻出众的优良品性使其成为长江流域占统治地位的粮食作物，对我国稻作系统产生了深远的影响。

籼米粒细长，黏性小，吸水性强，胀性高于粳米及糯米。籼米可煮粥捞饭，也可炒饭，但口感略糙。通常磨成粉后再加工或发酵酒酿。云南米线、桂林米粉、广东萝卜糕、安徽三河米饺、江浙米干等都是由籼米制成的。

籼稻手绘

云南蒸米糕

稻米按照品种分为三大类：分别是籼米、粳米和糯米。籼米主要产于南方，米粒细长形或长椭圆形，蒸煮后出饭率高，但黏性较小，米质较脆。根据稻谷收获季节，分为早籼米和晚籼米。粳米去壳后称大米，米粒一般呈椭圆形或圆形，米粒丰满肥厚，呈透明或半透明，质地坚硬而有韧性，煮后黏性油性均大，柔软可口，米香味浓，以东北产区的质量优。糯米是糯稻脱壳的米，南方称为糯米，而北方则叫江米。糯米呈乳白色，不透明或半透明，口感柔软而富有黏性。

由于籼米所含淀粉结构以直链淀粉为主，导致煮饭的口感差，将70%的籼米与30%的糯米相混一起煮，这样煮出来的饭和粳米一样软熟爽口。另外，在煮籼米饭时，加入少许食盐和熟花生油，这样煮出来的籼米饭像粳米饭一样美味可口。

厨涯趣事 >>>

初尝籼米是在40年前的盛夏，刚刚毕业的我即被选调北京工作。在单位的大灶食堂就餐时，满满的蓝边瓷碗里的米饭让我陷入困境。我自幼生长在东北，吃盘锦大米长大，但从来没有见过这样既无香味，也无黏性，更无油性的米饭。强迫自己扒拉几口，粗糙的米粒，难以下咽，甚至有点刺嗓子眼儿的痛感。勉强吞下一半，下意识地颠了颠饭碗，惊奇地发现里面的米饭竟如沙砾般翻动起来。不禁询问邻座的老同志这是什么米？她看我少见多怪的样子，答道：是机米（北京对籼米的俗称）！我突然想起父亲曾说过，他以前去江南出差时经常吃一种不饱肚子的"线米"（东北对籼米的别称）。没想到这回轮到我在北京与它遭遇了。从此以后，每到食堂只好改吃面食了。随着生活水平的提高，如今，在北京却很难再见到籼米了。

[1] 罗格：《食物改变历史》中国工人大出版社，2022年。

苦瓜

菜中君子

苦瓜是以苦味著称的蔬菜，它原产于印度东部地区。何时传入我国已无史可考。"苦瓜"的称谓始见于宋代。南宋时期，温州地区的南戏剧目《张协状元》中有"似哑巴吃了苦瓜"的台词。同一时期的高僧普济在其《五灯会元》一书中也曾记载过诸如"哑子吃苦瓜"的话，同样表示"有苦难说"的窘境。两个故事均发生在温州，这似乎可以传达这样的信息：南宋时期，苦瓜在江浙一带业已成为家喻户晓的蔬菜了[1]。宋代诗人释梵琮有"一番花落成空果，信手拈来是苦瓜"的诗句，因此推断苦瓜传入中国的时间至少在北宋时期。

苦瓜

元大德八年（1304），由广东人陈大震、吕桂孙纂辑的地方志书《南海志》中提及"蒲突"[2]，即为粤语方言的苦瓜。元代后期，苦瓜已由南向北传播。据元代学者熊梦祥在《析津志》中记载：大都（北京）已由南方引入苦瓜栽培。

明皇子朱橚，被朱元璋封到河南开封为王，他喜研植物，也体恤老百姓，于明永乐四年（1406）专门编写了一部教穷人在荒年辨认可以食用的野菜，免于饿死的书——《救荒本草》中也收录了苦瓜。书中写道："锦荔枝，又名癞葡萄。人家园篱边多种之。……结实如鸡子大，尖（角肖）纹皱，状似荔枝而大。"因苦瓜色绿如织锦，表皮密生瘤状凸起，又似荔枝外壳，得美称"锦荔枝"；而其生苗引蔓，如葡萄茎叶卷须，瓜身凹凸皱起似生癞，又名"癞葡萄"。这些都是以观察其外形及特点而命名的方法。同时也透出苦瓜在中原地区已是百姓家园随意爬篱的野菜了。徐光启编撰《农政全书》时，收载了《救荒本草》之"苦瓜"条文，又加了一段按语："南中人甚食此物，不止于瓤；实青时采者或生食，与瓜同，用名苦瓜也。青瓜颇苦，亦清脆可食耳，闽广人争诧为极甘也。"苦瓜最终作为食材，也因味苦而得名。

外表丑陋、食之奇苦的苦瓜却有一个雅称——"君子菜"，是因它具有"不传己苦与他物"的秉性而被古代文人赞为君子之德。清初有位自号"苦瓜和尚"的画家石涛，本是明皇室后裔，后遁入佛门。据说他把苦瓜供在案头朝拜，还餐餐以苦瓜为食。在其《苦瓜和尚画语录》的笔墨中也包含着淡淡的苦涩。

苦瓜不仅是夏季佳蔬，还是一味良药，有明目、利尿、清凉解毒、增进食欲等功用。《滇南本草》称苦瓜"治六经实火、清暑、益气、止渴"。

锦荔枝

《本草纲目》称其种子可"益气壮阳"。

过去，苦瓜只种植于南方热带地区。20世纪80年代中期，粤菜风靡全国。随粤厨北上，也带来一些诸如凉瓜（苦瓜）等稀奇古怪的食材。如今，苦瓜由南至北，广受欢迎。

苦瓜手绘

厨涯趣事 >>>

认识苦瓜是在儿时，见过奶奶在花盆里种的叫"癞瓜"的植物。悄悄地摘下，攥在手中把玩，并当作手雷抛耍。小伙伴说癞瓜能吃，经不住诱惑掰开，里面红红的籽倒是漂亮，尝试咬一小口，苦得咧嘴，马上吐掉，也招来哄笑。入厨后，方知广东人称的凉瓜即苦瓜，因忌讳苦字，取其性寒而称"凉瓜"。再后来北京的菜市也可买得，工作中更会用到，也渐渐尝试不同菜系的各种做法。随着年龄的增长，从不喜欢，到欲罢不能。慢慢体会到食之清苦，入心如饴。如品味人生，化苦为甜，苦尽甘来的感受及境界。

鱼蓉酿苦瓜

野生苦瓜果实小而肉薄，味道苦涩难以食用。栽培的食用苦瓜含有多种营养素，其中维生素C含量是瓜类蔬菜中最高的一种，在蔬菜中仅次于辣椒。由于果实内含有苦瓜甙等物质而苦味，很多人开始接受不了。有个简单的方法可降低苦味，就是将苦瓜切薄片，及少许盐稍腌片刻再攥去苦水，苦味几乎尽无。用盐腌过的苦瓜肉质脆嫩，苦味适中，清香可口。与肉类同炒、干煸、蒸、酿、炖及煲汤，或凉拌、鲜榨苦瓜汁均为美味。

[1] 张平真主编，《中国蔬菜名称考释》，北京燕山出版社，2006年。

[2] 杨宝霖，《自力斋文史农史论文选集》，广东高等教育出版社，1993年。

穆

禾中人参

穆（cǎn）起源东非，其栽培史可追溯到公元前 2000 年。穆从非洲传到印度后扩散到东南亚，又从东南亚传到我国。具体年代不详[1]。

穆字始见于《广韵》(《广韵》是我国北宋时期官修的一部韵书)[2]。可见穆的栽培历史最少有 1000 年以上。穆是中国古代重要的粮食和救荒作物，其植株与黍、稷及稗接近。区别是穗状花序，簇生茎端，成熟时向内外弯曲，形如禽爪或龙爪，故有"龙爪稷""龙爪粟""鸡爪粟""鸭爪稗""雁爪稗""拳头粟"及"云南稗"等别称；因其自非洲来，又叫"非洲黍"。

穆子籽实

穆的适应能力极强，既耐涝又耐旱，也无需施肥浇水，春夏之际自然会萌发出幼芽。但穆的产量不高，颖果为黄褐色或茶色等，籽实为球形，粗糙松散，不易消化，但有饱腹感。明代朱橚把它收录在《救荒本草》中："穆，生水田中，及下湿地内。苗叶似稻，但差短，梢头结穗，仿佛稗子穗，其子如黍粗大，茶褐色。"民间俗称为"穆子"，在山东高密至今有个"穆子庄"，明代胶东曾出现一次大水灾，因穆子不惧水涝，先民就以穆来命名。

穆子粑

李时珍《本草纲目》中也有详细介绍："穆乃不粘之称也。又不实之貌也。……山东、河南亦五月种之。……簇簇结穗如粟穗而分数歧，如鹰爪之状，内有细子，如黍粒而细，赤色。其稃甚薄，其味粗涩。……捣米，煮粥、饮饭、磨面皆宜。"

穆子植株

穆子手绘

我国南北均有种植，清同治年间，山东《黄县志·食货志》："俗呼'穆子'，一名'龙爪稗'，与稗相似而异，旧志误合为一。"蒲松龄在《农桑经》中也曾提到穆。民国初年胡适、罗尔纲曾在《聊斋全集》抄校本中专门对"穆"作注。

南方人把穆子磨成粉状加上糯米粉就有很好的可塑性，蒸或油炸成"穆子粑"，粗涩和软糯的口感齿中交融。在湖南娄底有"不到高山，不显平地；冇呷穆子粑，不知粗细"的俗语。新化的农家饭食"穆子粑蒸鸡"，传说是南宋时就有的美味；穆子粉还可做成穆子面条和煎饼。广西岑溪则熬煮成稠密的"粟粥"。生活在喜马拉雅山脉的夏尔巴人称穆子为"鸡爪谷"，碾成粉用热水烫熟，就是即食的"糌粑"。穆子发酵可酿成酒。

穆子酒有特殊的香气。清代《齐民四术》："煮饭甚香滑，益气厚肠胃……酿酒味胜糯米，汁少减。"如今在湖南永州零陵、道县，郴州桂东及江苏兴化等地都保持出产以穆子为原料古法酿制的高度穆子酒。穆子还能发酵制醋。

穆还是药材。《本草纲目》："补中益气，厚肠胃，济饥。"民间常用穆子来治疗尿频、脾虚腹泻、消化不良等症。穆子有不生虫，久放不坏，且存放越久颜色越深的特点，贮存一二十年就变成黑色的了。年代久的穆子药效更好。

近几十年以来，由于高产细粮的普及，粗贱的穆子几乎无人种植。现今，随着生活富足，穆子的营养及食疗价值又重新受到关注。我们从"穆"字的会意可以体会到古人命名的智慧，穆子有"禾中人参"的美誉。

穆子粑蒸鸡

穆有糯穆和粳穆之分，粳穆的口感粗糙，糯穆口感相对来说要好些，但产量不如粳穆高。穆是不可多得耐贮藏、营养价值高的健康粗粮，其蛋白质含量较高，脂肪含量与小麦相当。又富含天然有机矿物质和维生素，特别是含有丰富的抗衰老物质，如锶、硒、维生素E等。对治疗脾胃气虚、腹泻等疾病有独特的疗效。穆的颗粒圆润流动性好，民间用饱满的籽粒做婴儿的枕头。

厨涯趣事 >>>

穆子是为数不多我没有见过、此前也没有听说过的食材。为了解穆子，我有目的性地咨询各路朋友，包括学习农业的很多人都不曾听说和见过。正当我一筹莫展时，湘籍朋友邵进和许璨帮我联系到了长沙商贸旅游职业技术学院湘菜研究所研究员、笔名巴陵的方八另，他是中国作协会员、美食旅游专栏作家，出版饮食文化专著20余部。由于方先生是湖南新化人，从小对穆子就有特殊的感情，还曾发表过散文《新化穆子粑》，对穆子的历史和文化有深入的研究。他还特意给我寄来当地的"穆子粑"，在品尝美味的同时，也感受到同好的情谊！

[1] 星川清亲著，段传德等译，《栽培植物的起源与传播》，河南科学技术出版社，1981年。

[2] 中国农业百科全书编辑部，《中国农业百科全书·农业历史卷》，中国农业出版社，1995年。

参薯

香芋·紫山药

参（shēn）薯原产印度的阿萨姆及缅甸一带。以后传到东南亚，又随波利尼西亚人散布至整个太平洋热带岛屿。后被带到非洲，西非几内亚土著称其为"Nyami"。由殖民者葡萄牙人把它带回欧洲，参薯的英文是"yam"。

据日本学者星川清亲《栽培植物的起源与传播》，参薯11世纪时传入中国华南地区[1]。说明在我国种植已有上千年的历史，主要生长在长江以南的省份。

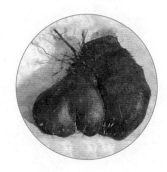

紫山药

参薯是薯蓣科薯蓣属根茎植物，虽然其外形与甘薯、马铃薯或魔芋、芋头等很像，但实际上它与"薯"及"芋"并无亲缘关系。它和山药同为家门，但却比山药身材魁梧。参薯的肉质通常为白色，其气味较淡，在华南一些地区常被当作"淮山药"用。它还有一个紫色的变种，因此又被称为"紫山药"。甘薯和马铃薯中也有紫色的品种，但紫色甘薯或马铃薯与紫色参薯仅仅是颜色接近，最大的区别是紫色参薯有浓郁的香草甜香。

由于马铃薯别称洋山芋或洋芋，有特殊香味的紫色参薯被俗称"香芋"，而香芋之名又极易被人误认为是芋头的一个品种。

最早记载"香芋"的是明弘治十七年（1504）上海县的旧籍中。明清时期的上海及江浙地区，参薯曾被视为珍品。曹雪芹在《红楼梦》第十九回有宝玉编出扬州地方一个聪明伶俐的小耗子变香芋（香玉）的故事来哄黛玉的描述。如今，人们说起香芋指的就是紫色参薯，因此又名紫玉参薯。参薯在各地还有许多别称，如浙江人称为毛薯，方山薯；广东叫大薯、薯子、黎洞薯；广西称红毛薯、鸡窝薯、脚板薯；四川人也呼脚板苕，是因其外形呈扁块状，有的部位会突出，形似人脚而得名。

紫色参薯不仅外皮呈紫黑色，里面果肉的断面也是紫白参半，就连蒸煮出来的汤水都是紫色的。紫色在食材中一直被认定为是珍贵的特征，紫色参薯富含花青素，是一种纯天然的抗衰老的营养补充剂，也是天然的食用色素，其营养价值远胜于其他色泽较浅的食品。紫色参薯还具健脾补肺、固肾益精等功效，是药食两用的保健食材。

紫色参薯肉质绵密细腻，带特殊的清香。与肉类一起烹饪，互为表里，相得益彰。如"香芋烧竹鸡""大薯蒸肉"等香而不腻，酥而不烂。参薯也可制作"参薯糖

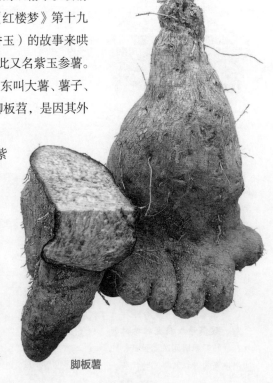

脚板薯

水""香芋麻团""香芋西米露""香芋奶茶""香芋派""香芋冰激凌"等冷热甜食。就是直接蒸、煮或熬粥同样香糯可口。烘干后碾成参薯粉同样可做成各式各样的美味小吃。

参薯在东南亚种植较多，其中以菲律宾的 Kinampay 质量最好，它比普通参薯颜色深，香味也更浓郁。在菲律宾，参薯被称为 "Ube"，每年都会举办 "参薯节"。

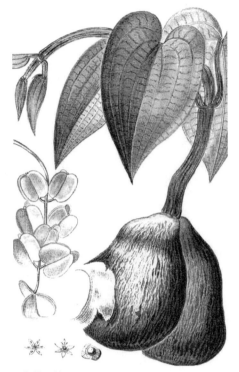

参薯手绘

厨涯趣事 >>>

2015 年，我和植物科学绘画师孙英宝博士一起去云南采风。返京前在昆明五华区西翥沙朗乡金田农业生态园午餐，好友周群老总热情地招待我们。她说今天刚刚收到朋友从红河州屏边寄来的紫山药泡的苞谷酒给我们送行。只见玻璃酒杯中淡紫色液体，如宝石般晶莹剔透，高贵典雅。入口后，酒体醇厚，丰满绵长，最出彩的是丝丝紫山药特有的清香。几杯后就进入了兴奋状态，再推杯换盏，险些误了回程航班，急忙奔向机场。三个小时后，飞机落地北京，我们的酒劲全消。孙博士拍了拍脑门，连声道：好酒，好酒！

[1] 星川清亲著，段传德等译，《栽培植物的起源与传播》，河南科学技术出版社，1981年。

香芋派

很多根茎类食材外形相似，常常让人困扰，傻傻分不清。好在有植物学的科学分类，才使人明辨。如马铃薯是茄科（Solanaceae）茄属（Solanum）、甘薯为旋花科（Convolvulaceae）番薯属（Ipomoea），魔芋与芋头虽同为天南星科（Araceae），但又分别是魔芋属（Amorphophallus）和芋属（Colocasia），而参薯和山药则皆是薯蓣科（Dioscoreaceae）薯蓣属（Dioscorea），它们的区别是山药的断面为圆形，而参薯的断面是多边形。

燕窝

唾泌为玉

　　燕窝，顾名思义，即燕子的窝。这可不是普通燕子所筑的窝，而是一种生存于东南亚一带沿海和岛屿、喜群栖海边悬崖石洞内的金丝燕。金丝燕产卵前，飞翔于海面和高空中，穿云破雾，吸吮雨露，摄食昆虫、苔藓、海藻、银鱼等大自然精华。由于它们的喉部有很发达的黏液腺，所分泌的唾液可在空气中凝成固体，待钻入洞穴后，高附壁上，吐唾筑巢，作为藏身之所。因此只有金丝燕所筑造的巢，才能叫作燕窝。因此说燕窝不是一个物种，是金丝燕用唾液堆砌粘结而成，这也是本书中唯一的非天然形成的食材。

燕窝

　　金丝燕每年可营造窝巢 3—4 次，燕窝形似人耳，如丝织网，洁白晶莹，富有弹性。它非常稀少，取之不易。采集人需攀登于陡壁之间，危技并存，一举一动，扣人心弦。燕窝的滋补养生及物以稀贵等因素，使其成为世界上最昂贵的食材之一。燕窝早期是由生活在南洋的华人带回国内的，始记于元末百岁老叟贾铭所著的养生秘籍《饮食须知》中："燕窝，味甘平，黄黑霉烂者有毒，勿食。"

　　明初郑和下西洋后，促进了燕窝的对华贸易。据香港中文大学关培生、江润祥先生的《燕窝考》："今考郑和下西洋时，所经之处，均为出产燕窝之地区，该地所产燕窝至今仍有来货，未尝闻断。"明万历年间，屠本畯写的《闽中海错疏》中："海燕窝，随舶至广，贵家宴品珍之，其价翔矣。"万历十七年（1589）燕窝进口已有陆饷则例，已行抽税。张燮在《东西洋考》载："燕窝，每百斤白者税银一两，中者税银七钱，下者税银二钱。"为最早燕窝贸易的关税记载。

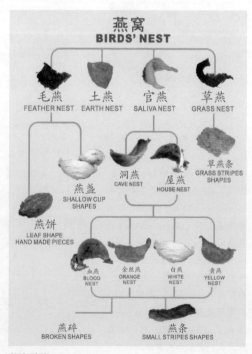

燕窝种类

　　燕窝首先被闽粤精英阶层接受，昂贵的价格加剧了明清时期官宦饮食的奢侈之风。美食家袁枚在他的《随园食单》载："燕窝贵物，原不轻用"；"某巡抚宴客，碗大如缸，日炖燕窝四两。"又如湖广巡按御史王骥"烹鱼时，必先置燕窝腹内方食"等。在《红楼梦》中"燕窝"二字出现 17 次之多，第四十五回宝钗道："每日早起拿上等燕窝一两，冰糖五钱，用银铫子熬出粥来，若吃惯了，比药还强，最是滋阴补气的。"

燕窝的疗效始见于清代著名医家汪昂《本草备要》："燕窝甘淡平，大养肺阴，化痰止嗽，补而能清，为调理虚劳之圣药。一切病之由于肺虚而不能肃清下行者，用此皆可治之。"

名贵的燕窝自然成为进贡珍品。由于来源稀缺，以前的宫廷燕窝消费以北京、天津卫的御膳为代表[1]。康熙年间《调鼎集》的"上席菜单"中，燕窝名列首位。清末徐珂在《清稗类钞》中记载清代的筵席有烧烤席、燕窝席、鱼翅席、海参席等。燕窝席是仅次于烧烤席的第二等高档席。以后，被列为中国四大传统名贵食材——燕、鲍、翅、参之首。燕窝对我国饮食养生文化有巨大影响。

金丝燕及燕窝

[1] 周岱翰：《关于燕窝的旧证新考》，《中国中医药报》2013年8月15日。

厨涯趣事 >>>

刚入厨经常做技术性不强的工作，比如摘燕窝。师傅们事先把干燕窝放在一个珐琅盆里用凉水泡软，我们新来的学员就围坐在这个大盆旁边。每人捞起一个燕盏，放到面前一个白色的小圆瓷盘中，再淋一点水。燕盏在白色瓷盘的映衬下看似洁白无瑕，但仔细地查看会发现有极细小的绒毛。厨师长示范给我们，用小镊子耐心细致地把灰黑色的小绒毛的东西挑出来。因是首次接触高档原料，非常兴奋地瞪大眼睛认真摘挑，唯恐漏掉丝毫。二三十分钟后，视力就开始模糊了，厨师长便让我们休息一会儿再挑。在工作收尾清理时，撩起手指间余下的残渣偷偷地塞进口中，只觉口中绵滑，但却索然无味。

沉鱼落雁（燕）

燕窝，又称燕菜、燕盏、燕根、燕室等，既是名贵的烹饪原料，又是营养价值极高的补品。有不同的品种和级别。其中"白燕"质地纯洁，是燕窝中的上品。金丝燕喉部的唾液腺在产卵前非常发达，此时所筑的巢色白洁净故名，因过去常为献给朝廷的贡品，也称"官燕"；含有杂质和羽毛较多者叫"毛燕"，而"血燕"次之，是因巢被含有铁元素的岩壁矿物质渗入转化成铁锈色，故也称"红燕"。根据筑窝环境，还可分为洞燕和屋燕两种。二者在营养含量上并无太大区别。

月桂叶
最高荣誉

月桂树原生于南欧地中海沿岸及小亚细亚一带。在西方文化源头——古希腊罗马文化中，月桂叶是智慧、平安、胜利和荣耀的象征而受人尊崇。

在希腊神话中，月桂树是太阳神阿波罗（Apollo）的圣树。露珠女神达芙妮（Daphne）为拒绝阿波罗的爱，乞求父亲河神把自己变成一棵月桂树。从此阿波罗将月桂树尊为他的圣树，并在琴和箭袋上饰以月桂叶以表达对达芙妮的深情。他还以月桂树枝编织的花环冠冕戴在体育竞技优胜者和诗人的头上，"摘得桂冠"和"桂冠诗人"的意象由此衍生。在罗马神话中，月桂是主神朱庇特（Jupiter）的圣物，象征和平的来临。历代罗马皇帝们都喜欢将自己头戴桂冠的肖像镌刻在钱币上，代表至高的荣誉。

月桂叶

月桂何时传入我国，苦乏资料，不能遽定。毛民博士在《榴花西来——丝绸之路上的植物》一书中写道：随着汉唐丝路的繁盛，月桂远从大秦（罗马帝国）传入西域，被维吾尔人称为"普尔米亥"。受中国风俗影响，西域诸国嗜茶，乌兹别克人和塔吉克人常把月桂叶掺入红茶中以增茶香[1]。

月桂叶金币（法国）

据《旧唐书》：武则天"垂拱四年（688）三月，有月桂子降于（浙江）台州，十余日乃止"。有人认为月桂子即月桂树的果实，但也有人称是桂花树籽。

桂花树即我国古代神话中月亮上的树，因是"月中之桂"简称月桂。这就和真正的月桂树混淆了。容易混淆的还有肉桂树，因为它们的名字都有"桂"字。明代李时珍在《本草纲目》中引用唐代陈藏器《本草拾遗》的相关记述后，确认月桂子即月桂的果实，称其药性辛温，无毒。由此推断，月桂至少在

阿波罗与达芙妮雕像

月桂叶手绘

马铃薯汤

明代之前，已引入中国。

1866年，德国传教士罗存德（Wilhelm Lobscheid，1822—1893）在香港出版两卷本的《英华字典》中始有"月桂"词条[2]。成为最早收录有"月桂"一词的双语字典。关于月桂的中文命名，也是历史谜团。其英文"Bay leaf"并没有月亮的含义，为何译成月桂？无独有偶，同属汉文化圈的日文中同样写成"月桂"。据日本农学家汤浅浩史引自《日本大百科全书》中"月桂树"条目的解释：中国古代神话"吴刚伐桂"的故事很早就传到了日本。但是日本人误把连香树当成了桂树，到了江户时代才纠正过来。明治时代的1905年，月桂树传入日本的时候因其类似桂树，叶子具有强烈的香味，被误认为是中国传说中的桂树，因此得名。而中文成语"蟾宫折桂"与西方的"摘得桂冠"竟有异曲同工之妙！

月桂叶是西餐最常见的基础香料。它有微苦清爽的香气，几乎适合与各种食材相配伍。月桂叶在我国餐饮行业习惯称其为"香叶"，中餐使用较早的是香港和广东地区，如今各地菜系在腌制肉类及酱卤制品中也常用来调味。

月桂、肉桂（桂皮）与桂树，三种名称相近的植物常常令人困扰。其中月桂（Laurel）和肉桂（Cinnamon/cassia）同为樟科植物，区别是月桂属，而肉桂则为樟属；月桂利用的是气味怡人的叶片，肉桂则是取树干上芳香浓郁的树皮，故也称桂皮。桂树（Sweet osmanthus）则是木犀科木犀属植物，我国原生品种。以其甜香迷人的黄色花朵闻名，因此也称桂花树。桂树、月桂与肉桂，一花、一叶、一皮，皆为人类舌尖上的美食默默无私地奉献自身的精华。

厨涯趣事 >>>

在西餐众多的香料里，月桂叶既不夺目，也不出众，甚至容易被忽视，但缺少时却发现弥足珍贵。它犹如一位老学究，看似性情沉稳、谦逊含蓄，但表面温和的背后却后劲十足且有深度。其叶片经略长时间的烹煮后才能释放其独特的香味，且越久越浓，甚至一发不可收拾。因此不宜多放，否则会遮住食物的原味。在适当时候还要请它中途退场，避免久煮自我陶醉而产生苦涩。月桂树分布很广，我在欧美、西亚、北非及大洋洲，甚至加勒比海地区都曾见过。有一次，在新加坡见到据说是印度月桂叶，形状比常见的要宽，呈椭圆形，最明显的区别是三条纵向的叶脉平行而生，香气浓郁。经辨认，原来是肉桂（桂皮）树的叶子。

[1] 毛民，《榴花西来：丝绸之路上的植物》，人民美术出版社，2005年。

[2] 树木图鉴，"www.jugemusha.com/jumoku-zz-gekeiju.htm"。

榴莲

流连忘返

榴莲是一种原产东南亚的热带水果。榴莲果树可高达十几米，它的果实如同菠萝蜜般垂在高大的树身上，而不是在树枝间。虽果实的个头比菠萝蜜小些，但果皮上却长满尖刺。每年六七月间，成熟的果实无需采摘，会自动脱落而开裂，散发出夹杂着洋葱、奶酪或肉蛋类腐烂般浓烈的、令人难闻并刺鼻的气味。

榴莲

正是榴莲的味道使它名声远扬。好在这种气味主要在其外皮上，果肉则口感绵糯，奶油般软滑，且甘甜如栗。是一种令人倾心、使人上瘾的水果，素有"热带水果之王"的美称。

据史料记载，榴莲是在明朝郑和下西洋时带回的。1405—1433 年，郑和先后统率几百余艘远洋帆船，20000 多名船员组成庞大船队七下西洋。远航至西太平洋和印度洋，足迹 30 多个国家和地区。如今在泰国、马来西亚、印度尼西亚等地还有"三宝山""三宝珑"等地名及"三宝庙"来纪念郑和（三宝太监）的伟大功绩。

在郑和的船队上有几位翻译随行，其中有一位名为费信，归国后他根据回忆写了一本航海纪实《星槎胜览》，在"苏门答剌国"条目中写道："其有一等瓜，皮若荔枝，如瓜大，未剖之时，甚臭如烂蒜，剖开如囊，味如酥油，香甜可口。""苏门答剌"即今印度尼西亚西部的苏门答腊，费信描述的这种"瓜"，就是榴莲。还有一位名叫马欢的翻译，分别在 1413 年、1421 年和 1431 年随郑和三下西洋，归国后撰写《瀛涯胜览》中也写到了榴莲："有一等臭果，番名'赌尔焉'，如中国水鸡头样，长八九寸，皮生尖刺，熟则五六瓣裂开，若烂牛肉之臭。内有栗子大酥白肉十四五块，甚甜美可食。其中更皆有子，炒而食之，其味如栗。"马欢不仅详细地介绍了"臭果"的形状、大小、内部果肉的特点及食用方法，还记下了当地的土名"赌尔焉"，其为马来语最早的汉语音译。马来语的榴莲"Duri"意为"长钉"[1]，也是英文"Durian"的来源，而中文"榴

榴莲邮票（马来西亚）

莲"则是清朝末年根据英文的音译而来。由此可见，郑和及其船队成员是最早见过和吃到过榴莲的中国人。

榴莲的吃法很多，既可以直接取食，也可以加工成饮料、糖果、糕饼、甜品及菜品。马来西亚还有利用发酵榴莲制成的榴莲酱（Tempoyak），可以添加在椰奶咖喱中增添风味。这些榴莲风味食品很受欢迎。

如今，市面上最常见的是泰国个头较大的"金枕头"。马来西亚的名品"猫山王"多是速冻产品，新鲜榴莲的美味只有在当地才能品尝体会得到。

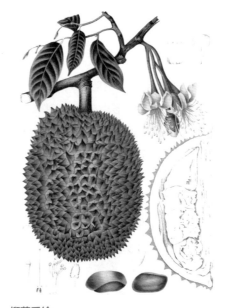

榴莲手绘

香酥榴莲黑虎虾

马来西亚的榴莲品种很多，据说超过130种，除猫山王（Muasng king）外，还有竹脚（Tracha）、金凤凰（Kim Hong）、黑刺（Black Thorn）、红虾（Udang Merah）、葫芦（Horlor）、尖督（Jantung）及 Xo、Jiu ji、IoI 等名品。

1934年，第一款有"身份证号"的榴莲比赛冠军品种诞生——"D1榴莲"（D即榴莲英文名"durian"的缩写）。与编号配套的信息还包括了外形、果肉颜色和味道等。最名贵的"猫山王"榴莲产量极小，但赝品多。市面上最常用D24来冒充"猫山王"。甄别的方法很简单："猫山王"榴莲果实的底部会呈现"五角星"图案。

厨涯趣事 >>>

2012年，应澳洲肉类及畜牧业协会（MLA）的邀请赴吉隆坡参加FHM（Food Hotel Malasiya）国际烹饪大赛评审。工作结束后，老友拿督邱星超（DatoRingo Kaw Fan Chu）先生驾车带我去三宝庙，途中特意在一家榴莲的专营店尝正宗的马来西亚榴莲。有近千平方米的露天店铺，摆满了桌椅。招牌上不同品种名称五花八门，店主边热情招呼客人，边熟练地用专用刀砍开坚硬的外壳，一股特殊的香味扑鼻而来，剥出里面黄中带白的果肉，香甜软糯。看我食得尽兴，邱拿督说：马来西亚的榴莲比泰国的个头小，但味道好，吃后不会上火。晚上回到吉隆坡后，我又随他来到他在电视塔（KL Tower）顶层328米处经营的旋转餐厅，环视吉隆坡夜色，品尝榴莲燕窝羹甜品。真是令人流连忘返！

[1] 弗朗西斯·凯斯主编，王博、马鑫译，《有生之年非吃不可的1001种食物》，中央编译出版社，2012年。

花生

长生果

花生起源于美洲安第斯山麓地区。大航海时代之前，花生就被传到中美洲以及北美洲南部。后来，哥伦布将花生带回西班牙。由于花生易储存，可做航海时的储粮而受到重视。

花生是在 16 世纪初由葡萄牙人从海路传入中国的，花生也是传入我国最早的美洲食品[1]。因其黄色的蝶形小花授粉后探入地下，地下就开始生长果实而得名"落花生"。有民谣曰："花生花生，落花而生。"当时是小粒型龙生花生，最早记载见于明弘治十六年（1503）的《常熟县志》卷一《物产》："落花生，三月栽，引蔓不甚长，俗云花落在地，而子生土中，故名。霜后煮熟可食，味甚香美。"这种龙生型小粒花生匍匐蔓生，品种不是很好，传入之初也没有得到迅速传播，甚至像《农政全书》《本草纲目》这样的专著都没有加以记载。1673 年前花生在中国的分布区仍局限在南方各省，如江苏、福建、浙江、安徽、江西、广东等地，因而仍被称为"南果"。明朝末年方以智在《物理小识》一书提到了当时流行的花生做法——"锅炒花生"，熟后"甘香似松子味"。

清康熙年间，又从日本传入被称为"弥勒大种落地松"的品种。这种花生蔓生，果实大，产量高，适应性强，含油率高。据《台湾府志》记载："落花生，即泥豆，可作油。"这是利用花生榨油的早期记录。乾隆年间的《三农纪》也云："炒食可果，可榨油，油色黄浊，饼可肥田。"

而真正的大粒型花生则是在清朝晚期的 1862 年由美国北长老会的

花生

花生糖邮票（中国香港）

花生植株

花生手绘

传教士梅里士（Charles Rogers Mills）从弗吉尼亚带到了山东蓬莱，交给大杨家村农民信徒杨得来试种成功。这种新品种果型大、籽粒饱满、果皮洁白、香脆可口的大花生，由于适应性强，产量高，颇受农民欢迎。花生的第二次引种便以山东为中心，向南北以扇形辐射传遍到其他地区。特别是黄河流域及东北、华北地区的大面积种植使我国花生栽种面积和产量急剧增加，对全国花生种植产生了重大的影响。

去壳的称为花生米，除煮、炒、炸外，可以加工成椒盐、糟卤及南乳等各种风味。也是花生糖、花生酥等糖果的原料，更是一种重要的油料作物。

花生不仅征服了国人的味蕾，也承担了更多的文化意象。在民间花生被赋予美好的寓意，在婚礼中它象征多子多福，也是延年益寿长生不老的象征，故又称"长生果"，各地还有"落花参""成寿果""番豆""地豆""地果""唐人豆"等多种叫法。在台湾则称花生为"土豆"。

如今，花生已成为我国重要的经济作物，行销国外。有趣的是在国际市场上它却被冠以"中国坚果"之名。

油炸花生米

花生如果存放不当就会发霉，而发霉的花生会产生黄曲霉毒素（Aflatoxins, AFT）。黄曲霉毒素是由产毒的黄曲霉菌与寄生曲霉菌所产生的代谢产物，它不是一种化合物，而是一组化学结构类似的化合物总称，包括很多类型，其中致癌性最强的就是B1型。黄曲霉毒素B1的毒性是砒霜的68倍，是氰化钾的10倍，对肝脏组织的破坏性极强。1993年，它就被世界卫生组织（WHO）的癌症研究机构划定为一级致癌物。黄曲霉毒素裂解温度为280℃，只有达到280℃的时候，才能灭活。一般的烹饪方法都不能消灭黄曲霉毒素，所以发霉花生绝对不能食用。

厨涯趣事 >>>

花生在我国是妇孺皆知的国民小食，而在国外却不是老少皆宜。2014年在新西兰参观著名海产捕捞及加工企业 Sealord 时，在入口处竖有"Peanuts are prohibited on site"（现场禁止携带花生制品）的提示牌。我很是奇怪！新西兰贸发局的商务官员钟乐乐（Angel Zhong）女士告诉我：在欧洲、北美洲及大洋洲等西方国家有 0.5%—1% 的人对花生过敏。由于个体差异，轻度患者表现肠胃不适和烧心等过敏反应。严重者过敏时会发展形成荨麻疹、皮疹、呼吸困难和心跳加快等症状。极端情况还可能迅速昏迷休克，甚至死亡。因此企业为避免发生意外而特此警告。真是世界之大，无奇不有。

[1] 张箭，《新大陆农作物的传播和意义》科学出版社，2014年。

玉米

印第安神谷

玉米是原产于美洲的古老农作物。它在距今 10000 年前至 6000 年前间被人类首次驯化，然后又经过了漫长的适应期，大约在 4000 至 3000 年前，才成为今天的玉米。在印第安人看来，玉米不仅是食物，也是神物，更是宗教崇拜的对象。在玛雅人的创世记神话中，上帝用玉米面团创造了人类。

玉米

1492 年 11 月 5 日，哥伦布在日记中写道：被派到古巴的探险家"发现了一种叫作麦兹（mahíz）的谷物。在煮熟、烤熟或做成粥以后很好吃"[1]。这是关于玉米的最早文字记载。西班牙人把玉米带回了安达卢西亚，并从那里传到整个欧洲。但基督徒认为这种陌生的谷物是异教徒的食物，原因是玉米磨成粉后却不能发酵做成松软可口的面包。

玉米约于 16 世纪初期传入我国。农学界认为玉米传入我国有三条途径：第一路，先从北欧传至印度、缅甸等地，再由印度或缅甸引种到我国西南地区；第二路，是从西班牙传至麦加，再由麦加经中亚引种到我国西北地区；第三路，先从欧洲传到菲律宾，尔后由葡萄牙人或在当地经商的中国人经海路引种到我国东南沿海地区[2]。

玉米邮票（蒙古国）

我国最早记录玉米的方志是明正德六年（1511）安徽的《颍州志》，其名叫"珍珠林"，这是记载的年份，首次引进的年份当更早[3]。"哥伦布发现美洲是在 1492 年，玉米的传入距此只不过十年，快得惊人。"[4]

传入之初，玉米被视为珍稀的进贡之物，故称"御麦"。万历元年浙江学人田艺衡在其《留青日札》中说："御麦出于西番，旧名番麦，以其曾经进御，故曰御麦。"由于其晶莹的种粒类似珠玑的高粱，所以又被称为"玉高粱"。高粱原称"蜀黍"或"蜀秫"，玉米又得到"玉蜀黍"及"玉蜀秫"的别名。李时珍在《本草纲目》中有"玉蜀黍种出西土，种者亦罕，其叶

各种玉米

苗俱似蜀黍而肥短”的描述。而玉米之名始记于徐光启的《农政全书》：“别有一种玉米，或称玉麦，或称玉蜀黍，盖也从他方得种。”

到了明末，已有十几个省份开始种植。在河南《巩县志》、安徽北部的《州志》及云南《大理府志》和《云南通志》均有不同的记载。但各地区都有不同的叫法，如西南其称“苞谷”；粤语叫“粟米”；潮州话是“薏米仁”；闽南叫“番麦”；浙江称“珍珠粟”；东北则呼“苞米”或“棒子”。此外，还有“老玉米”“玉荵”“珍珠米”“苞芦”“大芦粟”等俗称。明末清初，玉米和红薯作物得到普及，产量提高，解决了吃饭的难题，我国的人口也随之开始加快增长。

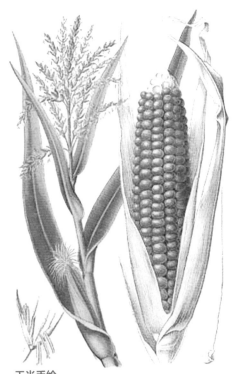

玉米手绘

除常见的普通玉米外，还有甜玉米、糯玉米和玉米笋等品种。如今，玉米已经是世界上产量最高的粮食作物，同时也是饲料和可转换成新能源的绿色材料。

厨涯趣事 >>>

玉米面菜团子

玉米的拉丁文属名“Zea”来自古希腊语动词“Zaō”（生活），意为“生命之粮”。而西班牙语“maíz”和法语“maís”，却是源于印第安土著人的玉米的发音“mahíz”。英国人偶尔也会把玉米称为“maíze”，但更多的是“corn”。在美语口语中“corn”除指玉米外，也指“威士忌酒”，因为美国威士忌酒多用玉米酿成。“corn”原意是对谷物的泛称，如在英格兰指小麦，在苏格兰指燕麦，在德国则是指黑麦。

2017年夏，在烟台举行的世界美食美酒图书大奖赛典礼上，经大赛主席爱德华·君度先生的引见结识了秘鲁获奖者纪尧姆·冈萨雷斯（Guillermo Gonzales Arica）先生。他作为秘鲁前驻洪都拉斯大使，一直都致力于推动国际美食外交，并有多本饮食专著获奖。翌年，他来到北京亲自为我演示了秘鲁国菜“青柠腌生鱼”（Seviche），为此还特意带来秘鲁的玉米粒作为配料。这种黄白色的玉米粒比我们常见的个头大，形如马牙。只见他抓了一把放入烧热的平底锅里，不一会儿，“马牙”开始在锅中跳跃、崩裂和膨化。调皮的“马牙”蹦出锅外，也有的掉到地上。他慌忙中关火加盖，接下来就是帮助尴尬的他满地找“牙”。这种加热即可开花的秘鲁“马牙”玉米，酥脆浓香。

［1］H.恩斯明格、M.E.恩斯明格、J.E.康兰德等著，《食物与营养百科全书》选辑1，农业出版社，1989年。

［2］［3］武斌，《中国接受海外文化史》广东人民出版社，2022年。

［4］孙机，《中国古代物质文化》中华书局，2014年。

向日葵
国民零食

向日葵的野生种主要分布在美洲。5000 年前人类就开始人工栽培。在古代它的用途不仅局限于饮食，由于向日葵有惊人的吸收太阳能的能力，并可迅速生长，阿兹特克人就把这种灿烂的花朵用在对太阳崇拜的仪式上。

葵花籽

1510 年，西班牙探险家从今美国的墨西哥州将其引进欧洲。起初，只在植物园里种植用于观赏。以后，随着欧洲列强的船队被带往世界各地。

向日葵是在明代中期由西洋传教士从菲律宾带到中国东南沿海地区的，一起同来的还有番茄。据李昕升博士考据，目前最早的记录是嘉靖年间（1522—1566）浙江的《临山卫志》。随后，向日葵便以浙江为中心向外传播。赵崡于万历四十五年（1617）所著《植品》中写道："又有向日菊者，万历间西番僧携种入中国。干高七八尺至丈余，上做大花如盘，随日所向。花大开则盘重，不能复转。"当时作为观赏花卉，被称为"向日菊"，并准确地描述了其花盘开放后便不再跟着太阳转的习性。万历四十七年（1619），福建莆田人姚旅在《露书》中首次使用"向日葵"之名："万历丙午年（1606），忽有向日葵自外域传至。"稍晚，王象晋在《群芳谱》（1621）有翔实的描绘："丈菊，一名西番菊，一名迎阳花。……虽有旁枝，只生一花；……取其子种之，甚易生，花有毒，能堕胎。"这反映向日葵在东部较温暖地区引种较早[1]。但从最后一句不实之词上来看，古人对这种初来的大型洋花朵并不了解。

到了清代，有关向日葵的记述逐渐增多。陈淏子在《花镜》（1688）中载："向日葵，一名西番葵，高一二丈；叶大于蜀葵，尖狭，多缺刻；主月开花，每秆顶上只一花，日中天则花直朝上，日西沉则花朝西；结子最每繁，状如草麻子而扁。"乾隆十二年（1747），意大利传教士、宫廷画家郎世宁把向日葵种到了他参与设计圆明园内长春园的西洋楼前。乾隆对围着太阳转的花产生了兴趣，郎世宁便绘制了一幅《向日葵蝴蝶图》献给了皇帝。

清代中后期，向日葵已不再只是观赏性的花卉。康熙年间的《桃园乡志》最早记录了向日葵籽可以食用。清道光二十八年（1848）吴其濬在其《植物名实图考》中说："此花向阳，俗间逐通呼向日葵，其子可炒食，微香。……滇、黔与南瓜

《街头各行业人物》

子同售于市。"清末，向日葵又从沙俄传入东北地区，然后遍及全国。葵花籽逐渐成为国人茶余饭后离不开的消遣零食。

我国民众习惯把葵花籽与南瓜籽、西瓜籽等统称为"瓜子"，可向日葵并不是瓜的种子。有趣的是每每提及"瓜子"时，人们首先想到的却是葵花籽。葵花籽也反客为主，习非成是。葵花籽也自然成为了国民零食，爱吃瓜子的丰子恺先生说："中国人皆是吃瓜子的博士。"连他的自画像，都是嗑着瓜子呢！

向日葵手绘

五仁月饼

向日葵的花盘由无数小型的管状盘花排列而成，位于花朵的中央，四周围绕着舌状花，看起来像新一圈花瓣。盘花形成错综复杂的螺旋形，当每朵花都产生种子后，这种结构会变得更加明显。这种排列模式被称为斐波那契数列螺旋，每一圈种子的数量依次是1、1、2、3、5、8、13、21、34、55、89、144（每个数是已知的前两个数的和）。这是在一个花盘里排列1000多枚种子最经济科学的方法，这种排列能保证每颗种子大小相同，且不会浪费任何边缘，也不会造成拥挤。从而使植物收集阳光的能力最大化。自然界中到处可见斐波那契数列的踪迹，如食材中的菠萝、松果、花椰菜、朝鲜蓟等。

厨涯趣事 >>>

在我国，葵花籽多是作为"炒货"的休闲食品出现，却很少产葵花籽油。1997年仲夏，赴加拿大参加世界御厨协会第20届年会。出发前，有位忘年老友由于身体需要托我给他带回葵花籽油。利用在温哥华转机的时间，在大型仓储式超市粮油区域里见到很多种国内没见过的食用油，当然也顺利找到了葵花籽油，葵花籽的含油量可达56%，在国外是优质的油料来源。我按照他的要求购得两瓶。回来交给他时，他满意和珍惜收好的样子依然记得。如今，国内各种食物丰富而充足。最近偶逛超市看到货架上也有很多国产的葵花籽油及五花八门的油类，才不禁想起这段往事。

[1] 曾芸，"向日葵在中国的传播及其影响，"《古今农业》，2005年第1期。

南瓜
形色各异

南瓜起源于中南美洲的墨西哥和危地马拉一带，其栽培历史至少可以追溯到公元前 5000 年。

南瓜

自 1492 年哥伦布发现新大陆之后，南瓜被带回欧洲。16 世纪初随葡萄牙人的船队来到东南亚的印度尼西亚、菲律宾等地。尔后，明嘉靖年间通过多条路径引入我国。

通常认为由葡萄牙人最先经菲律宾将南瓜传入福建、浙江东南沿海地区。最早记载于嘉靖十七年（1538）《福宁州志》中。但有学者认为南瓜是从印度、缅甸陆路引种云南，根据嘉靖三十五年（1556）《滇南本草图说》中有关南瓜的记载。在云南有"缅瓜"之称，滇缅之间的通衢大道为"蜀身毒道"的一部分，因此很有可能南瓜由陆路经缅甸传入云南，但时间要晚于海上的线路。

李时珍在《本草纲目》中也说："南瓜种，出南番。""南番"既可指我国南方少数民族所居住的地区，也有南边邻国的内含。由此可知，"南瓜"的得名是因为它原产于南部热带地区的缘故 [1]。

由于南瓜为异粉授花作物，极易发生变异，所以它的变种极多。据李昕升博士在《中国南瓜史》一书中统计，南瓜在我国各地有 98 种不同的称谓 [2]，造成了称谓混乱、名实混杂以及正名、别称长期共存的现象。由于是舶来品，在万历元年（1573）问世的《留青日札》中称"番瓜"，同一时代的王象晋在《群芳谱》中写作"番南瓜"。而冯梦龙在《寿宁待志·物产》中记载："一名金瓜，亦名胡瓜，有赤黄两色。""金瓜"之名显然是来自其成熟后果肉及外皮金黄的色泽，而"胡瓜"说明其为外来之物。

各种南瓜

南瓜手绘

到了清代，人们误以为南瓜来自东瀛日本，故又有"东瓜"或"倭瓜"之称。《红楼梦》中多处提及"倭瓜"，如第四十回，在众人对骨牌令时，刘姥姥说："花儿落了结个大倭瓜。"惹得大家都大笑起来。现今东北百姓仍叫"倭瓜""窝瓜"或"莴瓜"。果实成熟后质地软糯，俗称"很面"，所以有"老倭瓜""老窝瓜"的别称。

南瓜果实的形状有扁圆、圆或长圆三种不同类型，因此有"扁南瓜""圆南瓜""盒瓜""长南瓜""牛腿瓜"及"葫芦南瓜"等品种。南瓜易成活、产量大，为重要的越冬食粮，同时也是度荒年的储粮。故又称"饭瓜""米瓜"及"汤瓜"等叫法。

南瓜在我国经历近 500 年的发展历程，已经成为重要的菜粮兼用作物。如今我国是世界上南瓜第一大生产国和消费国，也创造出丰富多彩的中国独特的南瓜文化。

南瓜煲

南瓜有狭义和广义之分。狭义指的是葫芦科南瓜属中的普通南瓜，而广义的南瓜则包括"南瓜"（中国南瓜）、"笋瓜"（印度南瓜）与"西葫芦"（美洲南瓜）三种南瓜属的植物。这是1936 年，我国园艺学家吴耕民先生依据法国植物学家夏尔·纳丹（Charles Naudin）的分类意见，将南瓜的三个主要栽培种命名的。但事实上，中国、印度和美国都不是南瓜属植物的原始起源地，即它们都不是南瓜植物的起源中心。这种分类在今天看来十分不科学，但这毕竟是我国第一次对南瓜属作物的划分，在当时具有进步意义，也影响至今。

厨涯趣事 >>>

前些年，上小学的儿子和小伙伴们要自发地过"万圣节"。大一点的同学把教室装扮成鬼屋，有些胆小的不敢进去，就只能计划在村子里挨家挨户地讨糖吃。但只有在门口放有"南瓜灯"的人家才可以敲门。他们便兴奋地到处找南瓜，孩子知道我家里有食品雕刻刀，就央求我帮忙给他们雕南瓜。我看他们收集来的南瓜大小不一、形状各异，就因材而宜，雕鬼脸，刻怪相。引着小童们的围观，他们瞪大眼睛看我雕完笑嘻嘻地抱着"南瓜灯"头也不回地跑走，期盼天黑后集体讨糖行动了！

［1］张平真主编，《中国蔬菜名称考释》，北京燕山出版社，2006 年。

［2］李昕升，《中国南瓜史》，中国农业科学技术出版，2017 年。

杜果
圣界凡尘

野杜果原生产于印度，但野生果实不能食用。距今 6000 多年前印度人最先驯化并培育出可吃的杜果。在公元前 4 世纪左右，杜果由印度传播到东南亚等热带地区。

杜果一词源自泰米尔语 "ma-gay"，其中，"ma" 是指杜果，而 "gay" 是指未成熟的水果，合起来的意思是未熟的杜果。因为人们采下不太熟的青杜果是为了便于储存和运输，这也是其拉丁文学名 "Mangifera indica.L" 的由来。

杜果

我国最早有关杜果的记录是在 1400 年前。唐贞观元年（627），高僧玄奘奉唐太宗之命西行印度。跋涉数万里，途经百余国，历经 19 年返回后，在其敕命而著的《大唐西域记》中也不忘有 "庵波罗果，见珍于世" 的记载，"庵波罗" 即杜果，古时也叫 "庵没罗"，源于印度的古典梵语 "āmalaka" 的音译。《大唐西域记》又载："土地膏腴，稼穑是务。庵没罗果家植成林，虽同一名而有两种，小者生青熟黄，大者始终青色。出细班氎及黄金。" 介绍了大小不同、颜色各异的两个品种。因此，有人推测杜果是由玄奘西天取经时带回。这种说法虽得到一些回应，但既缺乏历史依据，也不符合现实。因为在交通不便的唐代，把属于顽拗性的杜果种子经长途跋涉的方法带回，其存活率几乎是零，所以可靠性甚小。但如果说玄奘法师是中国历史上见到和吃过杜果并记录的第一个人，应该是成立的。

杜果树

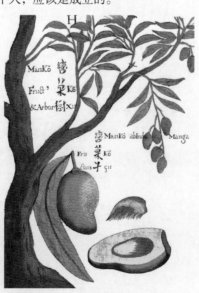

《中国植物志》杜果手绘

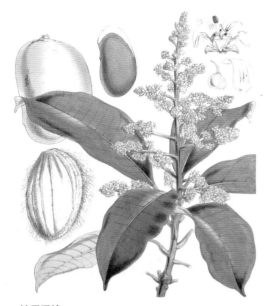

杜果手绘

那么，杜果是在何时传入我国的呢？日本学者星川清亲认为是在明嘉靖年间的1561年首次传到台湾[1]。其实，早在1535年《广东通志初稿》中就有了记载："杜果，种传外国，实大如鹅子状，生则酸，熟则甜。惟新会、香山有之。"

杜果是个音译词，因此中文也有"檬果""潻果""芒果""闷果""望果"及"蜜望"等多种写法。波兰籍传教士卜弥格在1656年出版的《中国植物志》中称为"蛮果子"，并配有彩色绘图。明末清初，屈大钧《广东新语》："蜜望，树高数丈，花开繁盛，蜜蜂望而喜之，故曰蜜望。花以二月，子熟以五月，色黄，味甜酸，能止船晕，漂洋者重金购之，一名望果。"

虽然我国栽种杜果已有近450年的历史，但只在南方个别省份零星栽培，产量小。加之交通不畅、保鲜技术不成熟、物流欠发达等原因，以前北方人见到的机会极少，更别想品尝杜果的美味了。

而让全国人民都知晓杜果的大名是1968年。伟大领袖毛主席将巴基斯坦友人送的一篮杜果转赠给全国工人阶级分享，于是掀起了全国敲锣打鼓送杜果的热潮。杜果也成了"圣果"。杜果真正"下凡"到普罗大众之中，却是在改革开放之后，随着杜果等水果产业的迅速发展，形美色艳、肉细滑腻、香甜适口的人间美味才屡见上市。

杜果汁烤鳕鱼

1498年，葡萄牙航海家达·伽马率领远洋舰队，绕过非洲大陆的好望角，成为第一个真正抵达印度的欧洲人。从此，泰米尔语杜果"ma-gay"一词被引入葡萄牙语中，写作"manga"。很快又被欧洲的其他语言所借用，于是就有了西班牙语和德语的"manga"；法语的"mangue"；英语、意大利语、荷兰语、芬兰语及瑞典语的"mango"；波兰语的"mangowiec"等。

随着欧洲殖民者的影响，亚洲的汉语、日语、韩语、泰国语、印度尼西亚语、菲律宾语甚至阿拉伯语的杜果一词也是相近的发音。

厨涯趣事 >>>

世界上很多热带地区都有杜果栽种。2018年，在加勒比海岛国格林纳达采集香料及素材。格林纳达就盛产杜果等热带水果，虽个头如拳头大小，但味道极甜。在驱车环岛游历时，看到路旁的家家户户几乎都有杜果树。一簇簇黄灿灿的果实垂挂在枝头，好似在与路过的车辆点头微笑。果树下掉落的杜果更是比比皆是，无人问津。有些已开始发酵，散发出甜腻的淡酒香气。偶见猴子们坐享其成，旁若无人地品尝美味。我让司机停下车来，心疼地挑拣几个。司机摇头笑道："太多了，拣不完的。"我也只好无奈地见怪不怪了。

[1] 星川清亲著，段传德等译，《栽培植物的起源与传播》，河南科学技术出版社，1981年。

烟草

吞云吐雾

烟草本不属于食材，但这种嗜好作物与槟榔一样是要通过入口的方式来完成的，这也是它被纳入本书的理由。

烟草原生于南美洲的玻利维亚及阿根廷交界地带，印第安人在 3000 年前就利用和吸食烟草。1492 年哥伦布首登巴哈马时发现了烟草并带回了欧洲。16 世纪以后，又随西班牙和葡萄牙人的商船把烟草扩散到东南亚及世界各地。

晒烟叶

自明万历三年（1575）始烟草分南北两路传入我国。最早将烟草带入我国的是福建水手，他们从菲律宾带回烟草的种子，再南传至广东，北传至江、浙 [1]。始记烟草的是福建莆田人姚旅的《露书》："吕宋国出一草，曰淡巴菰。……以火烧一头，以一头向口，烟气从管中入喉，能令人醉，亦避瘴气。捣汁可毒头虱。……有人携漳州种之，今反多于吕宋，载入其国售之。"道出了烟草来自吕宋（菲律宾），其名"淡巴菰"为葡萄牙语"Tabaco"的音译。同时也描述了吸食烟草的方法及其作为药用的功效。另为北路，是葡萄牙人把烟草带到日本后又输入朝鲜，再引进我国辽东地区。

干烟叶

明代方以智在《物理小识》中首次出现"烟草"一词："淡巴姑烟草，万历末有携至漳泉者，马氏造之曰淡肉果。"烟草传入之初主要是作为攻毒祛寒的药物使用。然而很快成为大众嗜好作物后，吸烟人数呈几何级数增长。无论年龄性别，人人皆吸。其传遍速度之快、传播范围之广，是任何外来作物都无法比拟的。清人沈赤然云："余儿时见食此者尚少，迨二十年后，男女老少，无不手一管，腰一囊。"由于刚需的原因，烟草也一跃成为了争相种植的经济作物。吸烟可使人解乏提神，解忧上瘾，日不可缺，于是也有了"相思草""芬

民国香烟广告

烟草手绘

草"及"返魂烟"等别称。

明末，朝廷已经意识到烟草的潜在危害，崇祯皇帝曾下令禁烟，不过起因怪诞，作为"燕王"的崇祯因忌讳"吃烟"与"吃燕"谐音，暗示京师沦陷。清初皇太极也在入关进京前就颁布了禁止烟草令，然而烟草的暴利、民众的依赖，早已屡禁不止，最后只好解禁。从此吸烟又以"熙朝瑞品"的雅号重新流行起来。

吸烟的普及也促进了烟叶从晾晒到烤烟的加工工艺。国人在种烟、制作烟和抽烟的消遣中，也发展起了自己独特的烟文化和烟民俗[2]。吸食的方式也从旱烟、水烟发展到闻鼻烟。清代富户贵族以收藏烟具为乐，但国外的机制卷烟最终淘汰了旱烟和水烟。民国时期，打扮时髦的美貌少妇形象的香烟广告比比皆是，吞云吐雾成为人人效仿的时尚。并与酒、茶同为敬客、社交的习俗沿袭至今。

烟草传入我国400多年后，国人又发明了电子烟。也引发了关于这种创新烟草利弊的新争论，而没有争议的事实是烟草对身体健康的危害。

让·尼可邮票（法国）

烟草的主要成分是烟碱，也称尼古丁，这个名字来自16世纪中期。1561年，法国驻葡萄牙大使让·尼可（Jean Nicot de Villemain）将烟草带回巴黎，并推荐给皇太后美第奇·凯瑟琳（Medici Catherine）。皇太后把烟的细末当成鼻烟来闻后竟治好了经常性发作的头痛病。从此闻鼻烟成了高雅时髦的嗜好在欧洲上层社会盛行一时，烟草也因此身价百倍。1828年，德国化学家发现并分离出烟草中的烟碱，为纪念尼可，人们就以他的名字命名。同时，"Nicotine（尼古丁）"一词也是烟草的拉丁文谐音。

厨涯趣事 >>>

1984年8月初，我们150名新学员分别从九个省市同时进京参加工作。其中的50名厨师被安排在一个大厅里作为临时宿舍，50个床铺依次分三列整齐排放。在集中培训期间，为了防火安全，宿舍内严禁吸烟，并由培训班的杨树刚老师负责夜查监督。一天夜里，突然一束手电筒的光亮袭来，原来是邻床的殷文同学偷吸香烟被发现，杨老师厉声呵斥："把烟掐了。"只见他先恐后喜，黑暗中烟头再现闪烁。老师再次叱喝，他才如梦方醒，并用浓重的长沙口音弱弱地辩解："我在呷！""我在呷！"原来湖南话把入口的动作都叫"呷"，如"呷饭（吃饭）"、"呷茶（喝茶）"、"呷烟（抽烟）"。老师是让他把烟卷掐灭了，他却听成让他"把烟呷了！"

[1]孙机，《中国古代物质文化》中华书局，2014年。

[2]张箭，《新大陆农作物的传播和意义》，科学出版社，2014年。

菜豆

四季豆

菜豆原生于中美洲和南美北部安第斯山区。据从墨西哥遗址考古证实大约 7000 年前，墨西哥印第安人就种植这种豆类蔬菜。16 世纪初，菜豆首先由西班牙人传入欧洲。由于欧洲人有食用某些豆类习惯，因此菜豆没有像西红柿、马铃薯那样在欧洲受到诸多猜疑和冷遇，而是很容易地被接受。

菜豆

美洲的菜豆是如何传至中国的呢？其真相已难考究，据推测是明末海禁政策不严谨，中国商人热衷于走私交易，有可能是葡萄牙或西班牙人传至中国。明朝的《本草纲目》出现关于菜豆的记载，可知当时菜豆已来到中国 [1]。进入中国以后，菜豆家族出现了分化，不仅有专门提供种子的品种，还分化出专门提供豆荚的品种 [2]。由于菜豆亦以嫩荚入蔬，人们常将其与扁豆、豇豆等豆类相混淆。李时珍在《本草纲目》中也只在"扁豆"条中提及它所独具"长荚"等形态特征。

古时，菜豆的别称很多，乾隆二十五年（1760）四川张宗法在《三农纪》卷九《蔬属》中就有菜豆的记载："时季豆，乃菽属也。叶似绿豆而色淡，嫩可茹食。……可种两季，故名二季豆；又名碧豆，云其色也。有种秋食者，临秋宜茂。"这是有关菜豆记录最全面和详细的古籍文献。以后"时季豆"被讹称为"四季豆"。清顺治十一年（1654），福建高僧隐元禅师东渡弘法时，把菜豆传到东瀛。日本从此有了菜豆栽培，为纪念隐元禅师，日本人称其为"隐元豆"。

菜豆逐渐传播到中原地区，在河南有"云藊豆"及"龙爪豆"等别称。吴其濬在《植物名实图考》曰："云藊豆，白花，荚亦双生，似扁豆而细长，似豇豆而短扁。嫩时并荚为蔬，脆美，老则煮豆食之。色紫，小儿所嗜。河南呼四季豆。"还配有菜豆的插图。

由官方正式引进菜豆种子则发生在清末。由于在北京筹建农事试验场，朝廷决定从国外引进一批新型蔬菜。其中包括清光绪三十三年（1907）由驻美国和奥地利的临时代办周自齐和吴宗濂分别从其驻在国购进菜豆种子。不过当时尚称"云豆"和"扁豆" [3]。据日本人编纂的《清末北京志资料》记载："菜豆，俗称'洋扁豆'，去未熟之荚进行各种调理。"可见清末京城已有种植了。

400 多年来，全世界范围的菜豆已经演变几百个品种，籽粒形状和大小不一，种皮外观、颜色、图案和风味均有很大的不同。

各种颜色菜豆

因此,在我国各地还有诸如"芸豆""架豆""藤豆""豆角""棍豆""棒豆""玉豆""刀豆""眉豆"及"清明豆"等多个品种。20世纪初,菜豆逐渐成为正式名称并一直沿用。

　　菜豆具有蔬菜、粮食及饲料等多种用途。如今,我国已成为世界上菜豆最大的生产国和消费国。

菜豆手绘

干煸扁豆

　　菜豆的中文名称繁复歧异。在英文里也同样极不统一。如根据其颜色及生长习性有"Greenbean"(青豆)、"Garden bean"(庭院豆)、"Climbing bean"(攀爬豆)、"Dwarf bean"(矮秆豆)等;以产地命名的有"French bean"(法兰西豆)、"Mexican bean"(墨西哥豆)、"Andean bean"(安第斯豆)等;依种子的形态称为"Kidney bean"(腰肾形豆);据食用方法命名为"Salad bean"(色拉豆)。此外,还有"Wax bean"(蜡豆)、"Field bean"(田豆)、"Navy bean"(海军豆)、"Common bean"(普通菜豆)等。在美国,嫩荚的菜豆一直被称作"String bean"(有筋丝的豆),而现在却被称作"Snap bean"(咔嚓豆),意指将脆嫩豆荚折成段所发出的声音。

厨涯趣事 >>>

　　十多年前的夏天,从哈尔滨临返京前,好友大庄园的陈总极热情地送给我当地特产——油豆角。看着这么一大包东西,感谢朋友好意的同时,也有些为难,但又碍于面子不好推辞,只好扛着这大包豆角乘机返京。回到家,迫不及待地拆包,再分成几份送给亲朋好友,自己也留了一份。第二天,接连有电话询问我是在哪里买到这么好吃的油豆角?我想他们是太客气了或是有些夸张。下班后,我把家里的那份油豆角炖了,宽厚又软面的口感伴随豆香,妙不可言。与平日在北京买到的确实不一样。此时,深深地感受到食材原产地品质的重要性,也谢谢陈总的热情好客。

[1] 宫崎正胜著,陈柏瑶译,《你不可不知的世界饮食史》,远足文化,2013年。

[2] 史军,《中国食物:水果史话》,中信出版社,2022年。

[3] 张平真主编,《中国蔬菜名称考释》,北京燕山出版社,2006年。

辣椒

五味不具

哥伦布发现新大陆的动机，与其说是出于探险，不如说他是为了寻宝。这个宝贝就是当时欧洲社会最稀缺的资源 —— 香料，尤其是胡椒。1492 年哥伦布成功登陆美洲，在发现无数的新物种中，他的目光关注于当地土著食物中一种红色的东西 —— 辣椒。他错误地把辣椒当成此行要寻找目标之一的胡椒。虽然辣椒和胡椒在外观上并不相似，但起码在味觉上都带有辣味，因此他甚至相信找到了胡椒的不同品种，并依泰诺语的叫法称为 "Aji"。他在给西班牙国王的信中写道："这里有一种叫作 'Aji' 的胡椒，价值高于一般的胡椒。"[1]

辣椒

辣椒原产南美洲的秘鲁和玻利维亚之间的安第斯高原。1542 年，葡萄牙人在巴西的东海岸再次发现了辣椒，并把辣椒带到了非洲西海岸。再经由好望角带到印度、东南亚、朝鲜及日本等地。以后传遍全球，同时辣椒也变成了贸易商品。

辣椒是在明朝时期首先登陆澳门及中国东南沿海地区的，海路的另一个线路是从日本到朝鲜再传到中国东北，还有从荷兰传入台湾。当时被称为"番椒""海椒"及"秦椒"等。有关辣椒最早的记载是万历年间隐居西湖的戏剧家高濂所撰的《遵生八笺》（1591）："番椒，亦名秦椒，白花，实如秃笔头，色红鲜可观，味辣甚，子种。"当时是作为观赏植物，辣椒传到江浙、两广一带后都没有留下饮食痕迹，而当传至长江上游及西南地区后才被发扬光大。清朝康熙年间贵州山地严重缺盐，廉价辣椒的到来犹如天降救星。辣椒不仅可以代盐下饭，食后又能祛湿除热，这种无奈的选择，又可谓一举两得。康熙年间刊的《贵州通志》："海椒，俗名辣角，土苗用以代盐。"中国料理书里看到辣椒的出现是 1861 年出版的《随息居饮食谱》[2]。

到了光绪年间，辣椒才开始为巴蜀人的餐桌锦上添花，成为川菜中主要的蔬菜兼调料。再与当地特产花椒结合成"麻辣"口味后，深深地嵌入巴蜀的饮食中并逐渐发展形成现在川菜菜系的基调。辣椒又迅速在长江中上游扩散并形成辛辣重区，民初《清稗类钞》记载，道光年间"滇、黔、湘、蜀嗜辛辣品"。

辣椒的果实和茎枝还可以做药用。其性热，味辛。有温中散寒、开胃消食等功效。也成为现代人抗压、降糖、燃脂

各种颜色辣椒

及抗氧化的首选食材。由此可见，辣椒传入之初首先作为观赏作物，然后成为药用作物和调味品，再后来才成为蔬菜[3]。

辣椒的中文命名是参考了胡椒，而胡椒之名则是借鉴中国传统香料花椒。虽然花椒、胡椒和辣椒中都有个"椒"字，中文非常准确地冠以其特征——即"辣"字。在不超过400多年的历史中，辣椒在我国民间演绎出丰富多彩的"辣椒文化"，红彤彤的辣椒不仅是幸福、富足和好运的象征，甚至对经济和社会都产生了深远的影响。

辣椒手绘

樟树港辣椒炒肉

我们常说"酸甜苦辣咸"五种基本味道。实际上"辣"在生物学上却不属于味觉和嗅觉，而是一种本能和内在的令人不适的灼热感。这种灼热的痛觉来自辣椒内所含成分——辣椒素（Capsaicin）。辣椒素会刺激口腔黏膜、鼻腔黏膜、皮肤和三叉神经而引发的一种痛觉与热觉，这种信息传达到大脑，就被解读为辣的"味道"。

厨涯趣事 >>>

辣椒通常越小越辣，而大的柿子椒（灯笼椒）几乎没有辣味。记得40年前在沈阳南轩酒家实习，班主任李庆余老师让我带领几个同学粗加工竹筐里的柿子椒，并提醒我带上橡胶手套。我虽然觉得没有必要，但还是按照老师的方法做：左手虎口握住柿子椒，右手纵向握拳再把拇指竖起用力顶击柿子椒的底部，柿子椒外表的根蒂及里面带籽的核就脱落下来。我们很快掌握了这个简单的动作，也顺利地完成了一半的工作，没有闻到丝毫辣味。这时眼角有点痒，我脱掉右手的手套，用手揉了几下眼角，十几秒钟后感觉到痒处发热和辣痛，泪流不止，不禁叫了起来。老师教我用凉水冲洗，很快缓解了许多。

[1] 日本21世纪研究会著，林郁芯译，《食物的世界地图》，中国人民大学出版社，2008年。

[2] 山本纪夫著，陈娴若译《辣椒的世界史》，马可孛罗文化，2018年。

[3] 蒋慕东、王思明，"辣椒在中国的传播及其影响"，《中国农史》，2005年第2期。

鼠尾草
长寿之草

鼠尾草

鼠尾草属植物有近千种之多，我国大致有 80 余种。《尔雅》中的"蕲"，就是其中一种。鼠尾草的花穗底部至尾部由粗变细，就像老鼠的尾巴，因此李时珍在《本草纲目》中解析："鼠尾以穗形命名。"鼠尾草是原生于地中海沿岸，其拉丁文学名的属称"Salvia"和种加词"Officinalis"分别有"救护"和"药用"的含义。可以看出它最早的功用是在医疗上，因此也称"药用鼠尾草"。其叶片呈椭圆形细长状，灰绿至白绿色，表面具天鹅绒。很像我国原有的同属植物"鼠尾草"；其叶片较窄，多呈披针形，所以又有"阔叶鼠尾草"的别称 [1]。为了尊重公众习惯，本文采用其简称"鼠尾草"。

鼠尾草的医疗价值，古代许多西方医学家的著作都有记录。如古希腊希波格拉底在其搜集的 400 多种药草中就有鼠尾草。古罗马学者老普莱尼在《博物志》中对鼠尾草治疗的功能加以论述。从中世纪起，鼠尾草被欧洲人认为是能拯救生命和促使怀孕的神草，并用其汁液来帮助妇女分娩。英国著名植物学家约翰·杰拉德（John Cerarde）在 1590 年出版的《药草志》中就有这样的记录："鼠尾草对头和脑的效果明显，可提高记忆力，让脑部运作灵活、思考敏捷。"

人们相信鼠尾草可以使人精力充沛，延长寿命。因此鼠尾草有"长寿之草"的美誉。英国民间流传"想长寿就在五月吃鼠尾草"的说法；法国有"家有鼠尾草，不把医生找"的谚语。阿拉伯人则称鼠尾草为"骆驼的舌头"，因为它如沙漠之舟的骆驼象征生命力的持久。

鼠尾草有如樟脑和薄荷混合的特别香味，是因含类苯基丙烷（Phenylpropanoid）成分，所以味道微苦。这种物质有较明显的抗菌和保鲜作用，在德国和意大利的肉铺里，人们购买鲜肉类制品时，店主都会附送新鲜的鼠尾草叶。在西方烹饪上，鼠尾草几乎适宜各种肉类，不仅赋香、去腥解腻，还有助于消化，尤其是含脂肪高的肉类及油腻较重的香肠制品等食品，香肠的英文"Sausage"，就是由"sau"（腌过的肉）＋"sage"（鼠

鼠尾草植株

尾草）组成。

16 世纪以前，中国茶叶未进入欧洲时英国人将鼠尾草的叶片泡水饮用，这种被称为鼠尾草茶（Sage tea），在当时是受欢迎的健康饮料。

1607 年荷兰人的海船初驶澳门，以货易货，就以鼠尾草交换了茶叶。早期国人不熟悉鼠尾草这种香草的气味，常与紫苏相比较，称其为"洋紫苏"或"洋苏叶"。还曾以其属称"Salvia"的音译命名为"撒尔维亚"[2]。而"茜紫"和"荾紫"则是其英文"Sage"的粤语译音。

由于鼠尾草的香气独特而浓郁，至今国人也少有接受，所以中餐尚未普及利用。国内种植鼠尾草也只是满足西餐业态的需求。

鼠尾草手绘

厨涯趣事 >>>

我最早见到的是干制鼠尾草，闻起来味道怪怪的，碎细的灰褐色东西如同絮状，其中还夹杂着像霉状的白色。难道这就像是老鼠的尾巴吗？师父的一句："这表示质量良好，毋须担心。"打乱了我的胡猜遐想。直到十几年后才在香港用到了新鲜货，鲜叶外形和香味与干制品的都有明显的差异，虽然多了些新鲜植物特有的香气，但浓烈的气味开始很难接受。在意大利学做"罗马式小牛肉"（Saltimbocca alla Romana）时，薄片小牛肉和鼠尾草叶拍点面粉，入锅煎上色，再烹些白葡萄酒。鼠尾草叶的香气仿佛一下被启动，迸发而出。我瞬间被征服，以后就欲罢不能了。

鼠尾草烤鸡

鼠尾草的品种很多，叶片从灰绿色、白绿色至紫色都有。花朵也有红、粉红、紫和白色各异。中药里的丹参及常见的观赏花卉一串红，也是鼠尾草属植物。有些鼠尾草品种与薰衣草非常相似。因此，有的所谓薰衣草园实际上是错种成了紫蓝色花的鼠尾草。

[1]
[2] 张平真主编，《中国蔬菜名称考释》，北京：燕山出版社，2006 年。

番茄

洋柿子

番茄是原生于南美秘鲁—厄瓜多尔地区的一种野
生小浆果，西班牙人发现新大陆后很多物种也被带到了
欧洲，但当时番茄只是作为观赏植物。直到法国画家冒
险一试，人们才了解它的美味价值。最早把番茄入菜的
是意大利人，18世纪中叶那不勒斯人把番茄与面条及
奶酪搭配，并晒干保存。

迷你番茄

番茄大约在明末万历年间（1573—1620）传入中国[1]。最初从海路传
入南方沿海的广东地区。最早记载是山西的《猗氏县志》（1613），当时叫
"西番柿"。赵崡在《植品》（1617）中明确番茄是和向日葵一起由西方传
教士带到我国来的。内阁首辅朱国桢辑撰的《涌幢小品》（1621）中有"黔
中……又有六月柿……，种来自西番，故又名番柿"的记载，因酷似柿子，
"六月柿""番柿"都是它早期的名称。王象晋《群芳谱》中对番茄的性状
有详细的描述。

明末清初番茄由荷兰人带到台湾。如今在台湾北部俗称"臭柿"，南
部则叫"红耳仔蜜"等。在闽台地区还有"柑仔得""柑仔蜜"的叫法是
菲律宾他加禄语"kamatis"的音译及流变。而"番茄"的称谓出现得比较
晚，是随着五口通商（1842）而新生的叫法，属于学人的知识创造，主要
通行于广大的南方地区[2]。

此后，番茄又被多次多途径地从国外引种。如陆路的途
径传入较晚，民国初年从俄罗斯引入东北地区，东北民间至
今对其仍有"洋柿子"的叫法。

清光绪三十四年（1908），北京建立了农事试验场，在
向慈禧太后和光绪皇帝上报的奏折中曾提及从俄国引进番
茄的情况，这是近代我国从官方管道引入番茄的正式记录。
宣统二年（1910），在北京等地又以其引入地域的标识"西"，
果实的色泽"红"，及其外观似"柿"等因素联合命名，"西
红柿"的俗称由此而来[3]。但番茄在中国长期只是作为观赏
性植物，并没有走进菜圃。

番茄作为蔬菜在我国得到推广种植是在一百多年前。清
末民初，番茄首先在上海等大城市郊区开始栽培食用。1935
年老舍写了一篇《西红柿》的杂文："番茄居然上了菜单，

绿番茄

由英法大菜馆而渐渐侵入中国饭铺,连山东馆子也要报一报'番茄虾银(仁)儿',文化的侵略哟,门牙也挡不住呀!"老舍以幽默诙谐的笔触,讽刺崇洋媚外之俗。直到 20 世纪 50 年代初,番茄不择土地、随处可种植的独特使其迅速发展,逐渐成为普罗大众的主要果菜之一。大众美食"番茄炒蛋",南北皆宜。以后从西方引进的番茄酱被中餐融合后,如"鸳鸯虾仁""菊花鱼"及"桃花泛"等各类色泽鲜红、滋味酸甜的"茄汁"味型菜式应运而生。

近几十年来,引进的各种颜色的迷你西红柿(圣女果、樱桃番茄)系列品种,作为可蔬可果、可爱的零食自然走上了千家万户的餐桌。

番茄手绘

番茄炒鸡蛋

番茄的纳瓦特语"Xitomatl",意为"带脐带的水果"。后来墨西哥人开始培育,其阿兹特克语"Tomatl"的意思是"胖嘟嘟的果实"。西班牙人称之为"Tomate",到了 18 世纪中期,英国人误以为该词也像许多西班牙词一样,应以"o"结尾,遂改拼作"tamato"。意大利人则称之为"Pomo dei Moro"(摩尔人之果),当时欧洲人将非洲西北部地中海沿岸的伊斯兰教徒,包括摩洛哥人在内,统称为"摩尔人"。法国人从意大利引进番茄时,误以为意大利语"dei Moro"(摩尔人的)相当于法语"damour"(爱情的)。于是,在法语中番茄成了"爱情之果"(pomme damour)。德语是"Liebesapfel",其字面义也为"爱情之果"。

厨涯趣事 >>>

2007 年,我正在撰写《犹太和以色列国钱币》一书时,好友吴佳骥给我介绍一位以色列帅小伙易福德·巴尔(Yiftach Bar),佳骥就按中国习惯叫他小易。小易在法国学习葡萄酒专业,毕业后就来中国发展。他帮助我把书中的英文目录翻译成希伯来文,我们自然也成了好朋友。聪明的小易会说简单的汉语,而我的初级法语也派上了用场。在闲聊中得知:我国的樱桃番茄是在 1988 年,由他的父亲阿隆·巴尔(Alon Bar)带来的。那时中国和以色列尚未建交,阿隆以"美国农业专家"的身份带着全家取道香港来到广东中山。三个月后,一公顷试验田里的以色列樱桃番茄种植成功。如今"圣女果"已遍布我国大江南北。

[1][2] 刘玉霞,「西红柿在中国的传播及其影响研究」,《古今农业》2007 年第 2 期。

[3] 张平真主编,《中国蔬菜名称考释》,北京燕山出版社,2006 年。

菠萝

凤尾黄梨

菠萝原产南美巴西、阿根廷及巴拉圭一带干燥的热带山地，很早就被印第安人驯化。哥伦布和他的水手们在 1493 年登上瓜德罗普岛时，是首次看到菠萝的欧洲人，探险家们顺手把这种奇异的果子带回欧洲种在暖房里[1]。那时的菠萝无比金贵，是只有地位显赫的贵族才能享用的水果。

后来欧洲人发现菠萝芽苗较耐贮运，西班牙和葡萄牙殖民者便将菠萝扩散至其位于加勒比海以及南亚的殖民地。1550 年，菠萝随着葡萄牙人的船队来到印度和东南亚诸国。

菠萝邮票（俄罗斯）

明朝后期的 1605 年，葡萄牙人将菠萝苗带到澳门，后又经广东扩散到福建和台湾岛。初来时被叫作"番梨""黄梨""王梨"及"露兜子"等。在台湾，菠萝也称凤梨。1690 年的《台湾府志》曰："凤梨，叶薄而阔，而缘有刺，果生于叶丛中，果皮似波罗蜜而色黄，味甘而微酸，先端具绿叶一簇，形似凤尾，故名。"台湾《凤山县采访册》亦云："凤尾黄梨间白瓤，黄梨，果名，其叶森若凤尾，故云：凤尾黄梨，凤来仪，凤梨也。"

而菠萝之名则与另一种热带水果波罗密（蜜）有关。波罗蜜是隋唐时由印度引入的，由于它们外形有些相似，容易混淆。据 1646 年波兰籍传教士卜弥格的《中国植物志》云："在中国有一种叫番波罗蜜的水果，在印度称为 Ananas。"清吴其濬在《植物名实图考》云："波罗露兜子，乃凤梨、波罗蜜、露兜果表面均有突起物，故混名。"实际上这两种热带水果差别很大，波罗蜜是结在树上的大型果实，因此也称"大树凤梨"；而菠萝则是一丛丛种植在地上的草本植物。于是人们对它的称谓也渐渐区分开。吴其濬又曰："露兜子产广东，一名波罗……又名番娄子，形如兰，叶密长大，抽茎结子。其叶去皮存筋，即波罗麻布也。果蔬金黄色，皮坚如鱼鳞状，去皮食肉，香甜无渣，六月熟。"这大概是最早单独称其为菠萝的记载，并附精美的凤梨绘图。而加上草字头的"菠萝"一词大概最早出现于清嘉庆年间高敬亭的《正音撮要》卷三，但无任何解

菠萝植株

释，只表示它是植物和水果。

清末，菠萝传入广西。徐珂《清稗类钞》："黄梨，闽人谓之地波罗……广西之邕宁等处亦有之。"菠萝的闽南语发音是"旺来"，是象征人丁兴旺，旺财来的寓意。而云南少数民族则以其形称为"打锣槌"。

民国年间出版的《辞源正续编合订本》有"波罗"条，其解释已近当代。可见民国时又简化为波罗。直到解放后出版的词典才把它正式确定规范为"菠萝"。

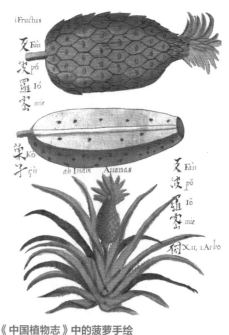

《中国植物志》中的菠萝手绘

厨涯趣事 >>>

《环球美味》杂志出版人徐正钢（Ricky Xu）先生是出生在菲律宾的华裔。记得在参加菲律宾驻华使馆举行的国庆招待会上，见他曾穿着"巴隆他加禄"（Barong Tagalog）的服饰，挺拔英俊，十分耀眼。徐兄告诉我这是用菠萝纤维布制作的。在菲律宾菠萝的叶子也是宝贝，当地人从菠萝叶刮出纤维，用特殊方法以手工结成长线织成布。外观洁白，柔软爽滑，吸汗透气，挺括舒适。被誉为"菲律宾男子的国服"，也是外交场合的正式礼服。2015年，APEC马尼拉峰会时，菲政府为20位元首每人定制一件，并合影留念。我突然记起清代吴其濬在《植物名实图考》中记载："波罗……其叶去皮存筋，即波罗麻布也。"不知这一织布古法，是否在400年前随菠萝同传而来？

菠萝咕噜牛肉

菠萝果肉柔滑多汁，甜酸适中，带有柠檬般特殊的芳香。菠萝不仅是水果，也可入馔。如中餐经典的菜点有：广东"菠萝咕咾肉"、云南傣家"菠萝饭"、台湾"凤梨酥"；西餐中的"夏威夷披萨""菠萝反转蛋糕""菠萝派"等都是以菠萝为主食材的美食。此外，菠萝还能制成蜜饯、果酱及菠萝汁饮料等。

［1］H.恩斯明格、M.E.恩斯明格、J.E.康兰德等著，《食物与营养百科全书》选辑1，农业出版社，1989年。

荷兰豆
软荚豌豆

所谓荷兰豆实际上是豌豆的一个变种"软荚豌豆"。其扁平的豆荚膜组织纤维较少，稚嫩时豆荚及豆粒皆可以食用，所以又称"食荚豌豆"。起源于非洲的埃塞俄比亚以及地中海和中亚地区。

17世纪初，荷兰人凭借强大的海上舰队占领了东南亚及我国台湾岛，并开启了殖民掠夺和垄断东方的贸易。明天启四年（1624），荷兰侵入台湾，也带来了各种新奇物品，国人对这一时期传入的物品多以"荷兰"字样命名。如马铃薯被称为"荷兰薯"、洋芫荽叫作"荷兰芹"。而有些物品并非真由荷兰传入，如汽水称为"荷兰水"、豚鼠称为"荷兰兔"；冠以"荷兰"之名是泛指这一时期的舶来品。

而荷兰豆的确是在明朝末年由荷兰人带到中国台湾的。最早记载在清乾隆十年（1745）范咸的《台湾府志》："荷兰豆，如豌豆，然角（豆荚）粒脆嫩，清香可餐。荷兰豆，种出荷兰，可充蔬品煮食，其色新绿，其味香嫩。"道出了荷兰豆的产地、形态及特点。

清嘉庆二十一年（1816）的《云霄厅志》中称："荷兰豆出自吧国。""吧国"指巴达维亚（Batavia），为荷属东印度爪哇的旧称，即今印度尼西亚首都雅加达。光绪年间的《漳州府志》中也有同样的记录："有自吧国携来者，种植遂遍四方。其性喜阴而忌阳，霜降后种，冬至生。北风盛，霜雪多，则畅茂，立春后薰风来，则藤枯。味甘入脾，然性寒。"由于人

荷兰豆

甜豆

荷兰豆植株

荷兰豆手绘

们在早春时节采摘，此时还被霜雪覆盖着，所以有"雪豌豆"的别称。

1785 年，欧洲的商船又把荷兰豆带到广州港。嘉庆年间的广东人刘世馨在《粤屑》云："荷兰豆，本外洋种，粤中向无有也。乾隆五十年，番船携其豆仁至十三行，分与土人种之……豆种自荷兰国来，故因以为名云。今则遍岭海皆有之。"广州十三行是清政府指定专营对外贸易垄断机构。可以看出，当时先由官方经办进口，分种给百姓栽种于广州西关后，再由刘世馨传种到阳春。并作诗云："新种荷兰豆，传来自外洋。莳当重九节，买自十三行。采杂中原菽，燃添外国香。晨葩鲜莫匹，馨膳此初尝。"道光年间，黄芝的《粤小记》卷一也曰："荷兰豆，向未有此种，乾隆五十二年（1787）红毛夷始携其种至粤。""红毛夷"是清人对荷兰人的贬称[1]。

荷兰豆引种至我国有 400 年的历史。在我国东南沿海各省及西南地区栽种普遍。以甜嫩爽脆、口感清香而独领风骚[2]。40 年前，随粤菜风靡全国而北上，逐渐被北方人所熟知。而今，荷兰豆早已成为普罗大众的家常时蔬了。

清炒荷兰豆

除了荷兰豆外，植物学上还有一种"甜豆"（学名为"Pisum sativum var.macrocarpon"）。甜豆是由豌豆与荷兰豆杂交的品种，它继承了豌豆与荷兰豆的优点，豆粒像豌豆般饱满，而其肥厚稚嫩的豆荚又与荷兰豆一样几乎没有纤维，完全可以带皮食用。因味道微甜，其英文是"sweet snap pea"，中文也称其为"甜蜜豆"，西方更习惯制作色拉生吃。

厨涯趣事 >>>

在阿姆斯特丹逛菜市场时见到很多特殊的食材。在蔬菜和水果摊位上，有一个标牌十分醒目"Chinese peultjes"（中国豌豆），走近细看，原来是荷兰豆。我不禁好奇地询问红发摊主："为什么是这个叫法？"她耸耸肩回答："不知道。"当我告知在中国的称谓是"荷兰豆"时，她吃惊地瞪大眼睛反问我："为什么？"我说："历史上是由你们荷兰人带到中国的。"红发摊主却摇摇头道："不！听说是从中国传来的。"这种双方都以对方国家相互命名蔬菜的现象实在有趣又少见。我想大家也绝非谦让，其背后必有某些历史隐情，还需要被发现和披露。

[1] 杨宝霖，《自力斋文史农史论文选集》，广东高等教育出版社，1993 年。

[2] 饶璐璐主编，《名特优新蔬菜 129 种》中国农业出版社，2000 年。

番荔枝
印加的珠宝

番荔枝原生于南美的厄瓜多尔及秘鲁。这种神秘果实的名字来自古印加人的盖丘亚语，意为"冷的种子"。古时是非常珍贵水果，被称为"印加的珠宝"。

在大航海时代番荔枝被西班牙人带到欧洲。这是具有较原始性状的植物，被英国生物学家达尔文称为"活化石"。因含糖度极高，欧洲人给它起了个名字"Sugar apple"（糖苹果）[1]。味道似混合了杧果、菠萝蜜及冰糖梨等多种水果的香气形成独特的香甜。其果肉的口感如同奶油般白润细柔，味甜而芬芳，又被称为"Cream apple"（奶油苹果）。难怪美国作家马克·吐温在夏威夷初次见到它时就称赞称其是"人类所知的最美味水果"[2]。

番荔枝是在明末清初时由荷兰人带到我国台湾。由于果实表皮凹凸不平，与我国原产的荔枝外皮有些相似，人们最初就叫它"番鬼荔枝"。后来去掉了不雅的"鬼"字，"番荔枝"就成了该物种的正式中文名。

它还有一个高大上的名字——"佛头果"，是因其外表皮上规则地排列着突起的螺旋状，使人联想到佛祖释迦牟尼头部的发髻，因此又被称为"释迦果"。这也是台湾的寺院最喜欢种植，并常作为供奉果品的原因。还有一种说法"释迦果"是依据马来语"srikaya"音译而来的。

据波兰传教士卜弥格在《中国植物志》记载："亚大树及其果子原产印度和马六甲，后者尤其盛产，因为它曾是中国属国，所以把这种果子称为中国的毫无问题，而且移栽到中国后非常适应。"这个"亚大果子"就是番荔枝，并配绘图。

1649年，南明诗人沈光文乘船前往泉州，途中因一场飓风被吹到台湾宜兰，此行也改写了他后半生的命运。在流寓宝岛的30年中，他留下了很多记录台湾风土民情的资料及著作，因此被誉为"台湾文化开拓者"。作为反清复明的志士，他暗捎海防舆图予郑成功，里应外合收复台湾。他

番荔枝

番荔枝邮票（古巴）

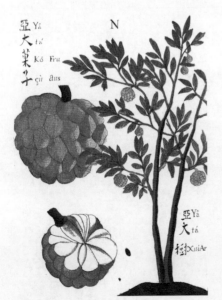
《中国植物志》中的番荔枝手绘

释迦果手绘

曾写下七言诗《释迦果》："称名颇似足夸人，不是中原大谷珍。端为上林栽未得，只应海岛作安身。"道出自己如同释迦果一样的人生境遇[3]。只能在梦萦中魂归故里的沈光文离世不久，释迦果被引种到福建、两广等地。

清代吴震方在 1705 年成书的《岭南杂记》记载："番荔枝大如桃，色青，皮似荔枝壳，而非壳也。头上有叶一宗，擘开，白瓤黑子，味似波罗蜜。"番荔枝在广西人眼中更像凤梨，于是在龙州叫它"洋凤梨"，凭祥人则称"假凤梨"，还有"唛螺陀"古怪的名字；广东潮汕人感觉它像苹果，于是称它为"林檎"；在广州又名"牛心果""赖球果"；海南人称为"红毛榴莲"和"蚂蚁果"。

台湾出产的番荔枝果肉乳白，口感嫩滑，细腻多汁，冠饴胜蜜。前些年，两岸交流频繁时，在北京的鲜果店里可以见到来自台湾的"释迦果"。

番荔枝果盘

释迦果有生熟之分，口感差异很大。生果外表嫩绿，较硬，涩味大。而熟透的果子口感细腻，但不易存放。最好是购买没有完全熟透的，然后催熟。方法是把番荔枝用报纸包起来，然后再往上面喷一些水，存放在温度较高的地方，过两三天果子就会变软、成熟；也可以装入保鲜食品袋，然后密封起来放在温暖的地方，释迦果也会快速成熟。若果皮发黑，不用担心，口味会更佳。

厨涯趣事 >>>

前些年，每逢年底在北京农业展览馆就会有规模不小的"台湾名品展销会"，主要展示台湾的土特产及各种食品，因此我都会抽空去逛逛，期许会遇到特殊的食材。有一次，碰到宝岛帅哥王咏圣，阿圣热情地叫我等一下。不一会儿他捧着几个像大绿松塔的果子并催我马上尝尝，我顷刻被它如膏似脂的口感及甜美的滋味所征服，里面的黑籽又硬又滑。阿圣得意地告诉我：这就是最好的"释迦果"，为这次展会特意空运来。我赶紧让他带我到"释迦果"摊位上，买了些回去与家人分享。凡是吃过的人都不会忘了它的味道，这就是我对它美好的记忆。

[1] 史军，《中国食物：水果史话》中信出版社，2020年。

[2] 弗朗西斯·凯斯主编，王博、马鑫译，《有生之年非吃不可的 1001 种食物》中央编译出版社，2012年。

[3] 崔岱远，《果儿小典》商务印书馆，2019年。

西葫芦
夏南瓜

　　西葫芦是南瓜家族的三个成员之一，它起源于美洲的墨西哥和危地马拉之间。从植物学上来讲，西葫芦是南瓜家族的代表。因为，当年科学家在确立南瓜属时，是以西葫芦为模板的。也就是说，西葫芦是南瓜属的"模式种"。由于它在春夏季节收获，以食用嫩瓜为主，因此欧洲人习惯称之为"夏南瓜"（summer squash）。哥伦布发现新大陆时就发现了印第安人在玉米地里行间种植的方法，于是带回欧洲，然后传遍了世界各地。

西葫芦

　　西葫芦大约是在明末清初时期被引入福建、浙江等东南沿海地区，以后传播到全国各地。由于其果实呈椭圆形或长圆筒形，表面平滑；幼嫩时果皮为绿或白色，且有绿色条纹；老熟后变成黄色等植物学形态与瓠子（见本书 22 页）有相似之处，始称"西瓠"，最早记载于顺治（山西）《云中郡志》："南瓜、西瓠。"瓠子俗称葫芦瓜，所以它又被称为"西葫芦"。今天在河北一带的某些地区，"瓠瓜"还在专指西葫芦，即从西方传入的瓠子 [1]。

金丝瓜

　　17 世纪后，西葫芦已见于我国北方的方志中。西葫芦有"矮生"和"蔓生"两类。前者因其茎节的间间很短，又无匍匐茎，所以叫作"矮西葫芦""无蔓南瓜"或"无藤瓜"。各地对西葫芦的称谓不同，如在河南很多地方叫作"熊瓜""雄瓜"及"松瓜"，在东北常被称为"角瓜"，还有"菜瓜""荨瓜""荀瓜""小瓜""白瓜""洋梨瓜"等称谓。

　　同南瓜及笋瓜一样，西葫芦也有很多变种，有些变种的果实更像南瓜。

西葫芦

西葫芦手绘

嘉庆年间的植物学家吴其濬在《植物名实图考》卷六"南瓜"条目中记载："又有番瓜，类南瓜，皮黑无棱，近多种之。"其中有非常独特的变种"搅丝瓜"，因其成熟的内部果肉呈丝状，将其蒸煮后切开外皮，再用筷子或叉子在瓜壳里搅动就会挑出一团均匀的缕缕丝条来，因而得名，也称"搅瓜""绞瓜""茭瓜"等。这种奇妙的瓜菜，明清时期作为珍品贡给朝廷。《植物名实图考》也载："搅丝瓜生直隶，花叶俱如南瓜。瓜长尺余，色黄，瓤亦淡黄，自然成丝，宛如刀切。以箸搅取，油盐调食，味似撇蓝。"它成熟后的外皮为金黄色，故又称"金丝瓜"。其质地脆爽，生食素有"植物海蜇"的美誉，煮食则甘而香甜。清代薛宝辰在《素食说略》中有更加详细的加工和食用方法："瓜……洗净，连皮蒸熟，割去有蒂处，灌以酱油、醋，以箸搅之，其丝即缠箸上，借箸力抽出，以粉条甚相似。再加香油拌食，其脆美。"因此又有"粉丝瓜""面条瓜"的俗称。

西葫芦是地中海菜式最基本的蔬菜，尤其是在意大利菜系中应用得最多。近年很多餐厅的"凉拌西葫芦丝"成为流行的中式开胃菜。而老北京的家常小吃"瓠塌子"也多改用容易购得的西葫芦替代传统的瓠瓜了。

千丝万缕

我们平日多见的西葫芦多为粗黄瓜般的圆筒形，外皮有深绿、淡绿、黄色及带斑花纹的几种。其实它的"奇葩"变种非常多，颜色和形状各异，作为观赏南瓜植物，美不胜收。有如同葫芦般直径的"龙凤瓢"、形扁平似 UFO 的"飞碟瓜"、鸡蛋大小的"哥布林蛋瓜"、色泽金黄迷你的"金童南瓜"、墨绿与橙色相间表面布满瘤状的"霍加斯"、样子似陀螺可以旋转的"田纳西跳舞瓜"，还有从果柄处往下看就像一朵大花的"黛西"等。

厨涯趣事 >>>

西葫芦在欧洲吃法很多，尤其是意大利菜系中更多，意大利人把春季西葫芦黄色的花朵当作是应季的好食材。我在罗马就学得了著名的开胃菜——"油炸西葫芦花"（Fiori di zucchini ripieni）。西葫芦花朵在绽放后与嫩果一起摘下来；打开花瓣酿进切碎的腌鳀鱼、马祖里拉奶酪，以盐、胡椒调味后，再恢复其闭合的状态；最后裹上用面粉、鸡蛋、牛奶及苏打调成的薄面糊，在热油中炸熟即可。那不勒斯的做法是把馅料改成生斯卡莫扎奶酪加罗勒叶及意大利香菜碎，同样蘸面糊后炸制。黄绿相间，外脆里嫩，花朵的清香与奶酪等相得益彰。

［1］李昕升.《中国南瓜史》. 中国农业科学技术出版社，2017年。

腰果

种子长在外

腰果起源于南美洲的巴西。人类利用腰果的历史悠久，是巴西的土著把腰果加工成了美味的食物。1555 年法国入侵巴西后，法国传教士首次把腰果等新大陆植物物种介绍到欧洲。后来巴西成为了葡萄牙的殖民地，葡萄牙人便把腰果分别带到其在亚洲和非洲的殖民属地：印度果阿及莫桑比克栽培成功。

腰果

腰果是由葡萄牙人通过澳门传入中国内地和沿海岛屿的，时间大约是在 17 世纪中叶。腰果在汉语中最早称为"榝如果子"，树名作"榝如树"。"榝如"为外来词，也是由葡萄牙人通过澳门传入，但词源来自巴西印第安人图皮语的"Acaïou"。此种命名法是天主教耶稣会传教士卜弥格创定的 [1]。

卜弥格于 1645 年来中国传教，他在 1656 年出版的《中国植物志》中共介绍了 21 种中国或亚洲的植物和 8 种中国的动物，每一种植物与动物都附有他亲绘的彩图，其名称中外文对照标注，图文并茂，十分生动。这是来华传教士创作的作品中第一本关于中国的植物志，成为帮助欧洲人认识中国植物的奠基性著作。他在书中写道："榝如树在中国并不多见，但它长起来后，它的枝叶都很茂密。它也生长在和中国交界的一些国家里。有人认为，它主要生长在云南省、广西壮族自治区和一些属于中国的岛屿上。这种树很大，它的叶子很漂亮，当它长得枝繁叶茂的时候，便呈现出一片绿色。它的果实呈黄色或红色，成熟后有香味，但其中的果汁不

腰果树

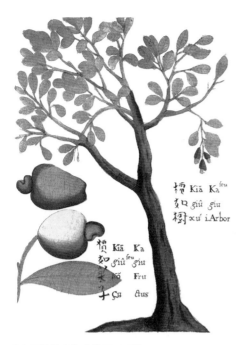

《中国植物志》中的腰果手绘

琥珀腰果

腰果有两层外壳，硬壳之间含一种叫作漆酚的有毒树胶物质。若用牙齿去咬它，就会立刻发现，包裹着果仁的那层厚厚外壳，不仅难吃，还充斥着使你的嘴巴起泡的毒油。因此无论采摘，还是加工生腰果都要戴上防护手套和特殊的工具，才可避免对皮肤的腐蚀和刺激。脱了壳的腰果仁还要经过蒸煮再焙烤后除掉漆酚物质，方能安全食用。我们在食品店中见到的腰果果仁是经过加工处理过的，这也是我们从来都没见过它外壳的原因。

另外，由于腰果含有多种致敏原，对于过敏性体质的人来说，有一定的食用风险。为了防止过敏现象的发生，对于没有吃过腰果的人来说，最好敬而远之。

好吃，果瓤也容易卡在喉咙里。在印度，这种树一年结两次果。但从它的花里首先长出来的是种子，只有种子才结果。将这种果实加酒或盐吃了能健胃。这种果实里没有种子，但是它的表面却突现出一个像核桃样的东西，这个东西表皮光亮，它的内核呈白色，很硬，像栗子或扁桃一样，把它加热后，吃起来味道和扁桃一样。印度人和葡萄牙人都叫它扁桃，用它制造甜食，它成熟于2月和3月，或者8月和9月"。[2] 实际上，腰果是一种极其独特和奇葩的作物，它是独一无二的水果+干果的组合体，整个果实分为上、下两部分，最吸引人眼球的是上部分色彩艳丽的呈梨状的假果（或称果柄），而底端连接着肾形的果仁才是真正的果实——腰果。但从理论上讲腰果仁并不是坚果，而是种子。因此腰果也是为数不多，种子长在体外的物种。

另据18世纪中叶的一份葡萄牙语资料涉及了中国种植的情况："（华人）也同榈桵、榵如及甘蔗合种或分种……"腰果在我国早期的种植情况可窥见一斑。腰果之名是因其果仁呈肾形而得。1930年腰果被引入台湾和海南岛，海南人叫"鸡腰果"或"介寿果"。如今在云南西双版纳、两广及福建等地有少量种植，但我国的产量及加工技术还比较低，消费主要依靠进口。

厨涯趣事 >>>

1995年夏，我在西单的北京第一家巴西烤肉店短期学习。来自巴西圣保罗的烤肉师赛罗（Selo）是个聪明英俊的小伙子，佩戴标志性的黑色礼帽和红领巾显得格外帅气。他既是烤肉师，又是外方经理，偶尔也客串甜点师。他在甜品里会用到从巴西进口的大腰果仁，当时腰果在国内还不多见，所以就显得格外特别。聪明的赛罗汉语非常标准，他自豪地告诉我：腰果是巴西特产，在巴西东南部纳塔尔有由一棵腰果树组成的一片树林，这棵腰果树王经过140年的横向生长，占地面积达8000多平方米，每年能结7000—8000个果实。1994年被载入吉尼斯世界纪录。这棵巴西独木成林的腰果树令我好生神往！

[1] 李庆新主编，《学海扬帆一甲子——广东省社会科学院历史与孙中山研究所成立六十周年纪念文集》，科学出版社，2019年。

[2]

番石榴
鸡屎果

番石榴起源于热带美洲的墨西哥和秘鲁。16世纪，西班牙和葡萄牙殖民者把它带到澳洲、太平洋诸岛及东南亚地区。

17世纪中叶（明末清初时期），番石榴由印度支那的安南（今越南）传入粤、闽热带沿海地区种植。在卜弥格1656年出版的《中国植物志》中已经出现了番石榴[1]。这位波兰籍传教士在书中写道："印度人和葡萄牙人称这种果子为番石榴（Goyava），中国人称其为臭果。不习惯的人会觉得它散发出臭虫的臭味，事实上这是一种强烈的香味，后来对其趋之若鹜的正是原先那些觉得它臭的人。"并配有"臭果子"绘图。

白心番石榴

1694年番石榴被带到台湾并记载于《台湾府志》中。这种热带水果作物极易种植，且几乎不需要特别维护，一年四季均可收成，所以在华南地区较多见。

红心番石榴

原始的胭脂红品种不仅外表红润光滑，果实中也分布幼籽，酷似石榴。因是舶来品，故得名"番石榴"。实际上它与石榴没有任何关系，只是对比而已。番石榴与石榴不同，它不是吃籽，籽小且硬，而果肉厚实，由于果皮薄，不用削皮就可直接食用。

番石榴还有个不雅的称谓"鸡屎果"，因切开熟透近烂的番石榴即能闻到一种奇异的气味，粉红色的果肉中充盈幼细黄色的种子不仅有鸡屎之象，隐约中还有鸡屎之气。"屎"字通"矢"，先人就看似文雅地称其为"鸡矢果"。清代吴其濬在《植物名实图考长编》曰："鸡矢果，产广东，叶似女贞叶而有锯齿，果如小石榴，一名番石榴，味香甜，极贱，故以

番石榴树

《中国植物志》中的番石榴手绘

鸡矢名之。"其实番石榴并没有那么难吃，它具有热带水果特有的甘甜清香，只是不同的品种在口感上略有差异。它的品种很多，外皮或红像石榴或黄如柠檬或绿似翡翠，果实形状有圆形、梨形及卵形。果肉的颜色也分粉红和白色两种，白心品种肉色乳白，口感近于香梨或青枣般生脆；红心品种色如胭脂，质地则软糯，柔滑细腻，汁水丰盈，酸甜适中，香气浓郁。有人喜欢将切块的番石榴，加酸梅粉或盐，味道独特。

番石榴还有很多别名，如清代介绍广东地区风土人情的笔记体著作《南越笔记》云："番榴俗又名秋果。"在广州叫"花稔"或"番稔"；潮汕地区称为"木仔""拔子""缅桃"及"胶子果"。而闽南话则是"芭乐"或"拔仔"。此外还有"广东石榴""喇叭番石榴"和"胶桃"等别名。

由于果胶含量也很高，除鲜食外，它非常适合做果干、果冻、果粉、果酱和糖果。又可酿酒制醋，还能为果汁饮料、酸奶、水果色拉及冰激凌中添加风味。

番石榴这种在港澳台及东南亚等热带地区畅销的水果，以前在北方鲜见，如今随着发达的物流和网络已广被人知。据说我国已是世界上第二大生产国，而在其原产地，随着栖息地生态环境的变化，却逐渐变成了珍稀物种。

老盐芭乐

番石榴有极高的药用价值，也是民间的常用药物。中医认为，番石榴性平，味甘，归大肠经。有健胃、提神、补血、滋肾之效。20世纪20年代的《潮州药用植物志》："木仔，即番石榴，甘美可食，有健脾之效。小儿食伤，将果实烧炭研末，和饭汤饮服。"这是用烧炭疗法来消除食滞，即所谓燥湿健脾之说。鲜叶可外用治跌打损伤，外伤出血，臁疮久不愈合；其根皮煮水，配红糖可除湿止泻。另外，吃番石榴时应避免与土豆、柿子及番茄等同食，因为会影响番石榴的营养吸收。

厨涯趣事 >>>

在三亚海棠湾林旺镇菜市场周围有挑着竹担叫卖水果的贩子，见到表皮绿色拳头大小的果子，摊主说是石榴，并给我切开露出白色的果肉。而在海口水巷口老街有一家名号甄大福，以经营各种老盐系列果汁而知名的网红店门口看到的是黄色的果子，并配有"独家软香芭乐，自己种植"的字条。敦实的中年老板边加工边热情地招呼生意，我听出他是东北口音，便询问这位老乡：黄色芭乐里面是什么颜色的？他说是红色的。于是我就点了一杯"招牌老盐芭乐"，粉红色的果汁中，添加海南岛的特有老盐夹杂着芭乐的清香，甜中带咸，解暑补水，风味十足。我说：第一次见红心的芭乐，能否买两个果子？老板见我好奇，豪爽地答道：送给你两个！说着就硬塞给我，搞得我盛情难却，只拿了一个，又点了一杯"老盐黄皮水"才心安理得地与好客的老板道别。回京后，查资料得知：在广东胭脂红品种的番石榴对女人有大滋补的功效作用。

[1] 若泽·爱德华多·门德斯·费朗著，时征译，《改变人类历史的植物》，商务印书馆，2022年。

西番莲
百香热情

西番莲是原产于南美的热带蔓生植物的果实。其拉丁文属名"Passiflora"和英文名称"Passion fruit"都与基督教相关。1610年，一位西班牙传教士在南美发现西番莲花朵的结构时受到启发：放射状的副花冠像是耶稣的荆棘；十片花冠代表耶稣的十位门徒；最上面的柱头和花蕾则分别代表耶稣的三根钉子和五道伤痕；其杯状的子房象征最后晚餐的酒杯。职业暗示他这绝非偶然，便以耶稣受难的象征命名为"受难花"，美丽的西番莲花也因此流传开来。

然而早在7世纪，此花就已现身于中国古典艺术中了，只不过不是作为实物，而是以西番莲这个名称露面的纹饰图案。是先有其名，后有其物的虚构前身，这种身世来历之奇特不下于其花果的独特。这种想象出来的花卉，源起于隋代莫高窟，到唐初基本成型并盛行[1]。在莫高窟第16窟甬道侧壁上就有西番莲的纹饰。

有关西番莲之名的记载最早出现在明万历九年（1581）的《华夷花木鸟兽珍玩考》："西番莲，出夷地，有黄赤两种……"但书中描述的特征并不像西番莲，可能是另一种植物。以后明清时期的著作也有提及，如陈淏子的《花镜》中称"玉蕊花"。真正作为热带水果的西番莲果，大概在明末清初传入我国岭南地区。到了清代，人们对西番莲的记载要比明代详细得多，1848年吴其濬在《植物名实图考》中配有绘图。至此，西番莲的真面目，才在专业植物学著作中图文并茂完整地呈现出来[2]。

16世纪初，西番莲随葡萄牙人的帆船被带到了日本。甲午战争后，

红皮西番莲

黄皮西番莲

莫高窟第16窟西番莲纹饰

西番莲花

西番莲手绘

清政府被迫割让台湾。植物学家田代安定被任命为日据台湾时期"台湾总督府民政局"殖产技师。1901年,他从东京石川植物园把紫色西番莲等物种引入台湾。但直到20世纪60年代中期,才在全岛普及种植并成为台湾当时外销的果树产业。

初生西番莲的果实呈绿色,犹如绿色的小灯笼挂满长藤,一个藤每年可以结百余个果子。果实慢慢地由绿变成初熟的红色,熟了的就转成暗紫褐色,完全成熟后,果子会自动脱落下来。将果子切开,露出橙黄色果肉,一簇簇果肉围绕着重量占全果三分之一、包裹着浆状的黑绿色种子的周围。硬硬的种子味道略淡,嚼起来嘎吱作响,许多人都喜欢这种对比鲜明的口感。如今也有黄色果皮的品种。

由于它的果肉汁水含量高达40%,稀释后味道更好,主要用来调制饮料,故被称之为"果汁之王"。西番莲的酸度特别高,其酸味来自苹果酸、奎宁酸、草酸等有机酸,且散发出浓郁、具有渗透力的美妙气味,能让人联想起菠萝、番石榴、杧果、酸梅、杨桃等数十种水果的香味,因此,在台湾被誉为"百香果"。这个名字既直接音译"Passion fruit",又虚指其具有"百种"热带水果相似的芳香。

百香果经台湾农业技术改良后,近20多年才作为名贵水果被引入大陆栽培推广。随着产量的增加,现在市场上的价格也越来越亲民了。

百香果汁浸荸荠

西番莲通常按英文"Passion fruit"被直译为"热情果",实际上英文之名来自其拉丁文属名"Passiflora",这个名字又源自其花朵。如文前所述,17世纪初西班牙传教士为西番莲命名时,其中"passio"意为"受折磨";该词又引申出了"无法自控的激情"的含义,并衍生出"Passion""热情、激情";再之后进入英文环境产生了"passion fruit"的叫法。本意实为"受难果",但难免被人见字生义地误为"激情果"或"热情果"。

西番莲花还有"时钟花"的别称,因圆形花盘中的雄蕊雌蕊上下交叠,酷似钟表上转动的时针分针而得名。

厨涯趣事 >>>

2008年春,国家体育总局为迎接北京奥运会举办了"冠军西餐"厨艺秀活动,北京金融街洲际酒店总厨王青松(Bill)的作品格外醒目,受到媒体的追捧。记得菜品里就用到百香果调味,那时北京刚刚有这种紫褐色表面会皱起的热带水果,很多人还没听说过、更没有见过。他彬彬有礼地向大家介绍水果的名字是"Passion fruit"。通过这次活动,我认识了热情果,也结识了年轻有为、充满热情的王青松并成为好朋友。在后来的十几年里,他不断努力,已从总厨一步步晋升为五星级酒店总经理,也成为了青年人励志的榜样。

【1】沈胜衣「西番莲的前世今生」《中华读书报》2017年9月27日。

【2】钟葵「西番莲纹饰与实物之迷案」《广州日报》2018年10月30日。

马铃薯
其貌不扬

马铃薯起源于秘鲁和玻利维亚的安第斯山脉。公元前 8000 年，印第安人最早发现野生马铃薯并驯化栽培。

1565 年，西班牙殖民者把从美洲带回的几种马铃薯献给了国王腓力二世。但在引进欧洲最初的 150 年里，并没有受到重视。直到普鲁士的腓特烈大帝将薯块分发给农民，强制命令他们种植[1]。而法国农学家帕芒蒂耶的奇怪招数也是功不可没。在种植马铃薯的地里白天派兵把守，晚上则故意让士兵撤离，让好奇的人盗挖回自己的田里栽种。马铃薯能提供相当多热量，几乎可以代替面包的优点，使之逐渐成为欧洲的重要粮食作物。爱尔兰人则完全依靠马铃薯维持生活。1845—1846 年，马铃薯晚疫病毁灭了这个农作物，导致爱尔兰全国处于饥荒，许多人被迫移民到美洲。

马铃薯

荷兰人成为海上霸权新贵后，效仿英国的扩张而开设东印度贸易公司。把马铃薯等物种通过船运载入亚洲的菲律宾和日本。在明末清初的万历年间马铃薯由荷兰人经日本引入[2]台、闽和粤沿海各省，这些地区至今仍称其为"荷兰薯"。马铃薯的传入可能是南北两条线路，在北方俗称"土豆"。

国际土豆年邮票（德国）

有关马铃薯的最早记载是清康熙二十一年（1682）编撰的《畿辅通志》："土芋一名土豆，蒸食之味如番薯。"说明 17 世纪 80 年代以前土豆从北路传入河北地区了。虽然明万历年间蒋一葵在《长安客话》中曾出现过"土豆"一词，实际上却是豆科药用植物"土圞儿"（Apios fortunei Maxim）。而"马铃薯"之名始出康熙三十九年（1700）福建的《松溪县志》中："马铃薯菜依树生，掘取之，形有大小，略如铃子。色黑而圆，味苦甘。"后经考证实为薯蓣科药材"黄独"（Dioscorea bulbifera）。但日本学者小野兰山误以为是马铃薯，并于 1808

各种颜色马铃薯

马铃薯手绘

年引进日语。清廷首任驻日参赞黄遵宪把"马铃薯"从日语又借回到汉语，并很快成为正式用词。

由于马铃薯适应力强，栽种容易，很快普及。光绪《浑源州续志》记载，至迟在乾隆四十七年（1782），马铃薯自陕南引种至山西浑源州。吴其濬在《植物名实图考》中载："阳芋（马铃薯），黔、滇有之……，山西种之为田，俗呼山药蛋。"可见到了道光年间，我国西南地区及山西、陕西都有马铃薯的大面积栽种。

马铃薯富含淀粉，产量大，宜粮宜蔬，自然成为百姓阶层的主要食品，历史上对维持人口的迅速增加也起到了重要作用。而今马铃薯也是百姓餐桌上最常见的食材。

炒土豆丝

欧洲人对从土壤里挖出来的食物只认得松露，他们依照外形认为马铃薯是"既像松露又像面包的东西"。所以德语的马铃薯"Kartoffel"（地梨）是由意大利语"Tartuffo"（松露）派生出来的；而法语"Pomme de terre"的意思是"地里的苹果"，保加利亚语则是"魔鬼的苹果"（devils apples）。在俄语中是"第二面包"的意思。

我国各地对马铃薯的叫法也很多样，如广西叫"番鬼慈薯"；在粤语中除"荷兰薯"外，口语称其为"薯仔"或写成"茨"；西部地区的叫法是"洋芋"；上海人称其为"洋山芋"；华北地区的称呼是"地蛋"及"山药蛋"；鲁南滕州地区叫"地蛋"；东北称"地豆"；而北京人喜欢儿化音，叫"土豆儿"。

厨涯趣事 >>>

马铃薯在西餐有上百种做法，西方人每天食之不厌。1995年，我在北京外国语大学短期培训班进修法语。法国外教让·皮埃尔（Jean Piere）老师幽默又耐心。中午常和我们一起去学校餐厅吃饭，每次必点炒土豆丝。每逢西方节假日，也会邀请同学们去他在外教楼的家里吃饭，拿手菜是炸薯条。他把土豆去皮后切成条，在沸水中先煮一会儿捞出，用餐布沾干水分，最后入热油炸熟，金灿灿的颜色，脆脆的口感，特别受欢迎。当他知道我是厨师后，兴奋地告诉我：他的太太也是位厨师。在圣诞节后回京时，他还特意把他太太学厨的教材 *Travaux Pratiques de Cuisine*（《实用烹饪教程》）送给我。这本书对我很大帮助，也一直存放在我办公室的书架上。

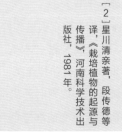

［1］日本 21 世纪研究会著，林郁芯译，《食物的世界地图》，中国人民大学出版社，2008年。

［2］星川清亲著，段传德等译，《栽培植物的起源与传播》，河南科学技术出版社，1981年。

番木瓜
美颜驻容

番木瓜又称木瓜，起源于墨西哥南部，16 世纪被带到西印度群岛，然后传到东南亚和非洲。由于它的种子生长迅速，很快就传播到世界上所有热带和亚热带地区。18 世纪后期成为世界上重要的水果之一。

番木瓜

据说番木瓜有 31 种不同的性别，因此番木瓜可能过着相当复杂的社交生活。番木瓜还有一门惊人的本事，植株分泌出的乳液含有蛋白酶，可以分解蛋白质，番木瓜的蛋白消化液具有嫩肉剂的功能[1]。

据瑞士植物学家德康道尔（A.De-candolle）在 1882 年写成的《农艺植物考源》中称：番木瓜大约在明末清初时期通过海路被带到中土的。17 世纪以后，随着西班牙和葡萄牙传教士来到中国传教，兴办教堂、学校和医院，番木瓜也跟着传入了我国，时间大约在明末清初。1656 年波兰传教士卜弥格在《中国植物志》中写道："中国人称之为反椰树，在中国的海南岛产量很高，在云南、广西、广东和福建等南方省份也有。""反椰树"应是"番椰树"的误写，并配有绘图。

在广东番木瓜被称为"蓬生果"或"蓬松果"。康熙二十一年（1682），客游广东的江苏江都词人吴绮在他的《岭南风物记》中云："蓬松果，树本高数丈，如桄榔……生食香甘可口。"与此同时，其友屈大均在《广东新语》中也写道："有番木瓜，产琼州，草本也，而形似木，高丈许，随其节四季作瓜，一节数瓜。以酱制之，味脆隽。"这些都是我国关于番木瓜的最早记载。

康熙三十四年（1695）游历南粤的浙江石门人吴震方在《岭南杂记》书卷下记番木瓜甚详："蓬生果，名乳瓜，土人名木瓜。树高一二丈，如棕榈，叶如蒲葵。近顶节节生叶，叶间生瓜，大类木瓜而色青，嫩皮微有楞，肉白多脂而无核。……去皮可食如萝卜，亦可酱食。余于肇庆见之。"可见番木瓜当时在内地人眼中是不多见的奇珍异果。

后来，番木瓜由广东引进到台湾。据《台湾府志》卷四《物产·果之属》载："木瓜，俗呼宝果……，实如柿，肉亦如柿，色黄味甘而腻，中多细子。"番木瓜的果实为长圆球形，成熟时外皮由青绿色转为黄色或黄橙色，内部由黄色变成红橙色。切开果实时，有一

番木瓜树

堆无数黑色豆粒大小的种子附在瓜腔内壁上。果肉软糯香甜。《台湾志略》记载得更清楚："番木瓜，直上而无枝，高可一二丈，叶生树杪，结实可靠干，坠于叶下。或腌或蜜，皆可食。树本去皮，腌食更佳。"

清吴其濬在《植物名实图考》中以"番瓜"之名著录说："果生如木瓜大，生青熟黄，中空有子，黑如椒粒，香甜可食。"并有番木瓜墨线图。

番木瓜不仅是水果，还可入菜，如酸辣爽口的"青木瓜色拉"为泰国著名开胃菜，"木瓜燕菜""木瓜雪蛤"等甜品则有驻颜美容的作用。此外，番木瓜果实可加工制成木瓜糖、果酱、果脯及罐头。

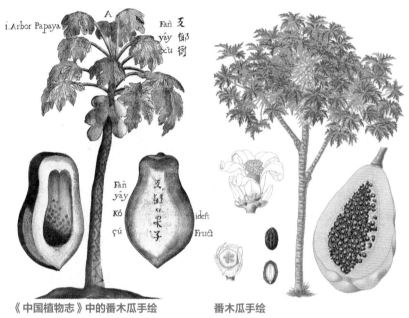

《中国植物志》中的番木瓜手绘　　　　番木瓜手绘

木瓜椰奶冻

木瓜之名很容易与我国南方原产的一种蔷薇科木瓜（haenomeles sinensis）混淆。《诗经·卫风·木瓜》中有："投我以木瓜，报之以琼琚。"其果实体形偏圆，粉黄色，有一个明显的短柄，长得像大的梨结在树枝上。切开后，种子分布在五角星形状的空间里。宣木瓜质地比较坚硬，味道酸涩，即使熟透了也不宜生吃。但可泡酒入药，性温，味酸涩，有舒筋活络、祛风湿痹等症。《尔雅》："楙，木瓜。"以安徽宣城质量为佳，故也称"宣木瓜"。历代医药学家对宣木瓜都有较高的评价。

厨涯趣事 >>>

几年前，我作为援外项目的志愿者来到东非桑给巴尔这个美丽海岛。在国家旅游学院为总统府的厨师们做培训时，有个叫赛义德的学员询问：听说有一种可以改变肉质嫩度的白色粉末是什么？我告诉他是"松肉粉"。原来当地的牛肉多为传统饲养的品种，所以肉质偏老。非洲又相对落后，他们只听说过有这种东西。"松肉粉"的主要成分就是从未成熟的木瓜果实中提取的叫作"木瓜蛋白酶"的物质，它可将肉中的弹性蛋白和胶原蛋白部分水解，使肉的口感柔嫩，因此也叫"嫩肉粉"。桑岛就盛产木瓜，第二天临时调整了培训内容，特意用木瓜汁腌制牛肉，演示了两道牛肉菜品，滑嫩的口感，受到了学员们的认可和欢迎。

［1］约翰·沃伦著，陈莹婷译，《餐桌植物简史：蔬果、谷物和香料的栽培与演变》，商务印书馆，2019年。

莲雾

钟铃果

莲雾原产马来半岛及安达曼群岛。马来语是"水翁"或"天桃"，以印度尼西亚爪哇出产的最为出名，所以又叫"爪哇蒲桃"[1]。

大航海时代，荷兰人创立了荷属东印度公司。该具有政府职能的"公司"以贸易为名，行掠夺和垄断亚洲的香料等稀有资源之实。他们很快占据了东南亚等地区，并于1624—1662年间统治了台湾。莲雾等物种就是在这一时期被荷兰人从东南亚带到台湾的，从此它在宝岛扎根400年。

莲雾，这个富有诗意的中文名字，给人带来无限遐想的空间，如水中莲花般静雅、又似空中雾样迷蒙……其实它来自马来语"Jambu"的音译，所以也称"莛雾"或"琏雾"。莲雾的外形如同铃铛，通常有乳白、青绿或粉红色，表面皆具蜡质般的油亮。台湾农艺师培育出暗红色的新品，却以"黑"冠名，如屏东的"黑珍珠""黑钻石"及高雄市的"黑金刚"等黑色系列，都是莲雾的极品，为宝岛著名特产之一，被誉为"果仙"。台湾诗人余光中在《莲雾》为题的诗中写道："这满树的黑珍珠，带着屏东田园的祝福，……满嘴爽脆的清香，不腻，不黏，……泥土的恩情，阳光的眷顾，和一双糙手日夜的爱抚。"2005年，台湾国民党主席连战访问大陆时，特意挑选莲雾作为赠送大陆的官方礼品。随之很快莲雾就出现在大陆的超市，很多大陆的朋友才知道有叫"莲雾"的水果。

其实，在清朝末年莲雾就被引种到与台湾气候相近的海南岛。据清代张隽、邢定纶、赵以谦纂修记录三亚风物的《崖州志》记载：三亚在光绪年间就有莲雾种植了。不过在海南，人们称其为"点不"或"扑通"，是因莲雾熟时从树上掉下来的声响得名的。也如余光中所述的"一声扑落，寂寞吓了一跳"。如今，又有人叫"甜不"。

莲雾传到大陆的时间较晚，是在20世纪30年代才移植到福建、广东和广西等沿海地区。广东人看它的样子像蒲桃，就称之为"番鬼蒲桃"或"洋蒲桃"，它的口感可不及台湾的甘甜脆爽，有棉絮似的感觉，因而又被称为"绵花果"；可汕头南部叫"无花果"就让人匪夷所思了。此外，还有"紫蒲桃""水蒲桃"及"水石榴"等叫法。

莲雾在国外也有不同的称谓。因果实长得像铃铛，有人就称为"Bell-fruit"（钟铃果）；果皮的表面象上了一层

绿莲雾

红莲雾

格林纳达莲雾树

蜡般的光亮，又叫"Wax apple"（蜡苹果）。

与其他热带水果相比，莲雾平淡的味道会让冲着它梦幻般的名字和讨喜的颜值而来的人有所失望。于是有人把它泡过盐水后，再撒上酸梅粉来吃，以期改善它的脆感和甜度。无论人类如何折腾，莲雾平淡的表情，却依然我行我素。

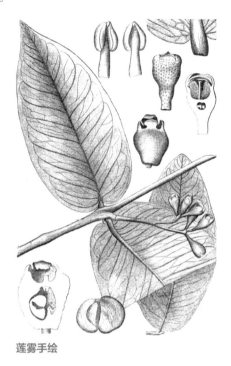

莲雾手绘

四海同心

莲雾是水果，但也能入菜。热带地区有不同的吃法，如越南人把它切片与黄瓜、胡萝卜片混合，加上熟虾仁就成了"莲雾色拉"；在台湾则是配上海蜇丝，做成"莲雾拌海蜇"的开胃菜；也可以榨成果汁混合牛奶或蜂蜜，甚至掺入芝麻糊里都是极其美味的饮品。宝岛最创意的做法是把莲雾中心挖空，再放进调好味的肉馅蒸熟，既是盛器，也是食材，卖相一流。名字也非常豪横——"四海同心"！

厨涯趣事 >>>

由北京出发，经过两天的跋涉，落地加勒比海岛国格林纳达时已是深夜，就直接入住酒店休息了。打开房间的窗子，夜幕中飘进的海风中却奇怪地夹杂着似淡淡的酒糟味。次日早餐时，发现酒店的后院里有椰子、芭蕉、腰果及莲雾等果树。唯有高大的莲雾树最为惹眼。举目望去，绿叶间粉红的莲雾果如小铃铛般挂在枝头摇晃。不禁走近，发现树下的草坪上一片粉红，一股发酵的味道也随之扑鼻而来。恍然大悟，原来昨夜闻到的味道就来源于此。弯腰捡了几个品相还不错的果子当餐后水果。就此我认真地去请教酒店的林文文经理，她说这里莲雾很多，随风落下也无人顾眄。当地人叫这种水果为"Franch Cashew"（法国腰果）。明明是莲雾，怎么叫"腰果"？真是奇了个怪！可能是其形状与腰果假果的相像吧。

［1］杨荣萍等，"莲雾研究进展"，《中国果菜》2009年第1期。

火鸡

土耳其鸡

火鸡是原生于美洲的一种野生禽类，很早被印第安人家养驯化。16 世纪时西班牙人将其引进欧洲。

火鸡早期也伴随着西方人的全球贸易传播到了我国，至于最早何时传入，现在我们已经不能明确地知晓了。但是通过清代留存至今的一些图像和文献我们还是能够一窥火鸡早期流入我国的情形[1]。

17 世纪中叶，清初耶稣会传教士比利时人南怀仁在用中文写的《坤舆图说》中介绍了产于白露国（Peru，即今秘鲁）鸡："亚墨利加州白露国产鸡，大于常鸡数倍，头较身小，生有肉鼻，能缩能伸，鼻色有稍白，有灰色，有天青色不等，恼怒则血聚于鼻上变红色，其时开屏如孔雀，浑身毛色黑白相间，生子之后不甚爱养，须人照管方得存活。"并配有黑白插图，从文中的描述及插图上看这个"白露国鸡"就是火鸡。但当时火鸡尚未传入。

在乾隆二十六年（1761）奉敕完成的《余省张为邦合摹蒋廷锡鸟谱》（简称《鸟谱》）第六册的第十二幅和第十三幅分别描绘了"洋鸡"和"雌洋鸡"，依据图像我们很容易就辨识出它们分别是雄火鸡和雌火鸡，此时火鸡被称为"洋鸡"，这也表明乾隆年间火鸡已为清廷所知晓。事实上这一时期清宫已经开始饲养火鸡，在"雌洋鸡"的谱文中明确记载："北方向年所无，自俄罗斯人携至内苑，孳生日繁，近民间亦或有之矣。《粤志》云：'西洋鸡短足昂首，毛片如鳞'……"这就很明确地说明火鸡进入我国可能有两条路线：一条路线是由俄罗斯人通过陆路，以进贡的方式引入到了清宫；另一条路线则可能是欧洲

野生火鸡邮票（美国）

《鸟谱》图册中的雌洋鸡和洋鸡（故宫博物院）

火鸡手绘

人通过海上贸易的方式由广州港口进入中国，故而才在广州地区的《粤志》中对火鸡有所记载，民间也有人饲养火鸡。除此以外，在清末民初周敦肃所著的《古今怪异集成》中记载："康熙辛亥，西洋人有以火鸡入贡者。舟进苏州阊关，出鸡于船头，令市人聚观之。赤色，与鸡同，饲以火炭，如啄米粒也。"上述描述"饲以火炭"显然是附会了之前我国文献中火鸡能食火炭的传说，但从其描述"赤色，与鸡同"应该是火鸡无疑，这就说明在康熙十年（1671），西洋人向清宫进献过火鸡[2]。

火鸡作为肉用禽类饲养则是在清道光年间，还是出自《古今怪异集成·杂禽类》："道光时，英人占舟山，携火鸡以来，遂有遗种。今定海人豢之者甚众，岁由甬舶载以至沪，供西人之食者，不可胜数。"1840年鸦片战争期间，英国人侵驻浙江舟山群岛时带来火鸡，后来在舟山南部的定海县饲养。火鸡养大后，由宁波商船把火鸡销往上海供外国人食用。

火鸡由欧洲传入我国距今有350多年的历史。虽30年前曾有大面积养殖，但因其成本高，肉质柴等原因并没有如其名字"火"起来。

烤火鸡

1492年，哥伦布误把美洲新大陆当作他的目的地——印度，于是就"顺理成章"地把当地土著称为印度人，这也是地理概念"西印度"和"印第安人"（Indian）的来历。受此影响，火鸡传入欧洲时，法国人就称为"Poule dinde"（印度鸡）；德国则以旧印度命名"Calecutischerhahn"，意为"加尔各答鸡"；而意大利文的"Tacchino"是拟声而来，模仿火鸡咯咯的叫声。

火鸡的英文名称源自此鸡最初传入欧洲时是经土耳其而来，故欧洲人就称为"Turkey cock"（土耳其鸡），以后简化成"Turkey"（土耳其）；还有一个说法是欧洲人觉得它的样子像土耳其人身黑头红的服装而得名。

厨涯趣事 >>>

20世纪90年代，很多单位建立种植或养殖小型农场以自给自足。我们在顺义的农场就曾养殖过火鸡。火鸡比家鸡大三倍以上，它的食量极大，每到11月底成年火鸡必需出栏，几百只在农场宰杀后煺了毛的火鸡被陆续送来厨房分割。而最难、最有挑战的是先用刀小心割破小腿与鸡脚关节处的表皮，露出小腿四周的筋，再用右手握住自制的"T"形铁钩，钩住露出的韧筋并扭转缠绕住，最后用洪荒之力将其拉断抽出。接下来再分割火鸡胸、大腿肉等就顺利多了。而抽取了筋的棒槌小腿肉，先腌制一天再烤熟，也就成了我们的员工大餐了。

[1] 王钊，"远禽来贡——清宫绘画中的火鸡图像"，来源：《紫禁城》2017年第3期。

可可

巧克力的灵魂

可可树原生在南美亚马孙上游热带雨林地区，大约3000年前，玛雅人就开始培植，土语是"cacau"。可可豆自古就十分珍贵，是贡品，还曾作为钱币来使用。100粒可可豆能换一个奴隶。

在玛雅人神话中，战神"Ekchuah"是可可树的保护神，人们赞叹其好味，因此有了"神的食物"的美誉。墨西哥原住民阿兹特克人把可可豆烘干，与玉米粒一起碾碎后用水熬煮，再加入辣椒混合成专供王室享用的黏稠呛辣的饮料。纳瓦特语是"Xocolatl"，意为"苦水"。是足以代表"新大陆"的高贵嗜好品[1]。

鲜可可果和干可可豆

1521年，西班牙远征军首领埃尔南多·科尔特斯（Hernando Cortés）率军摧毁了阿兹特克城堡。把可可豆及苦饮料的配方作为战利品献给了国王卡洛斯五世。为改善其口感，西班牙人去掉辣椒，加了糖、香荚兰、肉桂等调出了香甜的新口味，并依阿兹特克人的叫法称其为"Chocolate"（巧克力）。请注意：此时的巧克力是液体的饮料，而非现在的固体形态。1661年，西班牙女子玛丽·特丽莎嫁给法国路易十四成为王妃的同时，也把可可豆带到了法兰西。据说在凡尔赛宫，人们把它当成催情药。后来这种黑色饮料风靡至欧洲各国上层社会，因此有人开始担心经常喝是否会生下黑色的婴儿！

18世纪初，巧克力饮料随意大利传教士来到我国，在国人眼里洋和尚们喝的是稀奇的西洋药饮。对西洋事物一直有好奇心的康熙皇帝得知后，就下旨命负责保管西洋药的武英殿总监造赫世亨打探，赫世亨依音译成中文"绰科拉"。康熙四十五年（1706）赫世亨收到教皇特使多罗送的这种新药，康熙向当时任职于清廷的意大利医生、药剂师鲍仲义（Joseph Baudino）询问"绰科拉"的成分和药性[2]。赫世亨专门特制一套银器，配上黄杨木的搅棍把新药呈献给了皇上，特附上解说："问宝忠义（宫廷的西医大夫），言属热，味甜苦，产自阿美利加、吕宋等地，共以八种配制而成，其中肉桂、秦芁、白糖等三味在中国，噶高、瓦尼利雅、阿尼斯、阿觉特、墨噶举车等五种不在此……将此倒入煮白糖水之铜或银罐内，以黄杨木碾子搅和而饮。"（这里的"噶

各种颜色的可可果

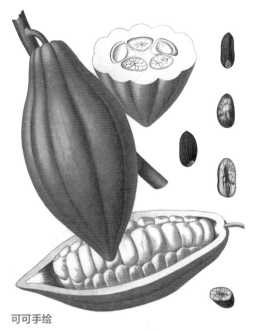

可可手绘

高""瓦尼利雅""阿尼斯"……应该分别是"Cacao""Vanilla"及"Anise"……的早期中文译音。)满足了好奇心的康熙皇帝在品尝了之后，似乎便没了兴趣。虽几日后，鲍仲义解释："绰科拉非药如茶。老者、胃虚者、腹有寒气者、泻肚者、胃结石者，均应饮用，助胃消食，大有裨益。"但这种黑色饮料在中国的命运就可想而知了。

与巧克力饮料相比，可可树传入中国很晚，台湾地区在 1922 年开始栽培，种子由印度尼西亚的爪哇引进，试种于嘉义农业实验所。以后旅居印度尼西亚的华侨又把它引种到海南兴隆华侨农场种植。但未形成规模商业栽培。

厨涯趣事 >>>

热巧克力

可可果外形像木瓜，长椭圆形的表面有 10 条纵脊。长可达 35 厘米，直径 12 厘米。初为浅绿色，成熟后变为橙黄或褐红色。敲开较厚的外皮，露出的种子（可可豆）如玉米粒般整齐地排列在胶质果肉中。可可豆含 40%—50% 的可可脂，经过发酵及烘焙，研磨后成为黑色的浆状。将浆压榨后，就制成可可脂和可可粉了。后来人们在可可油脂和可可粉中加入砂糖和牛奶，发明了可咀嚼的"巧克力"。

第一次见到可可是在东非的坦桑尼亚。而真正近距离接触可可则是在加勒比海岛国的格林纳达。在圣约翰大区的一片可可树林里，有一个名为"钻石"的农场。黝黑丰满的女农场主用木杆捅向树上如同大癞瓜的黄绿色相间的果实，应声落地的可可果已出了裂痕。掰开厚厚的外壳，里面露出乳汁般黏液包裹着像蚕豆大小的白色种子，放入口中滑润香甜并带有微微的酸涩。主人告诉我这白色的种子经晒干发酵后变成了黑色。接

着，我们被带到在附近规模不大的车间里，观摩了可可豆经烘焙、研磨后得到可可浆，可可浆再分离出可可脂及可可粉，也就是巧克力原料的加工全过程。最后在工厂的商店里品尝了可可含量从 30%—100% 配比的巧克力。格林纳达出产的巧克力虽然数量少，但质量非常好。

［1］宫崎正胜著，陈柏瑶译，《你不可不知的世界饮食史》远足文化，2013年。

［2］王诗客，《新滋味：西食东渐与翻译》，经济日报出版社，2020年。

豆 薯

豆科地瓜

　　豆薯起源于中美洲及秘鲁和墨西哥，被印第安人驯化、培育及利用有上万年的历史。大航海时代，西班牙人发现了豆薯并沿用阿兹特克语系的叫法称之为"Jacama"。后来，这个名字进入其他欧洲语言中。最早记录豆薯的是西班牙人奥维耶多（G.F. de Oviedo）的《西印度博物志》（*Sumario de la Natural Historia de Las Indias*）。16 世纪下半叶，西班牙人把豆薯传入菲律宾。随后豆薯从菲律宾传入东南亚[1]。

豆薯

　　豆薯于 17 世纪末传入我国东南沿海，以后传入内地宜种地区[2]。传入者可能是马尼拉大帆船贸易（Trade of Manila Galleon）中经营中菲贸易的西班牙、葡萄牙、中国或菲律宾商人。现存关于豆薯最早记录是清朝乾隆十五年（1750）《顺德县志》中，当时称为"土瓜"，是因为其茎蔓长得像瓜类蔬菜得名。后来人们根据其叶片如薯芋类蔬菜的"葛"，结合它是舶来品，闽南人称其为"番葛"；因适合在沙质土壤里栽种，又叫"沙葛"。成书于乾隆三十年（1765）的《陆川本草》认为其："甘，凉。归肺、胃二经，生津止渴，治热病口渴。"

　　鸦片战争前，豆薯又由东南沿海传到南方和西南各省。在云、贵、川普遍称其为"地瓜"（而北方的地瓜，在西南则称"红苕"）。据同治年间修订的《成都县志·卷三》中的《食货志·物产》记载："地瓜，蔓生似葛，亦开花结子，茎叶俱不可食。至冬掘其根，根梢似芋魁，有白皮

豆薯

豆薯手绘

膜之。去皮，肉白于雪，味甘脆，生食熟食皆可。邑谓之地瓜，亦谓之地梨。"可见当时已被认识，并广为种植了。

因其为豆科植物，植株形态与豆类蔬菜相近；而食用部分的地下块茎又似"薯"类，因此被正式名称为"豆薯"。在各地又有不同的名字，如贵州部分地方称其为"地萝卜"，广西南宁称"郭薯"，海南则叫"葛薯"，广东潮汕地区称其为"力缚""网关"。此外，还有"凉薯""白地瓜""洋地瓜""新罗葛""芒光"及"萝沙果"等别称。而在国外，有"墨西哥土豆""墨西哥萝卜"及"甘薯豆"的别名。豆薯的可食部分主要为地下肥大的块茎。撕下微黄的外皮就露出了白色的果肉。因此也称"扯皮薯"或"剥皮薯"。

豆薯皮薄，肉色雪白，质地爽脆，微甜多汁的味道又像清淡梨，被美称为"土雪梨"。作为水果适合在炎热的夏季生食，可降温解暑，还能清肝去火降噪。尽管看起来豆薯似乎含大量淀粉，但生吃时淀粉的味道并不浓。而作为蔬菜，生熟皆可。由于适合在南方种植，所以豆薯在北方不常见。

豆薯的种子和茎叶含有鱼藤酮，会导致中毒，不能食用，只用于种植。

凉拌豆薯

豆薯生食口感颇佳。在其故乡墨西哥，这种美味清脆的食物通常被切成火柴棍粗细，然后浇上酸橙汁制成色拉。在马来西亚豆薯被称为"Munkuan"，是"罗惹色拉"（Rojak）不可或缺的主材。同时具生津开胃、清心止渴，具促进食欲、帮助消化的功效。豆薯也可熟食，如清炒、煮粥和炖汤。加工成豆薯粉（沙葛粉），有清热解毒作用。

厨涯趣事 >>>

在云南迪庆，香格里拉餐饮与美食协会的潘云富会长陪我逛早市，发现了山草果等以前不知道的香料，甚喜！又见到了黄白外皮的一种根茎，我问：这个叫什么？潘会长笑答：地瓜！心想这怎么是地瓜？他见我感兴趣，就坚持买两个回去尝尝。执拗不过他，便提上两个回了酒店。午餐，潘会长安排在他的研发中心烧烤：焦香流油的烤肉、牦牛肉、羔羊排、松茸、尼西土鸡等美味……边吃边聊边喝至午后，贪嘴至撑。到了晚上，他又要安排品尝美食，可我真的实在吃不下了，但老潘的热情难以推辞。我突然想起了早上的"地瓜"，就央求他给我的胃放个假！好说歹说终于说动了他。于是一个"地瓜"，晚餐兼水果，甜甜爽爽，舒舒服服！

［1］张箭，《新大陆农作物的传播和意义》，科学出版社，2014年。

［2］张箭，「豆薯——地瓜栽培传播史研究报告」，《古今农业》2007年第3期。

西洋参

传教士的推测

自清康熙二十六年（1687）始，法国耶稣会教士陆续来华，他们大都在数学、天文学、地理学等自然科学领域各有所长，深得康熙皇帝的信任和宠爱。

1701年，法国教士皮埃尔·雅图（Pierre Jartoux，中文名：杜德美）来华。他先担任皇子们的数学教师，七年后奉旨与其他几位传教士一起绘制大清国地图——《皇舆全览图》[1]。在东北勘察期间，他见到了当地人们寻找一种神药——山参。在了解到人参是名贵药材后，他亲自服用，认为其确有滋补体力的功效。1711年4月12日，雅图给法国教会写信详细介绍了人参的形态外观、生长习性、产地信息、采集方法及药用价值，并附上他绘制的人参植物图，他在信中说：人参产地大致位于北纬39度—47度之间，东经10度—20度（以北京子午线为基准）之间。同时推测在世界地理相似的地方，也有可能会发现人参。两年后，此文被转载在英国皇家学会的《哲学汇刊》。

1716年，这篇文章被法国耶稣会在加拿大魁北克地区的教士佛朗索瓦·拉菲托（Joseph Francois La fitau）无意中看到。他带着人参手绘图来到原始森林的印第安部落，土著人立即认出了这种被他们作为催情剂的药草。两年后，经法国巴黎植物学家鉴定，该地的人参与中国人参同属五加科，并参照中国人参定名为美洲人参（American ginseng）。同时也证

鲜西洋参

美国"中国皇后号"
帆船纪念币（中国）

干西洋参

西洋参手绘

实了雅图的推测：在东西半球对应的地方，即基本上都在同一条纬度上中国人参和美洲人参对地对面地生长。消息传出，立即掀起了一股"挖参热"。有魄力的商人竖起他们的耳朵，于是一场令人吃惊的贸易活动展开了[2]。法国皮货商利用在加拿大做毛皮贸易的便利，开始大量收购运回法国后再转口中国。1718 年，第一批船运的美洲人参到达广州港。这种外国人参被称为"西洋参"。

中医界也开始关注和探究西洋参的性味、归经和功效。清初儒医汪昂正在《本草备要》中称"西洋参苦甘凉，味厚气薄，补肺降火，生津液除烦倦，虚而有火者相宜"的功效。并将它列入新增的药材，这是首次收载西洋参的医药文献。

1738 年，当时还是英属殖民地的美国也宣布发现了西洋参并开始大量采挖。1784 年 8 月 28 日，来自美国这个新兴国家的帆船"中国皇后号"（Empress of China）驶入广州黄埔港。除毛皮、棉花、木材等，还满载着 242 箱约 30 吨的西洋参。获得巨大利润的同时也开辟了美中贸易的航线。

19 世纪末，加拿大和美国相继种植西洋参。20 世纪 80 年代后，我国也开始栽培西洋参并获得成功。目前，我国与加拿大、美国已成为世界上三大西洋参产国。

西洋参和人参都属于补品中的上品，但补的力量不一样。人参是峻补，西洋参则是缓补，一些虚弱的慢性病可以用西洋参来缓慢培补调养。

厨涯趣事 >>>

1997 年仲夏，我首次作为世界御厨协会的会员，赴加拿大魁北克的蒙特利尔参加第 20 届年会。回程在温哥华机场转机时发现免税店里有西洋参出售。当时加拿大的华人多为港台同胞，粤语称西洋参为"花旗参"，魁北克作为西洋参原产地，质量好，价格也公道。在华人店员的介绍下，购得几盒准备回国作为礼物赠送亲友，装入带有免税店 Logo 的手提袋后就匆匆登机。回到北京家里，整理物品时发现袋子里的西洋参竟然变成了糖果，大为光火。静心回想，应该是免税店的手提袋是一样的，是自己粗心不知与哪位同机乘客错拿了袋子。尴尬！

西洋参老鸭汤

全世界有 10 多种人参，该属的名称人参属（Panax）来自希腊文"Panacea"（灵丹妙药）一词。西洋参的中文名字几经变迁。早期因来自法国，国人就将其称为"法兰参"或"佛兰参"；后来把美国产的叫"花旗参"，是缘于清代曾把美国花花绿绿的国旗称为花旗，花旗也即成为美国的代名词(如花旗银行)。再后来，为区别朝鲜出产的"高丽参"及日本的"东洋参"，而把美洲人参统称为"西洋参"。

[1] 语泰，"西洋参北美人参「上位」记"，《博物》2018 年第 12 期。

[2] 大卫·斯图亚特著，黄研、俞蘅译，《危险花园：颠倒众生的植物》，南方日报出版社，2011 年。

番 鸭

云屯鸟散

番鸭原生于中、南美洲热带地区，是由南美的疣鼻栖鸭驯化而来。这种似鸭非鸭，似鹅非鹅的鸭科家禽早在 300 年前就传入我国。

据 1729 年《福建通志·闽产录异》云："极大而红鼻者为番鸭，雌雄配方抱卵，须留一卵压巢母鸭方陆续再下，卵尽自咬项下笔为藏以伏之，一月出雏。伏而五日内闻砻磨之声则卵孚矣。'半番'小于番鸭，'莱鸭'小于半番，皆不能抱卵……"详细地描述了番鸭的外形特征、孵化习性及杂交品种与普通鸭子的大小不同等信息。但却没有说明其来处。1763 年的《泉州府志》载："番鸭状似鸭而大似鹅，自抱其蛋而生，种自洋舶来。"才明确地说明番鸭的体态大如鹅及其为舶来品种。另外，在莆田、古田、闽侯等县志中也都有番鸭的记载。证明番鸭是我国早期引入的一个鸭品种，而福建为最早饲养的地区。

番鸭的体重比鸭大，小于鹅。形体扁平，因此没有普通鸭子肥大的臀部。嘴的基部和眼圈周围有红色肉瘤，黄色脚蹼，羽毛黑白相间。这种色彩鲜明的禽类，早期曾作为观赏的珍禽异鸟。据好友博物学家王钊先生介绍，清康熙及雍正年间文华殿大学士蒋廷锡在其画作《鸟谱》中就有这种来自美洲的番鸭。而清乾隆二十六年（1761），《余省张为邦合摹蒋廷锡鸟谱》中则称其为"洋鸭"[1]。

番鸭具有生长快、体重大、瘦肉率高等特点，故其胸脯发达、肉质细嫩、皮薄脂肪少、不油腻，既具野味醇香之鲜美，又无腥膻之气，还具滋补养生、延年益寿的功效。据说嘉庆六年（1801）被皇帝赐封为"滋养进补圣品"，以后为历代宫廷贡品。

番鸭自福建扩散至长江以南气候温暖多雨的大部分省区。如今形成贵州天柱、福建莆田、云南文山、湖北阳新等主要产区。在湖北阳新县，番鸭被称为"屯鸟"，因其食量大（当地土语"屯得"）及飞翔能力强而得名。禽类里只有野鸭、野鸡可以飞起。但番鸭，尤其是雌番鸭可以飞到 3—20 米的高度。

番鸭因赤嘴红冠，又被称为"红面鸭""瘤头鸭"及"红嘴雁"。雄性在繁殖季节，其头部红色肉瘤处能够发出麝香气味来吸引异性，所以又有"麝香鸭""香鹑雁"的美名。在各地叫法各异，如安徽蚌埠叫"腾鸭"；客家话是"正

黑番鸭邮票（朝鲜）

白番鸭

湖鸭"；而在海南琼海以嘉积镇饲养著名，而被称为"嘉积鸭"。此外还有
"非洲雁""法国蛮鸭"及"俄罗斯麝鸭"等别称。

　　1998 年，中央电视台在介绍湖北阳新番鸭的专题片中，使用了"䳃"字。
2017 年，阳新䳃被原国家质检总局批准为国家地理标志保护产品。

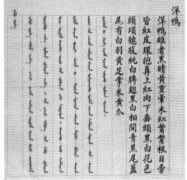

《鸟谱》图册中的雌洋鸭和洋鸭

厨涯趣事 >>>

　　几年前，在"京味：邂逅欧洲中餐女皇"的沙龙活动上，与英国美食作家
扶霞（Fuchsia Dunlop）女士、清真宫廷烤鸭传人艾广富大师及京味养生菜创
始人杜广贝大师一起交流北京菜的传承及中餐国际化的话题。活动后的晚宴
上，湖北省阳新县张鸿飞先生带来"䳃茶树菇汤"品尝。大多数人是首次听说，
也是第一次尝到阳新䳃的菜品。而同席的《博物》杂志内容主编刘莹女士则
娓娓道来其原产地及别称，她曾经去阳新考察过䳃。当我得知䳃是外来物种后，
立刻来了兴趣。为编写此书，我正为没有动物食材品种而发愁，就当场请教，
不耻下问。真是踏破铁鞋无觅处，得来全不费工夫！正由于此，才有此文。

阳新䳃汤

　　番鸭在烹饪上与普通家鸭基
本相似，但其最大的特点就是几
乎没有禽类的腥气。各菜系中，
番鸭的烹调手法上也各有不同。
如海南三亚等地多以盐水煮制
"白切鸭"或"烧鸭"；广东惯用
煲制"老番鸭汤"，还与冬虫草、
海参等一起炖食，或用小米煮
"番鸭粥"，养胃健脾，滋补身体；
台湾地区更多是加老姜焖制"姜
母鸭"。在安徽，则习惯以风干
制成"腊番鸭"；而卤制番鸭的
头、脖、掌及肠、胗等更是不错
的下酒菜和休闲小食。

［1］王钊，"远禽来贡清宫绘
画中的火鸡图像来源"，
《紫禁城》，2017 年第
3 期。

番杏

新西兰菠菜

番杏是一种少见的原生在海滨地区，后来被人工驯化育种的海水植物。它的起源地域虽至今尚未定论，但近代在新西兰和澳大利亚、美洲的智利以及亚洲东南部等环太平洋沿海地区都发现过野生的番杏种群。

大约在清朝初年，番杏从东南亚经海上传入我国。最早是作为药草植物，番杏的称谓始见于清乾隆四十七年（1782）的《质问本草》，当时番杏在我国栽培的时间不长，人们观察这种外来植物的叶片呈卵状三角形，外观略似杏叶，于是比照"杏"命名，称其为"番杏"[1]。其中"番"在古代泛指位于南部和西部的邻邦，也表明其为舶来品。

番杏

《质问本草》的作者是琉球学者吴继志。琉球一直是中国的藩属国，为接受中国文化的熏陶，明清时期琉球曾多次派员入学国子监或赴福建读书勤学。乾隆年间，吴继志亦曾赴中国留学并随贡使至京师进贡。当时琉球的医药界非常落后，对许多草药的性能及药理尚不清楚。作为郎中的他广泛采集琉球各岛的植物，再向琉球和清朝学者鉴定与请教后，才得以撰成此书。

番杏在我国东南沿海一带地区分布普遍。福建人发现番杏的外观更像绿叶类蔬菜"苋菜"，又可食，故称其为"番苋"。光绪十二年（1886）《闽产录异》云："今处处通商，如番苋、西红柿、番抹丽之类，只得以番称之，不必究其名也。"番杏的嫩叶表面往往密布一层银白色的细粉，有时还会长满绒毛状物，所以也叫"白番苋"或"白番杏"。福建民间作为草药亦称"白红菜"。

番杏生长初期，海边沙地上的植株挺拔有如直立的莴苣，又有"滨莴

番杏植株

苣""海滨莴苣"及"滨菜"的叫法。其中"滨"是生于水边的含义。而生长后期，又极易分枝丛生，长达数丈的主茎可蔓生出多条枝茎铺地而生，并旺盛成长。因此在日本称其为"蔓菜"。而多数人认为它更像菠菜，于是就有"洋菠菜"和"毛菠菜"的叫法。但它的生长习性跟菠菜却大相径庭，菠菜速生，怕热，在夏天很难种植。而番杏在夏天则是耐晒、耐旱、耐涝的海滨植物，生命力极强。正好弥补了夏季少菠菜的空档期，因此人们又称其为"夏菠菜"。

番杏手绘

最早有关番杏食用方法的记录是清末薛宝辰的《素食说略》："洋菠菜，与内地菠菜颇不相似，性坚韧，香油炒过，再以水煨极烂，亦滑美。"[2]

通常来说由于土壤及气候原因，海滨植物的口味和口感均有偏差，而番杏是番杏科、番杏属植物，番杏科大部分为多肉植物，所以其嫩茎叶片则肉厚软嫩，比起菠菜来，口感更丰腴多汁。

作为一种无公害的特色食材，番杏含有多种维生素等营养成分。药用具清热解毒，祛风消肿，利尿等功效，因此也是天然绿色保健蔬菜。

厨涯趣事 >>>

在昌平上苑 6 号，帅哥柴子健经营的私房菜餐厅的书架上见到《绿色海水蔬菜食用作品选辑》一书，书中众多的海水蔬菜中就有番杏，这本书的总策划和主编原来是子健的妈妈——中国科学院植物研究所研究员、博士生导师李银心老师。李老师笑盈盈地对我说：这是 20 多年前，她主持完成的"耐海水蔬菜的细胞及基因工程培育与应用"等多项国家重要科研课题，她的"海水蔬菜"研究成果还在 2001 年入选国家"863"计划十五周年重大科研成就展。我想起初次听说番杏时，还以为是一种水果，当见到它肥厚肉嘟嘟的叶子时，怎么也与"杏"联系不上。李老师耐心地对我讲解了番杏的习性及种植海水蔬菜的重要性。我认识李博士有几年了，还真不知道她干了这么一件大事。

枸杞番杏

18 世纪番杏传到欧洲后，英、法等国开始作为蔬菜进行栽培。20 世纪中期，番杏从欧美又多次引种我国，并根据外文通用名"New Zealand spinach"被译成"新西兰菠菜"或"新西兰菠菜"，因番杏拉丁文学名的属称"Tetragonia"为"丝棱角"的含义，其果实的形态酷似"菠菜"的胞果而得名。以后又演变成"澳洲菠菜"及"法国菠菜"等别称。

[1] 张平真主编，《中国蔬菜名称考释》，北京燕山出版社，2006 年。

[2] 聂凤乔，"番杏——值得推荐的佳蔬"，《上海蔬菜》1990 年第 3 期。

笋瓜

冬南瓜

笋瓜原产于南美洲的安第斯山麓，在公元前 5000 年前就有栽培和种植。它稍晚于南瓜引入我国，同样是由欧洲殖民者葡萄牙人的船队最先载入我国东南沿海的，大约在明代中晚期。作为南瓜家族的三成员之一，传入伊始因与南瓜形状相似，因此被统称为"番瓜"或"南瓜"。南瓜属植物的称谓一直存在混乱现象，笋瓜也不例外。历史上它有多种名称，甚至有些称谓与南瓜、西葫芦相同。

笋瓜

笋瓜的品种依外皮颜色可分为白、黄及花皮三种。但其幼果多呈白色，因此有"白瓜""白南瓜""北瓜"及"玉瓜"的叫法。"玉瓜"最早见于清乾隆三十年（1765）成书的《本草纲目拾遗》，对"玉瓜"的性状、栽培、利用进行了较为全面阐述。如今"玉瓜"的叫法主要流行在东北地区。笋瓜果实呈椭圆形，表面平滑，无蜡粉，果肉质地较软。又因其果实如圆筒状，得"筒瓜"的称谓。

成熟后的笋瓜外皮多变成黄或绿色，而黄色外皮的品种是笋瓜系列中个头最大的一个种类，能长到几百千克重，是瓜类巨无霸。其拉丁文学名的种加词"maxima"也是"极点、最大量"的意思。我国内蒙古自治区首府呼和浩特的民众就称其为"大瓜"[1]。至于"笋瓜"名称的来历是古人认为它的味道类似竹笋，最早记载见于乾隆五十四年（1789）河北《大名县志》中："笋瓜，味如竹笋故名。""笋瓜，生白熟黄，滑脆，

各种形状的笋瓜

味如斑竹笋。"民间又常常以其谐音而写成了"损瓜"。"损瓜"的记述可见于清宣统薛宝辰所撰写的素食专著《素食说略》中："陕西名曰损瓜。"

19世纪以后，笋瓜在全国普遍栽培。按大小分为大笋瓜及小笋瓜。长江流域的品种有南京的"大白皮笋瓜""小白皮笋瓜""大黄皮笋瓜"，安徽的"白笋瓜""黄皮笋瓜""花皮笋瓜"及淮安的"北瓜"。

在植物学分类上，笋

笋瓜手绘

瓜曾被命名为"印度南瓜"，因此有人猜测是经由印度传入中国。实际上是1936年浙江大学教授、园艺学奠基人吴耕民先生依据法国植物学家夏尔·诺丹（Charles Naudin）的意见，将南瓜的三个主要栽培种命名时，把笋瓜命名为"印度南瓜"[2]。直到1988年颁布的国家标准《蔬菜名称（一）》中才将"笋瓜"作为正式名称。成熟的笋瓜耐贮藏，老熟瓜从秋季可以一直存到冬季。因此在西方，相对于西葫芦是夏季品种的"Summer squash"（夏南瓜），笋瓜被称为"Winter squash"（冬南瓜）。黄橙色的笋瓜品种，其外形和淀粉质的口感与南瓜更为相似。美国"万圣节"的前夜作为装饰品的所谓"南瓜灯"，就是多以笋瓜雕刻而成的。

笋瓜虾球

区分南瓜、笋瓜、西葫芦是有小窍门的。首先"看花"：南瓜的花萼裂片细长，但顶端变宽了一点；笋瓜和西葫芦花萼的顶端则内收成尖。其次"认脐"：瓜脐其实就是花脱落后留下的痕迹，南瓜的瓜脐明显呈五菱形，往内凹；笋瓜的果实个头最大，但瓜脐只是个小圆点；西葫芦瓜脐介乎前两者之间，但向外鼓。最后"瞧尾"：所谓的"尾"即瓜柄，南瓜的瓜柄五棱膨大，如倒扣的喇叭状；笋瓜瓜柄呈圆柱状，无棱槽；西葫芦瓜柄也是五菱形，比南瓜更明显。

厨涯趣事 >>>

记得第一次听到"北瓜"这个叫法时，我还是厨校的学生正在沈阳南轩酒家实习。一个从偏远小镇来学习厨艺的中年人，用浓重的口音说他家乡里人们把南瓜就叫作"北瓜"。当时心想有冬瓜、西瓜、南瓜，哪里有"北瓜"？甚至还曾嘲笑说出这个名字的人多么土气！直到为完成此书，在查询和整理资料时，方知"北瓜"之名自古南北皆有，也才想起这段30多年前的往事。更意识到自己的无知，同时也对多年前的少见多怪和鲁莽而羞愧。

[1]张平真主编，《中国蔬菜名称考释》，北京燕山出版社，2006年。

[2]李昕升，《中国南瓜史》，中国农业科学技术出版社，2017年。

咖啡

提神醒脑

咖啡原产非洲东部的埃塞俄比亚。关于它的由来有很多传说，流传最广的版本就是大约 6 世纪时，埃塞俄比亚卡法（Kaffa）地区的牧童发现他的羊只吃了山坡下的一种野生灌木红色浆果就异常欢腾。他也好奇地吸吮了些，觉得浑身是劲，这种红色果实就是咖啡。

埃塞俄比亚人把咖啡带到了阿拉伯半岛南部的也门。穆斯林们最先把咖啡豆炒香后再用水煮着喝，这种饮料迅速流行开来，之后传到奥斯曼帝国。1551 年在君士坦丁堡（今土耳其伊斯坦布尔）诞生了世界上第一个咖啡馆，使居住在那里的欧洲人对这种新型饮品十分热衷。17 世纪中叶，欧洲也兴起了咖啡馆。以后演变成人们社交的场所，这一传统保持至今。

咖啡豆

鸦片战争前夕的清嘉庆年间，有欧洲人把咖啡带到广州。据嘉庆年陈昌齐等撰的《广东通志》云："外洋有葡萄酒……又有黑酒，番鬼饭后饮之，云此酒可消食也。"这里的"黑酒"即咖啡，因为当时中文里并无相应的词汇。道光十九年（1839），林则徐在广东主持禁查鸦片时，组织人力把英国人慕瑞（Hugh Murray）1836 年在伦敦出版的《世界地理大全》译成中文并取名《四洲志》。书中曾提及咖啡："阿丹国"（今也门）土产"加非豆"。"加非豆"显然是粤语音译而来，这是有关咖啡最早的中文记录。

咖啡邮票（肯尼亚）

同治五年（1866），美国传教士高第丕夫人为了教中国家厨制作西餐，在上海特意编写了一份教材《造洋饭书》（Foreign Cookery），咖啡被译成"磕肥" [1]。书中还讲授了烘炒、烧煮咖啡的方法："猛火烘磕肥，勤铲动，

鲜咖啡豆

咖啡手绘

勿令其焦黑。烘好，趁热加奶油一点，装于有盖之瓶内盖好，要用时，现轧。"

中文"咖啡"一词来自日文。在江户时代后期咖啡从荷兰传入日本，日本学者宇田川榕菴根据荷兰文"koffie"，译成片假名"コーヒー"，汉字写为"珈琲"。甲午战争后，被国人借用并改成了口字旁的"咖啡"二字。清末，我国开始出现咖啡馆。据徐珂在《清稗类钞》中记载："饮咖啡：欧美有咖啡店，略似我国之茶馆。天津上海亦有之，华人所仿设者也。兼售糖果以佐饮。"

与此同时，咖啡树苗也分多地陆续传入我国。首先是 1884 年，英国人布鲁斯（R.H.Bruce）从菲律宾引种于台湾；20 年后，法国传教士田德能（Alfred Liétard）从越南带来的小粒种咖啡种苗在云南宾川朱苦拉村种植。1908 年，南洋华侨又从马来西亚引种到海南岛栽种。如今，这三地皆为我国咖啡的著名产区。

百多年来，作为世界三大饮料之一的咖啡在我国形成了独特的文化。尤其是改革开放后，咖啡产业发展已具有相当大的规模。

咖啡

17 世纪后期，咖啡豆的出产地只限于南阿拉伯的也门，欧洲人只能从阿拉伯半岛南部的摩卡港（Mocha）进口咖啡，"摩卡"也成了最古老的咖啡品名。聪明和狡猾的荷兰人嗅到了咖啡的商业价值，他们偷偷地把咖啡生豆带到了印度尼西亚的爪哇岛种植。18 世纪初，咖啡树苗又被欧洲人带到了法属马提尼克岛，之后才传到牙买加栽培。也就有了闻名于世的蓝山咖啡。

1727 年，咖啡被传到了南美，在巴西得到了迅速的发展。19 世纪之后，巴西成为世界上最大的咖啡产地，占全世界总产量的三分之一。

厨涯趣事 >>>

牙买加出产的"蓝山咖啡"（Blue Mountain Coffee）为咖啡中的极品。30多年前我曾见过蓝山咖啡金属包装罐上竟全是日文时大惑不解。后来才知道早在 50 年前，日本人就投资了牙买加国营的咖啡种植业，作为交换条件，日本享有蓝山咖啡全世界 90% 的优先购买权。这也就是包装上全是日文的原因。几年前，我终于收到了没有日文标识的蓝山咖啡。这个礼物来自牙买加咖啡知名经营商马克·麦金托什（Mark McIntosh）先生，马克是来北京参加国际咖啡博览会，因他是世界御厨协会的赞助商，经该协会创始人法国的布拉卡尔（Gilles Bragard）先生的介绍，他特意来拜访我，我回赠了他明前的西湖龙井茶。

［1］高第丕夫人，《造洋饭书》，中国商业出版社，1986 年。

木薯

淀粉之王

木薯起源于南美洲亚马孙河流域南部边缘地区。在巴西东北部至墨西哥的广泛地区被驯化和栽培至少有 4000 年的历史。木薯自身含有氰苷，当它的细胞组织被破坏后，引发的化学反应将产生氢氰酸。人如果生吃或者烹煮不当，就会出现中毒的症状：眩晕、呕吐、部分肢体麻痹甚至死亡[1]。早在 4000 年前南美的印第安人就发明了水泡脱毒再去皮、煮熟、磨粉或烘干的安全食用方法。

木薯钱币（马达加斯加）

哥伦布发现新大陆的日记中就有印第安人加工和食用木薯的记录。16世纪初，葡萄牙人为了给贩奴船上的奴隶们提供食物，便把木薯从巴西带到非洲。后来，木薯成为很多非洲国家主要粮食作物。接着葡萄牙人又把木薯引进了其在南亚的属地印度果阿，同时在那里建立起印度洋的贸易中心。17世纪时，西班牙商人从墨西哥把木薯直接传至印度尼西亚和菲律宾，使木薯在东南亚地区得到了普及。

木薯是在 19 世纪初期，由东南亚传入我国广东沿海地区的。据张箭先生考证，最早在清光绪年间广东《高州县志》中载："有木薯，道光初，来自南洋。干高数尺，根即薯。可杵粉，可煮食，必切片水漂三五日，方不毒人。"详细介绍了木薯的性状、用途、加工、烹饪及除毒方法的记载[2]。

木薯粗生易种，生命力强，且产量高等优点受到农民的认可。1840年，林星章等在《新会县志》中记载："山薯，叶类蓖麻，其根甚长大，似蕨，肉亦相似。三月种，九月收。洗净切片，以水浸数日，以去其毒。熟啖如番薯。作粉名薯粉。潮透河村等乡多种于山田中，然不甚可贵。"这里将木薯称作"山薯"，并对其形态、种植、去毒、加工使用等都做了记述。可见人们对这种外来物种有了进一步的认识和利用。

太平天国时期（1851—1865），木薯已在粤东一带广为栽培并大举进入农贸交易。1900 年，广东人梁延东著《种木薯法》还绘出木薯的植株图。对木薯形态特征、水土保持、种植方法、收获和品种、留头缩根、加工计划等方面都做了扼要的描述，说明当时人们对木薯已经有了比较全面和深刻地了解。

清末民初时，木薯传到了福建及台湾。在台湾，因其根株形状硕大而被称作"树薯"。随后又引入海南岛，以

木薯

后在桂、赣、湘及西南的云、贵、川等省也有少量栽种。我国早期种植木薯的目的多以在粮食不足时作为补充，来帮助民众度过饥荒。现在木薯也是非粮能源作物，通常是加工淀粉、酒精的原料及饲料。

但在全世界范围内，木薯仍然是具价值的经济作物。作为全球第六大粮食作物，以木薯为主粮的人口有近 7 亿人，是绝大多数非洲国家人民最重要的粮食。

木薯手绘

珍珠奶茶

木薯虽然与马铃薯、甘薯同为世界三大薯类，对于绝大多数北方人来说，仍是一种十分陌生的作物。它最大的特点就是淀粉含量极高，因此有"淀粉之王"的美称。木薯淀粉与其他淀粉相比有遇水加热后会变得清澈透明，口感更具弹性，冷冻解冻后的稳定性强的特点。因此，适合制作粉丝、粉条、虾片及水晶虾饺的饺子皮等。如今流行饮品"珍珠奶茶"中所谓的"珍珠"或"芋圆"就是由木薯淀粉加工而成的。用木薯制作的美食种类也有很多，如广西东兴的木薯饺就是以木薯为皮，虾仁、萝卜、木耳等为馅，不同于普通饺子，木薯饺子更韧，更香，更甜，越嚼越有味道。

厨涯趣事 >>>

2017 年 9 月，在坦桑尼亚桑给巴尔岛的石头城内，看到一个卖食物的摊主正一边在油锅里炸着东西，一边吆喝着"Muhogo wa kukaanga"。我好奇地走近看见油锅里翻滚着白色香蕉大小的东西，便询问陪我逛街的斯瓦希里语翻译朱婵娇，她是中国国际广播电台斯语播音员，公派到这里的孔子学院工作几年了。小朱姑娘以苏州女子特有的柔声告诉我是"油炸木薯"，并指着摊位下方的几个粗如胳膊的木薯给我看。我掏出 500 先令的硬币买了一份尝尝，如同薯类的口感，但没有土豆香，也没有红薯甜。朱翻译则认真地说：木薯去皮除油炸外，还能烤、蒸着吃。但这可不是什么小吃和零食，而是当地人的一顿饭呦！

[1] 约翰·沃伦著，陈莹婷译，《餐桌植物简史：蔬果、谷物和香料的栽培与演变》，商务印书馆，2019 年。

[2] 张箭，《新大陆农作物的传播和意义》，科学出版社，2014 年。

洋蓟
大地的怪胎

洋蓟是起源于地中海沿岸的古老物种。古希腊人将其视为催情神药，笃信吃洋蓟对生男丁有帮助，所以只有男性才有资格受用。公元前300年左右，古希腊哲学家和自然学家泰奥弗拉斯在其著作中记录了意大利西西里岛有关洋蓟的种植情况。

洋蓟是一种以其花蕾及花托作为食用器官的蔬菜，这种花蕾的外形不太漂亮，尽管古罗马的自然学家老普林尼（Caius Plinius Secundus）形容它是"大地育出的怪胎"，但罗马人还是把它视为美味。老普林尼就曾坦承这点并引以为耻。他在《博物志》中称："我们如此的荒唐，动物本能都会回避的丑东西竟被我们当成珍馐。"罗马帝国覆灭后，洋蓟也一度失宠。

洋蓟（切开）

1533年，意大利佛罗伦萨的美第奇家族年仅14岁的女子凯瑟琳（Medici Catherine）嫁给了后来的法皇亨利二世（Henry II）。她从佛罗伦萨带来了整套厨师班底包括洋蓟等意大利食材。洋蓟就变成了法国和欧洲皇室及贵族的专享之物。为此它赢得了许多美誉，甚至被冠以"蔬菜之皇"的美誉，也打上了贵族阶级食物的标签。

洋蓟能食用部分不过十分之一，仅是铠甲般的嫩叶片的基底以及整个底部。吃的时候也需要耐心和技巧，因此过去困顿人家是不会用它果腹的。在欧洲，上层社会曾通过观察一个人是否优雅地吃洋蓟来判断其家庭出身和教养程度，这也成了这个阶层的父母为适龄子女选择配偶的标准和条件。在从未食用过洋蓟家庭长大的人首次面对如此硕大的花朵，肯定会无从下手。

17世纪初，法国移民将它带到了美国。洋蓟在加州的卡斯楚威尔市扎了根，该城也被誉为"洋蓟城"。1947年，年轻的诺尔玛·琼·贝克在该市"洋蓟节"上被冠为"加利福尼亚洋蓟女王"，开启了自己作为玛丽莲·梦露（Marilyn Monroe）的超级明星生涯[1]。

洋蓟的中文也称"朝鲜蓟"。明明是原产于欧洲的蔬菜，与朝鲜又有何关系？原来是1840年鸦片战争后，它先后多次从欧美等国传入东亚。据何铎在1942年出版的《实用蔬菜园艺学》一书披露，原产于英国的洋蓟

洋蓟

的著名品种"精选大绿"就是首先在朝鲜和日本推广栽培，后经朝鲜引入我国东北地区[2]，故得此名。

后来法国人把它带到了上海，并在法租界内小范围种植。有人依据其外形起了个美化的名字"法国百合"。而香港按其英语"Artichoke"音译粤语的发音译写为"雅枝竹"或"亚枝竹"。

虽然我国引入洋蓟已有180多年，但并未普及。中餐几乎也从未使用过这种食材，还真是极个别的例子。

洋蓟手绘

厨涯趣事 >>>

1988年，我在北京"世界之窗"餐厅学习时见过一种罐装食品，好像东北酸菜的芯被横切开泡在铁罐头里。看其质地又有些像竹笋，但口感却绵软，味道有一点酸涩，名字也很奇怪——雅枝竹。我顺手抄下了英文"Artichoke"。查词典才知它的学名是洋蓟。20年后，在意大利终于见到它的芳容。4月中旬正是罗马洋蓟刚刚上市的季节，个头如拳，形似莲花，层层包裹着的"花瓣"连接着底部及茎秆。"大红虾"的授课厨师Bartolo Errico先生给我们演示了一道经典的"罗马式洋蓟"：先把它的"花瓣"略掰散开，淋上柠檬汁，防止氧化变色，再撒入蒜末、切碎的意大利香菜于缝隙间，以海盐和胡椒调味，在加有大量橄榄油的水中煮熟即可。洋蓟特有鲜嫩的质感和少许坚果的味道，至今记忆犹新。

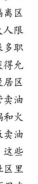

[1] 约翰·沃伦著，陈莹婷译，《餐桌植物简史：蔬果、谷物和香料的栽培与演变》，商务印书馆，2019年。

[2] 张平真主编，《中国蔬菜名称考释》，北京燕山出版社，2006年。

罗马式洋蓟

罗马还有一道名菜——"犹太式油炸洋蓟"（carciofi alla giudia），但这道美味的背后却有一段令人辛酸的历史。16世纪教皇保罗四世下令在罗马建立犹太人隔离区（Ghetto，也称隔都）将犹太人限禁在内，并颁布法令限制很多职业，而食物加工则是少数获得允许的谋生手段。在狭窄的聚居区里没有足够的空间，而经营卖油炸食品的小吃摊只需要深锅和火炉即可，有些犹太人就靠贩卖油炸洋蓟等艰难度日。如今，这些油炸小吃还能在罗马犹太社区里的犹太教洁食（Kosher）餐厅里吃到，成为罗马的特色菜。

菊芋

鬼子姜

菊芋原产美国的宾夕法尼亚。是多年生宿根性草本植物，秋季开着如向日葵般黄色的小花朵。1603 年，法国探险家萨缪尔·德·尚普兰（Samuel de Champlain）在加拿大的新斯科舍首先发现并记录了这种印第安人的块茎食物。

在欧洲它有很多称谓，如法语"Topinambour"，是为纪念来自巴西的印第安人"托皮纳博尔"部落在 1631 年把菊芋带到法国，并使法国人喜欢上了这种植物 [1]。1617 年，意大利人在首次种植时，发现它的花形似向日葵（girasoli），错写成"girasole"，这个词汇后来影响到菊芋的英文"Sunchoke"的俗称。英文正规的名称是"Jerusalem Artichoke"（耶路撒冷蓟），是因英国人在听到"girasole"时，误以为是"Jerusalem"，而它的风味又与朝鲜蓟（Artichoke）相似而得了这个奇怪的名字。但菊芋既不是蓟属植物，也并非产自耶路撒冷地区。也有人认为此名是由荷兰的一个地名"Ter Neusem"转译而来，因为菊芋是由此地引入英国的 [2]。实际上"耶路撒冷蓟"之名只是民俗语源产生的一个特殊范例而已。

菊芋

有关菊芋传入我国的历史记载不多。应该是 19 世纪鸦片战争以后，英国商人或传教士通过海路把它带入上海。国人对这种根茎植物的认知与欧洲人不同，它的外形与姜相近，于是各地就有了"洋姜""菊姜""地姜""鬼子姜"及"姜不辣"等别名。其实它和姜也没有任何关系，因为是舶来品，倒是与"洋"字有必然的联系，故冠以"洋"字。至于"鬼子"一词则是从前百姓对外国人的鄙称，还有一种说法是其块茎的顶部像传说中的鬼脸所以得名"鬼子姜"。而"姜不辣"的俗名则较形象地道出它外形

菊芋植株

菊芋手绘

像姜，却又没有姜辛辣的特点。其浑圆的外形更似芋头，又是菊科植物，早在1708年的《广群芳谱·天时谱》中就已经出现了"菊芋"之名。因此中文的正式称谓是"菊芋"。

菊芋在我国栽培有200多年的历史，它种植简单且生命力极强，分布广泛，南北皆有。其块茎多节，丑陋的外表虽布满疙瘩，但白色的肉却脆爽。生吃时又如萝卜一样多汁，略带有甜味及坚果的风味。常见的烹饪方法有些类似土豆，可以烤，用油煎炒。但所含的淀粉与土豆不同，不是每个人都容易吸收这种淀粉。由于口感较差，故多用来腌制咸菜。

菊芋还具药用价值，有利水除湿、清热凉血等功效。据《蒙植药志》记载：菊芋治热性病，肠热便血，筋伤骨折等。在云南，傈僳族称其为"窝粑门"，《怒江药》中云：块根治风湿筋骨痛，肠热泻血，跌打损伤，鼻腔衄血等症。

腌鬼子姜

菊芋除含有约2%的蛋白质外，还含有丰富的菊糖（inulin）成分。菊糖是一种水溶性膳食纤维，提炼后具有特殊的保健和抗癌作用。对糖尿病、便秘及消化性疾病等都有所帮助。最特别之处是阻隔淀粉质及脂肪吸收，所以对减肥有辅助作用。菊糖这种膳食纤维，在洋葱、大蒜和芦笋等食材中也存在，会为蔬菜带来一种甘甜的滋味，也是最优质的膳食纤维。菊芋还可以添加在家畜的饲料中，被联合国粮农组织认定为"21世纪人畜共用作物"。

厨涯趣事 >>>

小时候曾吃过一种咸菜，脆脆的口感却带有一丝的清香。父亲说是鬼子姜，可是我并没有吃出姜的辛辣味，但这个古怪的名字让我一下子就记住了它，这也是我对鬼子姜最初的记忆。几年前，搬家到北京昌平兴寿辛庄村。夏季看到邻家门口开着黄花的植物，甚是喜欢。当得知是洋姜，就讨回几株埋在院内墙下。秋霜后收获一小筐，洗净入缸盐腌。早上喝粥时当作小菜，也唤起儿时的记忆。翌年开春后，想在它旁边移栽点香草。就挖开土层，竟然刨出菊芋块茎来，顺着它周围膨起的根系越刨越多，居然多于秋收的成果。除了送些给左邻右舍外，开启煮粥、炒肉、与南瓜炖汤等菊芋大餐。

［1］弗朗西斯·凯斯主编，王博、马鑫译，《有生之年非吃不可的1001种食物》中央编译出版社，2012年。

［2］H.恩斯明格、M.E.恩斯明格、J.E.康兰德等，《食物与营养百科全书》选辑1》农业出版社，1989年。

佛手瓜

独种怀胎

佛手瓜起源于墨西哥和中美洲地区。早在西班牙人到达美洲之前，印第安人就已经栽培和食用了。18世纪时传入欧洲，后被欧洲殖民者传到东南亚并扩散到世界各地。其英文名称"chayote"源自阿兹克特语"chayotl"。

佛手瓜

大约在19世纪后，佛手瓜分别经欧洲、西亚和东南亚等途径，多次传入我国[1]，首先传入两广和西南地区。佛手瓜嫩时的果皮呈绿色或白色，果肉亦为白色；老熟以后，表皮变灰色、质地也变硬。外观又很像"瓦器"，因而在清代有人称为"瓦瓜"。清道光二十八年（1848）的《植物名实图考》中称："瓦瓜产广东、类南瓜、叶小，采置盘中，经岁不坏，日久肉干，外壳如瓦缶。"

佛手瓜的名称是以其形态特征因素命名的。果实外观略呈梨形，上面有明显的五条纵沟，以及一条缝合线位于顶部的位置。整体酷似一个握起来的拳头，有如佛手柑，故被取名"佛手瓜"。国人又以期盼幸福和长寿的心态还给它起了"福寿瓜"的雅称。在不同地区也有相近的俗称："佛掌瓜""佛拳瓜""拳头瓜""合手瓜"等；作为外来物种，也有"洋梨瓜""洋瓜""洋茄子"及"番橡瓜"等别名；还有以地区命名，如"墨西哥黄瓜""安南瓜"和"土耳其瓜"等别称。

20世纪初叶，佛手瓜又经日本、美洲引入台湾、福建等地。在佛手瓜盛产地域之一的台湾阿里山区，又称其为"万年瓜"，这是由于它既容易获得丰收，又耐贮藏的缘故。佛手瓜是一种高产作物，一棵佛手瓜可以采收二三百个果实，故获得"丰收瓜"的誉称。各地还有不同的叫法，如云南称"洋丝瓜"，福建是"合掌瓜"，四川谓"葵瓜"。

佛手瓜另一个独特的别称是"隼人瓜"，原是日文名称。据吴耕民在《果树园艺学》一书中披露，佛手瓜在1917年由美国传入日本。首先在日本南部的鹿儿岛栽培，然后逐渐推广到全日本。由于鹿儿岛曾是"隼人"部族的聚居地，因此在1919年，日本以其引入推广地域的部族名称命名。后来这一称谓传入我国。而"准人瓜"之名则是香港地区一些书刊对"隼

佛手瓜植株

人瓜"的误称，不足为训[2]。

佛手瓜可以炒食、做汤或切成细丝做凉拌菜，还可以加工腌渍酱菜。也能作为水果直接生吃[3]。所以又有"香橼瓜""香圆瓜""香瓜""梨瓜""菜梨""菜肴梨"和"菜苦瓜"的俗称。

通常瓜类果实的籽粒非常多，而佛手瓜只结一枚种子。它还有个特点：其种子如同孕妇怀胎一样，在瓜肉里面就能发芽，且种子的成活率很高，靠厚实的果肉来提供养分。

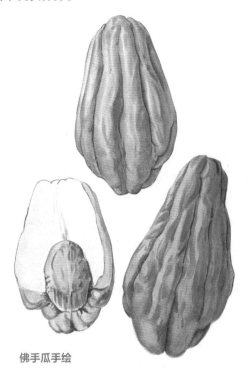

佛手瓜手绘

厨涯趣事 >>>

捞汁佛手瓜

佛手瓜有白皮、绿皮和古岭合掌佛手瓜三种。白皮是较为常见的一种，绿皮佛手瓜也多见，但要比白皮的廉价，因为它的质地稍微要逊色一些。而古岭合掌佛手瓜外皮的颜色也是绿色的，但滑润且很有光泽，肉质紧密，质量好。重量在200克左右，所以相比于前两种佛手瓜，体型较大。

佛手瓜多在南方种植，北方很少有人识得，甚至压根儿就没听说，也更没见过。前些年的一天，上中学的长子突然十分好奇地问我：佛手瓜是什么？我也很奇怪地反问他怎么想起提这个问题。原来是歌星周笔畅在一个电视音乐节目里把佛手瓜选为代表自己的一种水果，周笔畅选择佛手瓜的理由是它可以如同水果生吃。这可难为了北方的小伙伴们，于是就有了孩子这个具有代表性的问题。我觉得正好是普及蔬菜常识的好机会，就主动说我可以给你做佛手瓜尝尝。可跑了几个菜市场都没有买到，只好网购了一箱。凉拌、清炒、煲汤……满足了他的好奇心，也真正做了一回"吃瓜群众"。

[1]
[2]张平真主编，《中国蔬菜名称考释》，北京燕山出版社，2006年。

[3]饶璐璐主编，《名特优新蔬菜129种》，中国农业出版社，2000年。

独种怀胎——佛手瓜　293

苹 果

与时俱进

苹果是早于人类出现在地球上的物种，原生于高加索南部和小亚细亚一带，是由古代民族的变迁传到欧洲的。

各种颜色的苹果

我国新疆天山一带也有类似现在沙果或海棠的野生绵苹果。古时把这种乒乓球大小的果实叫作"柰"，大一点的称"林檎"，即北方的沙果。西汉时期的司马相如在《上林赋》中载有汉武帝在都城长安附近的上林苑栽植"樗柰厚朴"。西汉末年扬雄的《蜀都赋》中既有"杜樗栗柰"，又有"扶林檎"；而同时代的刘歆在《西京杂记》中也有上林苑种有"林檎十株"的记载。

柰的口感极差，引入中原后，古人发明了用林檎木嫁接的技术。虽勉强可以食用，但它一直都没有受到重视。在元朝中后期，绵苹果更新的一个品种又由西域输入内地，并在北京地区栽培。这一品种与柰本属同类，但经过改良，外观、口味已与柰有较大区别。时人借用佛经中"色丹且润"的"频婆果"来称呼它，曾异写作"平波"或"平坡"[1]，是当时只有在宫廷才可享用的珍品。元太医忽思慧在《饮膳正要》曰："平波味甘，无毒，止渴生津，置衣服箧笥中，香气可爱。"而"苹果"一词，始记于明万历年间王象晋的《群芳谱》："苹果，出北地，赵燕者尤佳，接用林檎体。……树果如梨而圆滑，生青，熟则半红半白，或全红，光洁可爱玩，香闻数步，味甘松。未熟者食如棉絮，过熟又沙烂不堪食，惟八九分熟者最美。""苹果"也称"频果"，清吴其濬在《植物名实图考长编》中云："柰，即苹果……林檎即沙果。"而如今的"苹果"的写法，则是"蘋果"的简化字。这种嫁接出来的改良品种，还不是我们今天常见的现代意义的苹果。

现代苹果也称西洋苹果，在晚清同治年间由美国引进的。1871年，美国教士约翰·倪维思（John L.Nevius）受长老会派遣来山东烟台传教时，带来16株西洋苹果等其他果树苗木，栽植于毓璜山顶。这种来自美国旧金山的新品种沿用了苹果的名称，被命名为"金山苹果"，使苹果的内涵有了很大的外延。20多年后，当地果农与本土原生树种相嫁接。经三年的培育后，成功培育出"青香蕉""红香蕉"等新品种。烟台也逐渐成为中国苹果种植基地的雏形。民国初年，徐珂在《清稗类钞》记曰："北方产果之区，首推芝罘（烟台古称）。芝罘苹果，国中称最，实美国种也。"如今，我国苹果的出产量占全球的半壁江山。

今天绵苹果已经逐渐不再规模栽培，苹果主要指的是近代引进的西

《果熟来禽图》

洋苹果。苹果一名不免有"偷梁换柱"之嫌。也许这就是历史传承的一部分,虽不"合理",但不罕见[2]。人类在不断改良苹果的品种方面上演了物种进化的智慧。而苹果品种的演化过程无疑要归功于2000多年来陆续穿行于丝绸之路上的人们。

苹果手绘

拔丝苹果

苹果家族成员庞大,苹果属有35个品种,杂交繁育出来能叫出名字的就有几千种。因此有人戏称如果每天吃一种,也要20年。现代苹果大致可以分为四类:榨汁用苹果、食用苹果或甜点用苹果、烹调用苹果及生熟两用苹果。因此苹果不仅是水果,也是食材。中外都有用苹果制作的菜品及甜食,如美国的"华尔道夫色拉"(Waldorf salad)、奥地利著名的"苹果馅饼"(Apple Strudel)、欧洲的"苹果派"(Apple pie)及我国的"拔丝苹果"等。除了加工成果酱、果脯外,还可酿成"苹果醋""苹果汽水""苹果酒"等。

厨涯趣事 >>>

来到新疆伊犁霍城,特意去拜访了古代丝绸之路上中亚重镇——阿力麻里。阿力麻里突厥语是"苹果"的意思,据说就是因为这里曾盛产苹果而得名。从13世纪初到16世纪中叶,这座"苹果"之城是察合台汗国的首府,当时是极度繁荣和辉煌的城市,被誉为"中亚乐园",欧洲人称之为"中央帝国之城"。如今,这里是建设兵团六十一团场所在地,放眼望去,只留下一座孤独的元代伊斯兰风格陵墓——吐虎鲁克·铁木尔汗麻扎,整座城市却已消失在历史的长河中。只有伊犁河谷野果林的苹果树依然开花结果,似乎在见证阿力麻里故城的往事。

[1] 张帆,「频婆果考——中国苹果栽培史之一斑」,《国学研究》2004年第13期。

[2] 罗桂环,《中国栽培植物源流考》,广东人民出版社,2018年。

啤梨

西洋梨

西洋梨原生于南欧，史前就有栽培。在罗马帝国的全盛时期，西洋梨已渐进至欧洲西部及中部。1630 年以后，西洋梨随移民带到北美洲。如今，被培育的洋梨品种已达上千种。

西洋梨

我国的西洋梨也是缘于美国传教士约翰·倪维思。1854 年，他携新婚的夫人海伦来到中国宁波，并在宁波学习汉语。几年后，赴山东登州（今蓬莱）传教。他发现当地的气候、土壤等与美国家乡相似，但这里水果的质量和口感较差，于是就萌生了改良果树的念头。因妻子患病，1864 年倪氏夫妇返美。1871 年，他们再次来到中国时，从波士顿把西洋梨、苹果、美洲葡萄、欧洲李及欧洲甜樱桃等果木树苗海运至烟台，并在毓璜顶附近买下一片地，取名"广兴果园"，以嫁接、育苗等方法培育。

为了与中国本地梨加以区别，人们把这种有特别香味的新品称为"西洋梨"或简称"洋梨"。又根据西洋梨的形状称"葫芦梨""茄梨"或"把儿梨"，后来"把儿梨"被简写为"巴梨"。西洋梨的特点是味道香甜，果肉细腻如膏，软糯如脂。很适合牙口不好的老妪食用，因此又有俗名"老婆儿梨"。

鸦片战争后，中国逐渐被沦为半殖民地半封建社会。1898 年，英国海军占领刘公岛迫使清政府签订了《订租威海卫专条》。次年，乳山上册村村民丁书方经商来到威海卫，从英国人手中买下百余棵西洋梨树苗回村栽种。五年后西洋梨结果，当地宁海州衙门把洋梨进贡给朝廷，官吏为了炫耀本地特产，就以最初引进地上册村为名冠之为"册梨"。传说，慈禧太后甚是喜欢，并御笔题为"天下第一梨"。后在福山、牟平等地推广种植，民国年间《牟平县志》载："南堠、樗岚、松岚、陈家、初家、果园、上册等村，多种册梨，为土产出口之一宗。"

1897 年，德国强占胶州湾。20 世纪初，德国人将近 80 个西洋梨品种引种至青岛 [1]。至此，山东半岛成为西洋梨栽种时间最早、也是种植面积最大的区域。1939 年，国立北京大学农学院教授唐荃生和技师吴瑞之在《山东烟台青岛威海卫果树园艺调查报告》中说："烟台生产西洋苹果、西洋梨发起栽培区域最早，该地南山及西沙旺一带为唯一产区，遍地皆是，为山东全省之盛也。"后来，西洋梨先后被移植到辽宁旅顺大连

西洋梨

地区及河南、山西等地。"文革"期间，为避崇洋媚外之嫌，曾将其更名为"阳梨"。

但是，西洋梨并不符合国人对梨这种水果的传统认识，所以在中国一直发展得特别缓慢。直到一个多世纪之后，西洋梨才重新以"啤梨"的名号再次进入水果市场，成为新兴的洋气水果[2]。所谓啤梨，是西洋梨英文名"pear"的音译。

150年前，倪维思给烟台带来的各式西洋果树，造福了当地百姓，也成就了中西科技交流史上一段令人难忘的故事。

西洋梨手绘

厨涯趣事 >>>

法国有一道著名的传统甜品"红酒梨"（Poires pocheés au vin rouge），是把去皮的啤梨整个放在加有香料的红葡萄酒液中浸煮而成，晶莹的红色，十分漂亮。刚入厨实习时觉得这更适合家常制作，只要时间和比例正确就行，并没有多少技术含量。一次，啤梨用完了，我偷懒就以鸭梨替代，心想反正都是梨，形状也差不多。可做好后总是觉得颜色和质地欠缺一点，但并未在意。晚餐时正好有客人点了红酒梨。不一会儿，服务员就端了回来说客人投诉和以前的不一样！师傅并没有直接责怪我，而是让我尝一下。鸭梨果然没有啤梨的香甜和入口即化的软糯，并且还有渣质的口感。我愧疚地知晓了正确选用食材的重要性。

法式红酒梨

每年的12月1日是世界西洋梨日（World Pear Day），在欧美许多国家，人们会在当天用西洋梨（啤梨）制作成各式食物来纪念和庆祝这个节日。啤梨的品种很多，按颜色分为青啤梨和红啤梨两大类。其中美国加州的红啤梨果色红艳，也是最甜的品种。青啤梨以比利时出产的著名，有果柄较长，果皮较厚，果面光滑，果核小的特点。啤梨最好在常温下放置几天，待果实变软时再吃，果香和口感更好。

[1] 方成泉、林盛华、李连文等，「西洋梨优良品种」，《全国第四届梨科研、生产与产业化学术研讨会论文集》2005年。

[2] 史军，《中国食物：水果史话》，中信出版社，2020年。

车厘子
欧洲甜樱桃

欧洲甜樱桃原始种广泛野生于伊朗北部，经高加索直到欧洲西部山区，有史以前就已经栽培化了[1]。17世纪，欧洲移民把欧洲甜樱桃苗木带到了北美洲。

车厘子

我国的欧洲甜樱桃也是由美国传教士约翰·倪维思引入山东烟台的。1871年，倪氏共带来10棵（包含甜樱桃、酸樱桃和杂种樱桃）树苗，嫁接在烟台当地中国樱桃枝上获得成功。因欧洲甜樱桃果实比中国本土的樱桃个头大，当地百姓俗称"大樱桃"或"洋樱桃"。此后，又陆续有华侨、海员及神职人员等把欧洲甜樱桃引入山东半岛。

据日本《满洲之果树》记载：1880—1885年烟台莱山区樗岚村的王子玉从朝鲜引进了欧洲甜樱桃；1890年芝罘区朱家庄村的朱德悦通过美国船员带进来大紫品种，很快传播到芝罘、福山两区。到民国初年，已推广到牟平、龙口、蓬莱以及威海等地。《满洲之果树》是日本南满洲铁道株式会社地方部的"产业资料"丛书之一，日本农林水产省园艺试验场农艺师谷川利善作为"调查担当"于1915年撰写而成，由日本南满洲铁道株式会社地方部编印。虽然烟台不属该版图之内，但日本负责搜集中国经济情报的"调查"范围却遍及中国各地的农业、工业和商业等领域。

以后，在山东其他地区欧洲甜樱桃也有栽种。如1894年，德国天主教传教士华德胜在山东费县的塔山办起了林场并引进了欧洲甜樱桃，后传到蒙阴、沂水、临沂等地。1920年，中国基督徒敬奠瀛在山东泰安马庄创建宗教团体"耶稣家庭"，在"家庭"果园中有自日本引进的300多株欧洲甜樱桃。1935年，原青岛果产公司直接从美国引进了大紫、那翁、高砂等欧洲甜樱桃品种。

盘踞大连的日本南满

车厘子

樱桃手绘

樱桃蛋糕

洲铁道株式会社在《满洲之果树》又记：1885年，有华侨将欧洲甜樱桃引入并栽植于辽宁大连金州八里庄。1925年，由繁田正芳执笔，满铁兴业部农务课出版的《满洲の果树园经营——产业资料二十三册》中，记录有我国东北地区果树，其中包括欧洲甜樱桃树的种植、生产、收支等统计情况和数据。

20世纪初，丹麦丹信义会传教士于承恩等将欧洲甜樱桃、草莓等引入栽种在安东（今丹东）三育中学的庭院内。此外，河北的昌黎、秦皇岛等地亦有引入和栽植欧洲甜樱桃。而新疆的欧洲甜樱桃则是在1887年，由塔城的塔塔尔族人从俄罗斯引进当地栽培，后推广到阿克苏、喀什等地。

欧洲甜樱桃是中国北方地区露地栽培最早成熟的落叶果树。虽然传入我国有百余年的历史，但大规模化栽培却是在20世纪80年代后。但气候、环境等因素决定我国不是甜樱桃的最适栽培区，所以国产甜樱桃质量不如国外的车厘子。

欧洲甜樱桃的名品很多，其中最经久不衰的莫过于"Bing"。有趣的是这种著名的车厘子与中国人有关。1875年，在美国密尔沃基的种植园工作的华工阿冰（Ah Bing）是园艺师赛斯（Seth Lewelling）的助手，他培育出个头硕大、黝黑光亮、质地爽脆、味道更甜的新品种，于是就以他的名字命名。150年来Bing被广泛种植，一直是最受欢迎的车厘子品种之一。

除欧洲甜樱桃外，还有一种"欧洲酸樱桃"。顾名思义，这种樱桃味道非常酸，主要用于制作罐头、果酱等。有添加红或绿色食用色素糖渍的红绿大樱桃，常用于菜品或烘焙制品的装饰及点缀。

厨涯趣事 >>>

车厘子是樱桃英语"cherry"的音译。我最初见到车厘子之名，是在沈阳御膳酒楼（迎宾饭店）实习期间，浸泡在玻璃瓶中被写成"有枝车厘子"，有鲜红和鲜绿色两种，产地香港。这种樱桃罐头是当时高端餐厅最流行的盘饰品。某日，趁师傅们不注意时，背过身打开瓶口，偷偷放在嘴里，硬硬的果肉和浓郁的香精甜香气味使我极不适应，刚刚咬一口就急忙吐了出来，正巧被转身的一位白白胖胖的女师傅看个满眼。她边笑边嗔怪地说：不好吃吧！我只好尴尬地点点头。她指着绿色的瓶子接着道：你再尝尝那个！我顺从地捏了一个，薄荷香精的味道令我打了个激灵。她见我的窘态，不禁哈哈大笑，惹得师傅们都转过头看。我涨红了脸，逃也似的跑了出去。心想什么破车厘子，中看不中吃，还贼贵！

[1]星川清亲著，段传德等译，《栽培植物的起源与传播》，河南科学技术出版社，1981年。

花椰菜
杜巴丽夫人

花椰菜为甘蓝的一个变种，是由不结球的野生羽衣甘蓝演化而来。早期的甘蓝叶子厚且带有蜡质，口感粗糙。经过漫长时间和精心育种，终于培育出花薹上长有一簇簇花枝，整体组成一个大花蕾类型的新品种，最后逐渐改良驯化为花球紧实的白色品种。古希腊人称其为"西玛"（Cyma），公元前540年左右它从塞浦路斯被带回希腊各个城邦种植。人们发现这种菜梗和花朵一起食用的花椰菜有爽喉、开音、润肺、止咳的功效，因此有"天赐的良药"和"穷人的医生"的美誉。

白花椰菜

1490年，热那亚人将它引入那不勒斯湾周围地区。17世纪初又由意大利传到德国和法国，成为地中海沿岸的大众蔬菜。 意大利人将花椰菜称为"Sprout Cauliflower"（发芽的花菜），而法语则称之为"Italian Asperges"（意大利的芦笋）。1822年后，由英国传至印度、缅甸及澳大利亚等亚太地区。

据日本学者星川清亲在《栽培植物的起源与传播》中介绍：花椰菜是于清康熙十九年（1680）被引入中国华南地区 [1]。但目前发现最早有关的文献是1886年，即光绪十二年福州学者郭柏苍《闽产录异》载："近有市番芥蓝者，其花如白鸡冠。"可见当时的名称是"番芥蓝"，据说是由英国侨民乘船带入福建厦门的。

花椰菜传入初期，在福州、漳州、汕头及上海等沿海殖民地栽植，因为当时没有推广种植，只专供西菜馆等小众需求，价格自然比其他蔬菜贵。1903年邹鲁主修的《续广东通志》（未成稿）有一段记载当时的情况："此

各种颜色的花椰菜

花椰菜手绘

始为常食蔬菜。此菜先由外洋至广东，而后至北方，市价甚昂，为席上珍品也。"《清稗类钞》第十二册《植物类》云："又有一种，亦欧洲种，而沪有之。开花甚多，花茎花蕾，皆可作蔬，曰球花甘蓝，别称花椰菜，俗名花菜。"是因其花序可食而得名。

光绪三十二年（1906），"万国农务赛会"在荷兰海牙举行。时任清朝驻荷兰公使钱恂派人参会并选购了四种"花菜"的种子通过海运邮寄北京。他在报送国内的公文中介绍说："查叶菜自第一至第四为'花菜'。上海颇有者，但和兰（早期对荷兰的称谓）此菜有名，当胜他种。"[2] 国内收到后，在西郊的农事试验场内种植，其地址就在现在的北京动物园。清薛宝辰所著《素食说略》载："菜花，京师，菜肆有卖者，众蕊攒簇如球，有大有小，名曰菜花。或炒或熘或搭馅炒，无不脆美。菜中之上品也。"可以看出当时在北京种植成功。花椰菜这种以花为主要食用器官的蔬菜，如今已是百姓餐桌的寻常食材。

干锅菜花

提及花椰菜自然会联想到绿菜花（西蓝花），虽然后者也是甘蓝的一个变种，但与花椰菜却不是一个品种，它的学名是青花菜（Brassica oleracea var.italica P.）。1829年，意大利农艺学家斯威兹尔（Switzer）把青花菜从花椰菜中分离出来，但它与花椰菜不同的是，其表面的小花蕾是不密集在一起的，而是在侧枝的顶端各生小花球。除绿色的外，青花菜还有紫色和橙黄色变种。

在意大利还有一种宝塔形花菜（Broccoli Romanesco），也叫罗马菜花。色泽翠绿的花球由花蕾簇生成多个小宝塔并螺旋形成主花塔形状，不仅具观赏性，还带有坚果的风味，更受人喜爱。

厨涯趣事 >>>

十几年前，在法国巴黎拉斐尔饭店进修时，有一款"花椰菜奶油汤"很受欢迎。可当我对照菜单时，上面写的却是"Creme du Barry"，直译就是"杜巴丽夫人奶油汤"。法文花椰菜明明是"Brocoli"为何成了"Du Barry"？好奇心驱使去查询资料，原来"Du Barry"是18世纪法国路易十五国王的最后一位首席情妇的名字。据说风情万种的她特别喜欢吃花椰菜，也特别会烹制花椰菜来讨好国王。另一种说法是杜巴丽夫人的肌肤白里透红，宛如新出的花椰菜娇嫩似玉。可悲的是，这位美貌的交际花在巴黎大革命时被送上了断头台。法国人为了纪念她，便在菜单上以她的芳名替代了花椰菜。

杜巴丽夫人油画

[1] 星川清亲著，段传德等译.《栽培植物的起源与传播》.河南科学技术出版社，1981年。

[2] 张平真主编.《中国蔬菜名称考释》.北京燕山出版社，2006年。

韭葱
威尔士之魂

韭葱起源于小亚细亚美索不达米亚一带。古时韭葱的形状如同洋葱的球形鳞茎，考古发现在公元前 3000 年韭葱就已是古埃及饮食的一部分。在古希腊罗马时期韭葱普遍栽培。古希腊哲学家亚里士多德认为云雀清脆声音的原因是吃了韭葱，因此罗马皇帝尼禄（Nero）坚信韭葱有助他演讲或歌唱时的嗓音，于是他就有了 "Porrophagus"（喜食韭葱者）的绰号。

韭葱

540 年，撒克逊人入侵大不列颠岛西南部的威尔士，受限于没有统一的军队制服，为了区分敌我和鼓舞士气，威尔士人把当地盛产的韭葱插在头盔上，在大卫·森特（Dewi Sant）的率领下最终战胜了敌人。大卫·森特被拥尊为威尔士的守护圣人。589 年 3 月 1 日，圣大卫去世，威尔士人把他的忌日定为 "圣大卫日"（St David's Day）以示纪念。自 18 世纪开始，纪念日逐渐演变成国庆日。每逢该日威尔士人仍把韭葱插在帽子并列队游行。英国皇室有将王储封为威尔士亲王（Prince of Wales）的传统，因此查尔斯王子在这一天会作为威尔士亲王出席庆典并依循在衣领处戴韭葱的习俗。韭葱也成为了威尔士的象征符号。如今人们把佩戴韭葱改成了外观相近，但香气优雅的黄水仙花，而有趣的是这种水仙花的名字还是与韭葱有关，叫作 "彼得韭葱"（Peter's Leek）。1985 年，英国政府发行面值 1 镑的硬币上就有威尔士韭葱（Wales Leek）的图案。

韭葱图案钱币（英国）

韭葱是在 1880 年左右从英国引入上海，1930 年又引入江西。吴耕民先生 1936 年出版的《蔬菜园艺学》中就曾介绍了韭葱，书中除介绍栽培方法，还详细介绍了英国、法国的韭葱品种。对韭葱的原产地和传入中国的时间，吴耕民先生认为："原产地或为地中海沿岸地方，或为印度，或为高加索，或为瑞士，诸说纷纭，而以瑞士最为可信。"又载 "欧美栽培甚盛，犹如我国大葱。我国栽培不盛，唯大都会附近稍见其踪迹耳"。由此推论，韭葱虽在 19 世纪 80 年代传入中国，但栽培面积很小。较多栽培当在 20 世纪 40 年代以后 [1]。

50 年代以后，韭葱又从阿尔巴尼亚引入北京种植。北京人称为 "扁葱" 或 "扁叶葱"，而西北等地称其为 "西洋葱""法国葱"，上海和安徽等

韭葱

地也名之为"洋大蒜"[2]。韭葱的花薹长而大，心部有髓，很像大蒜的花薹，南方人称韭葱的花薹为"洋蒜薹"，广西壮族自治区等地还有用其代替蒜薹食用的习惯。

　　尽管韭葱的外形酷似中国的大葱，但它扁平的叶片和味道与我国的青蒜更接近，区别是青蒜是大蒜幼苗，而韭葱为葱属；韭葱的体积要大青蒜几倍，但二者的口味较相似。

　　韭葱传入我国已有140多年，但并没有得到普及。可能是它的味道特点不鲜明，国人更习惯原产的大葱或青蒜，韭葱终没真正走入百姓的厨房。只是在经营西式的餐厅或酒店里才偶尔见到。

韭葱手绘

韭葱煎鲈鱼

　　韭葱的中文名字虽然带"韭"，但其味道完全没有韭菜强烈的辛辣，甚至比洋葱的气味还要温和、精细，切割时也不会刺激到眼睛而流泪；它的香味更近似小葱。韭葱因扁宽的叶子似韭菜，粗壮白色的茎部又很像大葱而得名。由于韭葱与青蒜的外形和味道很相近，所以用来代替青蒜制作中餐菜肴也同样精彩。切段后蘸黄酱生吃，切丝蘸甜面酱配北京烤鸭卷饼或制作热菜，如"韭葱炒虾仁"及"韭葱炒鸡蛋"等。

厨涯趣事 >>>

　　在巴黎拉斐尔饭店学习时，主厨洛朗（Laurent）在做"维希奶油冷汤"（Vichyssoise）时用韭葱炒马铃薯，再加奶油和高汤调制。他说：因韭葱内含有大量的长链碳水化合物，所以烹调加热后其质地变得很顺滑，使汤体也更浓稠，汤冷却后还会结成软的凝胶。一次采购员送来粗如小孩胳膊的大韭葱，他看我好奇就自豪地说：这还不算大的，人工特别培育的韭葱会长到1米多高，重达9千克。我告诉他中国山东的章丘大葱也有一样的长度时，这回轮到他好奇了！

[1] 张德纯，"蔬菜史话：韭"，《中国蔬菜》，2014年第1期。

[2] 张平真主编，《中国蔬菜名称考释》，北京燕山出版社，2006年。

人心果

口香糖胶

人心果原产于墨西哥犹卡坦州和危地马拉及美洲中部丛林中。果实成熟后呈浅咖啡色，表面如猕猴桃般粗糙，看上去又像满是皱纹的土豆。纵向切开后，剖面酷似人的心脏形，因而得名。里面厚实的黄褐色果肉，有着蜂蜜和焦糖般的香甜[1]。未熟时的果子及树干上会分泌出一种白色的树胶（Chicle），当地的土著玛雅人和阿兹特克人很早有咀嚼这种富有弹性胶的习惯，并相信它有清洁口腔的作用。

人心果

16世纪初，西班牙人侵占墨西哥后，人心果就随着殖民者的船队被陆续带到加勒比海、印度及东南亚地区。

19世纪中叶，第二次工业革命兴起，橡胶的需求量剧增。可当时的橡胶资源无法满足巨大的市场需求，人们在寻求橡胶的替代品时想起了人心果的树胶。

1836年，刚刚下台的墨西哥前总统桑塔·安纳将军心灰意冷地来到了美国。他把人心果树胶带给了冒险家托马斯·亚当斯，但让他失望的消息是人心果树胶无法替代橡胶。然而，亚当斯和他的儿子却意外发现把人心果树胶掺进热水，混合蔗糖及薄荷等香料，再揉成小圆球，放在嘴里嚼，味道和口感都非常美妙。于是把这种小圆球送到药店售卖。由于美国人有咀嚼石蜡的嗜好，人们很快就适应了这种新产品，并称其为"亚当斯的口香糖"。经过改进，口香糖从此诞生。人心果树胶也成了制作口香糖最天然、最安全，也是最易被生物降解的主要原料。

清光绪二十六年（1900），南洋归侨陈仙精最先从东南亚把人心果带回家乡福建。早期在东南亚谋生的华侨，

人心果树

人心果手绘

回国时都喜爱携带一些当地特产归乡，而他选择了人心果苗种，并把人心果苗栽种在家乡厦门禾山殿前。这棵人心果树存活了40多年后，在解放前夕被国民党兵砍去做海防工事终被毁掉。

1920年，又有华人由印度尼西亚的爪哇岛把人心果引入台湾，以后在嘉义、台南和云林等地均有栽培。台湾人非常喜欢这种水果，尤其是妙龄少女们更爱它的甜香的味道，所以闽南语就称其为"查某囡仔"（即"女孩子"的泛称）。人心果的外形、色泽和丝滑般绵糯的口感很像秋天熟透了的柿子。1948年，嘉义地方政府为纪念清康熙年间的义士吴凤，就将其命名为"吴凤柿"。如今，"吴凤柿"已成为嘉义特产的代名词。

后来，人心果被引种到广东、广西及海南等地。海南话叫人心果是"糖紫固"或"桃子固"；在其他地方还有"奇果""赤铁果""仁心果"及"牛心梨"等俗称。人心果在我国虽有120年的栽培历史，但产量还很小，仍属稀有热带水果。甚至至今很多人仍鲜少听说。

厨涯趣事 >>>

我每到一个国家，通常会兑换当地的钱币和购买特色食材图案的邮票作为收藏和纪念。在赴格林纳达的途中要在附近的另一个袖珍岛国巴巴多斯转机，我就利用这个短暂而难得的机会和徒弟胡含来到机场的小邮局寻觅。在一套水果系列邮票中发现有人心果的图案，毫不犹豫，全套拿下。没想到在到达格林纳达后，竟品尝到了人心果。作为加勒比海地区特色水果，在街头摊位或超市里都能见到。当地人除剥皮直接食用外，还有淋上柠檬汁、椰子汁或朗姆酒的吃法，甚至把它添加在冰激凌中。据说这是保持西印度群岛的传统食风。为了给本文配图，我翻遍了集邮册，就是没有找到那枚邮票。在懊恼中却意外地跳出另一枚人心果图案的邮票，仔细辨认竟然是老挝发行的。

人心果邮票（老挝）

人心果果盘

人心果营养丰富，有清心润肺之功效，是解暑清热的良品。它的吃法很多，但要注意几个事项。首先，如果买到未完全成熟的果实，要放几天变软再食用。因为未熟果实含胶质及单宁酸，不仅味涩还很黏牙，所以不太好吃。其次，果肉里黑亮扁平的种子在食用之前一定要挑出，如果不小心把种子吞下去，它顶端的小钩会将喉咙划伤。人心果也可做蔬菜食用，凉拌、炒、炸、蒸、酿均可，但避免与海鲜同食，否则易引起轻微的食物中毒。

［1］弗朗西斯·凯斯主编，王博、马鑫译，《有生之年非吃不可的1001种食物》，中央编译出版社，2012年。

黄秋葵

纤纤玉指

黄秋葵，简称秋葵。发源于非洲的埃塞俄比亚，非洲黑人最早驯化了这种锦葵科唯一的蔬菜，其班图语的名字是"Gumbo"。后来摩尔人把它带到了埃及，被称作"Okra"，它的英文名字就源于此。

秋葵

13世纪时，黄秋葵被阿拉伯商人传到了地中海沿岸。大航海时代，黄秋葵随着殖民者的贩奴船从非洲漂泊到美洲。19世纪，明治维新时期黄秋葵作为欧美蔬菜传到日本。日文中的写法是"黄蜀葵"。

黄秋葵是在20世纪初叶，从印度引入我国上海[1]。坊间关于传入的时间和路径有几个版本，如光绪二十七年（1901）由日本人带到台湾的说法；清朝末年清廷留学生徐继骐从日本带回家乡湖南浏阳之说，时间大约是1905—1907年之间。

据1937年开明书店出版的贾祖璋《中国植物图鉴》披露，黄秋葵传入之初，国人借用了日文的写法"黄蜀葵"或"蜀葵"。后来，为区别我国原有的植物"黄蜀葵"，正式更名为"黄秋葵"。

黄秋葵可食的幼果，表面呈绿色细长条状，近似豆荚，又如羊角，所以被称为"羊角豆"；也有人认为其外观类似于尖椒，因此也有"洋辣椒"之称。它多在南方栽培，在江西叫"牛角辣椒"，广东称"羊角菜"，广西人称其为"毛果牙卡"，而湖南则称"越南芝麻"，因其表面有略扎手的绒毛，所以在福建、台湾又有"毛茄""潺茄"的称谓，香港叫"泰国毛茄"，海南儋州县则称"大祥颠茄"。而英文叫作"Ladys finger"（淑女的手指）[2]。

黄秋葵的果荚鲜嫩脆爽，切开的剖面呈五角或六角菱形，中间密布种子及丰富透明的黏液。这些黏液主要由水溶性的膳食纤维构成，包括果胶、纤维素、半纤维素和多糖等。由于人体缺少相关的酶进行水解，这些膳食纤维没办法被人体分解吸收，也不会产生热量。这些膳食纤维能让人产生饱腹感，刺激肠道蠕动，有益于通便，因此被认为有一定的减肥作用。但秋葵性凉，消化不良者，应该避免多食。另外秋葵表面有很多小绒毛，生吃会损伤肠胃；煮熟后的黏液质对胃黏膜则有一定的保护作用。近年来，有人根据其外形及透明的黏液称其为"补肾菜"，据说有壮阳的功效，甚至被炒作成"植物伟哥"，完全是不实的心理暗示。

红绿秋葵

黄秋葵的种子呈淡黑色，富含油脂，老熟后可以榨油。经焙炒、磨碎后可充当咖啡的代用品。早期植物学界以其功能命名为"咖啡秋葵"，简称"咖啡葵"。1936年，商务印书馆发行的颜纶泽《蔬菜大全》中就称其为"茄菲葵"。所谓"茄菲"，即"咖啡"的谐音。如今，黄秋葵已成为百姓的日常时蔬。

秋葵手绘

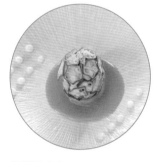

秋葵狮子头

黄秋葵有绿色和红色两种。作为蔬菜，口感鲜滑，润而不腻。通常秋葵的幼果，在花谢后4—6天即采摘上市。稍老就会变硬而发生纤维化，失去食用价值。为了让其合成纤维的速度慢下来的最好办法就是低温保鲜。但秋葵与香蕉一样，不宜放在冰箱里保存，否则表面会出现"冻疮"而变黑。把它储藏在9℃左右的环境中，这样才能在最大程度上延长秋葵的可食用期，同时避免冻伤。所以宜现吃现买，买后即食。

厨涯趣事 >>>

在美国加州旧金山，来此定居多年的堂友张海润热情地尽地主之谊。邀请我品尝路易斯安那州的"卡琼美食"（Cajun cuisine），其中有用黄秋葵、洋葱、西红柿、青椒等蔬菜加上虾、贝类等海鲜制成黏糊浓稠的烩菜。菜名"Gumbo"一词源自非洲，其本意就是"黄秋葵"。这道在新奥尔良等地家喻户晓的地方名菜，除海鲜外，还有用鸡肉的不同做法，但必须要有秋葵出场。海润兄说每到周末餐厅、超市等都会有供应，配上米饭才是正宗的吃法。此时，背景音乐响起了卡朋特乐队演绎节奏欢快的《什锦菜》（Jambalaya）歌曲，歌词中"Ambalaya and a crawfish pie and fillet gumbo（有什锦菜、小龙虾派、里脊秋葵）……"十分应景。

［1］张平真主编，《中国蔬菜名称考释》，北京燕山出版社，2006年。

［2］宫崎正胜著，安可译，《味的世界史》，文化发展出版社，2019年。

球茎茴香
翡冷翠变奏曲

球茎茴香是茴香的一个变种，野生种可能起源于大西洋中部的火山群岛——亚速尔（Azores Islands）。公元前 1500 年的古埃及以及而后的希腊和罗马时代均有药用的相关记载。

球茎茴香

球茎茴香是在 17 世纪时，经几代意大利人在佛罗伦萨（徐志摩曾译"翡冷翠"）精心培育出来的一个品种，因此也称"佛罗伦萨茴香"（Florence Fennel）。但它的意大利名字则是"Finocchio"，这个名字现也通用于欧洲和美洲。需要注意的是在意大利这个词也是个俚语，而且是一个相当粗俗的贬义形容词，所以在特殊场景下要谨慎使用。

尽管它被称为"球茎茴香"，可实际上它并不是球茎。将完整的球茎茴香从土中拔出，可以看出它有许多层，如同拳头大小，颜色为白色或浅绿色，曲线优美、气质高雅的球茎茴香一直是地中海饮食中受欢迎的芳香蔬菜之一。

1806 年，美国园艺学家伯纳德·麦克马洪（Bernard McMahon）在他的著作中曾提及过这种外形奇特、又具观赏性的蔬菜。作为美利坚合众国第三任总统托马斯·杰斐逊（Thomas Jefferson）的园艺导师，他把球茎茴香介绍给曾任种植员和检测员的总统朋友。1824 年，美国驻意大利佛罗伦萨的一位领事，把球茎茴香种子带回美国并投其所好地赠送给杰斐逊总统。杰斐逊对它一见钟情，宣称是他晚年最喜欢的芳香蔬菜。这个在当时非常罕见的品种，几十年后便在美国流行起来。

球茎茴香传入中国有 100 多年的历史。据张平真先生考证：最初是在

球茎茴香

清末由我国驻奥地利公使代办吴宗濂引入北京的 [1]。1904 年，清政府提倡"开通风气，振兴农业"，初衷是向西方学习先进经验。时任奥地利公使代办吴宗濂将球茎茴香等西方蔬菜种子带回国内。光绪三十二年（1906），清朝在北京原乐善园旧址（今动物园）由清农工商部领衔筹建农事试验场，在这里引种球茎茴香等新品。民国

初期农事试验场濒临倒闭，球茎茴香等特菜也没有得到推广。

时隔近 60 年后的 1964 年，球茎茴香由古巴再次引入[2]，但仍没有得到广泛栽培。直到近二三十年，为满足涉外饭店及大型超市日益增长的市场需求，大中型城市和沿海城市才纷纷引种、栽培。如今，已成为百姓餐桌上的家常蔬菜。

球茎茴香厚实的结构像洋葱，肉质细密、味道比茴香更为清淡鲜甜，可以和鸡肉、海鲜及水果等配伍。其甜味和淡淡的香气并不会掩盖主味，反而会让肉或海鲜味道更加突出。其香味来自内含的茴香醚和茴香酮，因自身具有甜味，经常被错误标为"甜茴香"(sweet anise)。又因原产地为意大利，还有"意大利茴香"或"罗马茴香"的别称；此外"结球茴香""球茎香花"及"甘茴香"等也是其俗称。

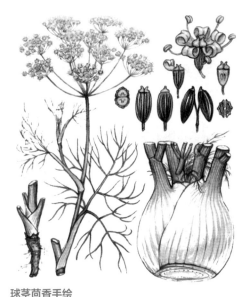

球茎茴香手绘

厨涯趣事 >>>

行业上习惯称球茎茴香为"茴香头"，它是意大利料理的常用食材。十多年前，在罗马交流期间就经常制作和食用。鲜嫩质脆的口感类似西芹，切成薄片，以盐和胡椒调味，再淋些柠檬汁和橄榄油，就是简单美味的意式色拉。如果在冰箱中放 1 小时后再食用，脆爽清甜的程度会进一步得到改善。意大利南部的西西里人喜欢把球茎茴香与菊苣、橙子及橄榄拌在一起，淡淡的甜香适合柑橘等水果。球茎茴香配上苹果，可以作为餐后水果，有助于消化，有利健康。

凉拌球茎茴香

中餐近些年也开发出一些球茎茴香的菜式。如利用其嫩叶与煮黄豆拌在一起，演绎出新版的"茴香豆"，清香可口；肥厚的茎切成丝，浇上盐、糖、醋、酱油、辣椒油、香油等混合的调味汁，就是一道中式"球茎茴香色拉"。根部也可切片或丝加盐略腌成咸菜。球茎茴香也可加热烹调出"球茎茴香爆虾球""球茎茴香溜鱼片""球茎茴香炒澳带"及"球茎茴香炒肉丝"等菜式，同样其味不凡。

[1][2] 张平真主编，《中国蔬菜名称考释》，北京：燕山出版社，2006 年。

双孢蘑菇

巴黎珍菌

双孢蘑菇，这个学名听起来很陌生和拗口，其实就是我们平时常见的白蘑菇，是担子菌亚门蘑菇科、蘑菇属的食用菌类蔬菜，以籽实提供食用[1]。由于每个担子上只产生两个孢子，故名双孢蘑菇。因其形圆如球，也称"圆蘑菇"；其样子像是纽扣，又称"纽扣蘑菇"；它以鲜品上市，所以又被人叫作"鲜蘑"；此外还有"口蘑"及"洋蘑菇"等别称。

双孢蘑菇

双孢蘑菇属于人工栽培的菌类品种。1605 年法国农学家坎提尼（La Quintinic）在巴黎首先栽培出了这种白色的蘑菇，被法国人命名为"Champignons de paris"（巴黎的蘑菇）。百年后，这种蘑菇的培植技术日趋成熟。1707 年法国植物学家约瑟夫·德图内福尔（Joseph Pitton De Tournefort）撰文，详细描述了在空地上使用变色后的厩肥铺设菌床，再覆上土，最后用含菌种的马粪块接种等步骤。19 世纪初叶，又有人尝试在巴黎的地窖和洞穴中栽种成功。到了 20 世纪初期的 1902 年，达格尔（B. M. Duggar）又利用组织培养法制作纯菌种，使双孢蘑菇进入了人工栽培的新阶段。其影响力也随之扩大到国外。

双孢蘑菇邮票（中国）

我国民众最早对双孢蘑菇的了解来自于《湖北商务报》，该刊于 1899 年 4 月由张之洞创议、汉口商务局主办，以国内外商务新闻为主要报道内容。1900 年 9 月 24 日发表了《法国菌利》一文，文中主要介绍了法国栽培食用菌（即双孢蘑菇）获得极大经济利益的消息，并注明转译自《东方商务报》[2]。而 1906 年 4 月发表于《万国公报》的《种菌之

双孢蘑菇

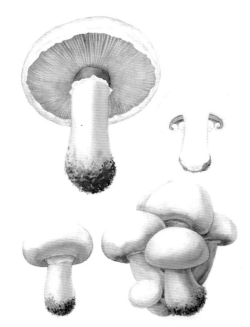

双孢蘑菇手绘

烤酿蘑菇

《地窖》一文更进一步介绍了法国人利用地窖种菌的细节。

我国真正引进双孢蘑菇是在 1908 年 7 月，广州当时的地方报纸《农工商报》连载了《种法国菌》一文。"法国菌种与英国菌种均驰名地球，不相上下，实业丛书内已发明之。兹有佛山某君新购得法国菌种一箱回粤，箱内容载菌种，约为四磅半，价银五元二毫云。察其菌，形极之肥、厚、大，非中国菌所能比。箱内夹附法国菌植法一书，颇能提纲挈领。此书系法国文字，兹本报托谢平安先生译出。"这位不知姓氏的佛山人士远在海外订购一箱法国蘑菇的动机不得而知。但与其他国外食材由外国人带入而被动接受的情况不同，双孢蘑菇则是由国人主动购进。这符合当时清末受洋务运动和戊戌变法之后的影响，仁人志士渴望了解西方先进科学技术及实业救国的思潮，也可以看出国人的觉醒。该报后续对栽培技术又进行了详细的译介。

直到 1935 年，双孢蘑菇终在上海栽培成功，以后陆续推广各地。20 世纪 80 年代中期我国的年产量已逾 15 万吨，以后发展迅速。除鲜销外，还可盐渍及加工成罐头。当时"梅林"牌鲜蘑罐头是家喻户晓的名品。如今，我国双孢蘑菇可日产百吨，产量及消费量已居世界食用菌的首位。

人们常常称双孢蘑菇为"口蘑"，其实它们并不是同一品种。口蘑是原产于我国内蒙古草原和坝上地区几种野生蘑菇的总称。以河北张家口为集散地，通过这里再输往内地。内地人因其由"口外"而来，故称"口蘑"。按质量分有"白蘑""黑蘑""青蘑"和"杂蘑"等，其中以"白蘑"最佳。由于生长在草原上，所以根部沙子较多，因此古称"沙菌"。

草原口蘑的味道异常鲜美，但产量小，所以昂贵。1958 年郭沫若先生在视察张家口时，曾写道："口蘑之名满天下，不知缘何叫口蘑？原来产在张家口，口上蘑菇好且多。"其实张家口只是"口蘑"的聚集地，而非产地。

厨涯趣事 >>>

前几年初秋，参加"Kooka 自然体验师"野外露营活动。登京西灵山顶峰，环眺重叠山峦，秋意尽收眼底。返回营地时已近黄昏。后勤组的朋友们早已准备好篝火烧烤大餐，羊肉串、香肠、海鲜、玉米、白薯……但似乎缺少些蔬菜，我看到还剩下几个洋葱、彩椒、生菜和两小盒白白的鲜蘑，就下手全部切成片，再随意调了个汁。几分钟就做好了一大盆"鲜蘑什菜色拉"。这时，有队员围过来询问：这蘑菇能生吃吗？我说：放心吧！老外就是这样直接拌色拉的。接下来就听到美女画家颖儿（李聪颖）老师的惊叹尖叫：太好吃了！不一会儿，盆儿就见了底儿。几个美食达人兴奋地扎堆开始分享第一次生食鲜蘑的心得了！

[1] 张平真主编，《中国蔬菜名称考释》，北京燕山出版社，2006 年。

[2] 芦笛，"法国双孢蘑菇菌种及其栽培技术传入中国之时间考"，《食药用菌》，2014 年第 2 期。

竹芋

东京薯

竹芋原产于南美洲、西印度群岛、墨西哥及佛罗里达地区。考古研究证明，美洲早在 7000 年前已有栽培。竹芋的外文名称可能来自加勒比地区阿拉瓦克人的语言"阿鲁–阿鲁"（aru-aru）即"吃饭—吃饭"的意思，因为当地人以竹芋根状肉质茎作为食品 [1]。竹芋的英文名称"arrowroot"可直译为"箭状块根"，源自于印第安人曾用竹芋治疗毒箭和长矛带来的外伤。而拉丁文学名的属称"Maranta"是以公元 16 世纪意大利植物学家巴托罗密欧·马兰塔（Bartolomeo Maranta）的姓氏命名的。

竹芋

竹芋清代传入我国。在广东、广西和云南等地有少量栽培。由于其根茎状生长在地下，外形略似竹笋，而品其味又如芋头，所以命名为竹芋 [2]。新鲜竹芋通常是在年尾才上市，过了季节就得等下一年了。竹芋剥去外层的薄皮洗净后可直接蒸食，口感有荸荠（马蹄）般的脆爽；也可炒菜，或与鱼头煲汤及煲粥。

如今竹芋以广东潮汕地区出产最集中，在当地又有很多俗称。如在达濠和潮阳、普宁、惠来一带称"东薯"或"东京薯"，这里的"东京"是指解放前南海地图上标示的"东京湾"，此地因自 16 世纪起居住着一个以打鱼为生的古老民族"京族"而命名，即现在的北部湾。潮汕有"沉东京浮南澳"的俗语，可见"东京薯"之名是潮汕话的音译，与日本国的首都东京无关。因此也可写成"冬京薯""冬姜薯""冬笋薯"或"冬粉薯"等。而在潮安区凤凰镇竹芋又被称为"南薯"或"斜鹅薯"。刘尧咨先生在《说潮州话》一书中认为："斜鹅"是由荷兰间接引入的根生植物，马来语称为"sago"或"sagu"。实际上是指用西谷椰树淀粉由人工制成的小圆米粒状食品——西谷米（又称西米，其英文"sago"也源于马来语）。至于竹芋以上不同的称呼，说明当初可能是从不同的路径进入潮汕的。

由于竹芋富含淀粉，经研磨、水洗、晾晒成薯粉，待薯粉尚有些许湿度时装进布袋里左右反复晃动，在相互碰撞及翻滚过程中，薯粉神奇地相互粘连形成圆形小颗粒。潮汕话称"东京圆仔""东京薯丸"或"东京丸"，由于其貌似西米，经常被误认。所以在粤西肇庆也叫作"沙谷米"。

东京薯丸在微沸的清水中煮熟后，再放一点红糖或白糖，就是著名潮式甜汤——"东京丸糖水"，一颗颗晶

东京丸

莹透亮，细腻黏滑，酷似鱼籽，清甜味美。在民间又有多子多福的含义，也是团圆和甜蜜的象征。潮汕人在祭祖的供桌上，一定要有东京丸的身影，它寄托着人们对先辈的缅怀和来年生活的美好愿望。

东京丸还有食疗和药用价值，在以前医疗尚不发达的年代，被当成退烧的特效药物，特别适合在炎热夏天，感冒后没胃口的人吃。所以，家家户户都会自己种一些竹芋以备用，东京丸存放得越久，其清肺止咳、清热利尿的功效就越好。

竹芋手绘

竹芋红萝卜牛腩汤

潮汕人用竹芋薯粉还能制作更有韧劲儿的粿、粉皮或粉条。如逢年过节时，有食用"斜鹅粉"（南洋华人叫"硕莪粉"）的传统风俗。竹芋含纤维较多，制薯粉时滤出纤维状的下脚料，过去当地人也舍不得丢弃，就把这些渣滓攥捏干后，再摊成一个个的小圆片晒干，人称"薯头"或"竹薯头"。老人常把它和乌豆一起煲汤喝，只有当地人才知道这变废为宝的妙处。

厨涯趣事 >>>

李小杰是邻味师门李玉芬大师在潮州的高徒，他给我寄来新鲜竹芋时正值北京首波新冠病毒感染高峰期，我也是刚刚"阳"过，但仍浑身酸痛，鼻塞流涕。细心的他告诉我：竹芋有清肺润燥、清热利尿的功效，对肺热咳嗽有益，并附"竹竿红萝卜牛腩汤"的食方。我照方复制，足煲了两个钟，汤色清靓，竹芋粉糯，丝丝清甜，胃口大开。喝下后即通身出汗，倒在床上，蒙头大睡。一觉醒来，全身轻盈，培养正气。不由称赞：广东人个个都是药膳师！

［1］张德纯，"蕉芋"，《中国蔬菜》2015年第10期。

［2］张平真，《中国的蔬菜：名称考释与文化百科》，北京联合出版社，2022年。

四棱豆
超市物种

四棱豆原产于热带非洲和东南亚地区的雨林地带[1]。由于它的外形奇特，很少有人把它认作是豆类，但它过去在植物分类上却一直属于豆科，这种一年生或多年生攀缘缠绕性草本植物，现在被归化为蝶形花科，也是四棱豆属中的唯一栽培种，其栽培史迄今已有 400 多年。

四棱豆

有关四棱豆传入我国的资讯不多，张平真先生在《中国的蔬菜：名称考释与文化百科》一书称，大约在 20 世纪初叶分别经由印度、缅甸和印度尼西亚等地引入[2]。但也有学者认为，19 世纪引入我国东南沿海地区，广西在 20 世纪 30 年代就开始研究和利用，广东、海南、云南西双版纳地区已有多年栽培历史[3]。由此推断应该是在清朝末期传入我国南部地区的。

它的中文名字来自其长豆荚有四个棱边；英文名称则是因其每个棱角都有锯齿状的翼，背线两侧略高，好似一对翅膀，而得名 "winged bean"，意为 "翼豆"。

四棱豆可以爬藤到 4 米高，开蓝紫色小花。它的长相虽奇形怪状，但却美味，这种神奇的植物从生长开始到全部过程，全身的各个器官都可被利用，也就是说不仅其豆荚可食用，就连它的嫩茎叶、花朵、种子，甚至地下的根块都能吃。因此被著名的社会生物学之父爱德华·威尔逊（Edward O. Wilson）誉为 "超市物种"（one species supermarket）。

四棱豆嫩叶尖的口感如同菠菜，可炒或做汤菜；蓝色的花朵可做色拉，以油煎及炒食，有似蘑菇的味道；花瓣与大米同蒸出彩色艳丽米饭；地下如手指粗细的根茎，棕色的外皮很薄极易剥掉，露出奶白色的肉，炸或烤熟之后，如同马铃薯或甘薯般粉糯，又兼有坚果的味道；还可切片晒干或制成淀粉。

四棱豆

豆荚内圆形的种子坚实有光泽，颜色和斑纹极富变化，有白、黄、棕、黑或杂色。可炒食，味似花生；也能做豆奶、豆浆或豆腐，比大豆更为味美鲜嫩；种子晒干后可榨油，磨成粉还能替代面粉食用。

鲜嫩的豆荚色泽翠绿，带有略微耐嚼的质地和如同芦笋般的美味。食用方法也多样，可焯水后凉拌、爆炒或制汤，还可盐渍咸菜及发酵泡成酸菜，比酸豇豆角更脆爽。老点的豆荚晒干保存，待冬季时炖肉别有滋味。

即使嚼之无味的老豆荚壳及茎叶粉碎之后也是家畜的理想饲料，还可绿肥。它与细菌共生，其根部就住着很多根瘤菌，会把空气里的氮气转变成土壤里的氮肥，因此它的整个植株蛋白质含量都很高。

四棱豆还具一定的保健作用，种子对动脉硬化症有显著的疗效；豆荚具清热解毒功能，根块是傣族传统药物，可治愈咽干、喉痛及口腔溃疡等病患。

这种集蔬菜、粮食、油料作物、饲料、绿肥及药用于一身的植物确实少见，难怪有着"皇帝豆"的霸气称谓而被喻为"豆中之王"。

四棱豆手绘

厨涯趣事 >>>

炒四棱豆红椒

四棱豆的别名很多。由于其荚果呈四棱状，得名"四角豆"或"四翅豆"；而豆荚横切成片呈四角星，很像有五棱的杨桃，又名"杨桃豆"。在国外因其有芦笋般的美味，因此也称"芦笋豆"。其种子的形状、大小及营养价值等特点能够与大豆媲美，"热带大豆"的誉称由此得来；它的豆荚、叶茎、花及根块皆可食用，因此又有"四稔豆"的褒称。此外还有"贡棱豆""六轴豆""番鬼豆""果阿豆""尼拉豆"及"香龙豆"等叫法。

前些年在北京菜市场常有四棱豆供应，近几年不知何故却不多见了。到三亚探望在此工作的儿子，在菜市场发现有很多的四棱豆出售，且极其新鲜就买了一捆回他的单位宿舍。儿子说：他也喜欢四棱豆还经常自己做并主动请缨。我只提醒他四棱豆一定要烫透，否则像扁豆一样会引起中毒。他很快将豆荚切段，焯水再过凉，装盘撒蒜蓉再浇热油激发蒜蓉的香味，色泽翠绿的"蒜蓉四棱豆"就做好了，还得意地拍照发朋友圈。吃饭时，还不时与我交流烹饪心得。突然，他发现刚才还碧绿的豆荚颜色逐渐变深，便问我为什么？我说：肯定是过冷水时没有凉透。要做好一道菜，每个环节都很重要。

［1］［2］张平真，《中国的蔬菜：名称考释与文化百科》，北京联合出版，2022年。

［3］裴顺强主编，《四棱菜豆》，河南科学技术出版社，2006年。

芦笋

蔬之贵族

我国历史上古人曾留下有关芦笋的诗句，最著名的莫过于唐代诗人张籍的《杂曲歌辞·凉州词》："边城暮雨雁飞低，芦笋初生渐欲齐。无数铃声遥过碛，应驮白练到安西。"描写了通往西域丝绸之路上延绵不断驼队的繁荣景象。然而诗中的"芦笋"并不是我们今天食用的时蔬，却是野生在沼泽地里的植物——芦苇所萌之嫩芽。

芦笋

作为蔬菜的芦笋则起源于地中海东部及小亚细亚一带。据考证，最早食用它的是古埃及人。在古希腊和古罗马时期，芦笋已是珍贵食材。18世纪时，法国皇帝路易十四酷爱食芦笋，使其成为宫廷及王公贵族享用的美食。此后，欧洲大陆便开始种植并栽培出粗壮而柔嫩的品种。

芦笋是在鸦片战争后期由英国人传入上海。1909年出版的《上海指南》里收录了岭南楼番菜馆的西餐价目，其中记录有"芦笋清牛汤"[1]。

宣统二年（1910），清政府驻奥地利公使代办吴宗濂从欧洲寄回一批蔬菜种子，由清农工商部领衔筹建农事试验场即北京原乐善园旧址（今动物园）中试种，其中就有芦笋。当时在其所列的清单中，芦笋被称为"阿斯卑尔时"，即英文"Asparagus"的音译[2]。民国初期农事试验场濒临倒闭，芦笋等来自欧洲的菜蔬也没有得到很好的推广。

中文芦笋的学名是"石刁柏"，"石"有坚硬之意；"刁"在古代是指锋利的刀剑类兵器；而"柏"则特指其植株的叶如侧柏[3]。就是说破土挺直的芦笋嫩茎，顶端鳞片紧包，形如石刁，而展开的枝酷似柏叶，故名。又因其形似芦苇和竹笋的嫩芽，得名"芦笋"，有时也写成"露笋"。"芦"与"露"谐音，所以粤语名为"露笋"。还因其枝叶呈絮状，清朝时京城旧称为"龙须菜"。

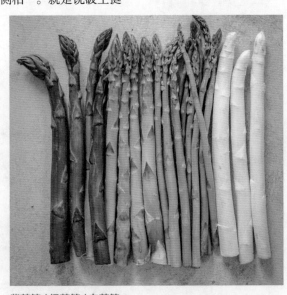

但需要厘清的是，在我国历史上还曾有两种食材被叫作"龙须菜"。其中明代李时珍在《本草纲目》中所记载："龙须菜，生东南海边石上。"实为海边一种水生的海藻；而民间传说康熙皇帝喜欢吃的生长在北京天坛内的"龙须菜"，则是被神乐观的道士移到天坛内栽培的野生药材"益母草"。

由于过去种植量少，出产期短，又因保鲜冷

紫芦笋 / 绿芦笋 / 白芦笋

藏技术不普及等原因，新鲜的芦笋很少见，而多被加工成罐头。祖籍浙江余杭，出生在北京的作家、美食家梁实秋先生曾写有《龙须菜》一文，对当年北平东兴楼和致美斋饭庄的名菜"糟鸭泥烩龙须"尤为推崇，赞之"甚为佳妙"。而这款美馔所用的就是罐装的芦笋。

即使是罐头芦笋，当时作为小众而高档的蔬菜，大多数平头百姓也是无缘吃到的。直到 20 世纪 90 年代开始，市面上才逐渐出现青绿色鲜芦笋。而近年来又由国外引进了适合于生吃的紫色芦笋。

芦笋手绘

清炒双笋

芦笋因培植方法不同，呈现的颜色也会不一样。芦笋的嫩芽出土后，由于光合作用会变成天然的绿色；嫩芽被土壤盖住，在整个生长过程中不见光来软化质地，通体的颜色就是白色的，白芦笋需要从地下切割采收。所以，白色芦笋的成本高，价格更贵。白芦笋的香味细致优于绿芦笋，但绿芦笋碧绿的色泽更吸引人眼球；而紫芦笋质地清脆，适合生食，略带甘甜。

厨涯趣事 >>>

前些年的一个初夏，在山东滨州参加李建国大师主办的"中国大锅菜"比赛的评审，好友闫洪明先生得知后热情地邀请我去参观他在种植紫芦笋的项目。白、绿色芦笋常见，而紫色品种很多人还真是第一次听说。我带着评委们饶有兴趣地来到位于滨州惠民的生态种植园区。由于生长速率不等，寸许长刚刚钻出地面的嫩芽也间伴着有一扎长、拇指粗细的紫芦笋茎，一片生机勃勃。行伍出身的闫总介绍说："这是刚从美国引进的新品种，也称'水果芦笋'，如果冰镇后口感会更好。"说着就低身掰下些大的分给大家品尝，果然芦笋特有的清香中有淡淡的甜味，而且清脆多汁。据说还有食疗保健的功效，堪称蔬菜中的贵族。

［1］蒋逸征，《庭院里的西洋菜：中国的外来植物·蔬菜》，上海文化出版社，2018年。

［2］［3］张平真主编《中国蔬菜名称考释》，北京燕山出版社，2006年。

辣根

马萝卜

关于辣根的起源普遍认为是东欧地区。人类栽培辣根已有
3000 多年历史，在公元前 1500 年的古埃及，辣根曾是壮阳的
药物。

在希腊神话中，德尔斐神谕（Delphic Oracle）告诉太阳神
阿波罗："萝卜价值是铅，甜菜为银，辣根贵如黄金。"（The radish
is worth its weight in lead, the beet its weight in silver, the horseradish its
weight in gold.）

辣根

古罗马时期，有关记载辣根的文献较多。如老普林尼的《博物志》、
迪奥斯科里季斯（Dioscorides）的《药物志》（Demateria medica）以及罗
马将军卡托（Cato）在他的农业协定中都论述过它的药用价值。在意大利
古城庞贝（Pompei）废墟的壁画中也曾发现它的身影。

辣根可食用的部位是其根部及叶子。流散于欧洲的犹太人在逾越节
（Pesach）晚宴中，必食七种食物之一的苦菜（Bitter Herbs）即辣根的叶子，
以纪念历史上犹太人在埃及法老统治期间所受的奴役之苦及在先知摩西
的带领下奔向自由。

辣根的英文名字"Horseradish"来历也十分有趣。由于辣根和萝卜是
近亲，它最早源自德语"Meerrettich"（海萝卜），英语错拼成"Mareradish"，
以后演变成"Horseradish"。从表面上看是"Horse"（马）和"radish"（萝卜）
的组合，而实际上"Horse"作为前缀词经常使用，以区别于普通的食用
萝卜，这种情况在英文中还有其他例词，如"马薄荷"
（Horsemint）、"七叶树"（Horsechestnut）等。这里
的"Horse"来自"Rough"，是形容其根部粗大或
强烈辛辣之意。英国药草学家约翰·杰拉德在《药
草志》中写道："英国在 1590 年开始就开始使用这
个名称，德国人常用辣根酱配鱼食用，如同芥末。"
因此在同一时期，辣根也被称作"德国芥末。"在
德国和斯堪的纳维亚地区，辣根酱是一种流行的调
味品，被广泛应用到各种肉类和鱼冻的菜肴中。

此外，辣根还有"Mountain Radish"（山萝卜）
的别称。17 世纪时，英国移民把它带到北美洲栽培，
如今辣根在全球很多地方都有种植。

辣根

辣根是在清末由英国人引入我国上海[1]，是为满足在华欧美殖民者自足的饮食需求。由于它是西餐中特殊调味食材，在我国种植和应用并不多，当时有关辣根的记载也很少。即使在目前，我国的栽培也有限。

中文"辣根"的译法简练而准确。它还有诸如"西洋芥末""西洋山葵""山葵萝卜"及"山葵大根"等别称。这很容易使人与芥末及山葵相混淆。

辣根手绘

煮牛舌配辣根酱

辣根与原产日本的山葵（Wasabi）同为十字花科植物，虽食用部位分别为根和茎，但研磨后的辛辣味却十分接近，故经常被张冠李戴。它们的区别是辣根为白色、山葵是绿色；研磨后的山葵酱不如辣根酱那么呛鼻。在西餐中辣根酱配食鱼冻、烤牛肉等，而山葵则在日本料理的刺身、寿司等才出现。辣根的生长周期短、成本低，所以常常被加工成山葵的代替品。市场上出现的牙膏管状包装的山葵酱（青芥辣、绿芥末），就是以辣根为主要成分及添加了食用绿色素等制成的。其成本仅仅是真正山葵的五分之一。而芥末则是由芥菜的种子磨碎而成。

厨涯趣事 >>>

首次见到辣根是刚参加工作不久。手指粗细的细长根茎上略有根须，开始误认为是人参，闻起来也没有什么特殊的味道。中西贯通的国宴宗师王锡田师傅用浓重的山东口音告诉我这是辣根，并耐心教我如何把它清洗干净。在用手动的绞肉器绞碎时，其辛辣刺鼻的气味及清新怡人的香气也随之挥发出来，师傅小心地把辣根碎收集在碗里，加些奶油、柠檬汁等调味后制成了辣根酱。第二次与它谋面是在 2011 年年底，应邀赴美国厨艺学院（CIA）加州分校考察期间，在纳帕谷的超市中发现了粗如萝卜的辣根，不承想再次邂逅竟时隔 27 年。在国内似乎也只能购得进口瓶装的成品辣根酱，而新鲜的辣根却不多见。

[1] 张平真主编，《中国蔬菜名称考释》，北京燕山出版社，2006 年。

牛油果

植物黄油

牛油果起源于中美洲的热带地区，在大约 5000 年前墨西哥西部和南部已开始栽培和驯化。当地的土著阿兹特克人把它作为生殖崇拜，称其为 "Ahuacatl"，意为 "睾丸"，其原因可能是与果实的形状有关。

15 世纪初，牛油果被西班牙航海家带回欧洲。1605 年，西班牙士兵兼诗人加尔西拉索·德·拉·维加（Garcilazo de la Vega）发现了它 "美味可口，对病人非常健康" 的价值。1519 年，探险者马丁·费尔南德斯·德·恩西索（Martín Fernández de Enciso）记："果肉细腻得宛若黄油，尝起来令人愉悦。" 这是人类有关牛油果最早的描述。

牛油果

牛油果的西班牙名字 "Aguacate" 源自阿兹特克语，以后演变成英文 "Alligator pear"（鳄梨），这是指它暗绿色粗糙不平、质地坚硬的果皮非常像鳄鱼外皮及梨子的外形。这个直白得有一点令人恐惧的名字，给以后墨西哥牛油果出口到美国带来了不小的麻烦。1914 年，美国进口商为了推广销售发起了给牛油果改名的倡议。不久，具有异域风情的 "Avocado" 问世并使用至今。而实际上这个所谓的新名称也是来自阿兹特克语。早在 1696 年，英国博物学家汉斯·斯隆（Hans Sloane）在牙买加植物目录中就曾经使用过。新名字还真的带来了好运，美国人开始愿意尝试牛油果，并开始向世界各地销售。

这种果实成对生长、内含少量植物纤维、没有甜味的水果，1918 年

牛油果

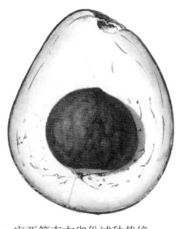

牛油果手绘

就从美洲引入到台湾岛[1]。果肉柔软的质地和细腻的口感与黄油类似，因宝岛同胞习惯称黄油为牛油，于是就有了"牛油果"这个名字。1925年，它被带到广东和香港，操粤语的人士依早期英文直译为"鳄梨"。由于它是樟科果油兼用植物，故也有"油梨""樟梨"或"酪梨"的别称。1931年被引种到福建，以后在海南、广西等南方省份试种栽培。

我国南部和西南地区有较大的丘陵地带很适合牛油果生长。可能是它并不像常规热带水果的甘甜，加之一些未经选育或是来源不明的劣质苗的原因，并没有得到大面积种植和推广。直到二三十年前，才被国人知晓。

而真正让国民知道牛油果大名的是近年商业化的炒作。发达国家一直把牛油果视为一种奢侈，作为极少数富含脂肪的水果，牛油果拥有高达30%的植物油，通常身价不菲[2]。其糖分不足却饱含脂肪的特点被包装成减肥及素食者超级健康的高能水果。牛油果虽属水果，但人们更习惯把它当成蔬菜，食用方法也多种多样。果肉可以添加在蔬菜及水果色拉里或搅拌后制成各种蘸酱。"烟熏牛油果三文鱼卷""牛油果巧克力奶昔"等都是很搭的吃法。开始尝试时可能不大习惯，多吃几次就很容易爱上它。

厨涯趣事 >>>

第一次品尝牛油果是在30多年前的香港，而真正见到牛油果树和采摘牛油果则是2009年年初。在以色列特拉维夫附近的基布兹里，忘年交卡利法（Albert Khalifa）先生就种了好多牛油果树，他开着带斗的小铲车带上我一起去采摘。大约一个时辰，几个塑胶箱筐就装得满满的。运回他家的院子后，我又跟着他再依个头大小及成熟度进行分拣。次日早餐，卡利法夫人哈瓦已经把熟透的果子放在餐桌上了。我用小刀纵向对剖成半，去掉不大的果核，撒少许海盐，再用小勺子挖出淡绿软糯的果肉，入口的滑腻柔顺感及原本淡淡的清香，比我在香港吃的味道记忆还要好！

牛油果百合泥

牛油果与其他水果有很多不同之处在于：首先它含水量少，大多数的水果含水量在95%—98%，而牛油果的含水量只有70%。其次它在尚未成熟时就能采摘，因为采摘后在室温下可以逐渐成熟。最后它虽然和葡萄、蓝莓同属于浆果，但并不像后者拥有小而多的种粒，而是一个大而圆的种子（果核）。果实完全成熟时，中央的果核会与果肉分离，摇晃时会听到咯咯声。此时味道最佳。

[1] Liu Kangde and Zhou Jiannan, Avocado Production in China, http://www.fao.org/3/X6902E/x6902e05.htm

[2] 约翰·沃伦著，陈莹婷译，《餐桌植物简史：蔬果、谷物和香料的栽培与演变》，商务印书馆，2019年。

牛至和甘牛至

姊妹花

在香草世界里,也有两个极其相似的植物。它们均原产于地中海沿岸,同为唇形科牛至属的多年生草本,因此无论是植物学名称、形态和香味都基本相近。它们又可互替使用,如同妩媚的孪生姊妹难以区分,因此经常被误认为是同一种香草,或被张冠李戴。这就是开着小巧茂密的花朵,随风飘散着淡雅甜蜜芳香的牛至和甘牛至。

古希腊人相信牛至是美丽女神阿佛洛狄忒(Aphrodite)所创造出来的快乐。情人间用野生牛至枝叶编成花环戴在对方头上来表达心中的愉悦和爱慕。在古罗马神话中它是敬奉爱神维纳斯(Venus)的香草。它们的拉丁文学名"Origanum",就源自希腊文"Oros"和"ganos",意为"山中的喜悦"。

鲜牛至和鲜甘牛至

牛至在中世纪被赋予了神秘的色彩,欧洲人认为牛至的香味可以避邪。文艺复兴时期,意大利人把牛至用于预防感冒的药草。牛至含麝香酚和香芹酚等成分,有抑制性欲的作用,过去的清教徒用它来禁欲。古希腊人用甘牛至编成花环悬挂在死者的墓碑上,祝福往生者能如生前般快乐。17世纪的英国,人们习惯佩戴甘牛至来掩盖身体的不雅味道,而直到英王乔治一世至三世时期才开始作为烹调的香草。

干制牛至

牛至和甘牛至同为地中海菜式料理的基本香草,后者因具更甘甜的味道而得名。通常用于味道较浓如烤肉、烩家禽、炖野味、煮海鲜、通心粉及色拉等菜式中。它们也会被用来调配混合香料,如普罗旺斯香草(Herbes de Provence)和中东香料扎塔(Za'atar)中。而真正把牛至弘扬光大也应归功于意大利人。第二次世界大战后随着生活节奏加快,意大利特有的快捷食品披萨风靡全球,牛至也随披萨被世界各地的人们所熟悉和喜爱,因为牛至是制作披萨不可缺少的香草,甚至有人干脆称之为"披萨草"。牛至的走红也带动了甘牛至的知名度。在意大利语和西班牙语中牛至"Orégano"一词也指甘牛至,它们的区别是甘牛至叶片较软呈灰绿色,气味较牛至温和而清新。

这对姊妹花早在20世纪30年代,由我国园艺学家颜纶泽在其《蔬菜大全》一书中做过简要介绍[1]。甘牛至的中文别称"茉乔栾那"是其拉丁文学名种加词"majorana"的音译。

干制牛至储存罐

最初也被音译为"马脚兰""马郁兰";以后又有"马月兰""马月兰草"等。它们的香气浓烈,可以诱使牛羊闻香而至,所以在古代是一种促进长膘的优良牧草。"牛至""甘牛至"和"长膘草"的别称由此而来[2]。

近年来,牛至和甘牛至再次引入我国,随着西餐行业的需求也成为了新时尚香草和蔬菜,而国内种植质量最好的当属四季如春的云南。

甘牛至和牛至手绘

披萨

在西方,牛至主要分为两大类:希腊牛至和墨西哥牛至。牛至俗称"香花薄荷",因其有类似薄荷的味道而得名。而"奥勒冈""俄力冈""奥里根奴"及"奥瑞岗农"是其英文名称"Oregano"的音译。甘牛至还有"墨角兰""马祖林"和"玛佑莲"等叫法,也是来自其英文名称"Marjoram"的音译。

厨涯趣事 >>>

在昆明五华区西翥云南凯普农业投资有限公司的种植基地,总裁周群女士如数家珍地介绍她的香草。我知道凯普公司为麦德龙超市提供质量优良的产品已十几年,他们的香草及蔬菜是麦德龙的免检产品。郁郁葱葱的迷迭香、百里香、莳萝、罗勒、鼠尾草、细香葱、叶用香芹、薄荷等香草,一望无际。走近时发现了牛至,不由附身用手抚摸其具细绒的叶片,香气也随之而来。周总细声地说:这是甘牛至。那边才是牛至!待我再端详后,确认她说得对。这对调皮的姊妹花,差一点骗过了我这个"香帅"。

[1][2] 张平真主编,《中国蔬菜名称考释》,北京燕山出版社,2006年。

豆瓣菜

润肺化痰

豆瓣菜原产于欧洲地中海东部地区。为十字花科豆瓣菜属多年生水生草本植物。它自古就被开发利用，古罗马时期作为医疗药用，被认为具有净化血液的功能，用来治疗脱发和抗坏血病。中世纪开始作为蔬菜食用，14 世纪英国和法国就有人工种植。

西洋菜

1815 年，英国植物学家罗伯特·布朗（Robet Brown）设计了一套灌溉系统，使得豆瓣菜在一年之中的大部分时间都能采摘。以后，这套系统随欧洲移民被带至新西兰、澳大利亚及南非等地。

有关豆瓣菜的传入坊间有两个版本的传说。一是百多年前，有位葡萄牙船员染上肺结核（这种病在当时是不治之症），被怕传染的同伴遗弃在一个无人的荒岛上，他只能以岛上的野生水草充饥。不承想竟然逐渐恢复了健康。后来，他把这种水草移植到了澳门。另一是早年在葡萄牙的一位黄姓华人劳工，因患痨病（即肺结核）被隔离在荒郊野外，饥寒交迫的他无意中食用了当地一种水菜，连食数载，竟慢慢痊愈。落叶归根，晚年乘远洋客船回乡时就把这种水菜的种子带回澳门栽种。

无论故事真伪，都与葡萄牙和澳门相关，因为当时澳门是葡萄牙的殖民地。澳门人过去习惯把葡萄牙等欧洲地区称为西洋（以区别东南亚的南洋及东亚日本的东洋），这就是"西洋菜"名字的由来。西洋菜由澳门引种香港，如今在九龙有一条繁华的街道叫"西洋菜街"，就因该地曾是一大片西洋菜田而得名。后因栽种西洋菜的水田易滋生蚊虫而被迁出城区。如今西洋菜街演变成为香港著名的购物街，唯有街名仍保留了这段历史的记忆。

香港西洋菜街

清末民初时期豆瓣菜传入了广东。据编写于民国十九年（1930）的《广东通志稿·舆地略之七·物产二》记载："西洋菜，近三二十年，如由外洋输入于广东，不分辨其为何品种，又浑而言之'西洋菜'焉。"[1]

从英文"Watercress"可以看出它是水生植物。中文的别称也多带水字，如有"水田芥""水芥菜""水瓮菜""水薸菜""水生菜""水生山葵菜"等。因其叶片外观形态犹如豆瓣，命名为"豆瓣菜"[2]。它的茎是中空的，可以从水中发出新的不定根，所以繁衍能力很强，又被称作"耐生菜"[3]。

中医认为它有润肺、化痰、止咳之功效，所以粤港澳地区常用来煲汤。但因传入较晚，其药用价值，为中药本草之书所载不多。

30多年前，西洋菜随粤菜北上逐渐被北方地区认可而流行。近几年又从欧洲引进大叶优质品种，或利用旱地种植或无土栽培，其茎叶也翠绿鲜嫩，气味辛香。西洋菜也成为了百姓煲汤涮火锅的常见时蔬。

西洋菜手绘

捞汁西洋菜

与擅长美食的广东人用豆瓣菜煲汤的习惯相比，西方人更喜欢把豆瓣菜的嫩叶做色拉凉拌或夹在三明治里生食。比如鸡蛋西洋菜色拉酱三明治（Egg mayo & watercress）。也会用作奶油西洋菜蓉汤或为鱼、肉类主菜的配菜。夏季，把西洋菜与蜂蜜、水果及冰块放进食物搅拌机制作鲜榨的西洋菜汁（watercress smoothies），色彩碧绿、味道清香、凉爽怡人。

厨涯趣事 >>>

1989年夏，我被公派到香港世界贸易中心会的餐厅学习西餐。厨房里有一位弥勒佛般慈眉善目、心宽体胖、性情开朗的刘姓老者。由于他早年由广东东莞来港，因此对我这个大陆仔极为关照。下午收工时，他时常带我去尖东的酒店或食肆饮茶，还请我去过两次他在九龙旺角西洋菜街的高层住宅做客。我也是从西洋菜街这个特别的街名开始产生兴趣了解西洋菜的。他告诉我西洋菜煲汤时必须滚水落（即沸水下锅），否则会有苦涩味。一句经验之谈，受用一生。

［1］杨宝霖：《自力斋文史农史论文选集》，广东高等教育出版社，1993年。

［2］张平真主编：《中国蔬菜名称考释》，北京燕山出版社，2006年。

［3］蒋逸征：《庭院里的西洋菜：中国的外来植物·蔬菜》，上海文化出版社，2018年。

蛋黄果

生命之果

蛋黄果起源于南美洲的秘鲁，是生长在海拔 2500 米高原地带的水果。在距今 1000 多年前的考古遗址中，就曾发现蛋黄果在远古时期被驯化栽培的记录。在古代遗址中的建筑、瓷片、织锦及绘画中也发现了有蛋黄果图腾的图案，普遍用于祭祀神祇和祖先的祭品。古代秘鲁人把它与生殖能力相联想，原因是其形状很像女性的乳房。切开未成熟的蛋黄果，会有乳状的汁液流出。在秘鲁至今流传着许多关于它的神话与传说。蛋黄果最早的盖丘亚语名字是"Rukma"，随着时间的流逝演变成"Loqma"，英文"Lucuma"就源于此。

蛋黄果

一棵蛋黄果树可结 500 多个果子，在庄稼没有成熟的季节或是旱季，秘鲁人就依靠蛋黄果度日。此时，果树就成了"生命之树"[1]，其果实就是"生命之果"。

哥伦布发现新大陆后，西班牙人最先发现了这种水果。但奇怪的是，欧洲人却对它存有偏见。1590 年，文艺复兴时期耶稣会的自然学家何塞（José de Acosta）写道："……有其他种类的更甜的果实，如蛋黄果，它正如传说中所言，如同木头。"西班牙"新体诗"诗人加尔西拉索在 1609 年竟然固执地认为蛋黄果是"粗鲁的水果，既不细腻也无法给人以享受，尽管不苦不酸而是甜的，也不是对身体不好，但就是一种粗糙的果子"。

直到 19 世纪中叶，意大利学者安东尼奥·拉伊蒙蒂（Antonio Raimondi）在走遍整个秘鲁之后，终于证明蛋黄果宜人的美味后，蛋黄果

蛋黄果花

蛋黄果手绘

才被誉为"印加帝国失落的作物",从此逐渐被欧洲人所认可并把它传播到印度及越南、柬埔寨、泰国、印度尼西亚等东南亚热带国家。

蛋黄果引入我国比较晚。20世纪30年代,旅居印度尼西亚的华侨把它带回海南栽培。蛋黄果在幼果时外皮嫩绿色,成熟后开始变黄色。其外形有圆、椭圆或像小杧果形,剥开光滑的薄皮,金黄色柔软的果肉略有纤维,也不如其他水果汁水饱满,因富含淀粉,入口有熟鸡蛋黄的粉面质感,散发南瓜和枫糖的混合味道。因此得名蛋黄果。此外,还有"蛋果""仙桃""桃榄"及"狮头果"的别称。以后又引种到两广、云南等地零星种植,但都没有形成规模种植和产业化。

1961年年初,时任全国人大常委会副委员长的郭沫若来到广东湛江的南亚热带作物研究所视察时,把他刚刚从古巴访问带回的蛋黄果交给了所长,并即兴赋诗的最后一句是"玛美一枚烦种植,他年硕果望丰收"。诗人所说的"玛美"就是蛋黄果。这枚种子如今已在该研究所内长成枝繁叶茂的大树,并结出硕果。

2019年,世界气象组织(简称WMO)台风委员会根据越南提供的名称,把第九号台风命名为"利奇马"(Lêkima),其越南语即"蛋黄果"之意。

厨涯趣事 >>>

我在海南万宁兴隆热带植物园曾见过蛋黄果,因它特别的名字吸引我品尝。不知是季节不对,还是没有遇到好的品种,总之不像其他热带水果的印象深刻。当地的朋友告诉我,他们平时也很少去吃这种水果,多数是好奇的游客体验一下,有些人还难以接受其平淡无奇的味道及其干粉的口感,甚至网上盛传它是难吃果品之一。为了完成此书而收集素材,秘鲁—中国商会会长萧孝斌(Santiago)先生得知后,特意让他远在利马的秘鲁夫人带回用蛋黄果加工的"蛋黄果粉"和冷冻的"蛋黄果茸"送给我。原产地的味道比起国内的品种,焦糖般的香味更加浓郁。做成"蛋黄果慕斯",风味十足!

蛋黄果慕斯蛋糕

蛋黄果除生吃外,也可以制成清爽的饮料。而大多数时候,会被晒干后研磨成粉。蛋黄果粉味道甘美,用途广泛,用来制作的冰激凌在秘鲁最受欢迎。还能为酸奶、奶昔、蛋糕、派饼、曲奇、巧克力及果酒增添风味。冷冻的蛋黄果肉是最能体现秘鲁异国风味的特色出口食品。

[1] 弗朗西斯·凯斯主编,王博、马鑫译,《有生之年非吃不可的1001种食物》,中央编译出版社,2012年。

洋香菜
叶用香芹

叶用香芹原产于地中海南部地区，野生种多在有岩石的海边生长。其英文"Parsley"来自两个拉丁文"Petros"（石头）和"Celery"（芹菜），所以它又有"石芹"的别称。

在古代欧洲，叶用香芹被认为是具有某些魔力的香草。古希腊人相信佩戴以叶用香芹编成的草环有防止疾病与驱邪的功能，同时把它献给最受尊崇的人，如凯旋的士兵及地峡运动会（Isthmian Games）的优胜者。在希腊神话中，它还是献给冥后珀耳塞福涅（Persephone）的香草，所以也用于葬礼上。

犹太人在庆祝逾越节时一定要食用叶用香芹，以象征春天的到来和在摩西的领导下犹太民族成功地逃离埃及而获得重生。

中世纪后，查理曼大帝（Charlemagne）把它普遍种植在他的花园后，叶用香芹已经开始用于烹调了，在盎格鲁—撒克逊的传统文化中，它就被当作一种调味料来使用。据说，英国国王亨利八世（Henry VIII）最津津乐道享用以叶用香芹制成的香草酱来伴食烤兔肉。

16世纪，法国植物学家奥利维尔·德·塞雷斯（Olivier de Serres）开始对叶用香芹进行规范化的栽培管理[1]。它的叶、茎和根都可以食用，也几乎适合各种菜肴，且生吃熟食均可。法文的烹饪词汇极为丰富，如叶用香芹"persil"就衍生出"persillade"，是指切碎的叶用香芹与切碎的蒜拌在一起，主要用于烹调即将完成前加入菜中以突出味道。当某些菜肴是以此方式调香时，其菜名中又会冠以"persille"，来说明和强调是使用了叶用香芹调味的菜式。叶用香芹可能是在烹调中使用最广泛的香草之一，也是西餐中不可缺少的香草。其清新的美味、充满活力的口感及装饰作用被全世界认可。因此有人说，如果没有叶用香芹，西餐就简直不可想象。

20世纪初叶，叶用香芹从欧洲引入我国，先后在北京的中央农事试验场和上海郊区进行试种[2]。叶

皱叶香芹（法国香芹）

平叶香芹（意大利香芹）

用香芹在我国种植已有百年历史，但却几乎没有运用到中餐菜品的调味。它的叫法各异，如粤港澳地区叫"番荽"或"番芫茜"；台湾同胞习惯称其为"荷兰芹"，是因早期由荷兰人引入台湾而得名；至于"巴西力"则源于其英文名称"Parsley"的音译。此外还有"欧芹""香芹"等叫法。餐饮行业上俗称"洋香菜""法国香菜"或简称"法香"，则是参照中餐常用的芫荽而言。

近十几年来，我们虽然在很多中餐馆里能见到其芳容，但绝大多数是作为盘饰，观而不食。可能是国人更习惯使用香菜（芫荽），而不太接受"洋香菜"浓烈的香气。

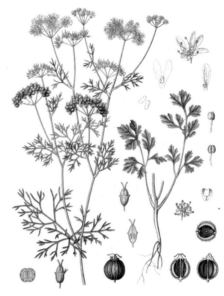

叶用香芹手绘

塔博勒色拉

叶用香芹在烹饪上主要有三个品种。正文中介绍的皱叶香芹（Curly-leaved parsley）也是最常见品种，其叶缘带齿状，香味较浓；其次是平叶香芹（Flat-leaf parsley），意大利料理使用最多，其叶缘平坦，香味温和，其中那不勒斯平叶香芹（Neapolitan parsley）产于意大利南部，植株大如芹菜；最后是根用香芹（Parsley root），主要食用部位是其根部，其形如萝卜，是200多年前在德国汉堡开发出来的品种，故又称"汉堡根用香芹"（Hamburg parsley）或"芜菁根用香芹"（Turnip-rooted parsley）。

厨涯趣事 >>>

1986 年秋，协助民主德国（东德）的厨师工作。宴会菜单是纯德式风味，食材也是空运来京的，由从波恩来京和驻华使馆的大厨们主理。在为头盘"兔肝色拉"装盘时，我见到一种叶片卷皱、色泽碧绿、气味幽香的香草，觉得好奇，不禁求教会讲中文的东德大使馆厨师长。他字正腔圆地告诉我是"洋香菜"。这是我第一次听到"洋香菜"这个名字，也是最直接、最准确的口语化译名。因为它无论在外形、香气及烹调功用都与中国菜系常见香菜其可比性。但遗憾的是，我竟忘记了询问会讲中文的德国大厨的姓名。

［1］［2］张平真主编，《中国蔬菜名称考释》，北京：燕山出版社，2006 年。

百里香
刚柔并蓄

百里香原产于欧洲南部地中海沿岸地区。其字源来自希腊语"Thio"（芳香袭人）。在希腊神话中，百里香是倾国倾城的海伦得知因她的美艳引起特洛伊战争而流下伤心的泪珠落地化成。这个神话故事并没有把百里香锁定在女性的柔情世界中。因为在古希腊时代，百里香不仅是文雅的代名词，而且还是勇气的象征。"具有百里香香味的男人"是当时人们对男性最高的赞美之辞。壮士出征前，在浸泡过百里香的水里洗浴后，再携带一枝百里香上阵，就会骁勇无比。在荷马史诗《奥德赛》里，百里香鼓舞了雅典士兵的士气。

百里香

百里香也是爱情的象征，思春的少女会在衣服上别一株百里香或绣上百里香图案，就意味着要寻找意中人。人们还相信百里香是神奇的护身符，在中世纪欧洲妇女送给骑士丈夫或情人的腰带上，绣着百里香枝及小蜜蜂的图案。据说，带上它征战就不会被利箭射中。

古埃及人把百里香与其他香料混合，利用其杀菌及防腐作用，制作木乃伊，这可能是人类有关百里香最早的药用范例。希腊医生迪奥斯科里季斯在其著作《药物志》中认为百里香有助于为哮喘病人清理喉咙。古罗马人将百里香当作净化剂，在神庙仪式中被用作焚香来燃烧。现代科学证明百里香的主要成分是百里香酚（Thymol），有杀菌、助消化、恢复体力的作用。在欧洲民间的草药方中，百里香还用于缓解头痛、忧郁和沮丧。

百里香是"地中海式"烹饪里主要的食用香草。香浓不霸气，温和而隽永；高贵不独处，平淡见亲和。百里香几乎适用于海鲜、肉类和蔬菜等各色菜肴。这些特征就决定了它是西餐厨房必备也是最受欢迎的香草之一。百里香属植物有近百个品种，但供"菜用"的百里香仅包括"普通百里香"和"柠檬百里香"两种。

大约在 20 世纪初叶，百里香引入我国。由于它的植株带有极为浓郁的芳香气味，距离很远的地方都能闻到，因此，有"麝香菜"和"百里香"等称谓。其中的"麝香"是鹿科动物"麝"的脐部所分泌的具有奇香的产物；"百里"则是运用夸张的手法来喻指香气达到的距离。1936 年出版的《蔬菜大

百里香植株

全》一书就采用了"麝香菜"的名称并对"普通百里香"做过系统的介绍。

古籍中"麝香草"的称谓始见于南北朝时期南朝梁的任昉所著的《述异记》；而"百里香"可见于西汉时期东方朔所著的《十洲记》中。虽然它们所指的并不是现在专供蔬食的"百里香"，但其命名的缘由则是相同的[1]。百里香在港澳地区被称为"呔唔"或"贪草"，是其英文"Thyme"的粤语音译。

百里香手绘

百里香虾球

新鲜的百里香经悬吊晾晒成干制品。干制后保存会更久，但与新鲜植株的味道相差甚远。完全脱水的百里香枝可在橄榄油或果醋中浸泡数日，橄榄油或果醋就会弥漫着迷人的芳香。添加在色拉或调味汁中会有令人惊艳的效果。百里香在甜品里也会崭露头角，适合微甜的口味，与柠檬搭配在水果色拉及蛋糕中表现不俗。

厨涯趣事 >>>

20世纪80年代以前，国内西餐行业使用的香草都是进口瓶装的干制品。我第一次见到新鲜的百里香是在1989年的香港，至今仍记得当时兴奋的心情，如见到心仪已久情人般的心动。即使是现在每当我见到百里香，都会忍不住深深吸闻几下，它散发着优雅的香气，犹如一场细雨洗涤后天空中充满清鲜的气息令人陶醉，嗅觉神经也会感受到愉悦的满足。秀美的鲜百里香枝同时也是极好的装饰物，餐盘中的百里香最好也不要废弃，用手拿起它的尖部，另一手由尖至根逆势轻捋，散落在盘中的叶片会随之散发出迷人的香气，伴主菜同食，回味悠长。

[1] 张平真主编，《中国蔬菜名称考释》，北京燕山出版社，2006年。

薰衣草
浪漫迷情

薰衣草

薰衣草原产于地中海沿岸，是一种常绿的芳香灌木植物，叶片及麦穗形状的花朵吐散着迷人的芳香。其种植的历史已超过 2500 年。古埃及人和腓尼基人曾把薰衣草用于制作木乃伊的防腐剂。

古希腊人从埃及人那里学会了利用薰衣草。古希腊哲学家泰奥弗拉斯托斯在他的著作中就有薰衣草的记述。薰衣草是从希腊的耶尔群岛（Hyeres Islands）蔓延到意大利及法国的。在古罗马时期薰衣草是十分昂贵的商品，1 磅薰衣草价值 100 个银币，相当于当时一个劳力的月薪。在罗马的公共浴场里，流行将薰衣草加入浴池中来增添香味。古罗马人用薰衣草花叶的浸湿液清洗伤口，有杀菌和愈合伤口的作用。据说埃及艳后克娄巴特拉就是用薰衣草的香味引诱了恺撒大帝和马克·安东尼，来煽动他们火热的激情共度良宵。

7 世纪，阿拉伯人入主地中海以后在西班牙改良和驯化了某些薰衣草的品种。阿拉伯医学家阿维森纳（Avicenna）在其著作《医典》（The *Canon of Medicine*）中，就包含薰衣草等现代芳香疗法（Aromatherapy）常用的植物，并发明了蒸馏植物精油的技术。

在黑暗禁锢的中世纪，作为药草的薰衣草只被限于种植在欧洲修道院的庭院内。英国都铎王朝（Tudor England）时期，随着亨利八世解散了修道院，也为薰衣草迎来了春天，开始广泛种植于民间。人们喜欢把

薰衣草田

薰衣草手绘

它种植在洗衣房附近，让晾晒的衣物和床单吸收其新鲜的气味，得名"薰衣草"。中世纪以后，薰衣草被当作一种壮阳的药物。传说薰衣草诱人的香气很容易引发催情的心理暗示。莎士比亚在其剧本中，也曾提到薰衣草作为春药的配方。薰衣草的花语是"等待爱情"，紫蓝色调就成为浪漫的象征。英国人相信将装有薰衣草的香囊戴在身上，可以找到梦中情人。查理一世曾将薰衣草系在金色的缎带上，送给他心爱的情人。

大约在 20 世纪初叶，薰衣草连同"刺贤垤尔菜"的名称一起从日本传入我国。稍后我国出版的《蔬菜大全》一书把它作为"花菜"加以介绍[1]。林语堂在《人生的盛宴》一书中《乐园失掉了吗？》的文中曾经提到"刺贤垤尔色"，就是指薰衣草的紫蓝色。后来，又依其拉丁文学名的属称"Lavandula"，以及英文名称"Lavender"，有了"拉文达香草"的译称。

我国引进薰衣草的历史已有百年，但真正广泛种植的时间不过 20 年。薰衣草适合在炎热、干旱及日照长的气候条件下生长，早期在新疆伊犁种植，而今很多北方地区作为旅游景观或婚庆项目都引种薰衣草。

薰衣草面包

不是所有的薰衣草都适合入菜。因为薰衣草的香气浓烈，人们更习惯将它与罗勒、迷迭香、牛至、百里香等香草混合使用。不仅可以为菜肴增添风味，还可加入面团中烘焙"薰衣草饼干"。新鲜的薰衣草花可制成果酱，用来涂抹下午茶的面包。干薰衣草与香茅、迷迭香及薄荷混合冲泡薰衣草茶，有安神和助睡眠的功效。薰衣草还能为"Manguin distillerie"利口酒添加风味。另外，把薰衣草花埋在糖罐中储藏，白糖就会吸收薰衣草的香气。

厨涯趣事 >>>

新疆伊犁霍城与法国南部的"薰衣草之乡"普罗旺斯处同一纬度，如今伊犁拥有 60000 亩薰衣草田。在霍城大西沟我发现村庄房屋涂得几乎都是薰衣草的蓝紫色。7 月底，正是薰衣草开始收割的季节，马良峰先生开车带我顺着这迷人的色彩前行，突然一望无际的薰衣草田映入眼帘，在夕阳的照耀下，犹如蓝紫色的波浪，在微风中层叠起伏。我急不可待地冲进薰衣草田里，把自己淹没在浪漫的芬芳之中，展开双臂尽情地享受。远处不时见到牧羊人及成群的羊只，马先生说晚上我们就品尝用这种羊娃子（羊羔）做的烤全羊。果然，这种吃薰衣幼草的羊儿肉质香嫩无比。

[1] 张平真主编，《中国蔬菜名称考释》，北京燕山出版社，2006年。

珍珠鸡

其珠如玑

民国三十六年（1947）张金相编著世界书局出版了《火鸡珠鸡饲养法》一书，其中第二篇介绍了珠鸡原产地及在欧美的养殖情况。"珠鸡（Guinea fowl）又名珍珠鸡，在动物学的分类上属于脊椎动物、鸟类、鹑鸡类雉科、珠鸡族（Numididae）。珍珠鸡原产于非洲西部几内亚，欧洲自中古以来已为人类所蓄养而成家禽，近年来法意两国饲养最盛。美国近亦饲养，如在西印度诸岛，亦有野生而甚繁殖者。"[1]

珍珠鸡也称"山鸡""几内亚鸟"。它的外观似雌孔雀，头小无毛，顶部没有其他鸟类软绵的肉冠，而是如头盔般坚硬属于头骨的一部分的骨冠，其英文名"Helmeted guinea fowl"中的"Helmeted"一词，就是"戴着头盔"之意。它们打架时会用骨冠作为武器，雄性珍珠鸡的攻击性很强，经常相互打得头破血流。这个骨冠也成为它与同科的几种鸟区别的重要特征。由于它全身灰色的羽毛上规则地分布着圆形白点，形如珍珠，故有"珍珠鸡"之美称。

在古希腊时期，珍珠鸡就是人们餐桌上的美味。16世纪初，珍珠鸡被土耳其人引入欧洲，因而最早得名"Turkey"（土耳其鸡）。差不多在同一时期，真正的火鸡从美洲被带到了欧洲，而当时的欧洲人却认为火鸡也是珠鸡的一种，直到16世纪50年代，"Turkey"一词才被正式指称火鸡。18世纪时，德国、法国、英国等国家先后开始养殖珍珠鸡。后来，随着海上贸易珍珠鸡又被人们带到了美洲，最后来到亚洲。

珍珠鸡具体在何时被传入我国，现已无从查起。但从《火鸡珠鸡饲养法》书中可以窥见珍珠鸡在当时已有引进和养殖了。书中"珠鸡篇"分列了五个章节：珠鸡的形态、珠鸡的特征、珠鸡的繁殖、珠鸡的饲养和管理、珠鸡的利用。第五章关于珠鸡的利用中写道："珠鸡的肉质地柔软，系由细纤维而成，风味特别鲜

珍珠鸡邮票（赞比亚）

《火鸡珠鸡饲养法》

美，而以嫩肉尤佳，欧美诸国很是贵重珍珠鸡肉，不亚于野禽雉鸡和鹧鸪等肉。"[2] 进一步描述了珍珠鸡的肉质嫩和风味鲜美等特点，以及国外的利用情况。世界书局创办于 1917 年，在民国期间曾是与商务印书馆、中华书局三足鼎立的出版机构。相信《火鸡珠鸡饲养法》出版的目的就是为了指导人们如何饲养、管理和繁殖珍珠鸡。这也是目前发现的我国有关珍珠鸡最早的介绍资料。

当时局势内乱，珍珠鸡饲养不可能得到很好的普及和发展。1956 年，从苏联引进了珍珠鸡，但只是作为各地动物园珍稀的观赏鸟少量饲养。作为肉食禽类方开始尝试有规模养殖始于 1992 年。广州陶陶居酒家率先尝试珍珠鸡菜肴。粤语叫作"珍珠鹊""沙姜珍珠鹊""碧绿烟珍珠鹊""原汁花雕珍珠鹊""蚝油珍珠鹊""香菇蒸珍珠鹊""麻辣炸珍珠鹊""核桃炒珍珠鹊""辣味蒸珍珠鹊""杏仁炖珍珠鹊"等都是当时的招牌菜 [3]。

珍珠鸡手绘

厨涯趣事 >>>

在坦桑尼亚的桑吉巴尔岛，位于石头城外的农贸市场里我见到了羽毛素丽，体态优雅的珍珠鸡就抓了两只。待摊主宰杀煺毛后，拎回国家旅游学院的实习厨房便开始分档取料。我计划一鸡三吃，分别用鸡纤肉（里脊）、鸡胸肉和鸡腿肉制作"黄油珍珠鸡卷""宫保珍珠鸡丁"及"沙爹珍珠鸡肉烤串"。加工时就感到珍珠鸡的肉质鲜嫩，由于其他辅料准备得充分，很快就烹制完成，成品果然风味十足，三道菜被非洲学员们一扫而光，高兴得手舞足蹈。最后，我把剩余的鸡骨架煮成清汤，既有土鸡的鲜香，又有野味的特点。盛上一小碗飘着淡淡油花的珍珠鸡汤，权当犒劳自己。

白切珍珠鸡

在动物学分类上珍珠鸡是鸡形目（Phasianidae）珍珠鸡科（Numididae）的统称。有四个属八种，最常见的就是本文介绍的盔珍珠鸡。盔珍珠鸡，分布也最广泛，我国通常饲养的就是此类品种。珍珠鸡叫声大，仍保留了很强的飞行能力，因此养殖范围受到很多局限。这也是百姓在超市里很少能见到珍珠鸡肉出售的原因之一。

[1][2] 张金相编著，《火鸡珠鸡饲养法》，世界书局，1947 年。

[3] 聂聂风乔，《蔬食斋随笔别集·禽畜鸟兽篇》，山西经济出版社，1995 年。

蕉芋
印度美人蕉

野生蕉芋原生于西印度群岛和南美洲，公元前 2500 年左右首先在哥伦比亚被驯化栽培成粮食作物。1570 年前后蕉芋被引入欧洲，英国人查理斯根据蕉芋的植物形态及原产地命名为印度美人蕉（Cannas indica L.）[1]。1821 年，蕉芋由葡萄牙人传入日本。1948 年引入我国 [2]。也就是说蕉芋在我国种植才不过 70 多年，因此相关的历史记载也较少。

蕉芋始载于《中国经济植物志》。人们依据其叶片类似美人蕉和芭蕉，块茎有如薯芋类蔬菜芋头等形态特征命名，称其为"蕉芋"，有人也别称其为"芭蕉芋"。蕉芋是多年生草本植物，植株最高可达 3 米。叶片宽厚而舒展，秋季时开艳丽呈喇叭状的花朵，吸食花里的汁液甘甜如蜜。尽管蕉芋的花期较长，但它是靠地下可食用的根块完成繁殖的。蕉芋的生命力很强，既耐贫瘠，也耐干旱，但却怕涝。非常适合华南江浙、东南沿海一带和西南地区山间的坡地、谷地等土层深厚且疏松肥沃的土壤中生长。由于其喜高温、易栽培，秋季收成时剩下一点根茎，次年开春又会继续生长，不用特意莳理即可收获。

蕉芋

蕉芋不规则的块茎好似放大了的南姜，粗糙的外皮有些木质化。潮州人认为其呈姜红色的顶部神似一只只小小的鹅苗，又有点像鹅的头，故有"畲鹅薯"的别称。蕉芋简单粗暴的吃法就是直接蒸煮熟食用，其肉质兼有芋头、甘薯和马铃薯的粉糯，虽稍有纤维感，却有回甜。由于淀粉含量极高，食后有明显的饱腹感，作为备荒食物很受青睐。20 世纪 60 年代初的三年困难时期，食物严重短缺，蕉芋在当时极受欢迎，得到大力推广，也帮助百姓度过了饥荒。

蕉芋去皮后磨成浆，装入纱布中过滤，浆液经沉淀，就是洁白细腻的蕉芋淀粉了。蕉芋淀粉的特点是黏结度高、光洁度好，可加工成柔韧筋道、嫩滑可口、晶莹如玉的粉皮，故有"玉粉"之美誉；而蕉芋粉丝则有"畲鹅粉"及"鸡肠粉"的俗称。蕉芋淀粉还可制作如"蕉芋蒸糕""蕉芋羹"及"蕉芋鸡蛋水"等风味小吃。

作为特色经济作物，它的全身都是宝。蕉芋的花蒂用沸水焯后能凉拌或腌制成

蕉芋植株

为泡菜，还可切成丝或片像蔬菜炒着吃。晒干后发酵酿酒，其出酒率达60%—70%，明显高于粮食，酒糟和茎秆又是饲料。茎叶纤维丰富，既能造纸，也可用来制绳等。蕉芋淀粉还能生产味精、加工高粱饴糖类淀粉糖、药用葡萄糖及纺织的浆纱。蕉芋也是中药，有清热利湿，解毒消肿，健脾胃的功效。因此说蕉芋是集食品、药物、饲料、酿造于一身的原材料。

近年来，随着生活水平的提高，以前度饥荒的蕉芋终于告别曾经兴盛的岁月，市场需求的萎缩，使它渐渐淡出大众视野，走进了颓败衰落的宿命。留下的只有人们难忘的记忆和深沉的思考。

蕉芋手绘

厨涯趣事 >>>

2022年7月初，告别了位于海南兴隆热带植物园内的农科院香料饮料研究所，来到毗邻的医科院药研所海南分所的南药园时已是正午，在入园登记时发现我是当日的首位访客。没想到园区还配一位讲解员，我向她借了个草帽，顶着烈日随即入园。她说园区不大，只需20分钟即可看完。我说明来意，劝她回去休息便独享专场。在"一带一路园"看到国内少有的肉豆蔻、丁香树；"姜园"里的砂仁、草豆蔻植株竟然挂了一串串果子；不知不觉整整转了两个小时，最后在"香草园"中香露兜（斑兰）旁，竟意外发现了蕉芋的解说牌，这是我第一次见到蕉芋植株，蕉芋叶在微风中婆娑起舞，好似向我招手欢迎。真是不虚此行！

潮州炒畲鹅粉

蕉芋在各地有不同的别称，以广东的叫法最多。其块茎的模样很像生姜，色泽也如南姜般红艳，被称为"姜芋"，岭南客家人称"凉薯"，粤北地区则叫"金山芋"，至于"番芋""番鬼芋"也表明其外来的身份。在广西桂东的称谓是"木芋"，云南是"芭蕉芋"，四川则叫"白金芋"，此外还有"蕉茅""煎芋""状元芋""蕉藕""姜藕""旱藕""美人藕"及"食用美人蕉"等俗名。

[1] 张德纯，"蕉芋"，《中国蔬菜》2015年第10期。

[2] 张平真，《中国的蔬菜：名称考释与文化百科》北京联合出版社，2022年。

参考文献

外文中译本

［日］星川清親著　段传德、丁法元译：《栽培植物的起源与传播》郑州：河南科学技术出版社，1981。

［美］H. 恩斯明格、M.E. 恩斯明格、J.E. 康兰德等著：《食物与营养》（美国《食物与营养百科全书》选辑 1 ）
　　　北京：农业出版社，1989。

［奥］娜塔莉·波恩胥帝希－阿梦德、孔拉德·波恩胥帝希著　庄仲黎译：《香料之王，胡椒的世界史与美味料理；关于人类的权力、
　　　贪婪和乐趣》台北：远足文化，2013。

［日］21 世纪研究会著　林郁芯译：《食物的世界地图》北京：中国人民大学出版社，2008。

［英］比尔·布莱森著　严维明译：《趣味生活简史》北京：接力出版社，2011。

［美］薛爱华著　吴玉贵译：《撒马尔罕的金桃》北京：社会科学文献出版社，2016。

［美］劳费尔著　林筠因译：《中国伊朗编》北京：商务印书馆，2016。

［美］艾米·斯图尔特 著　刘夙译：《醉酒的植物学家：创造了世界名酒的植物》北京：商务印书馆，2017。

［美］加里·保罗·纳卜汉著　吕奕欣译：《香料漂流记：孜然、骆驼、旅行商队的全球化之旅 》成都：天地出版社，2019。

［英］彼得·弗兰科潘著　邵旭东、孙芳译：《丝绸之路：一部全新的世界史》杭州：浙江大学出版社，2016。

［英］海伦·拜纳姆、威廉姆·拜纳姆著　戴琪译：《植物发现之旅》北京：中国摄影出版社，2017。

［英］比尔·劳斯著　高萍译：《改变历史进程的 50 种植物》青岛：青岛出版社，2016。

［法］阿里·玛扎海里著　耿昇译：《丝绸之路：中国—波斯文化交流史》乌鲁木齐：新疆人民出版社，2006。

［英］吉尔斯·弥尔顿著　王国璋译：《豆蔻的故事：香料如何改变世界历史》台北：究竟出版社，2003。

［英］朱莉·诺尔曼著　品度股份有限公司译：《香草与香辛料》台北：品度股份有限公司，2005。

［日］宫崎正胜著　陈柏瑶译：《你不可不知的世界饮食史》台北：远足文化，2013。

［日］宫崎正胜著　安可译：《味的世界史》北京：文化发展出版社，2019。

［英］约翰·欧康奈著　莊安祺译：《香料共和国：从洋茴香到郁金，打开 A—Z 味觉密语》台北：联经文库，2017。

［美］阿莫斯图著　何舒平译：《食物的历史》北京：中信出版社，2005。

［英］彼得·布拉克本·梅兹著　王晨译：《水果：一部图文史》北京：商务印书馆，2017。

［美］史都华·李·艾伦著　朱衣译：《恶魔花园：禁忌的美味》台北：时报文化，2005。

［日］大岛正树编著　宁凡译：《味觉密码：香料的作用、使用与保存》北京：人民邮电出版社，2020。

［英］约翰·沃伦著　陈莹婷译：《餐桌植物简史：蔬果、谷物和香料的栽培与演变》北京：商务印书馆，2019。

［日］稻垣荣洋著　宋刚译：《撼动世界史的植物》北京：接力出版社，2019。

［英］大卫·斯图亚特著　黄研、俞蘅译：《危险花园：颠倒众生的植物》广州：南方日报出版社，2011。

［日］川城英夫编　石仓裕幸绘　中央编译翻译服务有限公司译：《话说胡萝卜》北京：中国农业出版社，2017。

［美］高第丕夫人著：《造洋饭书》北京：北京日报出版社，2019。

［美］布鲁斯·菲佛著　张贻新 译：《椰子的疗效》上海：上海科学普及出版社，2014。

［美］艾尔弗雷德·W. 克罗斯比著　郑明萱译：《哥伦布大交换》北京：中信出版社，2018。

［美］玛乔丽·谢弗著　顾淑馨译：《胡椒的全球史：财富、冒险与殖民》上海：上海三联书店，2019。

［美］蕾切尔·劳丹著　杨宁译：《美食与文明：帝国塑造烹饪习俗的全球史》北京：民主与建设出版社，2021。

［英］J.A.G. 罗伯茨著　杨平东译：《东食西渐：西方人眼中的中国饮食文化》北京：当代中国出版社，2008。

［印］安托卡伦著　许学勤译：《天然食用香料与色素》北京：中国轻工出版社，2014。

［英］霍金斯编著　顾宇翔、葛宇、蒋天华译：《香草香料鉴赏手册》上海：上海科学技术出版社，2011。

［法］鲁保罗著　耿晟译：《西域的历史与文明》乌鲁木齐：新疆人民出版社，2006。

［日］山本纪夫著　陈娴若译：《辣椒的世界史：横跨欧亚非的寻味旅程，一场热辣过瘾的餐桌革命》台北：马可孛罗文化，2018。

［日］日沼纪子著　陈真译：《香料香草料理日志》北京：中国纺织出版社有限公司，2021。

［美］凯瑟琳·郝伯特·豪威尔著　明冠华、李春丽译：《植物传奇：改变世界的 27 种植物》北京：人民邮电出版社，2017。

［英］斯图尔特·沃尔顿著　艾栗斯译：《魔鬼的晚餐：改变世界的辣椒和辣椒文化》北京：社会科学文献出版社，2020。

［美］罗伯特·N. 斯宾格勒三世著　陈阳译：《沙漠与餐桌：食物在丝绸之路上的起源》北京：社会科学文献出版社，2021。

［英］弗朗西斯·凯斯主编　王博、马鑫译：《有生之年非吃不可的 1001 种食物》北京：中央编译出版社，2012。

［葡］若泽·爱德华多·门德斯·费朗著　时征译：《改变人类历史的植物》北京：商务印书馆，2022。

［美］丝瑞·欧文著　王莉莉译：《稻米全书》台北：远足文化，2011。

［澳］伊恩·汉菲尔、凯莉·汉菲尔著　陈芳智译：《香草 & 香料圣经》台北：原水文化，2020。

［法］帕斯卡莱·厄泰尔、米歇尔·勒努瓦主编　金小燕译：《法国国家自然博物馆犊皮纸博物画：艺术与科学完美融合的传世瑰宝》武汉：华中科技大学出版社，2020。

中文版

马雍《西域史地文物丛考》北京：商务印书馆，2020。

葛承雍《绵亘万里长》北京：生活·读书·新知 三联书店，2019。

高启安《唐五代敦煌饮食文化研究》北京：民族出版社，2004。

刘迎胜《丝绸之路》南京：江苏人民出版社，2014。

刘迎胜《丝路文化·海上卷》杭州：浙江人民出版社，1996。

杨富学主编《丝路五道全史（上、中、下）》太原：山西教育出版社，2019。

武斌《丝绸之路全史（上、下）》沈阳：辽宁教育出版社，2018。

武斌《中国接受海外文化史（第一卷）》广州：广东人民出版社，2022。

武斌《中国接受海外文化史（第二卷）》广州：广东人民出版社，2022。

武斌《中国接受海外文化史（第三卷）》广州：广东人民出版社，2022。

武斌《中国接受海外文化史（第四卷）》广州：广东人民出版社，2022。

黄新亚《中国文化史概论》西安：陕西师范大学出版社，1989。

赵荣光、王喜庆主编《第四届亚洲食学论坛（2014 西安）论文集》西安：陕西师范大学出版社，2015。

赵荣光、吴国平主编《第五届亚洲食学论坛（2015 曲阜）论文集》北京：北京日报出版社，2017。

尚衍斌《元史及西域史丛考》北京：中央民族大学出版社，2013。

孙机《中国古代物质文化》北京：中华书局，2014。

聂凤乔《蔬食斋随笔别集·禽畜鸟兽篇》太原：山西经济出版社，1995。

张平真主编《中国蔬菜名称考释》北京：北京燕山出版社，2006。

张平真《中国的蔬菜：名称考释与文化百科》北京：北京联合出版社，2022。

胡同庆、王义芝编著《敦煌古代衣食住行》兰州：甘肃人民美术出版社，2013。

段石羽、曲文勇、朱庚智《汉字与植物命名》乌鲁木齐：新疆人民出版社，2009。

福建博物馆编著《舌尖上的丝绸之路》天津：新蕾出版社，2018。

张箭《新大陆农作物的传播和意义》北京：科学出版社，2014。

林江编《食物简史》北京：中信出版社，2020。

饶璐璐主编《名特优新蔬菜 129 种》北京：中国农业出版社，2000。

崔岱远《果儿小典》北京：商务印书馆，2019。

崔岱远《一面一世界》北京：商务印书馆，2017。

李昕升《中国南瓜史》北京：中国农业科学技术出版社，2017。

贺菊莲《天山家宴：西域饮食文化纵横谈》兰州：兰州大学出版社，2014。

毛民《榴花西来：丝绸之路上的植物》北京：人民美术出版社，2005。

史军《中国食物：水果史话》北京：中信出版社，2020。

史军《中国食物：蔬菜史话》北京：中信出版社，2022。

张建春、何锦风等编著《汉麻籽综合利用加工技术》北京：中国轻工出版社，2014。

李从嘉《舌尖上的战争：食物、战争、历史的奇妙联系》长春：吉林文史出版社，2008。

妥清德编著《酒泉百味》北京：航空工业出版社，2016。

阿蒙《时蔬小话》北京：商务印书馆，2019。

周文翰《不止美食：餐桌上的文化史》北京：商务印书馆，2020。

伊斯拉菲尔·玉苏甫、安尼瓦尔·哈斯木编著《西域饮食文化史》乌鲁木齐：新疆人民出版社，2012。

沈苇《植物传奇》北京：作家出版社，2009。

蒋逸征《庭院里的西洋菜：中国的外来植物·蔬菜》上海：上海文化出版社，2018。

陈诏《饮食趣谈》上海：上海古籍出版社，2003。

罗桂环《中国栽培植物源流考》广州：广东人民出版社，2018。

王诗客《新滋味：西食东渐与翻译》北京：经济日报出版社，2020。

陈连庆《中国古代史研究（上、下）》长春：吉林文史出版社，1991。

李庆新主编《学海扬帆一甲子：广东省社会科学院历史与孙中山研究所（海洋史研究中心）成立六十周年纪念文集》北京：科学出版
　　社，2019。

王思明等《中国食物的历史变迁》北京：中国科学技术出版社，2021。

嵇含著　兰心仪编译《伟大的植物》北京：中国画报出版社，2020。

忽思慧著　尚衍斌、孙立慧、林欢注释《〈饮膳正要〉注释》北京：中央民族大学出版社，2009。

李应魁　高启安、邰惠莉校注《肃镇华夷志》兰州：甘肃人民出版社，2006。

徐龙《滇香四溢》昆明：云南科技出版社，2016。

徐龙　孙英宝绘《香料植物之旅》北京：北京大学出版社，2021。

研究论文

张德纯"蔬菜史话·蛇瓜"，《中国蔬菜》2009（3）。

张德纯"蔬菜史话·叶恭菜"，《中国蔬菜》2011（3）。

张德纯《蔬菜史话·根恭菜》《中国蔬菜》2013（5）。

卢鸿涛、曾珞欣"丁香考"《中药材》1989（10）

余欣"中古时期的蔬菜与外来文明：诸军达的伊朗渊源"，《复旦学报（社会科学版）》2013（6）。

余欣"园菜果瓜助米粮：敦煌蔬菜博物志"，《兰州学刊》2013（11）。

黄辉、张彦福"维吾尔药小豆蔻名实考辩"，《中国民族民间医药》1998（6）。

李裕"中国小麦起源与远古中外文化交流"，《中国文化研究》1997（秋之卷）。

张帆"频婆果考——中国苹果栽培史之一斑"，《国学研究》2004（6）。

周岱翰"关于燕窝的旧证新考"，《中国中医药报》2013年8月15日。

杨宝霖"广东外来蔬菜考略（上、中、下）"，《广东史志》1989（3）。

芦笛"法国双孢蘑菇菌种及其栽培技术传入中国之时间考"，《食药用菌》2014（2）。

丁晓蕾"球茎甘蓝在中国的引种栽培史考略"，《中国蔬菜》2015（12）。

王大方"敖汉旗羊山1号辽墓'西瓜图'——兼论契丹引种西瓜及我国出土古代'西瓜籽'等问题"，《草原文物》1998（1）。

聂凤乔"番杏——值得推荐的佳蔬"，《上海蔬菜》1990（3）。

王钊"远禽来贡清宫绘画中的火鸡图像来源",《紫禁城》2007（3）。

林德佩"中国栽培甜瓜植物的起源、分类及进化",《中国瓜菜》2010（4）。

程杰"我国黄瓜、丝瓜起源考",《南京师大学报（社会科学版）》2018（2）。

蒋慕东、王思明"辣椒在中国的传播及其影响",《中国农史》2005（2）。

刘玉霞"番茄在中国的传播及其影响研究",南京农业大学2007硕士学位论文。

曾芸"向日葵在中国的传播及其影响",《古今农业》2005（1）。

邢福等"我国草田轮作的历史、理论与实践概览",《草业学报》2011（3）。

孙立慧"《饮膳正要》中几种稀见名物考释",《黑龙江民族丛刊》2007（4）。

尚衍斌、忽思慧"《饮膳正要》不明名物考释"《浙江师范大学学报（社会科学版）》2001（1）。

网络

李昕升"向日葵栽培史",科学网2018年3月11日，https://blog.sciencenet.cn/blog-1183006-1103339.html

沈胜衣"西番莲的前世今生",《中华读书报》2017年09月27日，https://epaper.gmw.cn/zhdsb/html/2017-09/27/nw.D110000zhdsb_20170927_2-13.htm

钟葵"西番莲纹饰与实物之迷案",《广州日报》2018年10月30日，https://news.jstv.com/a/20181030/1540885846678.shtml

Avocado Production in China - Liu Kangde and Zhou Jiannan
http://www.fao.org/3/X6902E/x6902e05.htm

参考图录

http://www.plantillustrations.org

Ko'hler, F.E., Ko'hlers Medizinal Pflanzen (1883-1914) vol. 2 (1890) t. 87 小麦

Vietz, F.B., Icones plantarum medico-oeconomico-technologicarum (1800-1822) vol. 1 (1800) t. 98 大麦

Host, N.T., Icones et descriptiones graminum austriacorum (1801-1809) vol. 3 (1805) t. 35 大麦

Panhuys, L. von, Watercolours of Surinam (1811-1824) [unpublished] 姜

Woodville, W., Hooker, W.J., Spratt, G., Medical Botany, 3th edition (1832) t. 250 姜

Woodville, W., Hooker, W.J., Spratt, G., Medical Botany, 3th edition (1832) t. 25 桂皮

Weinmann, J.W., Phytanthoza iconographia (1737-1745) t. 859 芜菁

Zorn, J., Oskamp, D.L., Afbeeldingen der artseny-gewassen (1796-1800) t. 592 芜菁

Weinmann, J.W., Phytanthoza iconographia (1737-1745) t. 723 f. c 甜瓜

Revue horticole, sér. 4 (1852-1974) vol. 64 (1892) 甜瓜

Nees von Esenbeck, T.F.L., Wijhe (Weyhe), M.F., Plantae medicinales (1828-1833) vol. 2 甘蔗

Wight, R., Illustrations of Indian botany, principally of the southern parts of the peninsula (1831-1832) t. 15 扁豆

Orbigny, C.V.D. d , Dictionnaire universel dhistoire naturelle, plates vol. 3 (1841-1849) t. 18 落葵

Jacquin, J.F. von, Eclogae plantarum rariorum (1811-1844) vol. 2 (1844) t. 161 p. 10 落葵

Gourdon, J., Naudin, P., Nouvelle iconographie fourragère, Atlas (1865-1871) t. 49 p. 196 豌豆

Thomé, O.W., Flora von Deutschland sterreich und der Schweiz (1886-1889) t. 453 豌豆

Berg, O.C., Schmidt, C.F., Atlas der officinellen Pflanzen (1893-1902) t. 143b f. 2 椰子

Ko'hler, F.E., Ko'hlers Medizinal Pflanzen (1883-1914) t. 76 椰子

Ko'hler, F.E., Ko'hlers Medizinal Pflanzen (1883-1914) t. 187 小良姜

Zorn, J., Oskamp, D.L., Vervolg op de Afbeeldingen der artseny-gewassen met derzelver Nederduitsche en Latynsche beschryvingen
(1813) t. 51 红豆蔻

Curtis, W., Curtis's botanical magazine (1800-1948) t. 6195 魔芋

Munting, A., Naauwkeurige beschrijving der aardgewassen (1696) vol. 1 t. 59 p. 233 葡萄

Thomé, O.W., Flora von Deutschland sterreich und der Schweiz (1886-1889) t. 434 苜蓿

Hayne, F.G., Getreue Darstellung und Beschreibung der in der Arzneykunde gebrÖuchlichen GewÖchse (1805-1846) vol. 11 (1830) t.
3 罗勒

floral world and garden guide vol. 17 茄子

Descourtilz, M.E., Flore [pittoresque et] médicale des Antilles (1821-1829) t. 187 茄子

Ko'hler, F.E., Ko'hlers Medizinal Pflanzen (1883-1914) t. 58 芝麻

Curtis, W., Curtis's botanical magazine (1800-1948) t. 2750 丁香

Thomé, O.W., Flora von Deutschland Österreich und der Schweiz (1886-1889) vol. 3 (1885) 蚕豆

Woodville, W., Hooker, W.J., Spratt, G., Medical Botany, 3th edition (1832) t. 246 胡椒

USDA Pomological Watercolor Collection (1872-1948) t. 7475 核桃

Kerner, J.S., Abbildungen aller Ökonomischen Pflanzen (1786-1798) vol. 2 (1788) t. 130 大蒜

Zorn, J., Oskamp, D.L., Vervolg op de Afbeeldingen der artseny-gewassen met derzelver Nederduitsche en Latynsche beschryvingen (1813) vol. 1 (1813) t. 29 胡葱

Thomé, O.W., Flora von Deutschland Österreich und der Schweiz (1886-1889) t. 364 茴香

Ko'hler, F.E., Ko'hlers Medizinal Pflanzen (1883-1914) Med.-Pfl.vol. 2 (1890) t. 88 茴香

Blanco, M., Flora de Filipinas, ed. 3 (1877-1883) t. 286 豇豆

USDA Pomological Watercolor Collection (1872-1948) t. 7510 石榴

Masclef, A., Atlas des plantes de France (1890-1893)vol. 2 t. 138 芹菜

Berg, O.C., Schmidt, C.F., Atlas der officinellen Pflanzen (1893-1902) vol. 1 (1891) t. 25 迷迭香

Ko'hler, F.E., Ko'hlers Medizinal Pflanzen (1883-1914) vol. 2 (1890) t. 122 迷迭香

Kops, J., Flora Batava (1800-1934) vol. 14 (1872) t. 1087 熏陆香

Curtis, W., Curtis's botanical magazine (1800-1948) Bot. Mag. vol. 102 (1876) t. 6206 黄瓜

Blanco, M., Flora de Filipinas, ed. 3 (1877-1883) t. 299 黄瓜

Thomé, O.W., Flora von Deutschland Österreich und der Schweiz (1886-1889) vol. 3 (1885) t. 389 香菜

Kerner, J.S., Abbildungen aller Ökonomischen Pflanzen (1786-1798) vol. 6 (1793) t. 514 甘蓝

Bonelli, G., Hortus Romanus juxta Systema Tournefortianum (1772-1793) vol. 8 t. 3 莴苣

Curtis, W., Curtis's botanical magazine (1800-1948) Bot. Mag. vol. 19 (1804) t. 722 蛇瓜

Masclef, A., Atlas des plantes de France (1890-1893) vol. 3 (1893) t. 275 菠菜

Bonelli, G., Hortus Romanus juxta Systema Tournefortianum (1772-1793) vol. 8 t. 76 菠菜

Ko'hler, F.E., Ko'hlers Medizinal Pflanzen (1883-1914) vol. 3 (1898) t. 23 孜然

Denisse, E., Flore dAmérique (1843-1846) t. 102 姜黄

Nees von Esenbeck, T.F.L., Wijhe (Weyhe), M.F., Plantae medicinales (1828-1833) vol. 1 姜黄

Botanische wandplaten 罂粟

Malpighia (1887-1923) vol. 14 (1900) t. 13 f. 10,11 椰枣

Descourtilz, M.E., Flore [pittoresque et] médicale des Antilles (1821-1829) vol. 4 (1827) t. 274 椰枣

USDA Pomological Watercolor Collection (1872-1948) t. 7410 油橄榄

Jaume Saint-Hilaire, J.H., Traité des arbres forestiers (1824) t. 48 油橄榄

Redouté, P.J., Liliacées (1802-1816) vol. 3 (1805) t. 144 沙姜

Thomé, O.W., Flora von Deutschland Österreich und der Schweiz (1886-1889) vol. 3 (1885) t. 392 扁桃

Revue horticole, sér. 4 (1852-1974) vol. 37 (1866) 无花果

Michaux, F.A., North American sylva (1817-1819) vol. 3 (1819) t. 103 开心果

Thomé, O.W., Flora von Deutschland Österreich und der Schweiz (1886-1889) vol. 3 (1885)t. 433 葫芦巴

Gourdon, J., Naudin, P., Nouvelle iconographie fourragère, Atlas (1865-1871) t. 60 p. 255 胡萝卜

Descourtilz, M.E., Flore [pittoresque et] médicale des Antilles (1821-1829) vol. 5 (1827) t. 305 西瓜

USDA Pomological Watercolor Collection (1872-1948) t. 276 罗望子

Descourtilz, M.E., Flore [pittoresque et] médicale des Antilles (1821-1829) vol. 2 (1822) t. 126 罗望子

Weinmann, J.W., Phytanthoza iconographia (1737-1745) vol. 3 (1742) t. 706 f. b 苹果

Kerner, J.S., Abbildungen aller Ökonomischen Pflanzen (1786-1798) vol. 3 (1789) t. 235 根芹菜

Thomé, O.W., Flora von Deutschland Österreich und der Schweiz (1886-1889) vol. 1 (1885) t. 134 f. A 番红花

Bulliard, P., Flora Parisiensis (1776-1781) vol. 3 (1776) t. 213 洋葱

Revue horticole, sér. 4 (1852-1974) vol. 28 (1856) p. 85 f. 18 苤蓝

Revue horticole, sér. 4 (1852-1974) vol. 36 (1864) 草莓

Chaumeton, F.P., Flore médicale (vol. 1) (1833-1835) vol. 1 t. 33bis 槟榔

Natural History Museum, London 假蒟

Zorn, J., Oskamp, D.L., Afbeeldingen der artseny-gewassen (1796-1800) vol. 6 (1800) t. 575 荜拨

Woodville, W., Hooker, W.J., Spratt, G., Medical Botany, 3th edition (1832) vol. 4 (1832) t. 247 荜拨

Transactions of the royal horticultural society of London, 2nd Series (1831-1848) vol. 2 (1842)t. 2 杨桃

Komarov (Komorov), V.L., Flora of the U.S.S.R. (1934-1964) vol. 20 t. 14 f. 2 藿香

Thomé, O.W., Flora von Deutschland Österreich und der Schweiz (1886-1889) vol. 3 (1885) t. 378 莳萝

Descourtilz, M.E., Flore [pittoresque et] médicale des Antilles (1821-1829) vol. 6 (1828) t. 429 荜澄茄

Ko'hler, F.E., Ko'hlers Medizinal Pflanzen (1883-1914) vol. 2 (1890) t. 103 荜澄茄

Curtis, W., Curtis's botanical magazine (1800-1948) vol. 54 (1827) t. 2757 肉豆蔻

Little, E.L., Wadsworth, F.H., Common trees of Puerto Rico and the Virgin Islands (1964) t. 18 菠萝蜜

Cassone, F., Flora medico-farmaceutica (1847-1852) vol. 1 (1847) t. 32 八角

Nouvelles Archives du Muséum dHistoire Naturelle, Paris (1865-1914) vol. 1 (1865) t. 6 丝瓜

Blanco, M., Flora de Filipinas, ed. 3 (1877-1883) t. 334 丝瓜

Van Houtte, L.B., Flore des serres et des jardin de lEurope (1845-1880) vol. 10 (1854) t. 1047 p. 193 苦瓜

Blanco, M., Flora de Filipinas, ed. 3 (1877-1883) t. 357 苦瓜

Naturalis Biodiversity Centre / Wikimedia commons

Hoola van Nooten, B., Fleurs, fruits et feuillages choisis de lille de Java: peints dapres nature (1880) t. 28 榴莲

Ko'hler, F.E., Ko'hlers Medizinal Pflanzen (1883-1914) vol. 3 (1898) t. 42 花生

Miller [Mueller, Müller], J.S., Borckhausen, M.B., Illustratio systematis sexualis Linnaei [folio (German) edition] (1804) t. 68 向日葵

Descourtilz, M.E., Flore [pittoresque et] médicale des Antilles (1821-1829) vol. 6 (1828) t. 405 西红柿

USDA Pomological Watercolor Collection (1872-1948) t. 4426 杧果 t. 4523 杧果

Masclef, A., Atlas des plantes de France (1890-1893) vol. 3 (1893) t. 365 玉米

Bulliard, P., Herbier de la France (1780-1798) vol. 7 (1787) t. 285 烟草

Van Houtte, L.B., Flore des serres et des jardin de lEurope (1845-1880) vol. 5 (1849) p. 433 菜豆

Descourtilz, M.E., Flore [pittoresque et] médicale des Antilles (1821-1829) vol. 8 (1829) t. 546 番薯

Revue horticole, sér. 4 (1852-1974) vol. 90 (1918) 马铃薯

Belgique horticole, journal des jardins et des vergers (1851-1885) vol. 3 (1853) p. 125 凤梨

Curtis, W., Curtis's botanical magazine (1800-1948) vol. 58 (1831) t. 3095 番荔枝

USDA Pomological Watercolor Collection (1872-1948) t. 7391，t.7392 番木瓜

Gourdon, J., Naudin, P., Nouvelle iconographie fourragère, Atlas (1865-1871) t. 49 p. 196

Blanco, M., Flora de Filipinas, ed. 3 (1877-1883) t. 249 豆薯

Descourtilz, M.E., Flore [pittoresque et] médicale des Antilles (1821-1829) vol. 5 (1827) t. 326 西葫芦

Ko'hler, F.E., Ko'hlers Medizinal Pflanzen (1883-1914) vol. 2 (1890) t. 1572 可可

Bigelow, J., American medical botany (1817-1820) vol. 2 (1818) t. 29 西洋参

Blanco, M., Flora de Filipinas, ed. 3 (1877-1883) t. 320 笋瓜

Zorn, J., Oskamp, D.L., Afbeeldingen der artseny-gewassen (1796-1800) vol. 5 (1800) t. 451 咖啡

Denisse, E., Flore dAmérique (1843-1846) t. 189 木薯

Addisonia (1916-1964) vol. 11 (1926) t.381 菊芋

Revue horticole, sér. 4 (1852-1974) 佛手瓜

Denisse, E., Flore dAmérique (1843-1846) t. 68 人心果

USDA Pomological Watercolor Collection (1872-1948) t. 7483 人心果

Revue horticole, sér. 4 (1852-1974) 黄秋葵

Thomé, O.W., Flora von Deutschland Österreich und der Schweiz (1886-1889) vol. 1 (1885) t. 113 芦笋

Kerner, J.S.,ÖAbbildungen aller Ökonomischen Pflanzen (1786-1798) vol. 5 (1792) t. 423 辣根

Thomé, O.W., Flora von Deutschland Österreich und der Schweiz (1886-1889) vol. 2 (1885) t. 273 豆瓣菜

Ruíz López, H., Pavon, J.A., Flora Peruviana, et Chilensis (1798-1802) vol. 2 (1798) t. 239 p. 17 蛋黄果

索引

索引二

索引
二

后记

  2017年年底，有幸参加在商务印书馆召开的"第二届博物学文化论坛"。会上结识了很多博物学的精英人士，有编辑找我约一本有关饮食文化内容的书稿。由于此前我曾积累了一些香草和香料方面的探究文章，就锁定在食材方面。食用香草和香料绝大部分是外来作物，是在历史上不同时期陆续传入的。依此思路，经过商讨，把内容延伸到由"丝绸之路"引入我国的食材上。

  想要了解丝绸之路饮食文化，食材无疑是最好的切入点，也是最接地气的。众所周知，今天我们平日餐桌上所见的食材中，无论是粮食、蔬菜、干鲜果品及香料，或是动物性食材的肉类和水产品，有一半或一半以上都是舶来品。有些食材已落户我国几千年，从开始的异国情调，逐渐演变成习以为常，甚至熟视无睹。以至于很多人以为它们就是我国本土的原生物种，不知道它们的前世今生，更不了解它们在历史、文化等方面背后的故事。

  近年来，"丝绸之路"的课题热度空前，这更激发了我的写作欲望和创作热情。但在搜集和整理相关素材的过程中，我才发现工作量巨大，其困难程度也是预先没有想到的。首先，可供参考的书籍大多是从历史文明、文物考古、丝路民族文化交流、宗教民俗、农作物研究、地方风物、物种名称考释、饮食文化及博物学等方面的文献，其中关于食材的内容稍有提及或只言片语，而真正从食材的角度系统梳理和总结是没有的。其次，由于历史久远等因素很多物种的记载有偏差，甚至在学界观点上存有异议。还有些品种的资料极少，只能在各种碎片化的信息中梳理和甄别。因此，写作的进度非常缓慢。

  2020年年初，突如其来的新冠疫情给全球按了暂停键，也打乱了我出行采风和考察的计划。但同时也使我和大家一样暂时告别了繁忙的日常工作，拥有了平时欠缺的可支配时间，能静心专注查阅资料，进入写作状态。

  在写作的过程中，我仿佛穿越历史，与不畏险阻带着货物和信仰行走在古老商路上，贸迁有无的波斯人、月氏人、乌孙人、匈奴人、鲜卑人、柔然人、敕勒人、印度人、粟特人、犹太人、突厥人、契丹人、蒙古人、吐蕃人、回鹘人、阿拉伯人……保持着心意相通。

  古老而神奇的丝绸之路是个永恒的话题，也成为全人类的集体记忆。就像我们不知道它启于何时一样，只要人类生存于地球，它将永远是没有终点的征途。

2022年12月20日于通州寓所

Postscript

In the end of 2017, I was honored to participate the second session of Natural History and Culture Forum held in Beijing Commercial Press. At the meeting, I got to know many natural history elites and was asked to write a book about food culture. Since I've accumulated a few explorations of herbs and spices before, so I made up my mind to focuse on food ingredients. Edible herbs and spices are mostly exotic plants introduced in China at different times. Accordingly, discussion with my friends, I would like to try touching upon a big content extending to the food materials introduced by the "Silk Road".

If you want to know the Silk Road food culture, food ingredients are undoubtedly the most down-to-earth story and the best start point. It is well known that more than half of the ingredients we have on dinner tables today, the grains, vegetables, dried fruits and spices, or animal-based meat and aquatic products, were introduced from abroad. Some ingredients have been settled in China for thousands of years, from being exotic at beginning gradually become accustomed or even being ignored of its oringin. They are so familiar to make people believe that they are native without knowing their history behind and present life ahead.

In recent years, the "Silk Road" is becoming more hot and popular topic, which stimulates my writing desire and enthusiasm. However, in the process of collecting and sorting out relevant materials, I found that the work was huge and unexpected difficult. First, Information for reference are mostly from the aspects of history and civilization, cultural relics and archaeology, Silk Road ethnic culture exchange, religion and folk custom, crop research, local scenery, species name explanation, food culture and natural history, among which the content of food materials is slightly mentioned or by a few words, I could not find any systematic sorting and summary from the perspective of food materials. Secondly, due to the long time in history and some other factors, the records of many species are biased, even dissenting in the academic opinions. Some species have very little data, which can only be sorted and screened in various fragmented information and so forth, make the writing progress stucking.

In early 2020, the outbreak of pandemic COVID-19 paused the world, my travel and investigation plan disrupted also. Fortunately it gave me a temporarily left of my busy daily work like everyone else, having my own time concentrating on reading and writing.

In the process of writing, I feel as if I have time traveled passing through thousands of years, walking along the ancient trade road with the Persians, Yuezhi people, Wusun people, Xiongnu people, Xianbei people, Rouran people, Chile people, Indians, Sogdians, Jews, Turkic people, Khitan people, Mongolians, Tubo people, Uighurs, Arabs and so on, carrying goods and beliefs without fear of obstacles, keeping in mind to share, exchange and connecting the world.

The ancient and miraculous Silk Road is an ever lasting topic and has become the collective memory of all mankind. We will never know when it began, but what we know for sure is that Road will lead forever a human journey without an end.

December 30, 2022, in Tongzhou

附录一：161 种食材传入时期总统计表

一、史前丝绸之路（前 11 世纪—前 138 ）

序号	中文名称	英文名称	拉丁文学名	科别
1	骆驼	camel	*Camelus ferus*	骆驼科 Camelidae
2	小麦	Wheat	*Triticum aestivum*	禾本科 Poaceae
3	羊	Sheep/Goat	*Caprinae/Merycoidodon gracilis*	洞角科 Bovidae
4	大麦	Barley	*Hordeum vulgare*	禾本科 Poaceae
5	大麻	Hemp	*Cannabis sativa*	桑科 Moraceae
6	瓠瓜	Bottle gourd	*Lagenaria siceraria*	葫芦科 Cucurbitaceae
7	牛	cattle	*Bovine*	牛科 Bovidae
8	马	Horse	*Equns caballus*	马科 Equidae
9	姜	Ginger	*:Zingiber officinale*	姜科 Zingiberaceae
10	萝卜	Radish	*Raphanus sativus*	十字花科 Brassicaceae
11	芜菁	Turnip	*Brassica rapa*	十字花科 Brassicaceae
12	甜瓜	Melon	*Cucumis melo*	葫芦科 Cucurbitaceae
13	甘蔗	Sugarcane	*Saccharum*	禾本科 Poaceae
14	绿豆	Mung bean	*Vigna radiata*	豆科 Leguminosae
15	桂皮	Cinnamon	*Cinnamomum cassia*	樟科 Lauraceae
16	藕	Lotus root	*Nelumbo nucifera*	莲科 Nelumbonaceae
17	芋头	Taro	*Colocasia esculenta Schott*	天南星科 Araceae
18	兔	Rabbit	*Leporidae*	兔科 Leporidae/hares
19	肉鸽	Pigeon	*Columba /Aplopelia bonaparte*	鸠鸽科 Columbidae
20	香茅	Lemon grass	*Cymbopogon citrates*	禾本科 Poaceae
21	扁豆	Dolichos lablab	*Lablab purpureus*	豆科 Leguminosae
22	豌豆	Pea	*Pisum sativum*	豆科 Leguminosae
23	落葵	Malabar-Nightshade	*Basella rubra*	落葵科 Basellaceae
24	薏苡	Seed of job's tears	*Coix chinensis Tod*	禾本科 Poaceae
25	高良姜	Lesser Galangal	*Alpinia genus*	姜科 Zingberaceae
26	魔芋	Konjak	*Amorphophallus konjac*	天南星科 Araceae
27	丁香	Clove	*Syzygium aromaticum*	桃金娘科 Myrtaceae
28	椰子	Coconut	*Cocos nucifera*	棕榈科 Palmae

属别	原产地	传入时期（年代）	始记文献	记载年代
骆驼属 Camelus	北美洲	新石器时代（前 10000—前 2070）	《山海经》	前 475—前 221
小麦属 Triticum	西亚	新石器时代（前 10000—前 2070）	《诗经》	前 11—前 6 世纪
羊亚属 Ovis	西亚	新石器时代（前 10000—前 2070）	《大戴礼记》	前 91—前 48
大麦属 Hordeum	西亚	新石器时代（前 10000—前 2070）	《孟子》	前 385—前 304
大麻属 Cannabis	中亚细亚	新石器时代（前 10000—前 2070）	《诗经》	前 11—前 6 世纪
葫芦属 Lagenaria	非洲	新石器时代（前 10000—前 2070）	《诗经》	前 11—前 6 世纪
牛属 Bos	西亚、南亚	新石器时代（前 10000—前 2070）	《礼记》	前 91—前 48
马属 Equns	中亚	夏商时期（前 2070—前 1100）	《三字经》	前 11—前 6 世纪
姜属 Zingiber	印度	商周期间（前 1600—前 221）	《论语·乡党》	前 551—前 479
萝卜属 Raphanus	西亚、中亚	商周期间（前 1600—前 221）	《诗经》	前 11—前 6 世纪
芸薹属 Brassica	地中海	商周期间（前 1600—前 221）	《诗经》	前 11—前 6 世纪
黄瓜属 Cucumis	非洲	商周期间（前 1600—前 221）	《诗经》	前 11—前 6 世纪
甘蔗属 Saccharum	新几内亚	西周时期（前 827—前 781）	《招魂》	前 340—前 278
豇豆属 Vigra	印度及东南亚	春秋时期（前 770—前 475）	《离骚》	前 339—前 278
樟属 Cinnamomum	南亚	春秋战国（前 770—前 221）	《山海经》	前 475—前 221
莲属 Nelumbo	印度	春秋时期（前 770—前 475）	《尔雅》	前 4—前 1 世纪
芋属 Colocasia	东南亚	春秋时期（前 770—前 475）	《管子》	前 475—前 221
兔属 Lepus	地中海	春秋战国（前 770—前 221）	《诗经》	前 11—前 6 世纪
鸽属 Columba	北美、欧洲	新生代	《周礼》	前 475—前 221
香茅属 Cymbopogon	东南亚	春秋时期（前 770—前 475）	《周礼》	前 475—前 221
扁豆属 Dunbaria	印度	不详	《大荒纪闻》	前 202—前 157
豌豆属 psam	中亚	汉以前（前 202 年之前）	《尔雅》	前 4—前 1 世纪
落葵属 Basella	东南亚	汉以前（前 202 年之前）	《尔雅》	前 4—前 1 世纪
薏苡属 Coix	印度	汉以前（前 202 年之前）	《史记》	前 104—前 91
山姜属 Alpinia	印度	汉以前（前 202 年之前）	《名医别录》	456—536
魔芋属 Amorphophallus	东南亚	汉以前（前 202 年之前）	《蜀都赋》	208—316
蒲桃属 Syzygium	印度尼西亚	汉以前（前 202 年之前）	《汉宫仪》	东汉末年
椰子属 Cocos	东南亚及太平洋	不详（自然传播）	《上林赋》	前 179—前 118

二、陆路丝绸之路（前 139—1949）

序号	中文名称	英文名称	拉丁文学名	科别
1	苜蓿	Alfalfa/Lucerne	*Medicago sativa*	豆科 Leguminosae
2	葡萄	Grape.Vine	*Vitis vinifera*	葡萄科 Vitaceae
3	鸵鸟	Ostrich	*Struthio camelus*	鸵鸟科 Struthionidaes
4	罗勒	Basil	*Ocimum basilicum*	唇形科 Labiatae
5	茄子	Eggplant	*Solanum melongena*	茄科 Solanaceae
6	芝麻	Sesame	*Sesamum indicum*	胡麻科 Pedaliaceae
7	亚麻	Flaxseed/linseed	*Linum usitatissimum*	亚麻科 Linaceae
8	胡椒	Pepper/peppercorn	*Piper nigrum*	胡椒科 Piperaceae
9	核桃	Walnut	*Juglans regia*	胡桃科 Juglandaceae
10	榅桲	Quice	*Cydonia oblonge Mill*	蔷薇科 Rosaceae
11	石榴	Pomegranate	*Punica granatum*	石榴科 Punicaceae
12	蚕豆	Broad bean	*Vicia faba*	豆科 Leguminosae
13	小扁豆	Lentil	*Lens culinaris Medik*	豆科 Leguminosae
14	洋芹	Celery	*Apium graveolens*	伞形科 Umbelliferae
15	大蒜	Garlic	*Allium sativum*	百合科 Amaryllidaceae
16	胡葱	Shallot/Scallion	*Allium ascalonicum*	百合科 Amaryllidaceae
17	茴香	Common fennel	*Foeniculum Vulgare*	伞形科 Umbelliferae
18	豇豆	Cowpea	*Vigna.sesquipedalis*	豆科 Leguminosae
19	草果	Tsaoko Amomum	*A.tsao-ko Crevost et Lemaire*	姜科 Zingberaceae
20	迷迭香	Rosemary	*Rosmarinus Officinalis*	唇形科 Labiatae
21	熏陆香	Mastic	*Prunus mahaleb*	漆树科 Anacardiaceae
22	叶菾菜	Swiss Chard	*Beta vulgaris var·cicla*	藜科 Chenopodiaceae
23	黄瓜	Cucumber	*Cucumis sativus*	葫芦科 Cucurbitaceae
24	芫荽	Coriander /Cilantro	*Coriandrum sativum*	伞形科 Umbelliferae
25	高粱	Sorghum	*Sorghum bicolor (L.) Moench*	禾本科 Poaceae
26	蛇瓜	Snake gourd	*TrichsanthesanguinaL*	葫芦科 Cucurbitaceae
27	莴苣	Lettuce	*Lactuca*	菊科 Compositae

属别	原产地	传入时期（年代）	始记文献	记载年代
苜蓿属 Medicago	中亚	西汉（前 206—8）	《史记》	前 104—前 91
葡萄属 Vitis	欧洲、西亚、北非	西汉（前 206—8）	《史记》	前 104—前 91
鸵鸟属 Struthio	非洲	西汉（前 206—8）	《史记》	前 104—前 91
罗勒属 Ocimum	印度	西汉（前 206—8）	《赋·叙》	前 76—前 33
茄属 Solanum	印度	西汉（前 206—8）	《僮约》	前 90—前 51
胡麻属 Sesamum	非洲	西汉（前 206—8）	《氾胜之书》	前 32—前 7
亚麻属 Linum	中亚	西汉（前 206—8）	《淮南子》	前 179—前 122
胡椒属 Piper	东南亚	西汉（前 206—8）	《续汉书》	265—306
胡桃属 Juglans	西亚	西汉（前 206—8）	《西京杂记》	284—364
榅桲属 Cydonia	中亚	西汉（前 206—8）	《西京杂记》	284—364
石榴属 Punica	西亚	西汉（前 206—8）	《金匮要略》	247—300
野豌豆属 Vicia	西亚北非	汉代（前 206—220）	《广雅》	227—232
小扁豆属 Lens	西亚	汉代（前 206—220）	《明净词典》	
芹菜属 Apium	地中海	汉代（前 206—220）	《齐民要术》	533—544
蒜属 Allium	中亚、地中海	东汉（25—220）	《广志》	
葱属 Allium	西亚	东汉（25—220）	《四民月令》	103—170
茴香属 Foeniculum	地中海	东汉（25—220）	《怀香赋》	224—263
豇豆属 Vigra	印度	东汉（25—220）	《四民月令》	103—170
豆蔻属 Amomum	越南	三国以前（220 年之前）		
迷迭香属 Rosmarinus	地中海	三国（220—280）	《魏略》	220—265
黄连木属 Prunus	地中海	三国（220—280）	《南州异物志》	220—280
甜菜属 Beta	地中海	魏晋南北朝（220—589）	《名医别录》	751—771
黄瓜属 Cucumis	印度	西晋（265—317）	《广志》《列仙传》	232—300
芫荽属 Coriandrum	地中海	西晋（265—317）	《博物志》	265—361
高粱属 Sorghum	东非	南北朝以前	《齐民要术》	533—544
栝楼属 Trichsanthe	印度	隋以前（589 年之前）	《杂集时要用字》	618—907
莴苣属 Lactuca	地中海	隋（589—618）	《俗务要名林》	618—970

序号	中文名称	英文名称	拉丁文学名	科别
28	菠菜	spinach	*Spinacia oleracea*	藜科 Chenopodiaceae
29	青菜头	Tuber mustard	*Brassica juncea coss Var tnmida Tsen et lee*	十字花科 Brassicaceae
30	孜然	Cumin	*Cuminum cyminum*	伞形科 Apiaceae
31	姜黄	Turmeric	*Curcuma longa*	姜科 Zingberaceae
32	罂粟籽	Poppy seed	*Papaver somniferum*	罂粟科 Papaveraceae
33	阿魏	Asafetida	*Ferula asafetida*	伞形科 Umbelliferae
34	沙姜	Galnga resurrectionlily	*Kaempferiae galngal*	姜科 Zingberaceae
35	扁桃	Badam	*Amygdalus communis*	蔷薇科 Rosaceae
36	无花果	Common fig	*Ficus carica*	桑科 Moraceae
37	开心果	Pistachio	*Pistacia vera*	漆树科 Anacardiaceae
38	葛缕子	Caraway	*Carum carvi*	伞形科 Umbelliferae
39	白芥	Mustard seed	*Brassica sinapis*	十字花科 Brassicaceae
40	小豆蔻	Cardamom	*Eletteria cardamomum Maton*	姜科 Zingberaceae
41	燕麦	Oats	*Avena sativa*	禾本科 Poaceae
42	西瓜	Watermelon	*Citrullus lanatus*	葫芦科 Cucurbitaceae
43	鹰嘴豆	Chickpea	*Cicer arietinum L.*	蝶形花科 Papilionaceae
44	胡萝卜	Carrot	*Daucus carota var.saiva*	伞形科 Umbelliferae
45	丝瓜	Towel gourd Loofah	*Luffa cylindrica*	葫芦科 Cucurbitaceae
46	柠檬	Citrus limon	*Litrus Limonum*	芸香科 Rutaceae
47	黑种草子	Nigella seed	*Nigella Sativa*	毛茛科 Ranunculaceae
48	罗望子	Tamarind/Indian date	*Tamarindus indica*	豆科 Leguminosae
49	根恭菜	Beet root	*Beta vulgaris var.rosea Moq.*	藜科 Chenopiodiaceae
50	番红花	Saffron	*Crocus sativus*	鸢尾科 Iridaceae
51	洋葱	Onion	*Allium cepa*	百合科 Amaryllidaceae
52	苤蓝	Kohlrabi	*Brassica caulorapa*	十字花科 Brassicaceae
53	结球甘蓝	Cabbage	*Brassica oleracea*	十字花科 Brassicaceae
54	甘薯	Sweet potato	*Ipomoea batatas*	旋花科 Convolvulaceae
55	糖用恭菜	Sugar Beet	*Beta vulgaris L. Var.saccharifera*	藜科 Chenopiodiaceae
56	草莓	Strawberry	*Fragaia × ananassa*	蔷薇科 Rosaceae

属别	原产地	传入时期（年代）	始记文献	记载年代
菠菜属 Spinacia	西亚	唐（618—907）	《唐会要》	961
芸薹属 Brassica	地中海	唐（618—907）	《新唐书》	1060
孜然芹属 Cuminum	西亚、北非	唐（618—907）	不详	659
姜黄属 Curcuma	印度	唐（618—907）	《唐本草》	659
罂粟属 Papaver	地中海	唐（618—907）	《本草拾遗》	667
阿魏属 Ferula	西亚	唐（618—907）	《通典》	801
山柰属 Kaempferia	东南亚	唐（618—907）	《西阳杂俎》	803—863
桃属 Amygdalus	西亚	唐（618—907）	《西阳杂俎》	803—863
榕属 Ficus	西亚	唐（618—907）	《西阳杂俎》	803—863
黄连木属 Pistacia	中亚、西亚	唐（618—907）	《本草拾遗》	907—960
葛缕子属 Carum	小亚细亚	唐（618—907）	《月王药诊》	8世纪中期
芸薹属 Brassica	欧洲、西亚	唐（618—907）	《农书》	1313
小豆蔻属 Elettaria	印度、斯里兰卡	唐（618—907）	《四部医典》藏文	8世纪末
燕麦属 Avena	中亚	唐（618—907）	《圣立义海》西夏文	1182
西瓜属 Citrullus	非洲	五代（907—979）	《新五代史》	974
鹰嘴豆属 Cicer		辽金（907—1234）	《松漠纪闻》	1088—1155
胡萝卜属 Daucus	中亚	北宋（960—1127）	《大观本草》	1108
丝瓜属 Luffa	印度、印度尼西亚	北宋（960—1127）	《卫济宝书》	1170
柑橘属 Litrus	印度	不详	《东坡志林》	1078—1098
黑种草属 Nigella		南宋（1127—1279）	敦煌文书	
罗望子属 Tamarindus	非洲	南宋（1127—1279）	《桂海虞衡志》	1175
甜菜属 Beta	地中海	元（1271—1368）	《饮膳正要》	1330
红花属 Crocus	希腊	元（1271—1368）	《饮膳正要》	1330
葱属 Allium	中亚	元（1271—1368）	《析津志》	1353
芸薹属 Brassica	地中海	元（1271—1368）	《明一统志》	1461
芸薹属 Brassica	地中海	明（1368—1644）	《小方壶斋舆地丛钞》	1690
番薯属 Ipomoea	美洲	明（1368—1644）	《大理府志》	1563
甜菜属 Beta	地中海	清（1636—1912）	《救荒简易书》	1896
草莓属 Fragaria	欧洲、美洲	民国年间（1912—1949）	《北满果树园艺及果实的加工》	1938

三、海上丝绸之路（先秦时期—1949 年）

序号	中文名称	英文名称	拉丁文学名	科别
1	槟榔	Arecanu/Betelnut/ Pinang	*Areca catechu*	棕榈科 Palmae
2	假蒟	Sarmentose Pepper Herb	*Piper sarmentosum Roxb.*	胡椒科 Piperaceae
3	荜拨	Long pepper	*piper longum*	胡椒科 Piperaceae
4	杨桃	Carambola	*Averrhoa carambola*	酢浆草科 Oxalidaceae
5	藿香	Wrinkled gianthyssop	*Agastache rugosa*	唇形科 Labiatae
6	莳萝	Dill	*Anethum graveolens*	伞形科 Umbelliferae
7	肉豆蔻	Nutmeg/Mace	*Myristica fragrans*	桃金娘科 Myrtaceae
8	椰枣	Date palm	*Phoenix dactylifera*	棕榈科 Palmae
9	荜澄茄	Cubeb/Vidanga	*Piper cubeba*	胡椒科 Piperaceae
10	砂仁	Cocklebur-like amomum	*Amomum villosum*	姜科 Zingiberaceae
11	芦荟	Aloe		百合科 Amaryllidaceae
12	八角	Star Anise	*Illicium verum Hooker*	木兰科 Magnoliaceae
13	油橄榄	Olive	*Olea europaea.l*	木犀科 oleaceae
14	菠萝蜜	Jack fruit	*Artocarpus heterophyllus*	桑科 Moraceae
15	白豆蔻	Whitefruit amonum	*Amomum kravanh*	姜科 Zingiberaceae
16	胡卢巴	Fenugree	*Trigonella foenum-graecu*	豆科 Leguminosae
17	籼米	Long-grained rice	*Oryza sativa. subsp. indica*	禾本科 Poaceae
18	苦瓜	Bitter gourd	*Momordica charantia*	葫芦科 Cucurbitaceae
19	穇	Finger millet	*Eleusine coracana L*	禾本科 Poaceae
20	参薯	Graeter yam / Purple yam	*Dioscorea alata*	薯蓣科 Dioscoreaceae
21	燕窝	Bird's nest	*Collocalia esculenta*	雨燕科 Apodidiae
22	月桂叶	Bay leaf	*Lanrus nobilis*	樟科 Lauraceae
23	榴莲	Durian	*Duriozibethinus Murr*	木棉科 Bombacaceae
24	花生	Peanut	*Arachis hypogaea*	豆科 Leguminosae
25	玉米	Corn	*Zea mays*	禾本科 Poaceae
26	向日葵	Sunflower	*Helianthus annuus*	菊科 Asteraceae
27	南瓜	Pumpkin / Squash	*Cucurbita moschata*	葫芦科 Cucurbitaceae

属别	原产地	传入时期（年代）	始记文献	记载年代
槟榔属 Areca	东南亚	西汉（前206—8）	《上林赋》	前179—前118
胡椒属 piper	东南亚、印度	西汉（前206—8）	《史记》	
胡椒属 piper	印度尼西亚	西汉（前206—8）	《博物志》	103—170
阳桃属 Sebastiania	印度、东南亚	西汉（前206—8）	《异物志》	25—220
藿香属 rugosu	菲律宾	东汉	《异物志》	25—220
莳萝属 Anethum	西亚	三国（220—280）	《广州记》	265—420
肉豆蔻属 Myristica	东南亚	魏晋（220—420）	《雷公炮炙论》	581—659
刺葵属 Phoenix	西亚、北非	晋（265—420）	《南方草木状》	304
胡椒属 Piper	东南亚	晋（265—420）	《广州记》	265—420
豆蔻属 Amomum	东南亚	南朝（420—589）	《药性论》	
芦荟属 Aloe. L.	非洲	隋（581—619）	《药性论》	
八角属 Illicium	东南亚	唐（618—907）	《唐本草》	657—659
木樨属 Olea	地中海	唐（618—907）	《经行记》	751—762
桂木属 Artocarpus	东南亚	唐（618—907）	《酉阳杂俎》	803—863
豆蔻属 Amomum	东南亚	唐（618—907）	《酉阳杂俎》	803—863
胡卢巴属 Trigonella	地中海	后唐（923—936）	《药谱》	926—929
稻属 Oryza	东南亚	唐末宋初	《湘山野录》	1068—1077
苦瓜属 Momordica	印度	北宋（960—1127）	《南海志》	1304
穇属 Eleusine	东非	北宋（960—1127）	《广韵》	1008
薯蓣属 Dioscorea	印度	宋（960—1279）	《上海县志》	1504
侏金丝燕属 Collocalia	东南亚	元（1271—1368）	《饮食须知》	1269—1374
月桂属 Lanrus	地中海	明以前（1368年之前）	《英华字典》	1866
榴莲属 Durio	东南亚	明（1368—1644）	《星槎胜揽》	1436
落花生属 Arachis	南美	明（1368—1644）	《常熟县志》	1503
玉米属 Zea	美洲	明（1368—1644）	《颍州志》	1511
向日葵属 Helianthus	美洲	明（1368—1644）	《临山卫志》	1522—1566
南瓜属 Cucurbita	美洲	明（1368—1644）	《福宁州志》	1538

序号	中文名称	英文名称	拉丁文学名	科别
28	杧果	Mango	*Mangifera indica*	漆树科 Anacardiaceae
29	烟草	Tabacco	*Nicotiana tabacum*	茄科 Solanaceae
30	菜豆	French bean	*Phaseolus vulgaris*	豆科 Leguminosae
31	辣椒	Chill /Hot pepper	*Capsicum frutescens*	茄科 Solanaceae
32	鼠尾草	Sage	*Salvia Officinalis*	唇形科 Labiate
33	番茄	Tomato	*Lycopersicon esculentum*	茄科 Solanaceae
34	菠萝	Pineapple	*Ananas comosus*	凤梨科 Bromeliaceae
35	荷兰豆	Snow peas	*Pisum sativum*	豆科 Leguminosae
36	番荔枝	Cherimoya	*Annona squamosa*	番荔枝科 Annonaceae
37	西葫芦	Gourgette/zucchini	*Cucurbita pepo*	葫芦科 Cucurbitaceae
38	腰果	Cashew	*Anacardium occidentale*	漆树科 Anacardiaceae
39	番石榴	Guava	*Psidium guajava*	桃金娘科 Myrtaceae
40	西番莲	Passion fruit	*Passiflora edulis Sims*	西番莲科 Passifloraceae
41	马铃薯	Potato	*Solanum tuberosum*	茄科 Solanaceae
42	番木瓜	papaya	*Carica papaya*	番木瓜科 Caricaceae
43	莲雾	Wax apple	*Syzygium samarangense*	桃金娘科 Myrtaceae
44	火鸡	Turkey	*Meleagris gailopave*	吐绶鸡科 Meleagrididae
45	可可	Cacao	*Theobroma cacao*	梧桐科 Sterculiaceae
46	豆薯	Jicama	*Pachyrhizus erosus*	豆科 Leguminosae
47	西洋参	American genseng	*Panax quinquinquefolium*	五加科 Araliaceae
48	番鸭	Museovy	*Cairina moschata*	鸭科 Anatida
49	番杏	New Zealand spinach	*Tetragonia tetragonioides*	番杏科 Aizoaceae
50	笋瓜	Winter Squash	*Cucurbita maxima*	葫芦科 Cucurbitaceae
51	咖啡	Coffee	*Coffea*	茜草科 Rubiaceae
52	木薯	Cassava /Manioc	*Manihot esculenta Crant*	大戟科 Euphorbiaceae
53	洋蓟	Artichoke	*Cynarascolymus*	菊科 Asteraceae
54	菊芋	Jerusalem artichoke	*Helianthustuberosus*	菊科 Compositae
55	佛手瓜	Chayote huisquil	*Sechium edule*	葫芦科 Cucurbitaceae

属别	原产地	传入时期（年代）	始记文献	记载年代
杧果属 Mangifera	印度	明（1368—1644）	《大唐西域记》	1561
烟草属 Nicotiana	南美	明（1368—1644）	《露书》	1575
菜豆属 Phaseolus	中南美	明（1368—1644）	《本草纲目》	1578
辣椒属 Capsicum	美洲	明（1368—1644）	《遵生八笺》	1591
鼠尾草属 Salvia	地中海	明（1368—1644）		1607
番茄属 Lycopersicum	南美	明（1368—1644）	《猗氏县志》	1617
凤梨属 Ananas	南美	明（1368—1644）	《台湾府志》	1639
豌豆属 psam	非洲、地中海	明末（1627—1664）	《台湾府志》	1745
番荔枝属 Annona	南美	明末清初	《释迦果》	1650
南瓜属 Cucurbita	美洲	明末清初	《云中郡志》	1652
腰果属 Anacardium	南美巴西	明末清初	《中国植物志》	1656
番石榴属 Psidium	美洲	明末清初	《台湾府志》	1694
西番莲属 Passiflora	南美	明末清初	《植物名实图考》	1848
茄属 Solanum	美洲	清（1636—1912）	《畿辅通志》	1682
番木瓜属 Carica	墨西哥	清（1636—1912）	《岭南风物记》	1682
蒲桃属 Syzygium	东南亚	清（1636—1912）	《崖州志》	1908
火鸡属 Meleagris	美洲	清（1636—1912）	《坤舆图说》	1671
可可属 Theobroma	南美	清（1636—1912）		1706
豆薯属 Pachyrhizus	中南美	清（1636—1912）	《顺德府志》	1750
人参属 Panax	北美	清（1636—1912）	《本草备药》	1718
栖鸭属 Cairina	美洲	清（1636—1912）	《福建通志》	172
番杏属 Tetragonia	澳洲	清（1636—1912）	《质问本草》	1782
南瓜属 Cucurbita	南美洲	清（1636—1912）	《本草纲目拾遗》	1765
咖啡属 Coffea	东非	清（1636—1912）	《广东通志》	1839
木薯属 Manihot	南美洲	清（1636—1912）	《高州县志》	1820
菜蓟属 Cynaras	地中海	清（1636—1912）	《实用蔬菜园艺学》	1942
向日葵属	北美	清（1636—1912）		1840
佛手瓜属 Sechium	中美洲	清（1636—1912）		道光年间

序号	中文名称	英文名称	拉丁文学名	科别
56	苹果	*Apple*	Malus domestica	蔷薇科 Rosaceae
57	啤梨	*European pear*	Pyrus communis L.	蔷薇科 Rosaceae
58	车厘子	*Sweet sherry*	Cerasus avium L.	蔷薇科 Rosaceae
59	花椰菜	*Cauliflower*	Brassica oleracea	十字花科 Brassicaceae
60	韭葱	*Leek*	Allium porrum	百合科 Amaryllidaceae
61	人心果	*Sapodilla*	Minikara zapotilla	山榄科 Sapotaceae
62	黄秋葵	*Okra*	Abelmoschus esculentus	锦葵科 Malvaceae
63	球茎茴香	*Florence Fennel*	Foeniculum vulgare	伞形科 Umbelliferae
64	双孢蘑菇	*Double-spore mushroom*	Agaricus bisporus	伞菌科 Agaricaceae
65	竹芋	*arrowroo*	Maranta arundinacea Linn.	竹芋科 Marantaceae
66	四棱豆	*winged bean*	PsophocarpusTetragonolobus	蝶形花科 Papilionaceae
67	芦笋	*Asparagus*	Asparagus officinalis	百合科 Amaryllidaceae
68	辣根	*Horseradish*	Armoracia rusticana	十字花科 Brassicaceae
69	牛油果	*avocado*	Persea americana	樟科 Lauraceae
70	牛至和甘牛至	*Oregano Marjoram*	Origanum vulgare Origanum majorana	唇形科 Labiate
71	豆瓣菜	*Watercress*	Nasturtium officinale	十字花科 Brassicaceae
72	蛋黄果	*Lucuma*	Pouteria Lucuma	山榄科 Sapotaceae
73	洋香菜	*Parsley*	Petroselinum	伞形科 Umbelliferaem
74	百里香	*Thyme*	Thymus vulgaris	唇形科 Labiatae
75	薰衣草	*Lavender*	Lavandula species	唇形科 Labiate
76	珍珠鸡	*Helmeted guinea fowl*	Numida meleagris	珠鸡科 Numididae
77	蕉芋	*Edible Canna taro*	Canna edulis Ker Gawl	美人蕉科 Cannaceae

属别	原产地	传入时期（年代）	始记文献	记载年代
苹果属 Malus Mill	中亚、西亚	清（1636—1912）		1871
梨属 Pyrus	欧洲	清（1636—1912）		1871
李属 Cerasus	欧洲	清（1636—1912）	《满洲之果树》	
芸薹属 Brassica	地中海	清（1636—1912）	《闽产录异》	1886
葱属 Liliaceae	小亚细亚	清（1880）	《蔬菜园艺学》	1936
人心果属 Achras	墨西哥	清（1900）		光绪年间
秋葵属 Abelmoschus	非洲	清（1901）	《蔬菜大全》	1936
茴香属 Foeniculum	意大利	清（1904）		光绪年间
蘑菇属 Agaricus	法国	清（1908）		1908
竹芋属 Maranta	美洲	清代		
四棱豆属 Psophocarpus	非洲、东南亚	清末	《台湾府志》	1694
天门冬属 Asparagus	地中海	清末		宣统年间
辣根属 Armoracia	东欧	清末民初		
鳄梨属 Persea	美洲	清末民初		
牛至属 Origanum	地中海	民国（1911—1949）		
豆瓣菜属 Nasturitium	地中海	民国（1911—1949）		
蛋黄果属 Pouteria	南美秘鲁	民国（1911—1949）		1910
欧芹属 Petroselinu	地中海	民国（1911—1949）		
百里香属 Thymus	地中海	民国（1911—1949）	《蔬菜大全》	1920
薰衣草属 Lavandula	地中海	民国（1911—1949）	《蔬菜大全》	1930
盔珠鸡属 Numida	西非	民国（1911—194）	《火鸡珠鸡饲养法》	1947
美人蕉属 Canna	南美洲	民国（1911—194）	《中国经济植物志》	1961

附录二：161 种食材传入或记载年代

年代	陆上丝绸之路（食材传入或记载）	海上丝绸之路（食材传入或记载）
旧石器时代		
新石器时代 前10000—前2070	骆驼、小麦、羊、大麦、大麻、瓠瓜、牛	
夏 前2146—前1675	马	
商 前1675—前1029		
西周 前1029—前771	姜、萝卜、芜菁、甜瓜	甘蔗
春秋 前770—前476	绿豆、桂皮、藕、芋头、兔、肉鸽、香茅、扁豆、豌豆、落葵、蕹菜、高良姜	魔芋、丁香、椰子
战国 前475—前221		
秦 前221—前207		
西汉 前206—8	苜蓿、葡萄、鸵鸟、罗勒、茄子、芝麻、亚麻、胡椒、核桃、榅桲、石榴	槟榔、假蒟、荜拨、杨桃
新朝 9—23	蚕豆、小扁豆	
东汉 25—220	洋芹、大蒜、胡葱、茴香、豇豆	藿香
三国 220—280	草果、迷迭香、熏陆香	莳萝
西晋 265—316	叶蒝菜、黄瓜、芫荽	肉豆蔻
十六国 304—439	高粱	椰枣、荜澄茄
东晋 317—420		
南北朝 420—589	蛇瓜	砂仁
隋 581—618	莴苣	芦荟
唐 618—907	菠菜、青菜头、孜然、姜黄、罂粟籽、阿魏、沙姜、扁桃、无花果、开心果、葛缕子、白芥、小豆蔻、燕麦	八角、油橄榄、菠萝蜜、白豆蔻

海上

西瓜 鹰嘴豆	胡萝卜 丝瓜 柠檬	黑种草子 罗望子			根恭菜 番红花 洋葱 苤蓝	结球甘蓝 甘薯	糖用恭菜	草莓
五代十国 907—1125	北宋 906—1127	西夏 1032—1227	金 1115—1234	南宋 1127—1279	元 1206—1368	明 1368—1644	清 1616—1911	民国 1911—1949
胡卢巴 籼米	苦瓜 穆 参薯				燕窝 月桂叶	榴莲 菜豆 花生 辣椒 玉米 鼠尾草 向日葵 番茄 南瓜 菠萝 杧果 荷兰豆 烟草	番荔枝 番鸭 车厘子 西葫芦 番杏 花椰菜 腰果 笋瓜 韭葱 番石榴 咖啡 人心果 西番莲 木薯 黄秋葵 马铃薯 洋蓟 球茎茴香 番木瓜 菊芋 双孢蘑菇 莲雾 佛手瓜 竹芋 火鸡 苹果 四棱豆 可可 啤梨 芦笋 豆薯 辣根 西洋参 牛油果	牛至和 甘牛至 豆瓣菜 蛋黄果 洋香菜 百里香 薰衣草 珍珠鸡 蕉芋